U0304199

高职高专土建类专业教材编审委员会

高职高专"十三五"规划教材

钢结构施工技术

第二版

胡建琴 温鸿武 主编 黄 艳 张小红 副主编

化学工业出版社

·北京·

本书主要依据现行《钢结构设计规范》(GB 50017)、《钢结构工程施工规范》(GB 50755)、《钢结构焊接规范》(GB 50661)和《钢结构工程施工质量验收规范》(GB 50205)编写。内容分上下两篇,上篇阐述了钢结构基本结构形式、钢结构识图、建筑钢结构钢材的选用、钢结构加工制作、钢结构连接方式、钢结构涂装工程、钢结构安装施工、压型金属板工程和大跨度钢结构安装等内容。下篇设有职业活动训练实践环节,有典型工程案例、施工图纸、工程实践等内容。本书具有内容充实、突出实用、体例新颖、集教材与资料于一体的特点。

本书可作为应用型本科、高职高专院校土建施工类各专业教材,也可作为高校、岗位培训和相关专业人员的参考书。

图书在版编目(CIP)数据

钢结构施工技术/胡建琴,温鸿武主编. —2 版. —北京:
化学工业出版社,2016.5(2022.10 重印)
高职高专"十三五"规划教材
ISBN 978-7-122-26614-9

Ⅰ.①钢⋯ Ⅱ.①胡⋯ ②温⋯ Ⅲ.①钢结构-工程施工-
高等职业教育-教材 Ⅳ.①TU758.11

中国版本图书馆 CIP 数据核字(2016)第 061012 号

责任编辑:李仙华 装帧设计:张 辉
责任校对:王素芹

出版发行:化学工业出版社(北京市东城区青年湖南街 13 号 邮政编码 100011)
印 装:涿州市般润文化传播有限公司
787mm×1092mm 1/16 印张 21¼ 字数 581 千字 插页 7 2022 年 10 月北京第 2 版第 6 次印刷

购书咨询:010-64518888 售后服务:010-64518899
网 址:http://www.cip.com.cn
凡购买本书,如有缺损质量问题,本社销售中心负责调换。

定 价:49.80 元

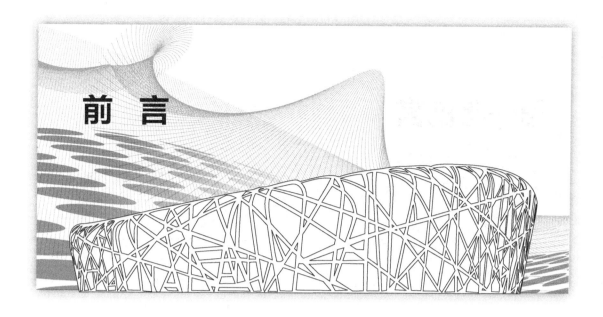

前　言

光阴似箭，转眼之间，本教材第一版出版已有五年之久。随着建筑钢结构技术在建筑工程中的应用和《钢结构工程施工规范》（GB 50755—2012）和《钢结构焊接规范》（GB 50661—2011）的出台，笔者感到有必要更新内容，再版此书，以飨读者。

再版教材对原来的主要章节作了内容上的更新、修改和补充。在修订过程努力做到：

（1）基础性与实用性相统一。本书在编写过程中，在沿用同类教材类似内容的基础上，力求使内容与钢结构施工、监理岗位的需要紧密结合，使其与现行规范内容一致，努力体现当前钢结构施工技术工作的操作性、资料性、规范性。为了便于教学组织和学生自学，本书每章设有知识目标和学习目标，下篇设有钢结构施工技术课程的教学标准和相关职业活动训练内容，并穿插有典型工程案例、工程实践等内容。

（2）科学性和职业性相统一。本书以先进、科学的观点和行业现行规范为依据，组织策划教材，突出重点和难点，精选基础和核心内容。按照建筑工程职业岗位实际工作任务需要的知识、能力素质要求，选取内容，体现了内容充实、重点突出、图文并茂、体例新颖、集教材与资料于一体的特点。

本书结合当前建筑行业钢结构的发展，依据国家现行的新标准和新规范编写、修订内容。上篇以钢结构施工和质量控制为主线，介绍了钢结构基本结构形式、钢结构识图、建筑钢结构钢材的选用、钢结构加工制作、钢结构连接方式、钢结构涂装工程、钢结构安装施工、压型金属板工程和大跨度钢结构安装等内容。下篇根据入职体验要求设计了职业活动训练实践教学环节，有职业活动实训项目，工程应用综合案例、图纸，适用于项目化教学，体现了"工学结合"的教育特色。

参与本书编写的人员及分工如下：兰州石化职业技术学院胡建琴、张小红编写第3、6、8～10、12章、13.1～13.4节、13.6节、13.8节、13.10节，黄艳编写第1、2、5章、13.5节，宋学平编写第6、7章、13.7节，甘肃建设钢结构有限公司高级工程师温鸿武（一级注册建造师）编写第4、11章、13.9节。甘肃省长城建筑总公司总工程师常自昌（一级注册建造师、注册造价工程师）担任主审，感谢金兆鑫对全书进行校核。

本书在编写过程中，参阅和借鉴了有关文献资料，张鸿为本书提供了钢结构设计施工图和钢结构加工图纸，在此一并致以诚挚的感谢！

由于水平和时间所限，本书难免存在不妥之处，敬请读者批评指正。

本书提供有电子教案，可登录网站 www.cipedu.com.cn 免费获取。

编者

2016 年 2 月

第一版前言

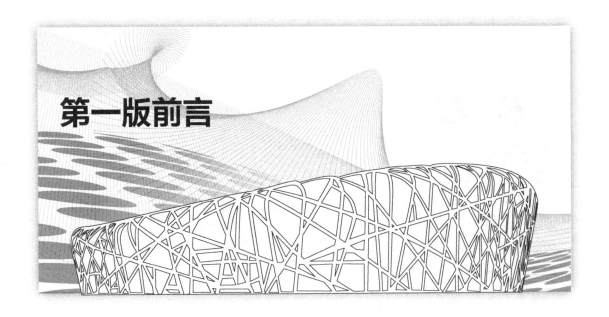

本书主要依据现行《钢结构设计规范》（GB 50017—2003）和《钢结构工程施工质量验收规范》（GB 50205—2001）编写。分上下两篇，上篇以钢结构施工和质量控制为主线，分12章介绍了钢结构基本结构形式、钢结构识图、建筑钢结构钢材的选用、钢结构螺栓连接和铆接、钢结构焊缝连接、钢结构加工制作、钢结构涂装工程、钢结构安装施工、压型金属板工程和大跨度钢结构安装等内容。下篇为增强学生在钢结构课程学习中，对钢结构的材料、节点构造、施工方法、质量验收等有进一步的认识，根据入职体验要求设计了职业活动训练实践教学环节，从而提高学习钢结构施工技术的学习效果。

本书编写过程中，在沿用同类教材类似内容的基础上，力求使内容与钢结构施工、监理岗位的需要紧密结合，与现行规范内容一致，努力体现目前钢结构施工技术工作的操作性、资料性、规范性。为了便于教学组织和学生自学，本书在上篇的章前设有知识目标和学习目标，下篇设有钢结构施工技术课程教学标准和相关职业活动训练实训内容，穿插有典型工程案例、工程实践等内容。本书具有内容充实、突出实用、体例新颖、集教材与资料于一体的特点。

本书由胡建琴、常自昌主编，黄燕、张小红副主编。参加编写的人员及分工如下：兰州石化职业技术学院黄燕、袁维红编写第1、2、5章和13章的13.5节，胡建琴、张小红编写第3、8、10~12和13章的13.1~13.4、13.6、13.8、13.9节，宋学平、王帆编写第6、7章和13章的13.7节；感谢甘肃省长城建筑总公司总工程师常自昌（一级注册建造师、注册造价工程师）编写第4、9章。

本书在编写过程中，参阅了有关文献资料以及张鸿提供的钢结构设计施工图及钢结构加工图，在此一并致以诚挚的感谢。本书提供有电子教案，可发信到 cipedu@163.com 邮箱免费获取。

限于编者的水平和时间所限，本书难免存在不妥之处，敬请读者批评指正。

编者

2010 年 1 月

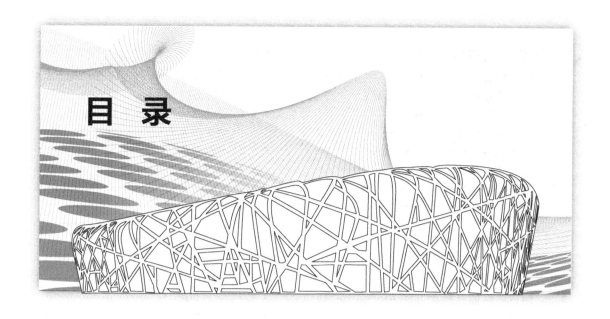

目 录

上 篇

第7章　钢结构焊缝连接

第8章　钢结构涂装工程

第9章　建筑钢结构安装

下 篇

参考文献

附录　钢结构工程施工图实例

上 篇

第1章 绪　　论

【知识目标】
- 了解钢结构的特点和发展趋势
- 熟悉钢结构的结构形式与钢结构的法规性文件

【学习目标】
- 通过理论教学和实地观察钢结构，学生能够了解钢结构的特点、所用材料；熟悉钢结构的结构形式和目前所使用的钢结构法规性文件

1.1　钢结构的发展趋势

我国建筑钢结构应用得也算较早，如 1889 年唐山水泥厂和 1927 年皇姑屯机车厂厂房都采用了钢结构；1931 年广州建成了中山纪念堂——我国自行设计的钢穹顶；1934 年上海建造的 24 层钢结构国际饭店，是那个年代的标志性建筑。新中国成立后到改革开放之前，由于受到经济发展的限制，我国的建筑设计方针是以降低用钢量为重要考核指标，因此，钢结构建筑应用不多，只有一些重型工业厂房和大跨度的标志性建筑采用钢结构，其结构形式基本上是钢筋混凝土下部支撑结构与大跨度桁架、网架或者悬索组成的混合结构体系。

改革开放之后，我国的经济迅猛发展，钢铁工业也得到突飞猛进的发展，建筑钢结构的应用也越来越广泛，相应的技术也得到了比较大的进步，如今我国钢结构无论是设计水平，还是制作安装技术，完全可以满足我国经济发展和基本建设的需要。

我国钢铁产业的发展经历了一个由小到大、由弱到强的过程，钢铁的产量由原来的每年几百万吨到现在的每年几亿吨，其中，可用于建筑钢结构的钢材在钢总产量所占的比重也越来越大，为钢结构的快速发展提供了坚实的物质基础。新中国成立后很长一段时间内，我国可用于建筑钢结构的钢材牌号和品种比较简单，牌号只有 A3 钢（相当于 Q235）和 16Mn 钢（相当于 Q345），品种只限于钢板、角钢、槽钢和工字钢和钢管。近二十多年，钢铁工业在生产规模、产量、品种和质量等方面均明显提高，许多重要品种及技术含量高的产品已经达到国际先进水平。

二十多年来，以网架和网壳为代表的空间钢结构大量发展，成为钢结构领域发展最快的领域，不仅大量应用于候机楼、机库、体育馆、展览馆、汽车站、火车站等民用建筑，也广泛应用于工业厂房中。采用圆钢管、矩形钢管、H 型钢、钢索等材料制作成的网架、空间桁架、张弦梁等结构组合成的各种造型，成为各地的富有现代特色的标志建筑。大尺寸热轧 H 型钢、Z 向性能厚钢板、耐火耐候钢、无缝钢管和焊接结构用钢管等材料的快速发展带动了高层重型钢结构的发展。

我国钢结构建筑和住宅正在持续发展，据初步统计，北京、天津、上海、浙江、湖北、内蒙古等省市已经开发或建成的钢结构住宅超过 1000 万平方米。上海的金茂大厦、上海环球金融中心、中央电视台大厦、广州珠江新城南塔、广州电视塔、国家体育馆鸟巢、国家游泳中心"水立方"、苏州东方之门等，这些钢结构工程，以其创新的概念、新颖的造型和独特的结构形式成为标志性建筑，成为我国采用钢结构为建筑主体结构的应用典范工程。

钢结构建筑、构筑物、工程装备以其大跨、高耸、重载、轻型、施工周期短、抗震性能好、韧性好，充分体现了钢结构的优越性，更适合人居环境、环保节能，已被公认为绿色环保

型产品,符合可持续发展的政策。一幢幢标志性建筑、一片片现代化工业厂房、一座座航空港、桥梁及符合人居环境、环保节能的住宅无不体现钢结构的雄壮之美,现代理念与自然环境的和谐,缤纷异彩的建筑特点,以及具有时代发展特征,整个行业呈现出蒸蒸日上,蓬勃发展的形势。

目前,我国建筑产业的发展还只是停留在传统落后的粗放型生产方式上,只有加紧淘汰落后的传统混凝土建筑模式,大力推广"节能环保"的绿色建筑,才能从根源上破解"建筑垃圾围城"的困局。钢结构住宅本身具有"轻、快、好、省"的特点,是极具代表性的绿色建筑、抗震建筑。未来绿色钢结构住宅无疑将成为国内商品住宅建设的发展方向。

目前数据显示,国内住宅小区建设中的最高标准是"四节一环保",即:节能、节地、节水、节材和环境保护。国际上,在发展绿色建筑方面有一个广为流传的"三 R 原则",即:reduce(减少)、reuse(再用)和 recycle(再回收)。这些都应该成为中国发展住宅产业恪守的信条。应该看到,近年来作为一种新的循环型建筑工业化产业体系——钢结构绿色建筑体系在我国正在快速形成,为钢结构用钢营造巨大市场。同时,对钢结构用钢提出新的更高要求。目前我国钢结构用钢存在品种少、质量差的问题,亟待改变。当今,我国建筑钢结构产业已经形成一个巨大的产业,仅主体钢结构制造业的产值就超过 600 亿元,已经形成了以钢材生产、钢结构设计、构件加工及制作、构件安装以及相关联产业的一个产业链。建筑钢结构产业的发展同时,也带动了相关配套产业的发展,同样拉动了钢结构用钢的需求。

钢结构领域很大,尤其是钢结构绿色建筑体系,它将打破房地产、建筑、机械装备制造、绿色建筑、新型建材、防灾减灾、家电厨卫装修等产业之间的界线,集合成为一个新的循环型建筑工业化产业体系;还可将房地产业的资金重新回流到现代制造业等实体经济中来,实现经济的转型升级。从长远来看,它是一种国家战略资源储备的新兴产业,可以藏钢于建筑,造福子孙万代。

目前,我国钢结构的科研工作主要围绕以下几个方面:新结构体系的研究和工程应用,新的设计理论和计算方法研究,节点构造和连接,新型材料的应用,新型制作工艺和安装工艺研究等,我国许多科研院所、高等院校和设计施工单位参与到钢结构建筑的科研工作中,并且大量的成果很快在设计和施工实践中得到应用。钢结构的设计方面,我国的高层和大跨度钢结构建筑设计已经形成了比较成熟的体系,目前我国大部分重点工程的钢结构施工图设计是自己完成的。

我国是世界钢铁大国,为钢结构行业的发展奠定了良好的物质基础。我国钢结构制造业年产量达到 600 万～700 万吨,建筑钢结构只占整个钢产量的 3％左右,而发达国家占 10％。随着我国经济的高速发展,钢结构涉及越来越多的主要产业。我国在国民经济发展规划中明确指出:2020 年,全国钢结构用量比 2014 年翻一番,达到 800 万～1 亿吨,占钢产量的比例超过10％。这意味着我国的钢铁工业已步入了新的阶段,钢结构的广泛应用是必然的发展趋势。

1.2 钢结构的特点

钢结构在工程中得到广泛的应用和迅速发展,是由于钢结构与其他结构相比具有很多优点。

1.2.1 钢结构的优点

(1)钢材强度高、重量轻,塑性、韧性好,抗震性能优越 钢材与混凝土等材料相比较,具有较高的强度,适合于建造跨度大、高度高、承载重的结构,也更适用于抗震、可移动、易装拆的结构。钢材容重与屈服点的比值最小,例如,在相同的荷载条件下,钢屋架重量只有同等跨度钢筋混凝土屋架的 1/4～1/3,如果采用薄壁型钢屋架则更轻,只有 1/10。因此,钢结构比钢筋混凝土结构能承受更大的荷载,跨越更大的跨度。同时,由于强度高,一般受力构件的截面小而壁薄，在受压时容易失稳和产生较大的变形，因而常常为稳定计算和刚度计算所控制，强度难以得到充分的利用。

塑性是指构件破坏时发生变形的能力。韧性是指结构抵抗冲击荷载的能力。钢材质地均匀，各向同性，弹性模量大，有良好的塑性和韧性，为理想的弹性-塑性体。因此，钢结构不会因偶然超载或局部超载而突然断裂破坏，钢材韧性好，使钢结构较能适应振动荷载，地震区的钢结构比其他材料的工程结构更耐震，钢结构是一般地震中损坏最少的结构。

(2) 钢结构工业化程度高、施工速度快　钢结构所用的材料单纯，且多是成品或半成品材料，加工比较简单，并能够使用机械操作，易于定型化、标准化，工业化生产程度高。因此，钢构件一般在专业化的金属结构加工厂制作完成，精度高、质量稳定、劳动强度低。

钢构件在工地拼装时，多采用简单方便的焊缝连接或螺栓连接，钢构件与其他材料构件的连接也比较方便。有时钢构件还可以在地面拼装成较大的单元，甚至拼装成整体后再进行吊装，可以显著降低高空作业量，缩短施工工期，使整个建筑更早地投入使用，不但可以缩短资金流动周期，而且提前收到投资回报，综合效益高。

(3) 钢结构的密封性好　钢材组织非常密实，采用焊缝连接可做到完全密封，一些要求气密性和水密性好的高压容器、大型油库、煤气罐、输送管道等板壳结构，最适宜采用钢结构。

(4) 构件截面小，有效空间大　由于钢材的强度高，构件截面小，所占空间也就小。以相同受力条件的简支梁为例，混凝土梁的高度通常是跨度的 $1/10 \sim 1/8$，而钢梁约是 $1/16 \sim 1/12$，如果钢梁有足够的侧向支撑，甚至可以达到 $1/20$，有效增加了房屋的层间净高。在梁高相同的条件下，钢结构的开间可以比混凝土结构的开间大约 50%，能更好地满足建筑上大开间、灵活分割的要求。柱的截面尺寸也类似，避免了"粗柱笨梁"现象，室内视觉开阔，美观方便。

另外，民用建筑中的管道很多，如果采用钢结构，可在梁腹板上开洞以穿越管道，如果采用混凝土结构，则不宜开洞，管道一般从梁下通过，要占用一定的空间。在楼层净高相同的条件下，钢结构的楼层高度要比混凝土的小，可以减小墙体高度，节约室内空调所需的能源，减小房屋维护和使用费用。

(5) 节能、环保　与传统的砌体结构和混凝土结构相比，钢结构属于绿色建筑结构体系。钢结构房屋的墙体多采用新型轻质复合墙板或轻质砌块，如高性能 NALC 板（配筋加气混凝土板）、复合夹心墙板、幕墙等；楼（屋）面多采用复合楼板，例如压型钢板-混凝土组合板、轻钢龙骨楼盖等，符合建筑节能和环保的要求。

钢结构的施工方式为干式施工，可避免混凝土湿式施工所造成的环境污染。钢结构材料还可利用夜间交通流畅期间运送，不影响城市闹市区建筑物周围的日间交通，噪音也小。另外，对于已建成的钢结构也比较容易进行加固和改造，用螺栓连接的钢结构还可以根据需要进行拆迁，也有利于保护环境和节约资源。

1.2.2　钢结构的缺点

(1) 结构构件刚度小，稳定问题突出　由于钢材轻质高强，构件不但截面尺寸小，而且都是由型钢或钢板组成开口或闭口截面。在相同边界条件和荷载条件下，与传统混凝土构件相比，钢构件的长细比大，抗侧刚度、抗扭刚度都比混凝土构件小，容易丧失整体稳定；板件的宽厚比大，容易丧失局部稳定；大跨度空间钢结构的整体稳定问题也比较突出，这些都是钢结构设计中最容易出现问题的环节。另外，构件刚度小，变形就大，在动力荷载作用下也容易振动。

(2) 钢材耐热性好，但耐火性差　钢材随着温度的升高，性能逐渐发生变化。温度在 250℃ 以内时，钢材的力学性能变化很小，达到 250℃ 时钢材有脆性转向（称为蓝脆），在 260 ~ 320℃ 之间有徐变现象，随后强度逐渐下降，在 450 ~ 540℃ 之间时强度急剧下降，达到 650℃ 时，强度几乎降为零。因此，钢结构具有一定的耐热性，但耐火性差。

《钢结构设计规范》（GB 50017—2003）规定，当钢构件表面长期受辐射热达到 150℃ 以上或在短时间内可能受到火焰作用时，应采取有效的防护措施（如加隔热层等）；有特殊防火要求的建筑，钢结构更需要用耐火材料围护。对于钢结构住宅或高层建筑钢结构，应根据建筑物的重要性等级和防火规范加以特别处理。例如，采用蛭石板、蛭石喷涂层、石膏板或 NALC板等加以防护。防火处理使钢结构的造价有所提高。

（3）钢材耐腐蚀性差，应采取防护措施　钢材易于锈蚀，处于潮湿或有侵蚀性介质的环境中更容易因化学反应或电化学作用而锈蚀，因此，钢结构必须进行防腐处理。一般钢构件在除锈后涂刷防腐涂料即可，但这种防护措施并非一劳永逸，需间隔一段时间重新维修，因而其维护费用较高。

对处于较强腐蚀性介质内的建筑物不宜采用钢结构。钢结构在涂油漆以前应彻底除锈，油漆质量和涂层厚度均应符合要求。在设计中应避免使结构受潮、漏雨，构造上应尽量避免受潮、漏雨，且应尽量避免存在难以检查、维修的死角。对于有强烈侵蚀性介质、沿海建筑以及构件壁厚非常薄的钢构件，应进行特别处理，如镀锌、镀铝锌复合层等，这些措施都会相应提高钢结构的工程造价。

目前国内外正发展不易锈蚀的耐候钢。实践证明，含磷、铜的稀土钢，其强度、耐蚀性均优于常用的 Q235 钢。此外，长效油漆的研究也取得进展，使用这种防护措施可延长钢结构寿命，节省维护费用。

（4）低温冷脆等　钢结构在低温条件下，塑性、韧性逐渐降低，达到某一温度时韧性会突然急剧下降，称为低温冷脆，对应温度称为临界脆性温度。低温冷脆也是国内外一些钢结构工程在冬季发生事故的主要原因之一，可能发生脆性断裂，这点必须引起设计者的注意。

另外，钢材在反复荷载、复杂应力、突然加载、冷作及时效硬化、焊接缺陷等条件下也容易脆断。

1.3　钢结构形式

钢结构的应用范围极其广泛，为了更好地发挥钢材的性能，有效地承担荷载，不同的工程结构也将采用不同的结构形式。

1.3.1　建筑钢结构形式

1.3.1.1　大跨度钢结构

大跨度结构减轻横梁自重会有明显的经济效果，轻质高强的钢结构能达到此目的。其结构体系主要有框架结构、拱式结构、网架结构、网壳结构、悬索结构、预应力钢结构和索膜结构等。

（1）网架结构　构成网架的基本单元有三角锥、三棱体、正方体、截头四角锥等，由这些基本单元可组合成平面形状的三边形、四边形、六边形、圆形或其他任何形体，如图 1.1所示。

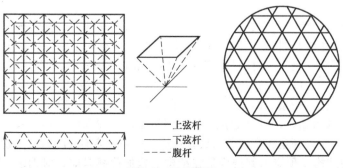

图 1.1　平板网架

网架结构广泛用于体育馆、展览馆、俱乐部、影剧院、食堂、会议室、候车厅、飞机库、车间等的屋盖结构。具有工业化程度高、自重轻、受力合理、刚度大、稳定性好、杆件单一、制作安装方便、外形美观的特点。可满足跨度大、空间高、建筑形式多样的要求。如1968年建成的上海文化广场屋盖结构为三向平板网架，平面形状为扇形，这是我国第一座采用空心球节点和钢管杆件的大跨度网架结构，如图1.2所示。

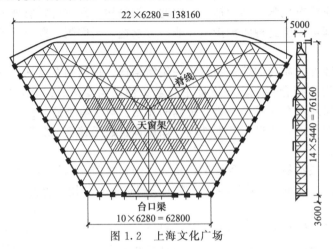

图 1.2　上海文化广场

（2）网壳结构　同网架结构一样，网壳也是由许多杆件按一定规律布置，通过节点连接成空间杆系结构，但网架的外形呈平板状，而网壳的外形呈曲面状，如图1.3所示。

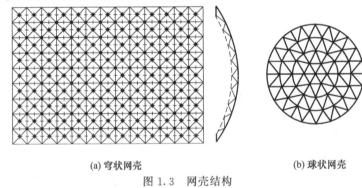

(a) 穹状网壳　　　　　　　　　　　(b) 球状网壳

图 1.3　网壳结构

网壳一般为单层或双层，按其外形为单曲面或双曲面而构成网状穹顶、网状筒壳以及双曲抛物面网壳等多种形式。网壳结构具有外形美观、通透感好，建筑空间大、用材省，设计施工较复杂的特点。宜春体育场的飞蝶形网壳、威海体育馆的贝壳形网壳以及海南大佛的多层多跨网架都属网壳结构。

（3）悬索结构　悬索结构是以一系列拉索为主要承重构件，这些索按一定的规律组成各种不同的形式，悬挂在边缘构件或支撑结构上而形成的一种空间结构，外形美观、设计施工较复杂，适合于大跨度屋顶。钢索的材料是由高强度钢丝组成的钢绞线、钢丝绳或钢丝束等，可以最充分地利用钢索的抗拉强度，减轻结构自重。边缘构件或支撑结构用于锚固钢索，并承受悬索的拉力，可采用圈梁、拱、桁架、框架等，也可采用柔性拉索作为边缘构件，如图1.4所示。图1.4(b)为北京工人体育馆，1961年建成，该馆圆形平面，屋盖结构由平置车轮形双层索、中心钢环和周边钢筋混凝土外环梁三个部分组成，每层的径向拉索有144根，悬索屋盖直径96m。

（4）预应力钢结构　预应力钢结构是在结构上施加荷载以前，对钢结构或构件用特定的方法预加初应力，其应力符号与荷载引起的应力符号相反；当施加荷载时，结构或构件先抵消初

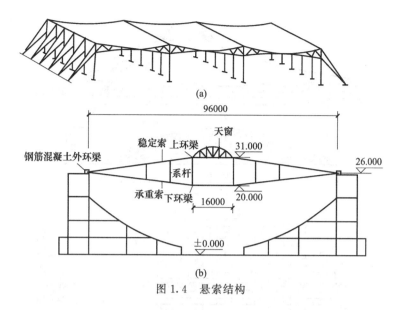

图 1.4 悬索结构

应力，然后再按照一般受力情况工作的钢结构。图 1.5(a)、（b）分别为预应力钢梁和预应力钢桁架的示意图。

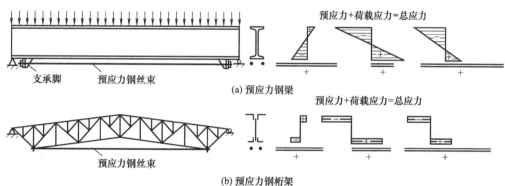

图 1.5 预应力结构及其应力图

大跨度预应力钢结构是由高强度、抗腐蚀、抗疲劳钢索与各种形式空间钢结构组合而成的一种新型结构形式，将柔性的钢索与刚性的钢结构完美地融合到一起，既实用又经济的大空间结构。北京国家体育馆、羽毛球馆、乒乓球馆等 7 个奥运会场馆采用了这种结构。大跨度房屋建筑结构、吊车梁、桥跨结构、大直径贮液库、压力管道和压力容器等都可采用预应力钢结构。靠张紧钢丝绳、钢丝束等柔索维持平衡的钢塔桅结构（如塔式结构、桅式结构）和悬索结构，实际上也是预应力钢结构。

（5）索膜结构　索膜结构由索和膜组成，具有自重轻、体型灵活多样的特点，适应于大跨度公共建筑。图 1.6 为 104m×67m 的溜冰馆索膜结构。

1.3.1.2 高层建筑钢结构

旅馆、饭店、公寓、办公大楼等多层及高层建筑采用钢结构也越来越多，如北京京伦饭店、上海锦江宾馆、深圳地王大厦、上海金茂大厦（高为 420.5m、88 层）等都是高层钢结构建筑。

1.3.1.3 高耸钢结构

高耸结构包括电视塔、微波塔、通信塔、输电线路塔、石油化工塔、大气监测塔、火箭发

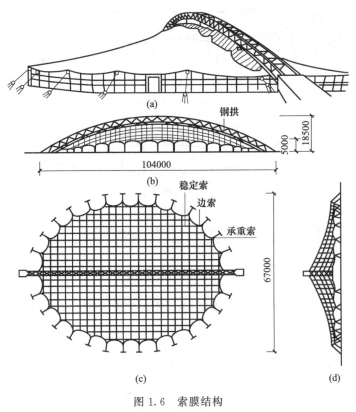

图 1.6 索膜结构

射塔、钻井塔、排气塔、水塔、烟囱等，大多数高耸结构采用钢结构。目前世界上最高的电视塔，是中国的广州新电视塔——广州塔（610m），其次依次为加拿大的多伦多电视塔（553m），俄罗斯莫斯科的奥斯坦金电视塔（540m），中国的上海东方明珠广播电视塔（468m）。广州塔为国内第一高塔，世界第四高塔，"小蛮腰"的最细处在 66 层。量大而面广的高耸结构是通信塔和输电塔，随着信息和电力开发，这种钢塔将遍布神州大地。

1.3.1.4 钢结构房屋

不仅高层、超高层建筑采用钢结构，甚至 12～16 层小高层建筑，6～10 层多层建筑，也有采用钢结构或薄壁钢管混凝土结构的趋势，钢结构房屋建筑也是发展的方向。

钢结构房屋是指以钢作为建筑承重梁柱的住宅建筑体系，钢结构房屋是以等截面或变截面 H 型钢为承重主体，以 C 形、Z 形檩条及柱间支撑为辅助连接件，通过螺栓或焊接等方式固定，屋面和墙面以彩色压型钢板围护而形成的新型建筑体系，在发达国家已基本取代传统的钢筋混凝土建筑。

钢结构房屋是第三代建筑，它具有重量轻、跨度大、用料少、造价低、节省基础、施工周期短、安全可靠、造型美观等优点。钢结构房屋广泛应用于单层工业厂房、仓库、商业建筑、办公大楼、多层停车场及住宅等建筑物。

1.3.1.5 工业厂房钢结构

重型车间的承重骨架，例如冶金工厂的平炉车间、初轧车间、混铁炉车间，重机厂的铸钢车间、锻压车间，造船厂的船台车间，飞机制造厂的装配车间，以及其他车间的屋架、柱、吊车梁都是钢结构。我国几个著名的钢厂，如首钢、鞍钢、武钢、包钢以及上海的宝钢都有各种规模的钢结构厂房。

中小型房屋建筑、体育场看台雨篷、小型仓库等多采用轻型钢结构，构件有弯曲薄壁型钢结构、圆钢结构、钢管结构，还有薄钢板做成的折板结构和拱形波纹屋盖结构，这种把屋面结构和屋盖承重结构合二为一的钢结构体系，成为一种新型的轻钢屋盖结构体系。

1.3.2 安装钢结构形式

1.3.2.1 桥梁钢结构

桥梁钢结构越来越多，特别是中等跨度和大跨度的斜拉桥，例如，上海两座著名的大桥——南浦大桥、杨浦大桥（主跨602 m）；1994年建成的铁路公路两用双层九江大桥，主联跨（180＋216＋180）m，采用柔性拱加劲；1999年建成的长江下游的江阴大桥，主跨采用悬索桥，跨长1 385m 等。图1.7为桥梁的主要结构形式。

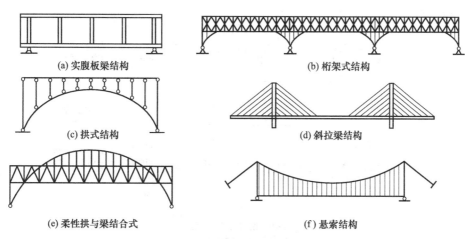

(a) 实腹板梁结构　　　　　　　　　(b) 桁架式结构

(c) 拱式结构　　　　　　　　　(d) 斜拉梁结构

(e) 柔性拱与梁结合式　　　　　　　　(f) 悬索结构

图1.7　桥梁的主要结构形式

1.3.2.2 板壳钢结构

要求密闭的容器，如大型贮油库、煤气库、炉壳等要求能承受很大内力并有温度急剧变化的高炉结构、大直径高压输油管道都是板壳钢结构。还有一些大型水工结构的船闸闸门也是一种板壳结构。

1.3.2.3 移动钢结构

由于钢结构强度高，相对较轻，装配式房屋、水工闸门、升船机、桥式吊车和各种塔式起重机、龙门起重机、缆索起重机等都是钢结构。

1.4　钢结构的法规性文件

钢结构设计、施工规范规程同其他材料的结构规范规程一样是技术性法律文件，是广大设计、施工工程技术人员必须共同遵守的原则。因此，对从事钢结构设计与施工的技术人员来说，学习和掌握钢结构设计与施工规范就显得十分必要。只有充分理解和掌握规范，方能准确地执行和贯彻规范。

1.4.1 规范体系

任何国家的结构规范都有一套完整的规范体系。在具体讲述钢结构设计与施工规范的应用之前，本节先介绍我国钢结构设计与施工规范在整个规范体系中的地位，从全局上把握规范。

我国钢结构工程所涉及的标准规范从总体上可划分为5个层次。

第一个层次为规范制定的原则。属于第一层次的规范有《建筑结构可靠度设计统一标准》（GB 50068—2001），《工程结构设计基本术语标准》（GB/T 50083—2014），《建筑结构制图标准》（GB/T 50105—2010）等。

第二个层次为荷载代表值的取用。属于第二个层次的规范为《建筑结构荷载规范》(GB 50009—2012)。

第三个层次为各种结构设计规范。属于第三个层次的规范为与钢结构设计有关的规范、规程。如《冷弯薄壁型钢结构技术规范》(GB 50018—2002)。

第四个层次为与设计规范配套的施工规范。属于第四个层次的规范为与钢结构施工及验收有关的规范、标准、规程。如《钢结构工程施工质量验收规范》(GB 50205—2001)。

第五个层次为与设计、施工相配套的各种材料、连接方面的规范及标准等。属于第五个层次的规范、标准为材料标准、紧固件标准及焊接接头形式与尺寸标准等。各层次规范的相互关系如图1.8所示。

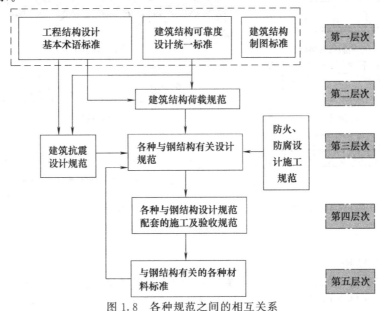

图 1.8　各种规范之间的相互关系

另外，根据工程所处的环境条件，还将涉及防火、防腐、防震等方面的有关规范、规程、标准等。

对有抗震设防要求的钢结构建筑，其设计和施工应符合《建筑抗震设计规范》(GB 50011—2010)。《建筑抗震设计规范》是根据《建筑结构可靠度设计统一标准》修订的，可以与钢结构设计与施工方面的规范、规程配套使用，该规范是各类建筑抗震设防的依据。网架结构的地震作用及其内力应按《空间网格结构技术规程》(JGJ 7—2010)中的有关规定进行计算。

对有防火要求的建筑，应符合《建筑设计防火规范》(GB 50016—2014)等防火规范中对钢结构构件的要求，规范对房屋的耐火等级及钢构件的耐火极限作了规定，它是我国建筑钢结构防火设计的依据。

建筑防腐设计在《钢结构设计规范》(GB 50017—2003)、《冷弯薄壁型钢结构技术规范》(GB 50018—2002)中均有相应的规定。在防腐方面应满足《建筑防腐蚀工程施工规范》(GB 50212—2014)、《工业建筑防腐蚀设计规范》(GB 50046—2008)的要求。

1.4.2　钢结构的规范标准

随着我国基本建设事业的蓬勃发展和钢结构理论研究的不断深入，以及应用技术的不断进步，国家有关部委组织全国部分设计单位、施工单位、高等院校等的专家陆续制定、修订了一批钢结构设计、施工规范、规程及与其配套的材料、配件标准。这些规范、规程的制定对贯彻执行国家的技术经济政策、节约钢材、确保钢结构工程的质量和安全、促进钢结构技术进步等方面起到了十分重要的作用。

与钢结构有关的现行规范、规程及材料、配件标准有几十本之多，本节将常用的规范、规程、标准及其代号列出，以期对规范、标准有一个整体性认识。

（1）与钢结构设计有关的规范、规程、规定及其代号

①《钢结构设计规范》（GB 50017—2003）

②《建筑结构荷载规范》（GB 50009—2012）

③《建筑抗震设计规范（附条文说明）》（GB 50011—2010）

④《冷弯薄壁型钢结构技术规范》（GB 50018—2002）

⑤《高层民用建筑钢结构技术规程》（JGJ 99—2015）

⑥《空间网格结构技术规程》（JGJ 7—2010）

⑦《钢骨混凝土结构技术规程》（YB 9082—2006）

⑧《门式刚架轻型房屋钢结构技术规程》（2012 年版）（CECS 102—2002）

（2）与钢结构施工有关的规范、规程、标准及代号

①《钢结构工程施工质量验收规范》（GB 50205—2001）

②《钢结构工程施工规范》（GB 50755—2012）

③《钢结构焊接规范》（GB 50661—2011）

④《涂覆涂料前钢材表面处理　表面清洁度的目视评定　第1部分：未涂覆过的钢材表面和全面清除原有涂层后的钢材表面的锈蚀等级和处理等级》（GB/T 8923.1—2011）

⑤《低合金高强度结构钢》（GB/T 1591—2008）

⑥《工字钢用方斜垫圈》（GB/T 852—1988）

⑦《焊缝无损检测　超声检测　技术、检测等级和评定》（GB/T 11345—2013）

⑧《电弧螺柱焊用圆柱头焊钉》（GB/T 10433—2002）

⑨《电弧螺柱焊用无头焊钉》（GB/T 10432.1—2010）

⑩《钢结构用高强度大六角头螺栓》（GB/T 1228—2006）

⑪《钢结构用高强度大六角螺母》（GB/T 1229—2006）

⑫《钢结构用高强度垫圈》（GB/T 1230—2006）

⑬《钢结构用高强度大六角头螺栓、大六角螺母、垫圈技术条件》（GB/T 1231—2006）

⑭《钢结构用扭剪型高强度螺栓连接副》（GB/T 3632—2008）

（3）焊接接头型式与尺寸的标准及代号

①《气焊、焊条电弧焊、气体保护焊和高能束焊的推荐坡口》（GB/T 985.1—2008）

②《埋弧焊的推荐坡口》（GB/T 985.2—2008）

（4）技术标准符号说明

GB——国家标准

GB/T——国家标准（推荐性）

GBJ——工程建设国家标准

CECS——中国工程建设标准化协会标准

JGJ——建筑工业行业标准

JGJ/T——建筑工业行业标准（推荐性）

YB——冶金工业行业标准

YBJ——冶金建筑行业标准

YC——建筑材料行业标准

JBJ/T——机械行业标准（推荐性）

1.5 课程的内容和学习方法

1.5.1 课程的主要内容

钢结构施工技术是土建施工类专业的一门主要课程。本课程从教学实际出发，重点介绍了钢结构的特点、钢结构材料的基本性能、钢结构识图、钢结构的连接施工、钢结构加工制作、钢结构涂装工程施工、钢结构安装施工中的主要技术问题，辅之相配套的实训项目，其内容是钢结构施工技术的延伸。

1.5.2 课程的学习方法

钢结构施工技术是一门理论性和实践性较强的课程，理论体系完善；内容多、涉及面广；要求材料、力学、工厂加工、施工机械、焊接工艺、工程测量等方面的基础知识。

钢结构的构造形式复杂，要求空间想象能力强；学习时一方面要掌握基本材料、构造、加工及工程安装施工方法，同时注意联系工程实践。

要处理好各个章节的独立性和联系性，如钢结构识图、钢结构加工、钢结构连接、钢结构施工、防腐涂料、防水涂料等工作介质是不同的，但是施工工艺和方法有共性，都需要钢结构材料方面的知识，在授课时要注意知识的个性与共性，避免知识的遗漏和重复。对材料、连接、基本构件（梁、柱、屋架、平台、网架）和钢结构施工和验收等内容善于归纳、分析和比较，并不断加深理解，抓住基本问题分析的方法，注重各个章节之间的联系，形成完整的钢结构系统概念。

钢结构制作与安装的复杂性和多样性，要求学生善于利用各种设计资料及最新钢结构成果，综合应用所学知识解决实际工作问题，通过理论学习和实训项目的结合，可以巩固和加深对所学理论的理解，培养分析问题、解决问题的能力。

本课程需积累典型的钢结构工程案例，收集钢结构工程的设计图、深化图、施工方案、施工专项方案、安全专项方案、工程照片、施工安装录像等充实课程教学资源库；充分利用本教材和网上钢结构教学资源库实施教学，发挥学生的主体作用和教师的主导作用，模拟施工安装实训、加工车间的实操训练和施工现场的实习三方面相结合，实现"手脑并用"和"教学做合一"，每个实训项目确保学生将所学知识用于实际工程或模拟工程。

能力训练题

1. 通过网上查阅近期有关钢结构方面的信息，了解目前我国钢结构的发展趋势。

2. 通过网上查阅目前我国和世界上各5座具有代表性的钢结构建筑，按下表填写这些钢结构建筑的基本情况。

序号	名称	建成年限	建筑物总高	层数	形状	结构体系	设计单位	功能介绍
1								
2								
...								

3. 钢结构有哪些优缺点？

4. 与钢结构有关的现行规范、规程、规定有哪些？举例说明。

5. 试分析国家体育场"鸟巢"、游泳中心"水立方"和国家大剧院的钢结构分别属于哪种结构形式。

6. 钢结构施工技术课程有哪些主要内容和特点？

7. 根据学校和当地的实际情况，选择性地完成下篇第13章第13.2节的实训项目。

第2章 钢结构识图

【知识目标】
- 熟悉钢结构施工图的基本组成部分
- 熟悉钢结构施工图的基本内容
- 掌握钢结构施工图中图示符号的名称，看图方法和步骤

【学习目标】
- 通过理论教学和技能实训，熟悉钢结构施工图的基本内容，掌握钢结构施工图中图示符号的名称，具备一定的识图和绘图能力

2.1 钢结构工程施工图基本概念

建造房屋要经过两个过程：一是设计；二是施工。为施工服务的图样称为建筑工程施工图。施工图由于专业的分工不同，又分为建筑施工图（简称建施）、结构施工图（简称结施）和设备施工图。

一套完整的工程施工图一般应按专业顺序编排，由图纸目录、设计施工总说明、建筑施工图、结构施工图、设备施工图等组成。其中，各专业的图纸应按图纸内容的主次关系、逻辑关系，并且遵循"先整体，后局部"以及施工的先后顺序进行排列。图纸编号通常称为图号，其编号方法一般是将专业施工图的简称和排列序号组合在一起，如建施-1、结施-1 等。

目录图纸应包括建设单位名称、工程名称、图纸的类别及设计编号、各类图纸的图号、图名及图幅的大小等，其目的是便于查阅。

为了进一步说明什么是钢结构施工图，在下面将具体介绍图纸的一些基本概念。

2.1.1 建筑施工图与结构施工图的设计

房屋的建造一般需经过设计和施工两个过程。设计工作一般又分为两个阶段：初步设计和施工图设计。对一些技术上复杂而又缺乏设计经验的工程，还增加了技术设计，又称扩大初步设计。

（1）初步设计　设计人员根据设计单位的要求，收集资料、调查研究，经过多方案比较作出初步方案图。初步设计的内容包括平面布置图，建筑平、立、剖面图，设计说明，相关技术和经济指标等。初步方案图需按一定比例绘制，并送交有关部门审批。

（2）技术设计　在已审定的初步设计方案的基础上，进一步解决构件的选型、布置、各工种之间的配合等技术问题，统一各工种之间的矛盾，进行深入的技术分析以及必要的数据处理等。绘制出技术设计图，大型、重要建筑的技术设计图也应报相关部门审批。

（3）施工图设计　施工图设计主要是将已经批准的技术设计图按照施工的要求予以具体化。为施工安装，编制施工预算，安排材料、设备和非标准构配件的制作提供完整、正确的图纸依据。

2.1.2 建筑施工图

建筑施工图一般包括施工总说明（有时包括结构总说明）、总平面图、门窗表、建筑平面图、建筑立面图、建筑剖面图和建筑详图等图纸。

2.1.2.1 设计施工总说明

设计施工总说明应包括工程概况、设计依据、施工要求等。施工总说明主要对图样上未能详细注写的用料和做法等要求作出具体的文字说明。中小型房屋建筑的施工总说明一般放在建

筑施工图内。

2.1.2.2　建筑总平面图

建筑总平面图也称为总图，它是整套施工图中领先的图纸。它是说明建筑物所在的地理位置和周围环境的平面图。建筑总平面图是表明新建房屋所在基地有关范围内的总体布局，它反映新建房屋、构筑物等位置和朝向，室外场地、道路、绿化等的布置，地形、地貌、标高以及原有环境的关系和临街情况等；也是房屋及其他设施施工定位、土方施工以及绘制水、暖、电等管线总平面图和施工总平面图的依据。

建筑总平面图一般包括以下几点。

（1）图名、比例。

（2）应用图例来表明新建区、扩建区或改建区的总体布置，表明各建筑物和构筑物的位置，道路、广场、室外场地和绿化等的布置情况以及各建筑物的层数等。

（3）确定新建或扩建工程的具体位置，一般根据原有建筑或道路来定位，并以 m 为单位标注出定位尺寸。当新建成片的建筑物和构筑物或较大的公共建筑或厂房时，往往用坐标来确定每一建筑物及道路转折点等的位置。当地势起伏较大的地区，还应画出地形等高线。

（4）注明新建房屋底层室内地面和室外整平地面的绝对标高。

（5）画上风向频率玫瑰图及指北针，来表示该地区的常年风向频率和建筑物、构筑物等的朝向，有时也可只画单独的指北针。

2.1.2.3　建筑部分的施工图

建筑部分的施工图主要是说明房屋建筑构造的图纸，简称为建筑施工图，在图框中以"建施××图"标志，以区别其他类图纸。建筑施工图主要将房屋的建筑造型、规模、外形尺寸、细部构造、建筑装饰和建筑艺术表示出来。它包括建筑平面图、建筑立面图、剖面图和建筑构造的大样图，还要注明采用的建筑材料和做法要求等。

建筑施工图是在确定了建筑平面图、立面图、剖面图初步设计的基础上绘制的，它必须满足施工的要求。建筑施工图是表示建筑物的总体布局、外部造型、内部布置、细部构造、内外装饰以及一些固定设施和施工要求的图样，它所表达的建筑构配件、材料、轴线、尺寸和固定设施等必须与结构、设备施工图取得一致，并互相配合与协调。总之，建筑施工图主要用来作为施工放线，砌筑基础及墙身，铺设楼板、楼梯、屋面，安装门窗，室内外装饰以及编制预算和施工组织计划等的依据。详见本章第2.5节中的建筑平面图（图2.27）、立面图（图2.28～图2.30）和剖面图（图2.31）。

2.1.3　钢结构施工图

钢结构施工图部分是说明建筑物基础和主体部分的结构构造和要求的图纸。是以图形和必要的文字、表格描述结构设计结果，是制造厂加工制造构件、施工单位工地结构安装的主要依据。它包括结构类型、结构尺寸、结构标高、使用材料和技术要求以及结构构件的详图和构造。这类图纸在图标上的图号区内常写为"结施××图"。一般有基础图（含基础详图）、上部结构的布置图和结构详图等。具体地说包括结构设计总说明、基础平面图、基础详图、柱网布置图、支撑布置图、各层（包括屋面）结构平面图、框架图、楼梯（雨篷）图、构件及钢结构节点详图等。

结构施工图主要表达结构设计的内容，它是表示建筑物各承重构件（如基础、墙、柱、梁、板、屋架等）布置、形状、大小、材料、构造及其相互关系的图样。它还要反映出其他专业（如建筑、给排水、暖通、电气等）对结构的要求。结构施工图主要用来作为施工放线、挖基槽、支模板、绑扎钢筋、设置预埋件和预留孔洞、浇捣混凝土板，安装钢结构梁、柱等构件以及编制预算和施工组织设计等的依据。

钢结构的施工图数量与工程大小和结构复杂程度有关，一般十几张至几十张。结构施工图的图幅大小、比例、线型、图例、图框以及标注方法等要依据《房屋建筑制图统一标准》（GB/T

50001—2010）和《建筑结构制图标准》（GB/T 50105—2010）进行绘制，以保证制图质量，符合设计、施工和存档的要求。图面要清晰、简明，布局合理，看图方便。具体内容详见案例。

2.1.4　设备施工图

2.1.4.1　电气设备施工图

电气设备的图纸主要是说明房屋内电气设备位置、线路走向、总需功率、用线规格和品种等构造的图纸。分为平面图、系统图和详图，在这类图的前面还有技术要求和施工要求的设计说明文字。

2.1.4.2　给水、排水施工图

这类图纸主要表明一座房屋建筑中需用水点的布置和它用过后排出的装置，俗称卫生设备的布置，上、下水管线的走向，管径大小，排水坡度，使用的卫生设备品牌、规格、型号等。这类图亦分为平面图、透视图（或称系统图）以及详图，还有相应的设计说明。

2.1.4.3　采暖和通风空调施工图

采暖施工图主要是北方需供暖地区要装置的设备和线路的图纸。它有区域的供热管线的总图，表明管线走向、管径、膨胀穴等；在进入一座房屋之后要表示立管的位置（供热管和回水管）和水平管走向，散热器装置的位置、数量、型号、规格和品牌等。图上还应表示出主要部位的阀门和必需的零件。这类图纸分为平面图、透视图（系统图）和详图，以及对施工技术要求等进行说明。

通风空调施工图是在房屋功能日趋提高后出现的。图纸可分为管道走向的平面图和剖面图。图上要表示它和建筑的关系尺寸、管道的长度和断面尺寸、保温的做法和厚度。在建筑上还要表示出回风口的位置和尺寸，以及回风道的建筑尺寸和构造。通风空调中同样也有所要求的技术说明。

2.1.5　施工图的编排顺序

一项工程中各工种图纸的编排一般是全局性图纸在前，说明局部的图纸在后；先施工的在前，后施工的在后；重要的图纸在前，次要的图纸在后。一般顺序为是图纸目录、设计总说明、总平面图、建筑施工图、结构施工图、设备施工图——顺序为水、电、暖。

（1）图纸目录　包括图纸的目录、类别、名称与图号等，目的是便于查找图纸。

（2）设计总说明　包括设计依据，工程的设计规模和建筑面积，工程的用料说明，相对标高与绝对标高的关系，门窗表等。

（3）建筑施工图　主要表示建筑的总体布局，包括总平面图、平面图、立面图、剖面图、构造详图等。

（4）结构施工图　包括结构平面布置图和构件的详图等。

（5）设备施工图　包括给水排水、采暖通风、电气等设备的布置平面图和详图等。

2.1.6　看图的方法和步骤

2.1.6.1　看图的方法

看图的方法一般是先要弄清是什么图纸，要根据图纸的特点来看。将看图经验归结为：从上往下看、从左往右看、从外往里看、由大到小看、由粗到细看，图样与说明对照看，建施与结施结合看。必要时还要把设备图参照看，这样才能得到较好的效果。

2.1.6.2　看图的步骤

拿来图纸后，一般按以下步骤来看图。先把目录看一遍，了解是什么类型的建筑，是工业厂房还是民用房屋，建筑面积有多大，是单层、多层还是高层，是哪个建设单位、哪个设计单位，图纸共有多少张等。这样对这份图纸的建筑类型就有了一点初步认识。

按照图纸目录检查各类图纸是否齐全，图纸编号与图名是否相符合。如采用相配套的标准图，则要看标准图是哪一类的，图集的编号和编制单位。然后把它们准备好放在手边以便到时

可以随时查看。在图纸齐全后就可以按图纸顺序看图了。

看图程序是先看设计总说明，以了解建筑概况、技术要求等，然后再进行看图。一般按目录的排列逐张往下看，如先看建筑总平面图，了解建筑物的地理位置、高程、坐标、朝向以及与建筑物有关的一些情况。作为施工技术人员，看过建筑总平面图以后，就需要进一步考虑施工时如何进行施工的平面布置。

看完建筑总平面图之后，一般先看施工图中的平面图，从而了解房屋的长度、宽度、开间尺寸、开间大小、内部一般的布局等。看了平面图之后可再看立面图和剖面图，从而对建筑物有一个总体的了解。最好是通过看这三种图之后，能在头脑中形成这栋房屋的立体形象，能想象出它的规模和轮廓。这就需要运用自己的生产实践经验和想象能力了。

在对每张图纸经过初步全面的看阅后，在对建筑、结构、水、电设备的大致了解之后，回过头来可以根据施工程序的先后，从基础施工图开始深入看图。

先从基础平面图、剖面图了解挖土的深度，基础的构造、尺寸、轴线位置等开始仔细看图。按照基础→钢结构→建筑→结构设施（包括各类详图）这个施工程序进行看图，遇到问题可以记下来，以便在继续看图中进行解决，或到设计交底时再提出并得到答复。

在看基础施工图时，还应结合看地质勘探图，了解土质情况，以便施工中核对土质构造，保证地基土的质量。在图纸全部看完之后，可按不同工种有关部分进行施工，将图纸再细读。

2.2 钢结构制图标准

2.2.1 图纸的幅面和比例
2.2.1.1 图纸的幅面

图纸的幅面是指图纸尺寸规格的大小，图纸幅面及图框尺寸应符合表2.1的规定。一般A0~A3图纸宜横式使用，必要时也可立式使用。如果图纸幅面不够，可将图纸长边加长，短边不得加长。在一套图纸中应尽可能采用同一规格的幅面，不宜多于两种幅面（图纸目录可用A4幅面除外）。

表 2.1　图纸幅面及图框尺寸　　　　　　单位：mm×mm

幅面 尺寸	A0	A1	A2	A3	A4
$b \times l$	841×1189	594×841	420×594	297×420	210×297

2.2.1.2 图样的比例

图样的比例，应为图形与实物相对应的线性尺寸之比。比例的大小，是指其比值的大小，如1:50大于1:100。比值大于1的比例，称为放大的比例，如5:1；比值小于1的比例，称为缩小的比例，如1:100。建筑工程图中所用的比例，应根据图样的用途与被绘对象的复杂程度从表2.2中选用，并应优先选用表中的常用比例。

表 2.2　图纸常用比例

图　　名	常　用　比　例
总平面图	1:300　1:500　1:1000　1:2000
总图专业的场地断面图	1:100　1:200　1:1000　1:2000
建筑平面图　立面图　剖面图	1:50　1:100　1:150　1:200　1:300
配件及构造详图	1:1　1:2　1:5　1:10　1:15　1:20　1:25　1:30　1:50

图纸上图形应按比例绘制，根据图形用途和复杂程度按常用比例选用。一般情况下，建筑布置的平、立、剖面采用1:100，1:200；构件图用1:50；节点图用1:10，1:15，

1：20，1：25。图形宜选用同一种比例，几何中心线用较小比例，截面用较大比例。

图名一般在图形下面写明，并在图名下绘一粗与一细实线来显示，一般比例注写在图名的右侧。当一张图纸上用一种比例时，也可以只标在图标内图名的下面。标注详图的比例，一般都写在详图索引标志的右下角。

2.2.2 常用的符号

2.2.2.1 标高

标高是表示建筑物的地面或某一部位的高度。在图纸上标高尺寸的注法都是以 m 为单位的。一般标注到小数点后三位，在总平面图上只要注写到小数点后两位就可以了。总平面图上的标高用全部涂黑的三角表示。

在建筑施工图纸上用绝对标高和建筑标高两种方法表示不同的相对高度。它们的标高符号见图 2.1。

绝对标高　是以海平面高度为 0 点（我国以青岛黄海海平面为基准），图纸上某处所注的绝对标高的高度，就是说明该图面上某处的高度比海平面高出的距离。绝对标高一般只用在总平面图上，以标志新建筑处地面的高度。有时在建筑施工图的首层平面也有

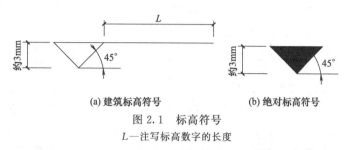

(a) 建筑标高符号　　　　(b) 绝对标高符号

图 2.1　标高符号

L—注写标高数字的长度

注写，例如标注方法▼50.00，表示该建筑的首层地面比黄海海面高出 50m，绝对标高的图式是黑色三角形。

建筑标高　除总平面图外，其他施工图上用来表示建筑物各部位的高度，都是以该建筑物的首层（即底层）室内地面高度作为 0 点（写作±0.000）来计算的。比 0 点高的部位称为正标高，如比 0 点高出 3m 的地方，标成 $\frac{3.000}{\triangledown}$，而数字前面不加 "＋" 号。反之比 0 点低的地方，如室外散水低 45cm，标成 $\frac{0.450}{\triangledown}$，在数字前面加上了 "－" 号。

2.2.2.2 指北针与风玫瑰图

在总平面图及首层的建筑平面图上，一般都绘有指北针，表示该建筑物的朝向。指北针的形式见图 2.2。圆的直径为 8～20mm。主要的画法是在尖头处要注明 "北" 字。如为对外设计的图纸则用 "N" 表示北字。

风玫瑰图是总平面图上用来表示该地区每年风向频率的标志。它是以十字坐标定出东、南、西、北、东南、东北、西南、西北等 16 个方向后，根据该地区多年平均统计的各个方向吹风次数的百分数值绘成的折线图，称为风频率玫瑰图。风玫瑰的形状见图 2.3，此风玫瑰说明该地多年平均的最频风向是西北风。虚线表示夏季的主导风向。

图 2.2　指北针

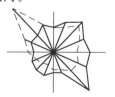

图 2.3　风玫瑰

2.2.2.3 定位轴线和编号

定位轴线及编号圆圈以细实线绘制，圆的直径为 8～10mm。平面及纵横剖面布置图的定位轴线及编号应以设计图为准，横为列，竖为行。横轴线以数字表示，纵轴线以大写字母

表示。

2.2.2.4 构件及截面表示符号

型钢的符号是图纸上为了说明使用型钢的类型、型号，也可用符号表示，详见第 3 章介绍。

构件的符号是为了书写的简便，结构施工图中，构件中的梁、柱、板等一般用构件汉语拼音首字母代表构件名称，常见的构件代号见表 2.3。

表 2.3　常见构件代号

序号	名称	代号	序号	名称	代号	序号	名称	代号
1	板	B	15	吊车梁	DL	29	基础	J
2	屋面板	WB	16	圈梁	QL	30	设备基础	SJ
3	空心板	KB	17	过梁	GL	31	桩	ZH
4	槽形板	CB	18	连系梁	LL	32	柱间支撑	ZC
5	折板	ZB	19	基础梁	JL	33	垂直支撑	CC
6	密肋板	MB	20	楼梯梁	TL	34	水平支撑	SC
7	楼梯板	TB	21	檩条	LT	35	梯	T
8	盖板或地沟盖板	GB	22	屋架	WJ	36	雨篷	YP
9	檐口板或挡雨板	YB	23	托架	TJ	37	阳台	YT
10	吊车安全走道板	DB	24	天窗架	CJ	38	梁垫	LD
11	墙板	QB	25	框架	KJ	39	预埋件	M
12	天沟板	TGB	26	刚架	GJ	40	天窗端壁	TD
13	梁	L	27	支架	ZJ	41	钢筋网	W
14	屋面梁	WL	28	柱	Z	42	钢筋骨架	G

2.2.2.5 符号

（1）索引标志符号。图样中的某一局部或构件需另见详图时，以索引符号索引，如图 2.4 所示。索引符号用圆圈表示，圆圈的直径一般为 8～10mm。索引标志的表示方法有以下几种：所索引的详图，如在本张图纸上，其表示方法见图 2.4(a)；所索引的详图，如不在本张图纸上，其表示方法见图 2.4(b)；所索引的详图，如采用详图标准，其表示方法见图 2.4(c)。

索引符号用于索引剖视详图时，在被剖切的部位绘制剖切位置线，并用引出线引出索引符号，引出线所在一侧表示剖视方向，如图 2.4(d) 所示。

（2）对称符号。施工图中的对称符号由对称线和两对平行线组成。对称线用细点划线表示，平行线用实线表示。平行线长度为 6～10mm，每对平行线的间距为 2～3mm，对称线垂直平分于两对平行线，两端超出平行线 2～3mm，如图 2.5 所示。

（3）剖切符号是剖切符号图形，只表示剖切处的截面形状，并以粗线绘制。

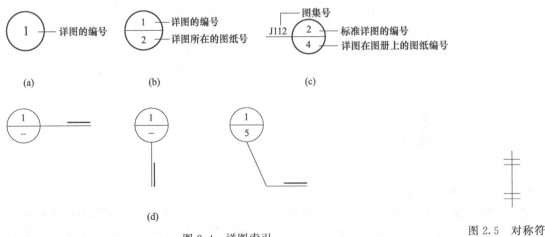

图 2.4　详图索引　　　　　　　　　图 2.5　对称符号

2.3　焊缝及螺栓的表示方法

2.3.1　螺栓、孔、电焊铆钉的表示方法

螺栓、孔、电焊铆钉的表示方法见表 2.4。

表 2.4　螺栓、孔、电焊铆钉的表示方法

序号	名称	图　例	说　明
1	永久螺栓		
2	高强螺栓		
3	安装螺栓		(1)细"+"表示定位线； (2)M 表示螺栓型号； (3)ϕ 表示螺栓孔直径； (4)采用引出线表示螺栓时,横线上标注螺栓规格,横线下标注螺栓孔规格
4	圆形螺栓孔		
5	长圆形螺栓孔		
6	电焊铆钉		

2.3.2　焊缝的表示方法

焊接钢构件的焊缝除应按现行的国家标准《焊缝符号表示法》（GB/T 324—2008）中的规定外，还应符合本节的各项规定。

（1）单面焊缝的标注方法。对于单面焊缝，当引出线的箭头指向对应焊缝所在的一面时，应将焊缝符号和尺寸标注在基准线的上方，如图 2.6(a) 所示；当箭头指向对应焊缝所在的另一面时，应将焊缝符号和尺寸标注在基准线的下方，如图 2.6(b) 所示。

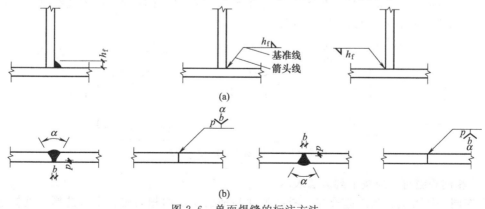

图 2.6　单面焊缝的标注方法

（2）双面焊缝的标注方法。应在基准线的上、下方都标注符号和尺寸。上方表示箭头一面的焊缝符号和尺寸，下方表示另一面的焊缝符号和尺寸；当两面焊缝的尺寸相同时，只需在基准线上方标注焊缝尺寸，如图2.7所示。

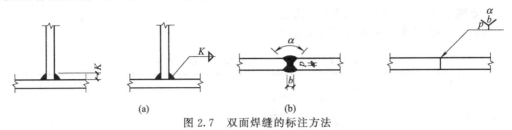

图2.7　双面焊缝的标注方法

（3）3个和3个以上的焊件相互焊接的焊缝，不得作为双面焊缝标注。其焊缝符号和尺寸应分别标注，如图2.8所示。

（4）相互焊接的两个焊件，当为单面带双边不对称坡口焊缝时，引出线箭头必须指向较大坡口的焊件，如图2.9所示。

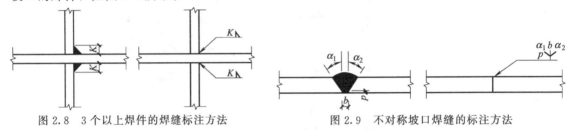

图2.8　3个以上焊件的焊缝标注方法　　　　图2.9　不对称坡口焊缝的标注方法

（5）相互焊接的两个焊件中，当只有1个焊件带坡口时（如单面V形），引出线箭头必须指向带坡口的焊件，如图2.10所示。

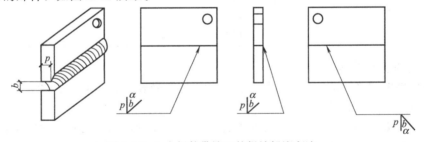

图2.10　1个焊件带坡口的焊缝标注方法

（6）当焊缝分布不规则时，在标注焊缝符号的同时，宜在焊缝处加中实线（表示可见焊缝），或加细线（表示不可见焊缝），如图2.11所示。

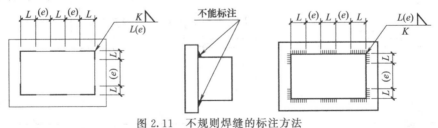

图2.11　不规则焊缝的标注方法

（7）相同焊缝符号应按下列方法表示。

① 在同一图形上，当焊缝形式、断面尺寸和辅助要求均相同时，可只选择一处标注焊缝

的符号和尺寸，并加注"相同焊缝符号"，相同焊缝符号为 3/4 圆弧，绘在引出线的转折角处，如图 2.12(a) 所示。

② 在同一图形上，当有数种相同焊缝时，可将焊缝分类编号标注。在同一

图 2.12　相同焊缝的表示方法

类焊缝中可选择一处标注焊缝符号和尺寸。分类编号采用大写的拉丁字母 A、B、C、…，如图 2.12(b) 所示。

（8）需要在施工现场进行焊接的焊件焊缝，应标注"现场焊缝"符号。现场焊缝符号为涂黑的三角形旗号，绘在引出线的转折处，如图 2.13 所示。

（9）图样中较长的角焊缝（如焊接实腹钢梁的翼缘焊缝），可不用引出线标注，而直接在角焊缝旁标注焊缝尺寸值 K，如图 2.14 所示。

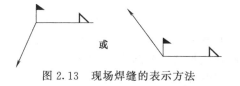

图 2.13　现场焊缝的表示方法

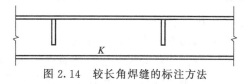

图 2.14　较长角焊缝的标注方法

（10）熔透角焊缝的符号应按图 2.15 的方式标注。熔透角焊缝的符号为涂黑的圆圈，绘在引出线的转折处。

（11）局部焊缝应按图 2.16 方式标注。

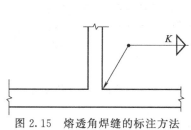

图 2.15　熔透角焊缝的标注方法

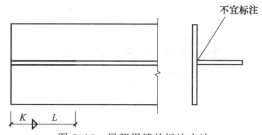

图 2.16　局部焊缝的标注方法

2.3.3　常用焊缝的标注方法

常用焊缝的标注方法见表 2.5。

表 2.5　常用焊缝的标注方法

焊缝名称	形式	标准标注方法
I 形焊缝	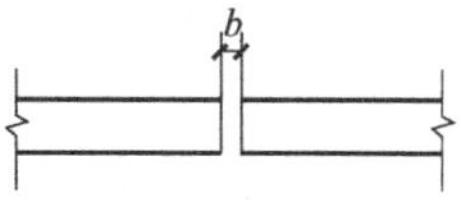	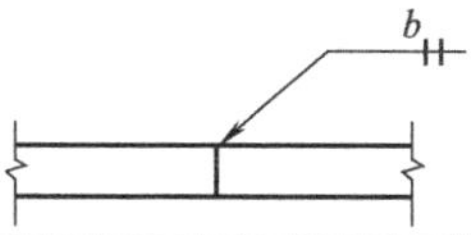
单边 V 形焊缝	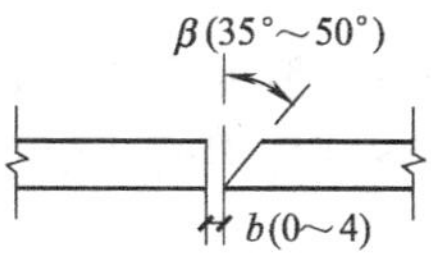	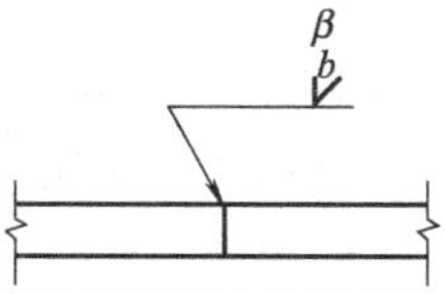
带钝边单边 V 形焊缝	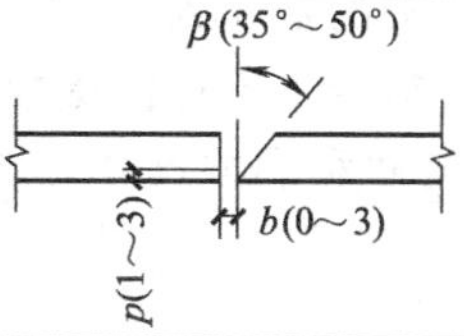	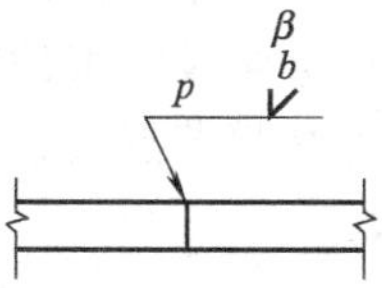

续表

焊缝名称	形 式	标准标注方法
带垫板 V 形焊缝	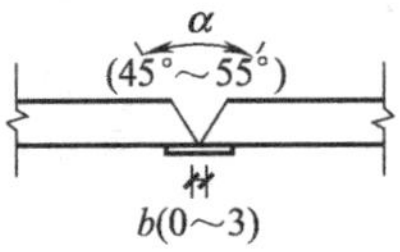 α $(45°\sim 55°)$ $b(0\sim 3)$	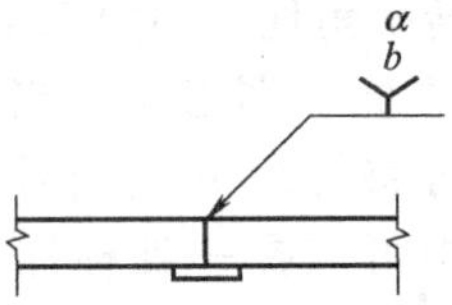 α b
Y 形焊缝	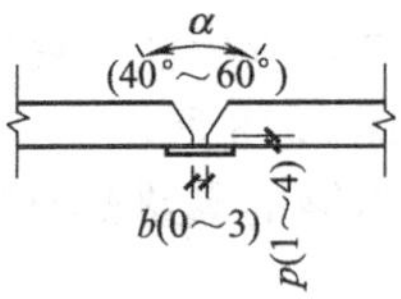 α $(40°\sim 60°)$ $b(0\sim 3)\ p(1\sim 4)$	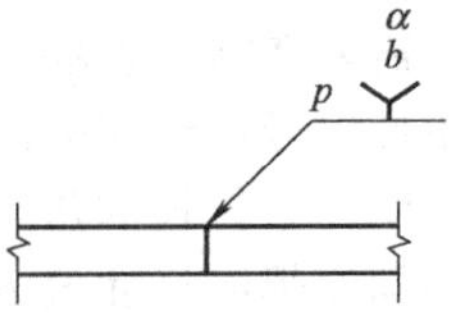 α b p

2.3.4　尺寸标注

（1）两构件的两条很近的重心线，应在交汇处将其各自向外错开，如图 2.17 所示。

（2）弯曲构件的尺寸应沿其弧度的曲线标注弧的轴线长度，如图 2.18 所示。

（3）切割的板材，应标注各线段的长度及位置，如图 2.19 所示。

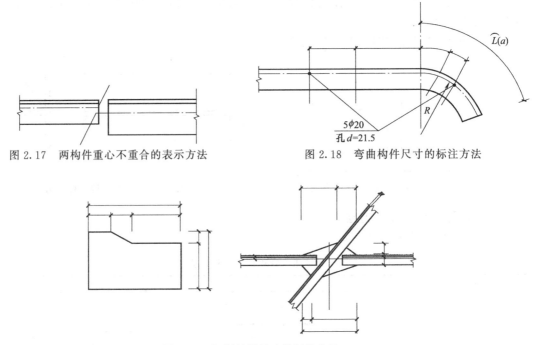

图 2.17　两构件重心不重合的表示方法　　　图 2.18　弯曲构件尺寸的标注方法

图 2.19　切割板材尺寸的标注方法

（4）不等边角钢的构件，必须标注出角钢一肢的尺寸，如图 2.20 所示。

（5）节点尺寸，应注明节点板的尺寸和各杆件螺栓孔中心或中心距，以及杆件端部至几何中心线交点的距离，如图 2.21 所示。

（6）双型钢组合截面的构件，应注明缀板的数量及尺寸，如图 2.22 所示。引出横线上方标注缀板的数量及缀板的宽度、厚度，引出横线下方标注缀板的长度尺寸。

（7）非焊接节点板，应注明节点板的尺寸和螺栓孔中心与几何中心线交点的距离，如图 2.23 所示。

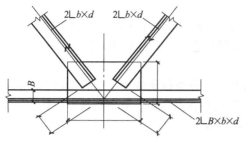

图 2.20　节点尺寸及不等边角钢的标注方法

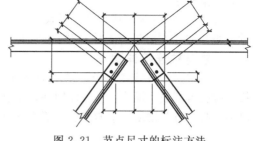

图 2.21　节点尺寸的标注方法

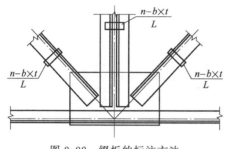

图 2.22　缀板的标注方法

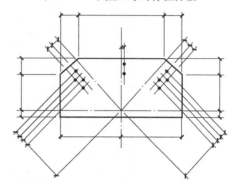

图 2.23　非焊接节点板尺寸的标注方法

2.4　钢结构节点详图的识读

钢结构的连接有焊缝连接、铆钉连接、普通螺栓连接和高强度螺栓连接，其连接部位统称为节点。连接设计是否合理。直接影响到结构的使用安全，施工工艺和工程造价，钢结构设计节点十分重要。钢结构节点设计的原则是安全可靠，构造简单，施工方便和经济合理。

2.4.1　梁柱节点连接详图

梁柱连接按转动刚度不同分为刚性、半刚性和铰接三类。图 2.24 为梁柱连接的节点详图。在此连接详图中，梁柱连接采用螺栓和焊缝的混合连接，梁翼缘与柱翼缘为剖口对接焊缝，为保证焊透，施焊时梁翼缘下面需设小衬板，衬板反面与柱翼缘相接处宜用角焊缝补焊。梁腹板与柱翼缘用螺栓与剪切板相连接，剪切板与柱翼缘采用双面角焊缝，此连接节点为刚性连接。

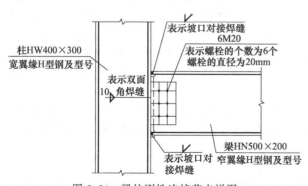

图 2.24　梁柱刚性连接节点详图

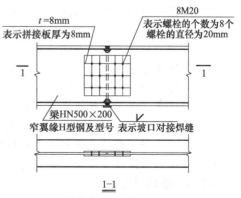

图 2.25　梁拼接节点详图

2.4.2 梁拼接详图

图2.25为梁拼接连接详图。从图中可以看出，两段梁拼接采用螺栓和焊缝混合连接，梁翼缘为坡口对接焊缝连接，腹板采用两侧双盖板高强螺栓连接，此连接为刚性连接。

2.4.3 柱与柱连接详图

图2.26为柱与柱连接详图。在此详图中，可知此钢柱为等截面拼接，拼接板均采用双盖板连接，螺栓为高强度螺栓。作为柱构件，在节点处要求能够传递弯矩、剪力和轴力，柱连接必须为刚性连接。有关钢结构中的连接介绍详见第13章13.3节。

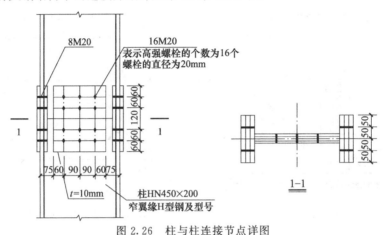

图2.26　柱与柱连接节点详图

2.5　钢结构工程施工图实例

2.5.1　工程概况

本工程为某集中供热锅炉房，结构形式为单层轻型门式刚架，门式刚架结构跨度18m，刚架最高柱顶标高4.450m。本工程抗震设防分类为乙类，场地类别为二类，建筑抗震设防烈度为8度，设计基本加速度值为0.20g，设计地震分组为第二组。

2.5.2　建筑施工图

该供热锅炉房的建筑施工图的平面图、立面图、剖面图分别见图2.27～图2.31。

2.5.3　钢结构施工图

本节重点介绍该供热锅炉房钢结构工程结构施工图设计的一般规定和基本组成。

2.5.3.1　结构设计总说明

结构设计总说明是结构施工图的前言，一般包括结构设计概况、设计依据和遵循的规范，主要荷载取值（风、雪、恒、活荷载以及设防烈度等），材料（钢材、焊条、螺栓等）的牌号或级别，加工制作、运输、安装的方法、注意事项、操作和质量要求，防火与防腐，图例，以及其他不易用图形表达或为简化图面而改用文字说明的内容（如未注明的焊缝尺寸、螺栓规格、孔径等）。除了总说明外，必要时在相关图纸上还需提供有关设计材质、焊接要求、制造和安装的方式、注意事项等文字内容。

结构设计总说明要简要、准确、明了，要用专业技术术语和规定的技术标准，避免漏说、含糊及措辞不当。否则，会影响钢构件的加工、制作与安装质量，影响编制预决算进行招标投标和投资控制，以及安排施工进度计划。

2.5.3.2　基础平面图

基础图是表示建筑物室内地面以下基础部分的平面布置和详细构造的图样，它是施工时放线、开挖基坑和施工基础的依据。基础图通常包括基础平面图和基础详图。

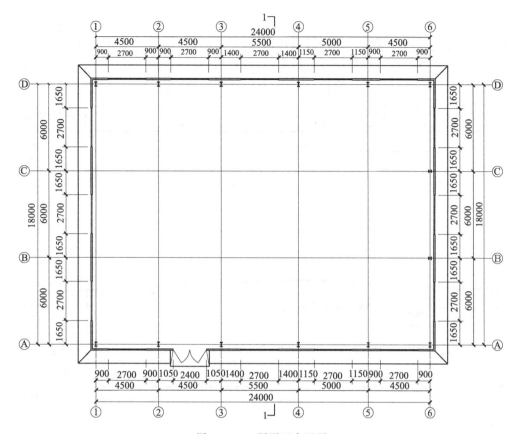

图 2.27　一层平面布置图

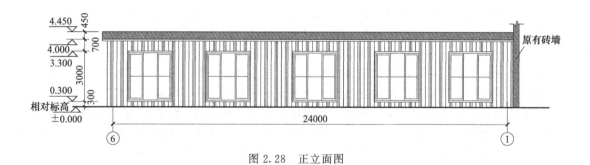

图 2.28　正立面图

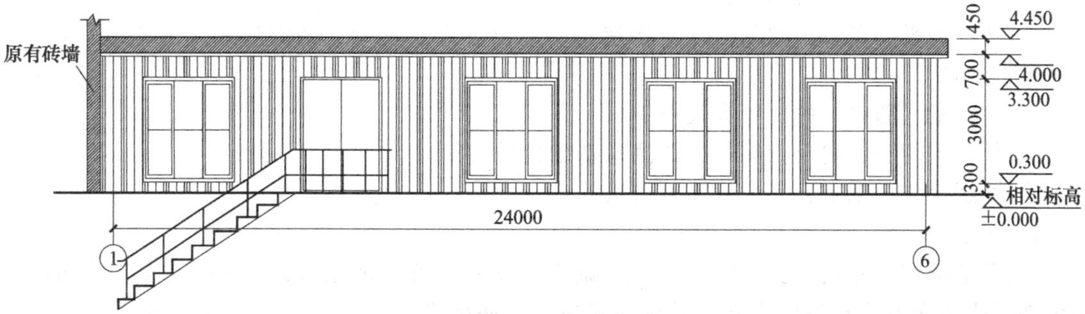

图 2.29　背立面图

450
700
3000
300
4.450
4.000
3.300
0.300
相对标高
±0.000
18000
A
D

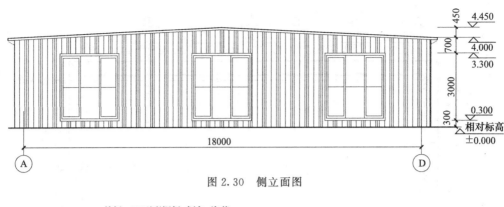

图 2.30 侧立面图

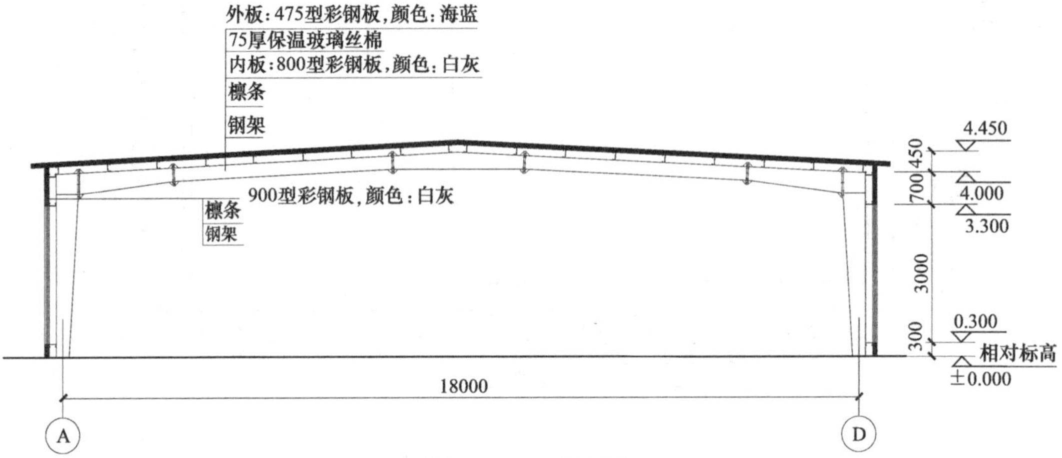

外板：475型彩钢板，颜色：海蓝
75厚保温玻璃丝棉
内板：800型彩钢板，颜色：白灰
檩条
钢架
900型彩钢板，颜色：白灰
檩条
钢架
4.450
450
700
4.000
3.300
3000
0.300
300
相对标高
±0.000
18000
A
D

图 2.31 1-1 剖面图

(1) 基础平面图。基础平面图是表示基础在基槽未回填时基础平面布置的图样，主要用于基础的平面定位、名称、编号以及各基础详图索引号等，制图比例可取 1∶100 或 1∶200。

在基础平面图中，只要画出基础墙、构造柱、承重柱的断面以及基础地面的轮廓线，基础墙和柱的外形线是剖切的轮廓线，应画成粗实线。至于基础的细部投影都可省略不画，将具体在基础详图中表示。条形基础和独立基础的外形线是可见轮廓线，则画成中实线。基础平面图中必须表明基础的大小尺寸和定位尺寸。基础代号注写在基础剖切线的一侧，以便在相应的基础断面图中查到基础底面的宽度。基础的定位尺寸也就是基础墙、柱的轴线尺寸（应注意它们的定位轴线及其编号必须与建筑平面图相一致）。基础平面图的主要内容概括如下：

① 图名、比例；

② 纵横定位轴线及其编号；

③ 基础的平面布置，即基础墙、构造柱、承重柱以及基础底面的形状、大小及其与轴线的关系；

④ 基础梁（圈梁）的位置和代号；

⑤ 断面图的剖切线及其编号（或注写基础代号）；

⑥ 轴线尺寸、基础大小尺寸和定位尺寸；

⑦ 施工说明；

⑧ 当基础底面标高有变化时，应在基础平面图对应部位的附近画出一段基础垫层的垂直剖面图，来表示基底标高的变化，并标注相应的基底标高。

(2) 基础详图。基础详图一般采用垂直断面图来表示，主要绘制各基础的立面图、剖

（断）面图，内容包括基础组成、做法、标高、尺寸、配筋、预埋件、零部件（钢板、型钢、螺栓等）编号，比例可取 1∶10 到 1∶50。基础详图的主要内容概括如下：

① 图名、比例；

② 基础断面图中轴线及其编号（若为通用断面图，则轴线圆圈内不予编号）；

③ 基础断面形状、大小、材料、配筋；

④ 基础梁和基础圈梁的截面尺寸及配筋；

⑤ 基础圈梁与构造柱的连接做法；

⑥ 基础断面的详细尺寸、锚栓的平面位置及其尺寸和室内外地面、基础垫层底面的标高；

⑦ 防潮层的位置和做法；

⑧ 施工说明等。

图 2.32 是门式刚架工程的基础预埋锚栓平面布置图，其中在基础平面布置图中应反映锚栓的布置情况。

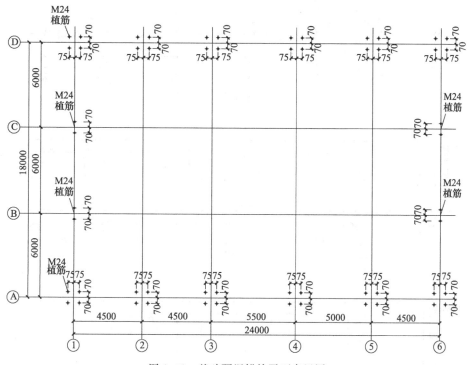

图 2.32　基础预埋锚栓平面布置图

2.5.4　结构平面图

表示房屋上部结构布置的图样，称为结构布置图。在结构布置图中，采用最多的是结构平面图的形式。它是表示建筑物室外地面以上各层平面承重构件布置的图样，是施工时布置或安放各层承重构件的依据。

从二层到屋面，各层均需绘制结构平面图。当有标准层时，相同的楼层可绘制一个标准层结构平面图，但需注明从哪一层至哪一层及相应标高。楼层结构平面图的内容包括梁柱的位置、名称、编号，连接节点的详图索引号，混凝土楼板的配筋图或预制楼板的排板图，也包括支撑的布置。结构平面图的制图比例一般取 1∶100。由图 2.33 可知，该工程门式刚架 GJ-1 有 5 榀，GJ-2 有 1 榀；抗风柱 2 根；另外，结构平面布置图也反映了柱间支撑和屋面支撑的布置、系杆的布置的情况。

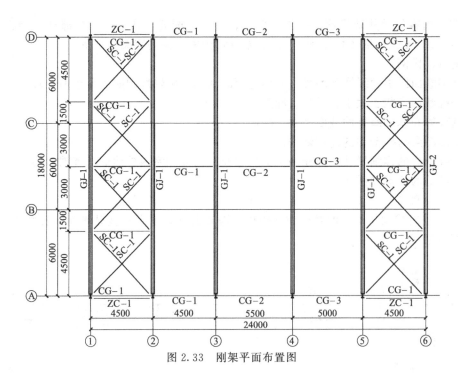

图 2.33　刚架平面布置图

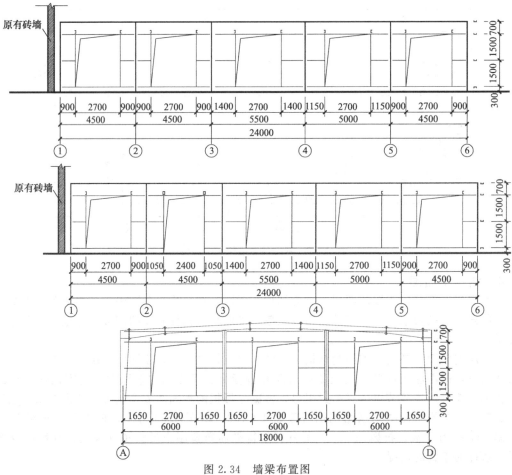

图 2.34　墙梁布置图

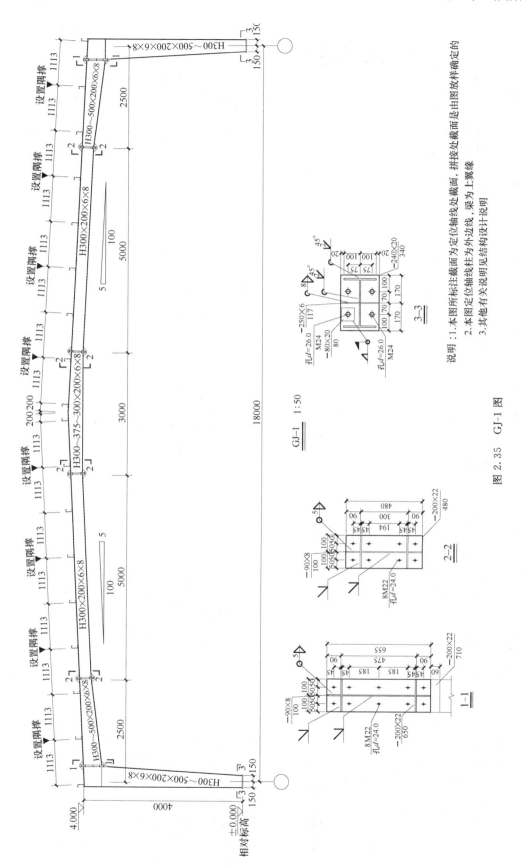

图 2.35　GJ-1 图

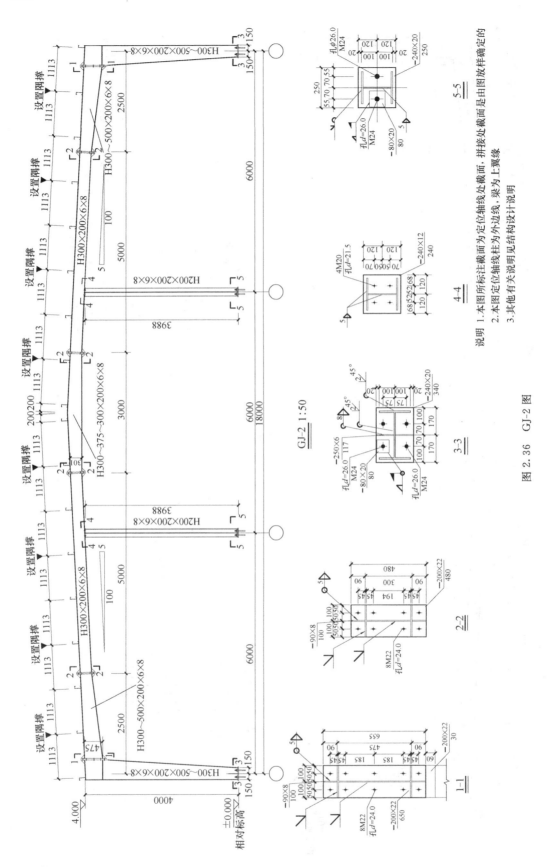

图 2.36　GJ-2 图

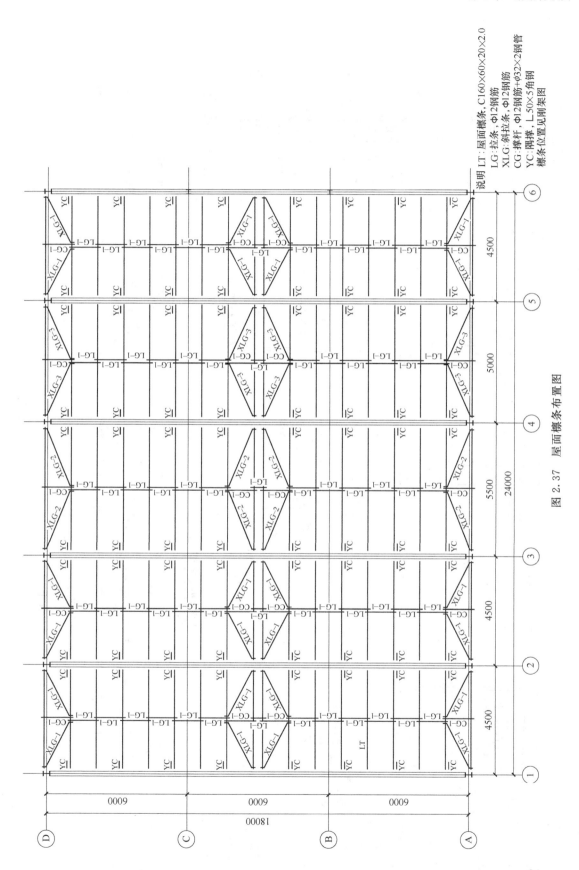

图 2.37 屋面檩条布置图

说明 LT：屋面檩条，C160×60×20×2.0
LG：拉条，Φ12钢筋
XLG：斜拉条，Φ12钢筋
CG：撑杆，Φ12钢筋+φ32×2钢管
YC：隅撑，L50×5角钢
檩条位置见刚架图

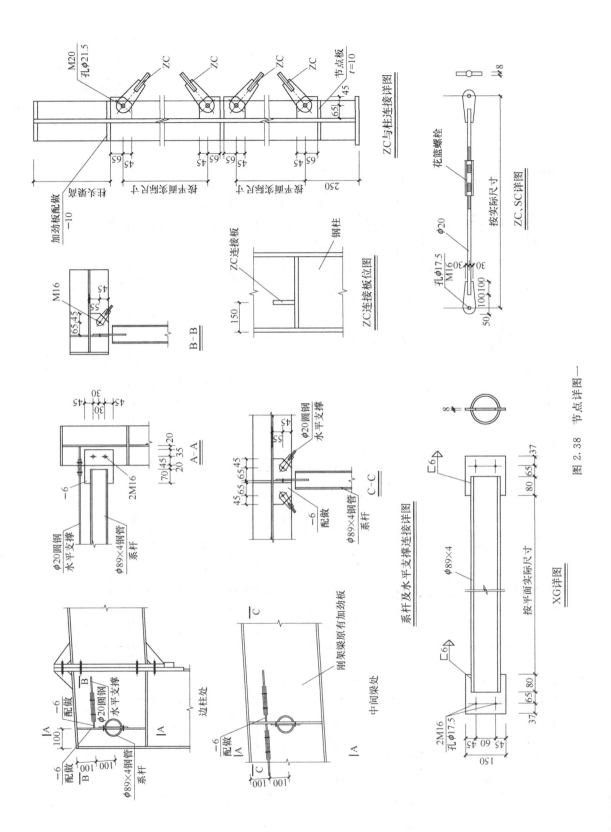

图 2.38　节点详图一

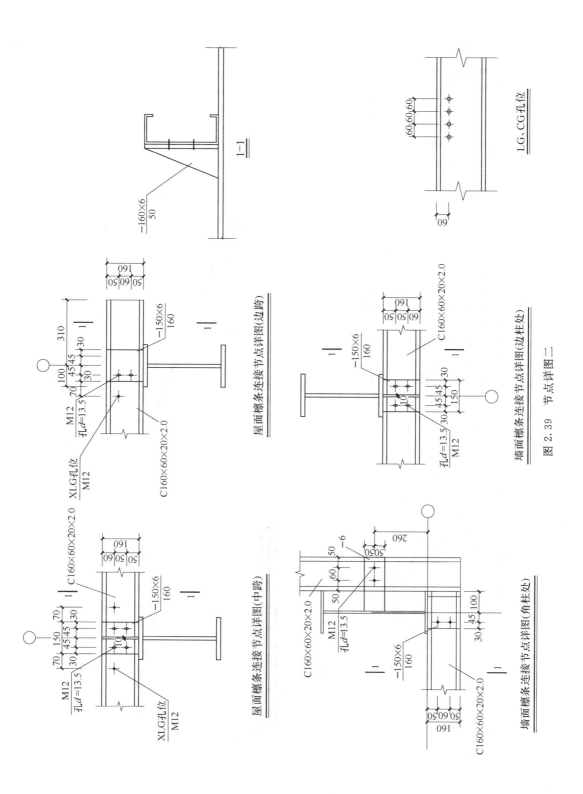

图 2.39　节点详图二

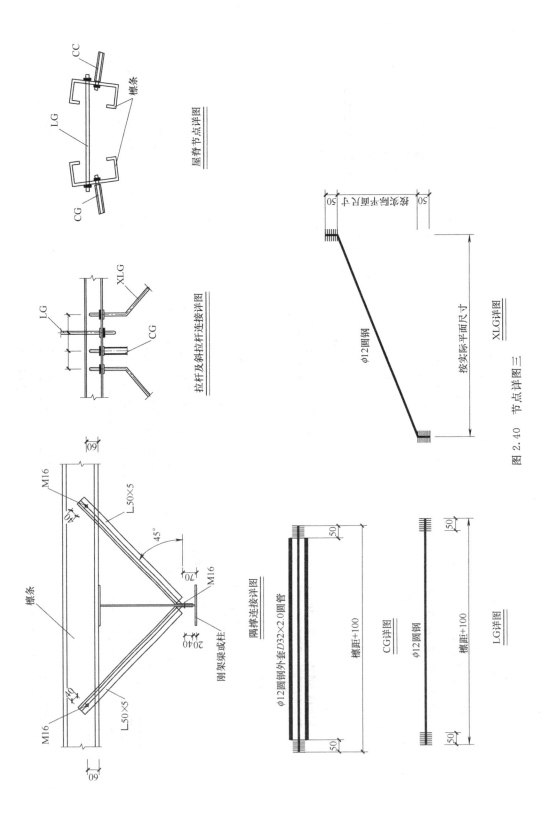

屋脊节点详图

拉杆及斜拉杆连接详图

XLG详图

隅撑连接详图

CG详图

LG详图

图 2.40 节点详图三

2.5.5 钢框架、门式刚架施工图及其他详图

在单层、多层钢框架和门式刚架结构中，框架和刚架的榀数很多，但为了简化设计和方便施工，通常将层数、跨度相同且荷载区别不大的框架和刚架按最不利情况归类设计成一种，因此框架和刚架的种类较少，一般有一到几种。框架和刚架图即用于绘制各类框架和刚架的立面组成、标高、尺寸、梁柱编号名称，以及梁与柱、梁与梁、柱与柱的连接详图索引号等，如在框架和刚架平面内有垂直支撑，还需绘制支撑的位置、编号和节点详图索引号、零部件编号等。框架和刚架图的制图比例可有两个，轴线比例一般取 1：50 左右，构件横截面比例可取1：10～1：30。

该工程墙梁布置见图 2.34；门式刚架具体尺寸和细部构造见图 2.35 和图 2.36；屋面檩条布置图见图 2.37；支撑图详图见图2.38～图 2.40。

楼梯图和雨篷图分别绘制出楼梯和雨篷的结构平、立（剖）面详图，包括标高、尺寸、构件编号（配筋）、节点详图、零部件编号等。

构件图和节点详图应详细注明全部零部件的编号、规格、尺寸，包括加工尺寸、拼装尺寸、孔洞位置等，制图比例一般为 1：10 或 1：20。材料表用于配合详图进一步明确各零部件的规格、尺寸，按构件（并列出构件数量）汇总全部零部件的编号、截面规格、长度、数量、重量和特殊加工要求，为材料准备、零部件加工和保管以及技术指标统计提供资料和方便。除了总说明外，必要时在相关图纸上还需提供有关设计、材质、焊接要求、制造和安装的方式、涂装、注意事项等文字内容。图 2.38～图 2.40 是该工程门式刚架工程的刚架节点施工详图。

能力训练题

1. 简述钢结构设计详图与施工图的主要区别。

2. 钢结构施工图内容有哪些？施工图是如何编排顺序的？

3. 简述钢结构焊缝符号的组成。

4. 看施工图的步骤和方法是什么？

5. 识读附录的钢结构施工图。

6. 选取附录中的一幅施工图进行绘图练习，通过绘图进一步熟悉钢结构施工图的作图要求。

第3章 钢结构材料

【知识目标】
- 了解钢结构所用材料、品种、规格；熟悉钢结构材料选用要求
- 熟悉钢结构材料的基本性能和钢材的基本知识

【学习目标】
- 通过理论教学和技能实训，学生能够了解钢结构所用材料、品种、规格；熟悉钢材材料的力学性能和材料基本知识

钢结构的含义极为广泛，从广义上讲，凡是以钢铁为基材，经过机械加工组装而成的结构件，均属钢结构的范畴。但是，钢材的种类很多，性能差别也很大，其用途也不同，而适用于建筑钢结构的钢材只是其中的一部分。为此，首先要了解钢结构常用材料的品种、规格及基本性能。

3.1 基础知识

3.1.1 黑色金属、钢和有色金属的基本概念

（1）黑色金属主要是指铁和铁的合金，如钢、生铁、铁合金、铸铁等。钢和生铁都是以铁为基础，以碳为主要添加元素的合金，统称为铁碳合金。

生铁是指把铁矿石放到高炉中冶炼而成的产品，主要用来炼钢和制造铸件。把铸造生铁放在熔铁炉中熔炼，即得到铸铁（液状），把液状铸铁浇铸成铸件，这种铸铁叫铸铁件。铁合金是由铁与硅、锰、铬、钛等元素组成的合金，铁合金是炼钢的原料之一，在炼钢时作钢的脱氧剂和合金元素添加剂用。

（2）把炼钢用生铁放到炼钢炉内按一定工艺熔炼，即得到钢。钢的产品有钢锭、连铸坯和直接铸成各种钢铸件等。通常所讲的钢，一般是指轧制成各种钢材的钢。钢属于黑色金属，但钢不完全等于黑色金属。

（3）有色金属又称非铁金属，指除黑色金属外的金属和合金，如铜、锡、铅、锌、铝以及黄铜、青铜、铝合金和轴承合金等。另外在工业上还采用铬、镍、锰、钼、钴、钒、钨、钛等，这些金属主要用作合金附加物，以改善金属的性能，其中钨、钛、钼等多用以生产刀具用的硬质合金。以上这些有色金属都称为工业用金属，此外还有贵重金属（铂、金、银等）和稀有金属，包括放射性的铀、镭等。

3.1.2 常用钢材的分类

钢铁是钢和生铁的统称。钢和铁都是以铁和碳为主要元素组成的合金，是应用最广、用量最大的金属材料。钢铁材料分为生铁、铸铁和钢三类。碳含量（质量比例）大于2%时称为生铁，碳含量为 2.5%～3.5% 时称为铸铁或铸钢，钢是碳的质量分数小于 2.11% 的铁碳合金。因其资源丰富，可以进行大规模工业化生产，并且性能优异，可以通过各种加工处理来改变其形状、尺寸和性能，故而能更好地满足国民经济发展和人们的多种需求。目前，钢材的生产量和消费量都非常大，已成为最重要的一种工业建筑材料。

（1）按建筑用途分类 根据建筑用途分类，钢材可分为碳素结构钢、焊接结构耐候钢、高

耐候性结构钢和桥梁用结构钢等专用结构钢。在建筑结构中，较为常用的是碳素结构钢和桥梁用结构钢。

（2）按化学成分分类　按照化学成分的不同，还可以把钢分为碳素钢和合金钢两大类。

① 碳素钢。碳素钢是指含碳量小于 1.35%（0.1%～1.2%）含锰量不大于 1.2%，含硅量不大于 0.4%，并含有少量硫磷杂质的铁碳合金。根据钢材含碳量的不同，可把钢划分为以下三种。

低碳钢：碳的质量分数小于 0.25% 的钢。

中碳钢：碳的质量分数在 0.25%～0.60% 之间的钢。

高碳钢：碳的质量分数大于 0.60% 的钢。

此外，碳含量小于 0.02% 的钢又称工业纯铁。建筑钢结构主要使用碳素钢。

② 合金钢。在碳素钢中加入一种或两种的合金元素以提高钢材性能的钢，称为合金钢。根据钢中合金元素含量的多少，可分为以下三种。

低合金钢：合金元素总的质量分数小于 5% 的钢。

中合金钢：合金元素总的质量分数在 5%～10% 之间的钢。

高合金钢：合金元素总的质量分数大于 10% 的钢。

根据钢中所含合金元素的种类的多少，又可分为二元合金钢、三元合金钢以及多元合金钢等钢种，如锰钢、铬钢、硅锰钢、铬锰钢、铬钼钢等。

（3）按品质分类　根据钢中所含有害杂质的多少，工业用钢通常分为普通钢、优质钢和高级优质钢三大类。

① 普通钢。一般硫含量不超过 0.050%，但对酸性转炉钢的硫含量适当放宽，属于这类的如普通碳素钢。普通碳素钢按技术条件又可分为以下三种。

甲类钢：只保证机械性能的钢。

乙类钢：只保证化学成分，但不必保证机械性能的钢。

特类钢：既保证化学成分，又保证机械性能的钢。

② 优质钢。在结构钢中，硫含量不超过 0.045%，碳含量不超过 0.040%；在工具钢中硫含量不超过 0.030%，碳含量不超过 0.035%。对于其他杂质，如铬、镍、铜等的含量都有一定的限制。

③ 高级优质钢。属于这一类的一般都是合金钢。钢中硫含量不超过 0.020%，碳含量不超过 0.030%，对其他杂质的含量要求更加严格。

上述几种分类方法较为常用或常见，另外还有其他的分类方法。其主要分类方法见表3.1。应该说明的是各种分类方法不存在好与不好的问题，主要是由于不同需要或不同场合而采用不同的分类方法。在有些情况下，这几种分类方法往往混合使用。

3.1.3　钢材缺陷术语

钢材的常用缺陷术语如表 3.2 所示。

表 3.1　钢的分类

方　法		分　类
按品质分类		普通钢（P≤0.045%～0.085%，S≤0.055%～0.065%）；优质钢（P≤0.030%～0.040%，S≤0.030%～0.045%）；高级优质钢（P≤0.027%～0.035%）
按化学成分分类	碳素钢	低碳钢（C≤0.25%）；中碳钢（0.25%＜C≤0.60%）；高碳钢（C＞0.60%）
	合金钢	（1）低合金钢（合金元素总含量≤5%）；（2）中合金钢（合金元素总含量在 5%～10% 之间）；（3）高合金钢（合金元素总含量＞10%）
按成型方法分类		（1）锻钢；（2）铸钢；（3）热轧钢；（4）冷拉钢；（5）冷轧钢

方 法			分 类
按用途分类	建筑及工程用钢		(1)碳素结构钢;(2)低合金高强度结构钢;(3)钢筋混凝土用钢
	结构钢	机械制造用钢	(1)调质结构钢;(2)表面硬化结构钢:包括渗碳钢、渗氮钢、表面淬火用钢;(3)易切结构钢;(4)冷塑性成型用钢:包括冷冲压用钢、冷镦用钢
		弹簧钢;轴承钢	
	工具钢		(1)碳素工具钢;(2)合金工具钢;(3)高速工具钢
	特殊性能钢		(1)不锈耐酸钢;(2)耐热钢(抗氧化钢、热强钢、气阀钢);(3)电热合金钢;(4)耐磨钢;(5)低温用钢;(6)电工用钢;(7)磁钢
	专业用钢		如桥梁用钢、船舶用钢、锅炉用钢、压力容器用钢、农机用钢、汽车、航空化工等
综合分类	普通钢	碳素结构钢	Q195,Q215(A,B),Q235(A,B,C,D),Q255(A,B),Q275(A,B,C,D)
		低合金结构钢和特定用途的普通结构钢	
	优质钢(包括高级优质钢)	结构钢	(1)优质碳素结构钢;(2)合金结构钢;(3)弹簧钢;(4)易切钢;(5)轴承钢;(6)特定用途优质结构钢
		工具钢	(1)碳素工具钢;(2)合金工具钢;(3)高速工具钢
		特殊性能钢	(1)不锈耐酸钢;(2)耐热钢;(3)电热合金钢;(4)电工用钢;(5)高锰耐磨钢
按冶炼方法分类	按炉种分	平炉钢转炉钢	(1)酸性转炉钢;(2)碱性转炉钢 或(1)底吹转炉钢;(2)侧吹转炉钢;(3)顶吹转炉钢
		电炉钢	(1)电弧炉钢;(2)电渣炉钢;(3)感应炉钢;(4)真空自耗炉钢;(5)电子束炉钢
	按脱氧程度和浇制分		(1)沸腾钢F;(2)半镇静钢;(3)镇静钢Z;(4)特殊镇静钢TZ

表 3.2 钢材常用缺陷术语

序号	名 称	说 明
1	圆度	圆形截面的轧材,如圆钢和圆形钢管的横截面上,各个方向上的直径不等
2	形状不正确	轧材横截面几何形状歪斜、凹凸不平,如六角钢的六边不等、角钢顶角大、型钢扭转等
3	厚薄不均	钢板(或钢带)各部位的厚度不一样,有的两边厚而中间薄,有的边部薄而中间厚,也有的头尾差超过规定
4	弯曲度	轧件在长度或宽度方向不平直,呈曲线状
5	镰刀弯	钢板(或钢带)的长度方向在水平面上向一边弯曲
6	瓢曲度	钢板(或钢带)在长度和宽度方向同时出现高低起伏的波浪现象,使其成为"瓢形"或"船形"
7	扭转	条形轧件沿纵轴扭成螺旋状
8	脱方、脱矩	方形、矩形截面的材料对边不等或截面的对角线不等
9	拉痕(划道)	呈直线沟状,肉眼可见到沟底分布于钢材的局部或全长
10	裂纹	一般呈直线状,有时呈Y形,多与拔制方向一致,但也有其他方向,一般开口处为锐角
11	重皮(结疤)	表面呈舌状或鱼鳞状的翘起薄片:一种是与钢的本体相联结,并折合到表面上不易脱落;另一种是与钢的本体没有联结,但黏合到表面易于脱落
12	折叠	钢材表面局部重叠,有明显的折叠纹

序号	名　称	说　明
13	锈蚀	表面生成的铁锈,其颜色由杏黄色到黑红色,除锈后,严重的有锈蚀麻点
14	发纹	表面发纹是深度甚浅,宽度极小的发状细纹,一般沿轧制方向延伸形成细小纹缕
15	分层	钢材截面上有局部的、明显的金属结构分离,严重时则分成2~3层,层与层之间有肉眼可见的夹杂物
16	气泡	表面无规律地分布呈圆形的大大小小的凸包,其外缘比较圆滑。大部是鼓起的,也有的不鼓起而经酸洗平整后表面发亮,其剪切断面有分层
17	麻点(麻面)	表面呈现局部的或连续的成片粗糙面,分布着形状不一、大小不同的凹坑,严重时有类似橘子皮状的,比麻点大而深的麻斑
18	氧化颜色	钢板(或钢带)经退火后在表面上呈现出浅黄色、深棕色、浅蓝色、深蓝色或亮灰色等
19	辊印	表面有带状或片状的周期性轧辊印,其压印部位较亮,且没有明显的凸凹感觉
20	疏松	钢的不致密性的表现。切片经过酸液侵蚀以后,扩大成许多洞穴,根据其分布可分:一般疏松、中心疏松
21	偏析	钢中各部分化学成分和非金属夹杂物不均匀分布的现象。根据其表现形式可分:树枝状、方框形、点状偏析和反偏析等
22	缩孔残余	在横向酸浸试片的中心部位,呈现不规则的空洞或裂缝。空洞或裂缝中往往残留着外来杂质
23	非金属夹杂物	在横向酸性试片上见到一些无金属光泽,呈灰白色、米黄色和暗灰色等色彩,系钢中残留的氧化物、硫化物、硅酸盐等
24	金属夹杂物	在横向低倍试片上见到一些有金属光泽与基体金属显然不同的金属盐
25	过烧	观察经侵蚀后的显微组织时,往往在网络状氧化物周围的基体金属上可看到脱碳组织,其他金属如铜及其合金则有氧化铜沿晶界呈网络状或点状向试样内部延伸
26	脱碳	钢的表层碳分较内层碳分降低的现象称为脱碳。全脱碳层是指钢的表面因脱碳而呈现全部为铁素体组织部分;部分脱碳是指在全脱碳层之后到钢的含碳量未减少的组织
27	晶粒粗大	酸浸试片断口上有强烈金属光泽
28	白点	它是钢的内部破裂的一种。在钢件的纵向断口上呈圆形或椭圆形的银白色斑点,在经过磨光和酸蚀以后的横向切片上,则表现为细长的发裂,有时呈辐射状分布,有时则平行于变形方向或无规则地分布

3.1.4　钢材常用的标准术语

钢材常用的标准术语如表 3.3 所示。

表 3.3　钢材常用标准术语

序号	名　称	说　明
1	标准	标准是对重复性事物和概念所做的统一规定。它以科学、技术和实践经验的综合成果为基础,经有关方面协商一致,由主管机构批准,以特定形式发布,作为共同遵守的准则和依据。目前,我国钢铁产品执行的标准有国家标准(GB、GB/T)、行业标准(YB)、地方标准和企业标准
2	技术条件	标准中规定产品应该达到的各项性能指标和质量要求称为技术条件,如化学成分、外形尺寸、表面质量、物理性能、力学性能、工艺性能、内部组织,交货状态等

序号	名　　称	说　　　明
3	保证条件	按照金属材料技术条件的规定,生产厂应该进行检验并保证检验结果符合规定要求的性能、化学成分、内部组织等质量指标,称为保证条件: (1)基本保证条件:又称为必保条件,是指标准中规定的,无论需方是否在订货合同中提出要求,生产厂必须进行检验并保证检验结果符合规定的项目; (2)附加保证条件:是标准中规定的,只要需方在合同中注明要求,生产厂就必须进行检验并保证检验结果符合规定的项目; (3)协议保证条件:在标准中没有规定,而经供需双方协议并在合同中注明加以保证的项目,称为协议保证条件; (4)参考条件:标准中没有规定,或有规定而不要求保证,由需方提出并经供需双方协商一致进行检验的项目,其结果仅供参考,不作考核,称为参考条件
4	质量证明书	金属材料的生产和其他工业产品的生产一样,是按统一的标准规定进行的,执行产品出厂检验制度,不合格的金属材料不准交货。对于交货的金属材料,生产厂提供质量证明书以保证其质量。金属材料的质量证明书不仅说明材料的名称、规格、交货件数、重量等,而且还提供规定的保证项目的全部检验结果。 质量证明书,是供方对该批产品检验结果的确认和保证,也是需方进行复检和使用的依据
5	质量等级	按钢材表面质量、外形及尺寸允许偏差等要求不同,将钢材质量划分为若干等级。例如一级品、二级品。有时针对某一要求制定不同等级,例如针对表面质量分为一级、二级、三级,针对表面脱碳层深度分为一组、二组等,均表示质量上的差别
6	精密等级	某些金属材料,标准中规定有几种尺寸允许偏差,并且按尺寸允许偏差大小不同,分为若干等级,称为精度等级。精度等级按允许偏差分为普通精度、较高精度、高级精度。精度等级愈高,其允许的尺寸偏差就愈小。在订货时,应注意将精度等级要求写入合同等有关单据中
7	型号	金属材料的型号是指用汉语拼音(或拉丁文)字母和一个或几个数字来表示不同形状、类别的型材及硬质合金等产品的代号。数字表示主要部位的公称尺寸
8	牌号	金属材料的牌号,是给每一种具体的金属材料所取的名称。钢的牌号又称钢号。我国金属材料的牌号,一般都能反映出化学成分。牌号不仅表明金属材料的具体品种,而且根据它可以大致判断其质量。这样,牌号就简便地提供了具体金属材料质量的共同概念,从而为生产、使用和管理等工作带来很大方便
9	规格	规格是指同一品种或同一型号金属材料的不同尺寸。一般尺寸不同,其允许偏差也不同。在产品标准中,品种的规格通常按从小到大,有顺序地排列
10	品种	金属材料的品种,是指用途、外形、生产工艺、热处理状态、粒度等不同的产品
11	表面状态	主要分为光亮和不光亮两种,在钢丝和钢带标准中常见,主要区别在于采取光亮退火还是一般退火。也有把抛光、磨光、酸洗、镀层等作为表面状态看待
12	边缘状态	边缘状态是指带钢是否切边而言。切边者为切边带钢,不切边者为不切边带钢
13	交货状态	交货状态是指产品交货的最终塑性变形加工或最终热处理状态。不经过热处理交货的有热轧(锻)及冷轧状态。经正火、退火、高温回火、调质及固溶等处理的统称为热处理状态交货,或根据热处理类别分别称正火、退火、高温回火、调质等状态交货
14	材料软硬程度	指采用不同热处理或加工硬化程度,所得钢材的软硬程度不同。在有的带钢标准中,划分为特软钢带、软钢带、半软钢带、低硬钢带和硬钢带
15	纵向和横向	钢材标准中所称的纵向和横向,均指与轧制(锻制)及拔制方向的相对关系而言,与加工方向平行者称纵向;与加工方向垂直者称横向。沿加工方向取的试样叫纵向试样;与加工方向垂直取的试样称横向试样。而在纵向试样上打的断口,是与轧制方向垂直的,故叫横向断口;横向试样上打的断口,则与加工方向平行,故称纵向断口
16	理论质量和实际质量	是两种不同的计算交货质量的方法。按理论质量交货者,是按材料的公称尺寸和密度计算得出的交货质量。按实际质量交货者,是按材料经称量(过磅)所得交货质量
17	公称尺寸和实际尺寸	公称尺寸是指标准中规定的名义尺寸,是生产过程中希望得到的理想尺寸。但在实际生产中,钢材实际尺寸往往大于或小于公称尺寸,实际所得到的尺寸称为实际尺寸
18	偏差和公差	由于实际生产中难达到公称尺寸,所以标准中规定实际尺寸和公称尺寸之间有一允许差值,称为偏差。差值为负值称为负偏差,正值称为正偏差。标准中规定的允许正负偏差绝对值之和称为公差。偏差有方向性,即以"正"或"负"表示,公差没有方向性

续表

序号	名　称	说　明
19	交货长度	钢材交货长度,在现行标准中有四种规定:(1)通常长度;又称不定尺长度,凡钢材长度在标准规定范围内而且无固定长度的,都称为通常长度。但为了包装运输和计量方便,各企业剪切钢材时,根据情况最好切成几种不同长度的尺寸,力求避免乱尺。(2)定尺长度:按订货要求切成的固定长度(钢板的定尺是指宽度和长度)叫定尺长度,例如定尺为 5m,则一批交货钢材长度均为 5m。但实际上不可能都是 5m 长,因此还规定了允许正偏差值。(3)倍尺长度:按订货要求的单倍尺长度切成等于订货单倍长度的整数倍数,称为倍尺长度,例如单倍尺长度为 950mm,则切成双倍尺时为 1900mm,三倍尺为 950×3＝2850mm 等。(4)凡长度小于标准中通常长度下限,但不小于最小允许长度者,称为短尺长度
20	冶炼方法	指采用何种炼钢炉冶炼而言,例如用平炉、电弧炉、电渣炉、真空感应炉及混合炼钢等冶炼。"冶炼方法"一词在标准中的含义,不包括脱氧方法(如全脱氧的镇静钢和沸腾钢)及浇注方法(如上注、下注、连铸)这些概念
21	化学成分	即产品成分,是指钢铁产品的化学组成,包括主成分和杂质元素,其含量以质量百分数表示
22	熔炼成分	钢的熔炼成分是指钢在熔炼(如罐内脱氧)完毕,浇注中期的化学成分
23	成品成分	即验证分析成分,指从成品钢材上按规定方法(详见 GB/T 222)钻取或刨取试屑,并按规定的标准方法分析得来的化学成分,主要是供使用部门或检验部门验收钢材时使用。生产厂一般不全做成品分析,但应保证成品成分符合标准规定。有些主要产品或者有时由于某种原因(如工艺改动、质量不稳、熔炼成分接近上下限、熔炼分析未取到等),生产厂也做成品成分分析

3.1.5　钢材的交货状态

交货状态直接影响材料的性能和使用,订购材料时必须在货单、合同等单据上注明要求何种交货状态。钢材的交货状态见表 3.4。

表 3.4　钢材的交货状态

交货状态	说　明
热轧	钢材在热轧或锻造后不再对其进行专门热处理,冷却后直接交货,称为热轧或热锻状态,热轧(锻)的终止温度一般为 800~900℃,之后一般在空气中自然冷却,因而热轧(锻)状态相当于正火处理。所不同的是因为热轧(锻)终止温度有高有低,不像正火加热温度控制严格,因而钢材组织与性能的波动比正火大。目前不少钢铁企业采用控制轧制,由于终轧温度控制很严格,并在终轧后采取强制冷却措施,因而钢的晶粒细化,交货钢材有较高的综合力学性能。无扭控冷热轧盘条比普通热轧盘条性能优越就是这个道理,热轧(锻)状态交货的钢材,由于表面覆盖有一层氧化铁皮,因而具有一定的耐蚀性,储运保管的要求不像冷拉(轧)状态交货的钢材那样严格,大中型型钢、中厚钢板可以在露天货场或经苫盖后存放
冷拉(轧)	经冷拉、冷轧等冷加工成型的钢材,不经任何热处理而直接交货的状态,称为冷拉或冷轧状态。与热轧(锻)状态相比,冷拉(轧)状态的钢材尺寸精度高、表面质量好、表面粗糙度低,并有较高的力学性能,由于冷拉(轧)状态交货的钢材表面没有氧化皮覆盖,并且存在很大的内应力,极易遭受腐蚀或生锈,因而冷拉(轧)状态的钢材,其包装、储运均有较严格的要求,一般均需在库房内保管,并应注意库房内的温湿度控制
正火	钢材出厂前经正火热处理,这种交货状态称正火状态。由于正火加热温度比热轧终止温度控制严格,因而钢材的组织、性能均匀。与退火状态的钢材相比,由于正火冷却速度较快,钢的组织中珠光体数量增多,珠光体层片及钢的晶粒细化,因而有较高的综合力学性能,并有利于改善低碳钢的魏氏组织和过共析钢的渗碳体网状,可为成品的进一步热处理做好组织准备。碳素结构钢、合金钢钢材常采用正火状态交货。某些低合金高强度钢 14MnMoVBRE、14CrMnMoVB 钢为了获得贝氏体组织,也要求正火状态交货
退火	钢材出厂前经退火热处理,这种交货状态称为退火状态。退火的目的主要是为了消除和改善前道工序遗留的组织缺陷和内应力,并为后道工序作好组织和性能上的准备,合金结构钢、保证淬透性结构钢、冷镦钢、轴承钢、工具钢、汽轮机叶片用钢、铁索体型不锈耐热钢的钢材常用退火状态交货
固溶处理	钢材出厂前经固溶处理,这种交货状态称为固溶处理状态。它主要适用于奥氏体型不锈钢材出厂前的处理。通过固溶处理,得到单相奥氏体组织,以提高钢的韧性和塑性,为进一步冷加工(冷轧或冷拉)创造条件,也可为进一步沉淀硬化做好组织准备
高温回火	钢材出厂前经高温回火热处理,这种交货状态称为高温回火状态。高温回火的回火温度高,有利于彻底消除内应力,提高塑性和韧性,碳结构、合金钢、保证淬透性结构钢钢材均可采用高温回火状态交货。某些马氏体型高强度不锈钢、高速工具钢和高强度合金钢,由于有很高的淬透性以及合金元素的强化作用,常在淬火(或回火)后进行一次高温回火,使钢中碳化物适当聚集,得到碳化物颗粒较粗大的回火索氏体组织(与球化退火组织相似),因而,这种交货状态的钢材有好的切削加工性能

3.1.6 钢材的分类

钢材按外形可分为型材、板材、管材、金属制品四大类，见表 3.5。其中建筑钢结构中使用最多的是型材和板材。

表 3.5 钢材的分类

类别	品种	说　　明
型材	重轨	每米重量大于 30kg 的钢轨（包括起重机轨）
	轻轨	每米重量小于或等于 30kg 的钢轨
	大型型钢	普通钢圆钢、方钢、扁钢、六角钢、工字钢、槽钢、等边和不等边角钢及螺纹钢等。按尺寸大小分为大、中、小型
	中型型钢	
	小型型钢	
	线材	直径 5～10mm 的圆钢和盘条
	冷弯型钢	将钢材或钢带冷弯成型制成的型钢
	优质型材	优质钢圆钢、方钢、扁钢、六角钢等
	其他钢材	包括重轨配件、车轴坯、轮箍等
板材	薄钢板	厚度≤4mm 的钢板
	厚钢板	厚度>4mm 的钢板，可分为中板（4mm<厚度<20mm）、厚板（20mm<厚度<60mm）、特厚板（厚度≥60mm）
	钢带	也称带钢，实际上是长而窄并成卷供应的薄钢板
管材	无缝钢管	用热轧-冷拔或挤压等方法生产的管壁无接缝的钢管
	焊接钢管	将钢板或钢带卷曲成型，然后焊接制成的钢管
金属制品	金属制品	包括钢丝、钢丝绳、钢绞线等

3.1.7 钢材牌号

钢的分类方法只是简单地把某种具有共同特征的钢种划分或归纳为同一类型，并未反映出某一钢种具体的特性。为此，人们便创建了用钢的牌号具体反映钢材本身特性。

钢材产品牌号的表示，通常采用大写汉语拼音字母、化学元素符号和阿拉伯数字相结合的方法表示。汉字牌号易识别和记忆，汉语拼音字母牌号便于书写和标记。钢的牌号表示方法的原则如下。

（1）牌号中化学元素采用汉字或国际化学符号表示。例如，"碳"或"C"、"锰"或"Mn"、"铬"或"Cr"。

（2）钢材的产品用途、冶炼方法和浇注方法，也采用汉字或汉语拼音表示，其表示方法一般采用缩写。原则上只用一个字母，并且取第一个字，一般不超过两个汉字或字母，见表 3.6。

表 3.6 产品名称浇注方法缩写

名　　称	采用汉字及拼音		采用符号	字　体
	汉字	拼音		
甲类钢	甲	—	A	大写
乙类钢	乙	—	B	
特类钢	特	—	C	
酸性侧吹转炉钢	酸	Suan	S	
沸腾钢	沸	Fo	F	

3.2 钢材的化学成分

钢是碳含量小于 2.11% 的铁碳合金，钢中除了铁和碳以外，还含有硅、锰、硫、磷、氮、氧、氢等元素，这些元素是原料或冶炼过程中带入，称为常存元素。为了适应某些使用要求，特意提高硅、锰的含量或特意加进铬、镍、钨、钼、钒等元素，这些特意加进的或提高含量的元素称为合金元素。

3.2.1 常用钢材的化学成分

（1）在建筑钢结构中，碳素结构钢的化学成分，执行《碳素结构钢》（GB/T 700—2006）标准，见表 3.7 规定。

表 3.7 碳素结构钢化学成分

牌号	统一数字代号①	等级	厚度（或直径）/mm	化学成分(质量分数)/%,不大于					脱氧方法
				C	Si	Mn	P	S	
Q195	U11952	—	—	0.12	0.30	0.50	0.035	0.040	F、Z
Q215	U12152	A	—	0.15	0.35	1.20	0.045	0.050	F、Z
	U12155	B						0.045	
Q235	U12352	A		0.22	0.35	1.4	0.045	0.050	F、Z
	U12355	B		0.20②				0.045	
	U12358	C		0.17			0.040	0.040	Z
	U12359	D					0.035	0.035	TZ
Q275	U12752	A	—	0.24	0.35	1.5	0.045	0.050	F、Z
	U12755	B	≤40	0.21			0.045	0.045	Z
			>40	0.22					
	U12758	C	—	0.20			0.040	0.040	Z
	U12759	D					0.035	0.035	TZ

① 表中为镇静钢、特殊镇静钢牌号的统一数字，沸腾钢的统一数字代号如下：

Q195F-U11950；Q215AF-U12150，Q215BF-U12153；Q235AF-U12350，Q235BF-U12353；Q275AF-U12750。

② 经需方同意，Q235B 的碳含量可不大于 0.22%。

（2）低合金高强度结构钢的牌号和化学成分，执行《低合金高强度结构钢》（GB/T 1591—2008）标准，见表 3.8 规定。

表 3.8 低合金高强度结构钢的牌号和化学成分

牌号	质量等级	化学成分(质量分数)/% 不大于										
		C	Mn	Si	P	S	Nb	V	Ti	Als	Cr	Ni
Q345	A	0.20	1.70	0.50	0.035	0.035	0.07	0.15	0.50		0.30	0.50
	B				0.035	0.035				—		
	C				0.030	0.030						
	D	0.18			0.030	0.025				0.015		
	E				0.025	0.020						
Q390	A	0.20	1.70	0.50	0.035	0.035	0.07	0.20	0.50	—	0.30	0.50
	B				0.035	0.035						
	C				0.030	0.030						
	D				0.030	0.025				0.015		
	E				0.025	0.020						
Q420	A	0.20	1.70	0.50	0.035	0.035	0.07	0.20	0.80	—	0.30	0.80
	B				0.035	0.035				—		
	C				0.030	0.030						
	D				0.030	0.025				0.015		
	E				0.025	0.020						
Q460	C	0.20	1.80	0.60	0.030	0.030	0.11	0.20	0.80	0.015	0.30	0.80
	D				0.030	0.025						
	E				0.025	0.020						

| 牌号 | 质量等级 | 化学成分（质量分数）/% 不大于 | | | | | | | | | | |
		C	Mn	Si	P	S	Nb	V	Ti	Als	Cr	Ni
Q500	C	0.18	1.80	0.60	0.030	0.030	0.11	0.12	0.80	0.015	0.60	0.80
	D				0.030	0.025						
	E				0.025	0.020						
Q550	C	0.18	2.00	0.60	0.030	0.030	0.11	0.12	0.80	0.015	0.80	0.80
	D				0.030	0.025						
	E				0.025	0.020						
Q620	C	0.18	2.00	0.60	0.030	0.030	0.11	0.12	0.80	0.015	1.00	0.80
	D				0.030	0.025						
	E				0.025	0.020						
Q690	C	0.18	2.00	0.60	0.030	0.030	0.11	0.12	0.80	0.015	1.00	0.80
	D				0.030	0.025						
	E				0.025	0.020						

注：1. 执行标准：GB/T 700—2006。

2. 表中 Nb 和 Ti 的含量（质量分数）分别为 0.015%～0.060% 和 0.02%～0.20%。

3. Als 为酸溶铝，即溶解在酸中主要以 Als 形式存在，特别强调酸溶铝的比例。

4. 当细化晶粒元素组合加入时，$20(Nb+V+Ti) \leqslant 0.22\%$，$20(Mo+Cr) \leqslant 0.30\%$。

3.2.2 各化学成分对钢材性能的影响

（1）碳可提高钢的强度，但却导致钢材塑性和韧性降低，而且可焊性随之降低。建筑结构钢的碳含量不宜太高，一般不应超过 0.22%，在焊接性能要求高的结构钢中，碳含量则应控制在 0.2% 以内。

（2）硫和磷是钢中极有害的杂质元素，硫在钢中形成低熔点（1190℃）的 FeS，而 FeS 与 Fe 又形成低熔点（985℃）的共晶体分布在晶界上。当钢在 1000～1200℃ 进行焊接或热加工时，这些低熔点的共晶体先熔化导致钢断裂，出现热脆性。磷能增加钢的强度，其强化能力是碳的二分之一，但又能使钢的塑性和韧性显著降低，尤其在低温下使钢严重变脆，发生冷脆性。因此建筑结构钢对磷、硫含量必须严格控制。各种化学成分对钢材性能的影响见表 3.9。

表 3.9 化学成分对钢材性能的影响

名称	在钢材中的作用	对钢材性能的影响
碳（C）	决定强度的主要因素。碳素钢含量应在 0.04%～1.7% 之间，合金钢含量不大于 0.5%～0.7%	含量增高，强度和硬度增高，塑性和冲击韧性下降，脆性增大，冷弯性能、焊接性能变差
硅（Si）	加入少量能提高钢的强度、硬度和弹性。能使钢脱氧，有较好的耐热性、耐酸性。在碳素钢中含量不超过 0.5%，超过限值则成为合金钢的合金元素	含量超过 1% 时，则使钢的塑性和冲击韧性下降，冷脆性增大，焊接性、耐腐蚀性变差
锰（Mn）	提高钢强度和硬度，可使钢脱氧去硫。含量在 1% 以下；合金钢含量大于 1% 时即成为合金元素	少量锰可降低脆性，改善塑性、韧性，热加工性和焊接性能；含量较高时，会使钢塑性和韧性下降，脆性增大，焊接性能变坏
硫（S）	是有害元素，使钢热脆性大，含量限制在 0.05% 以下	含量高时，焊接性能、韧性和抗蚀性将变坏；在高温热加工时，容易产生断裂，形成热脆性
磷（P）	是有害元素，降低钢的塑性和韧性，出现冷脆性，能使钢的强度显著提高，同时提高大气腐蚀稳定性，含量应限制在 0.05% 以下	含量提高，在低温下使钢变脆，在高温下使钢缺乏塑性和韧性，焊接及冷弯性能变坏，其危害与含碳量有关，在低碳钢中影响较少
钒（V）、铌（Nb）	使钢脱氧除气，显著提高强度。合金钢含量应小于 0.5%	少量可提高低温韧性，改善可焊性；含量多时，会降低焊接性能
钛（Ti）	钢的强脱氧剂和除气剂，可显著提高强度，能和碳和氮作用生成碳化钛（TiC）和氮化钛（TiN）。低合金钢含量在 0.06%～0.12% 之间	少量可改善塑性、韧性和焊接性能，降低热敏感性
铜（Cu）	含少量铜对钢不起显著变化，可提高抗大气腐蚀性	含量增到 0.25%～0.3% 时，焊接性能变坏，增到 0.4% 时，发生热脆现象

3.3　钢材的性能及检验方法

钢材的品种繁多，各自的性能、产品规格及用途都不相同，建筑结构钢材必须具有足够的强度、良好的塑性、韧性、耐疲性和优良的焊接性能，且易于冷加工成型，耐腐蚀性好，经济合理，为此需要了解钢材的性能及检验方法。

3.3.1　钢材性能的分类

钢材的性能可分为使用性能和工艺性能两大类，见表 3.10。

表 3.10　钢材性能和检测方法

性 能 分 类			主要检测方法	国家标准编号
使用性能	力学性能	强度性能	屈服强度	室温拉伸试验	GB/T 228
			抗拉强度		
			疲劳强度	疲劳试验	
			硬度	硬度试验	GB/T 230、GB/T 231
		塑性性能	伸长率	室温拉伸试验	GB/T 228
			断面收缩率		
			冷弯性能	弯曲试验	GB/T 232
		冲击韧性性能		夏比缺口冲击试验	GB/T 229
		厚度方向性能		室温拉伸试验	GB 5313
	耐久性能	时效		时效试验	
		高温持久性		拉伸塑变及持久试验	GB/T 2039
工艺性能	冷弯性能			弯曲试验	GB/T 232
	焊接性能			焊接接头机械性能试验	GB/T 2649
	冲压性能、冶炼性能、铸造性能、热加工性能、热处理性能、切削性能等				

注：钢结构的疲劳试验、时效试验和持久试验多针对结构构件进行。

使用性能包括力学性能和耐久性能。钢材的力学性能又称机械性能或物理性能，是钢材最重要的性能指标，它表示钢材在力作用下所显示的弹性和非弹性反应或涉及应力-应变关系的性能。力学性能可分为强度性能、塑性性能、冲击韧性性能和厚度方向性能四大类，其中强度性能又包括屈服强度、抗拉强度、疲劳强度、硬度等。

3.3.2　钢材的力学性能检验方法

钢材常用的力学性能检验方法有以下几种。

3.3.2.1　室温拉伸试验

材料在外力作用下抵抗变形和断裂的能力称为强度。强度可以通过比例极限、弹性极限、屈服极限、抗拉强度等指标来反映，碳素结构钢材的应力-应变曲线如图 3.1 所示。

在拉伸试验机上，通过对标准圆形试件的拉伸，可以取得以下结果。

（1）屈服点（屈服强度）　在拉力机的拉力下，试样被拉长，在开始时试样的伸长和拉力成正比，当拉力取消后试样仍收缩到原来尺寸，试样的这种变形称为弹性变形。在拉力不断加大后试样继续被伸长，但外力取消后试样却不再收缩到原来长度，这种变形收缩称为塑性变形。由弹性变形点转变为塑性变形的时候，称为屈服点，其代表符号是 σ_b，单位是 N/mm^2。

（2）抗拉强度　在上述试验中，当应力超过弹性极限后，应力与应变不再呈线性关

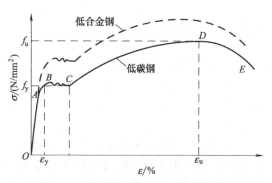

图 3.1　钢材的单项拉伸应力-应变曲线

系，产生塑性变形，曲线出现波动，这种现象称为屈服。波动最高点称上屈服点，最低点为下屈服点，下屈服点数值较为稳定，因此以它作为材料抗力指标，称为屈服点。有些钢材无明显的屈服现象，以材料产生 0.2％塑性变形时的应力作为屈服强度。当钢材屈服到一定程度后，由于内部晶粒重新排列，强度提高，进入应变强化阶段，应力达到最大值，此时称为抗拉强度，其代表符号是 σ_m，单位是 N/mm^2。

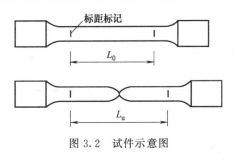

图 3.2　试件示意图

（3）伸长率（延伸率）　伸长率是钢材的塑性指标，代表断裂前具有的塑性变形能力。这种能力使得结构制造时，钢材即使经受剪切、冲压、弯曲及捶击作用产生局部屈服而无明显破坏。伸长率越大，钢材的塑性和延性越好，可靠性越大，也有利于截面应力的重新分配。试件示意如图 3.2 所示。

伸长率是金属材料受外力（拉力）作用断裂时，试件伸长的长度与原标定长度的百分比，按下式计算。在上述试验中，在试验拉断以后，原定标距被拉长后与原来标距的比称为延伸率，其代表符号为 δ，单位是％。

$$\delta = \frac{L_u - L_0}{L_0} \times 100\%$$

式中　L_0——试件原始标距长度，mm；

　　　L_u——试件拉断后的标距长度，mm。

取试样直径（宽度）的 5 倍（$L_0 = 5d_0$）或 10 倍（$L_0 = 10d_0$）作为标距长度时，对应的伸长率记为 δ_5 和 δ_{10}，同一种钢材 δ_5 大于 δ_{10}，现常用 δ_5 表示塑性指标。

伸长率由整个试样长度上的均匀延伸和断口处的集中变形组成，试样越短，断口处集中变形所占比例就越大。

屈服强度、抗拉强度、伸长率是建筑钢材非常重要的三个力学性能指标，钢结构中各类钢材都必须满足国家标准对这三个指标的相关规定，不满足要求时，一般应进行复验。有关拉伸试验性能指标参见本章第 3.5 节内容。

（4）断面收缩率（或收缩率）　断面收缩率也是测定钢材塑性的一个指标，是指上述试样拉断后，测量拉断后的断面颈缩处横截面面积的最大缩减量与原横截面面积的百分比，称为断面收缩率，其代表符号为 ψ，单位为％。

$$\psi = \frac{S_1 - S_0}{S_0} \times 100\%$$

式中　S_0——试件原始横截面面积，mm^2；

　　　S_1——试件断口的横截面面积，mm^2。

3.3.2.2　冷弯性能

冷弯性能是指钢材在常温下加工发生塑性变形时，对产生裂纹的抵抗能力，由冷弯试验依据《金属材料弯曲试验方法》（GB/T 232—2010）来确定，如图 3.3 所示。

试验时按照规定的弯心直径在试验机上用冲头加压，使试件弯成180°，如试件外表面不出现裂纹和分层，即为合格。弯曲程度一般用弯曲角度或弯心直径与材料厚度的比值来表示，弯曲角度越大或弯心直径与材料厚度的比值越小，则表示材料的冷弯性能就越好。

冷弯试验不仅能直接检验钢材的弯曲变形能力和塑性性能，还能暴露钢材内部的冶金缺陷，如硫、磷偏析和硫化物与氧化物的掺杂情况。因此，冷弯性能是鉴定钢材在弯曲状态下塑性应变能力和钢材质量的综合指标（表 3.15）。

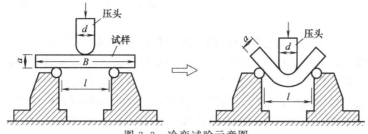

图 3.3　冷弯试验示意图

3.3.2.3　冲击试验

强度、塑性、硬度等力学性能指标都是静力性能，而冲击韧性是钢材抵抗冲击荷载的能力，它是指钢材在塑性变形和断裂过程中吸收能量的能力，是衡量钢材抵抗动力荷载能力的指标，它是强度和塑性的综合指标，是判断钢材在动力荷载作用下是否出现脆性破坏的重要指标之一，韧性低则发生脆性破坏的可能性大。

冲击试验的依据是《金属夏比缺口冲击试验方法》（GB/T 229—1994），通常采用夏比冲击试验法原理。夏比冲击试验是在摆锤式冲击试验机上进行的。试验时，将带有缺口的标准试样〔用带夏比 V 形［图 3.4(a)］或 U 形［图 3.4(b)］缺口的处于简支梁状态的标准试件〕安放在试验机的机架上，使试样的缺口位于两支座中间，并背向摆锤的冲击方向，如图 3.4 所示。

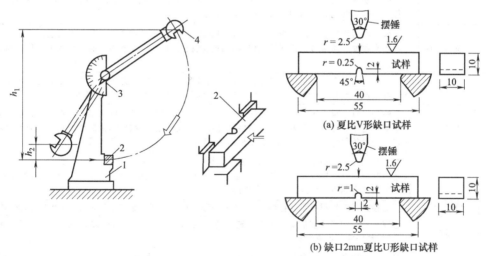

图 3.4　夏比冲击试验原理
1—固定支架；2—带缺口试样；3—指针；4—摆锤

将一定质量的摆锤升高到规定高度 h_1，则摆锤具有势能 A_{Kv1}。当摆锤落下将试样冲断后，摆锤继续向前升高到 h_2，此时摆锤的剩余势能 A_{Kv2}。摆锤冲断试样所失去的势能是：

$$A_{Kv}=A_{Kv1}-A_{Kv2}\ \ （J）$$

A_{Kv} 就是规定形状和尺寸的试样在冲击试验力一次作用下折断时所吸收的功，称为冲击吸收功。A_{Kv} 可以从试验机的刻度盘上直接读出，它是表征金属材料冲击韧性的主要判断依据，代表了材料的冲击韧度高低。A_{Kv} 越大，表明材料破坏时吸收的能量越多，因此抵抗脆性破坏的能力越强，韧性越好。

温度对冲击韧性有重大影响，实际工程中，由于低温对钢材的脆性破坏有显著影响，为了避免钢结构的低温脆断，在寒冷地区建造的结构不但要求钢材具有常温（20℃）冲击韧性指标，还要求具有负温（0℃、-20℃或-40℃）冲击韧性指标，以保证结构具有足够的抵抗脆性破坏的能力。

总之，塑性和韧性好的钢材可以使结构在静载和动载作用下有足够的应变能力，既可减轻结构脆性破坏的倾向，又能通过较大的塑性变形调整局部应力，同时具有较好的抵抗重复荷载作用的能力。按《钢结构设计规范》规定：承重结构的钢材应具有抗拉强度、伸长率、屈服点和碳、硫、磷含量的合格保证；焊接结构的钢材应具有冷弯试验的合格保证；对某些承受动力荷载的结构以及重要的受拉或受弯的焊接结构的钢材，应具有常温或负温冲击韧性的合格保证。

3.3.3 钢铁材料的工艺性能和耐腐蚀性

钢材的工艺性能表示钢在各种生产加工过程中的行为。良好的工艺性能（冷加工、热加工和可焊性）不仅可以加工成各种形式的结构，而且不致因加工而对结构的强度、塑性、韧性等造成较大的不利影响，保证成品的质量，提高成品率，并降低成本。钢铁材料的工艺性能及其含义见表3.11。对钢结构来说，工艺性能主要是指冷弯性能和焊接性能，下面简要介绍钢材的可焊性和耐腐蚀性能。

表 3.11 钢铁材料的工艺性能及其含义

序号	名称	含 义
1	铸造性	金属材料能用铸造方法获得合格铸件的能力称为铸造性。铸造性包括流动性、收缩性和偏析倾向等。流动性是指液态金属充满铸模的能力，流动性愈好，愈易铸造细薄精致的铸件；收缩性是指铸件凝固时体积收缩的程度，收缩愈小，铸件凝固时变形愈小。偏析是指化学成分不均匀，偏析愈严重，铸件各部位的性能愈不均匀，铸件的可靠性愈小
2	切削加工性	金属材料的切削加工性系指金属接受切削加工的能力，也是指金属经过加工而成为合乎要求的工件的难易程度。通常可以切削后工作表面的粗糙程度、切削速度和刀具磨损度来评价金属的切削加工性
3	焊接性	焊接性是指金属在特定结构和工艺条件下通过常用焊接方法获得预期质量要求的焊接接头的性能。焊接性一般根据焊接时产生的裂纹敏感性和焊缝区力学性能的变化来判断
4	锻性	锻性是材料在承受锤锻、轧制、拉拔、挤压等加工工艺时会改变形状而不产生裂纹的性能。它实际上是金属塑性好坏的一种表现，金属材料塑性越高，变形抗力就越小，则锻性就越好。锻性好坏主要决定于金属的化学成分、显微组织、变形温度、变形速度及应力状态等因素
5	冲压性	冲压性是指金属经过冲压变形而不发生裂纹等缺陷的性能。许多金属产品的制造都要经过冲压工艺，如汽车壳体、搪瓷制品坯料及锅、盆、盂、壶等日用品。为保证制品的质量和工艺的顺利进行，用于冲压的金属板、带等必须具有合格的冲压性能
6	顶锻性	顶锻性是指金属材料承受打铆、镦头等的顶锻变形的性能。金属的顶锻性，是用顶锻试验测定的
7	冷弯性	金属材料在常温下承受弯曲而不破裂的性能，称为冷弯性。出现裂纹前能承受的弯曲程度愈大，则材料的冷弯性能愈好
8	热处理工艺性	热处理是指金属或合金在固态范围内，通过一定的加热、保温和冷却方法，以改变金属或合金的内部组织，而得到所需性能的一种工艺操作。热处理工艺就是指金属经过热处理后其组织和性能改变的能力，包括淬硬性、淬透性、回火脆性等

3.3.3.1 钢材的可焊性

钢材的可焊性是冷弯试验在一定的焊接工艺条件下，钢材能经受住焊接时产生的高温热循环作用，焊缝金属和近焊缝区的钢材不产生裂纹，焊接后焊缝的主要力学性能不低于焊接钢材的力学性能。它是一项重要指标，可分为施工上的可焊性和使用上的可焊性。施工上的可焊性是指在一定的焊接工艺下，钢材本身具有可焊接的条件，通过焊接，可以方便地实现多种不同形状和不同厚度的钢材的连接，焊缝金属及其附近金属均不产生裂纹。使用上的可焊性是指焊接构件在施焊后的力学性能不低于母材的力学性能。即焊接接头的强度、刚度一般可达到与母材相等或相近，能够承受母材金属所能承受的各种作用。建筑钢材中，Q235系列钢具有较好的可焊性；Q345系列钢可焊性次之，用于重要结构时需采取一些必要措施，如预加热焊件等。

3.3.3.2　钢材的耐腐蚀性能

钢材的耐腐蚀性能较差是钢结构的一大弱点。据统计全世界每年约有年产量 30%～40% 的钢铁因腐蚀而失效。因此，防腐对节约钢材有着十分重要的意义。

钢材如暴露在自然环境中不加保护，则将和周围一些物质成分发生化学反应，形成腐蚀物。腐蚀作用一般分为两类：一类是金属元素和非金属元素的直接结合，称为"干腐蚀"；另一类是在水分多的情况下，同周围非金属元素结合成腐蚀物，称为"湿腐蚀"。钢材在空气中的腐蚀可能是干腐蚀，也可能是湿腐蚀，或是两者兼而有之。

防止钢材腐蚀的主要措施是依靠涂料来加以保护。近年来研制了一些耐大气腐蚀的钢材，称为耐候钢，它是在冶炼时加入铜、磷、镍等合金元素来提高抗腐蚀能力。有关钢结构材料的防腐问题详见第 8 章。

3.4　钢材的选择

钢材的品种繁多，各自的性能、产品规格及用途都不相同，适用于建筑的钢材只是其中的一小部分。为达到结构安全可靠，满足使用要求以及经济合理的目的，应根据结构的特点，选择适宜的钢材，钢材的选择在钢结构设计中非常重要。

《钢结构设计规范》(GB 50017—2003) 关于材料选用的条文是：为保证承重结构的承载能力和防止在一定条件下出现脆性破坏，应根据结构的重要性、荷载特征、结构形式、应力状态、连接方法、钢材厚度和工作环境等因素综合考虑，选用合适的钢材牌号和材性。

3.4.1　选择钢材牌号和材性时应综合考虑的因素

(1) 结构的重要性　根据《建筑结构可靠度设计统一标准》(GB 50068—2001) 的规定，结构和构件按其用途、部位和破坏后果的严重性可分为重要、一般和次要三类，相应的安全等级则为一级、二级和三级。不同类别的结构或构件应选用不同的钢材，对于重型工业建筑结构、大跨度结构、高层或超高层的民用建筑结构和重级工作制吊车梁或构筑物等都是重要的一级结构，应选用优质钢材；对一般工业与民用建筑结构等属二级结构，可按工作性质选用普通质量的钢材；临时性房屋的骨架，一般建筑物内的附属构件如梯子、栏杆等则属次要的三类结构，可选用质量较差的钢材。

(2) 荷载情况　荷载可分为静态荷载和动态荷载两种。直接承受动力荷载的结构和强烈地震区的结构，应选用韧性和抗疲劳性能较好的优质钢材，如 Q345 钢，并提出合适的附加保证项目；而一般承受静力荷载或间接动力荷载作用的结构构件，在常温条件下就可以选用价格较低的 Q235 钢。

(3) 连接方法　钢结构的连接方法有焊接和非焊接两种。由于在焊接过程中，会产生焊接变形、焊接应力以及其他焊接缺陷（如咬肉、气孔、裂纹、夹渣等），有导致结构产生裂缝或脆性断裂的危险。因此，焊接结构对材质的要求应严格一些。例如，在化学成分方面，焊接结构必须严格控制碳、硫、磷的极限含量，而非焊接结构对碳含量可降低要求。

(4) 结构所处的温度和环境　结构所处的环境条件，如温度变化情况及腐蚀介质情况等，对钢材机械力学性能影响很大，处于低温条件下的结构构件，特别是焊接结构和受拉构件，极易产生低温冷脆断裂破坏，应选用具有良好抗低温脆断性能的镇定钢。处于腐蚀介质中的钢结构，例如化工企业的钢结构厂房，应采用耐腐蚀钢材，并加强外露钢构件的防锈处理。

此外，露天结构的钢材容易产生时效，有害介质作用的钢材容易腐蚀、疲劳和断裂，也应加以区别地选择不同材质。

(5) 钢材厚度　薄钢材辊轧次数多，轧制的压缩比大；厚度大的钢材压缩比小。所以，厚度大的钢材不但强度低，而且塑性、冲击韧性和焊接性能也较差。因此，厚度大的焊接结构应采用材质较好的钢材。

3.4.2 钢材的选用

钢材的选用要符合规范的有关规定，其任务是确定钢材的牌号（包括钢种、冶炼方法、脱氧方法和质量等级）以及提出应有的机械性能和化学成分的保证项目。

为了保证结构的安全，钢结构所采用的钢材在性能方面必须具有较高的强度，较好的塑性及韧性，以及良好的加工性能。对于焊接结构还要求可焊性良好，在低温下工作的结构，要求钢材保持较好的韧性；在易受大气侵蚀的露天环境下工作的结构，或在有害介质侵蚀的环境下工作的结构，要求钢材具有较好的抗锈能力。

（1）一般地说，承重结构的钢材应具有抗拉强度、伸长率、屈服点和硫、磷含量的合格保证，对焊接结构还需具有碳含量的合格保证。宜选用 Q235、Q345、Q390、Q420 钢（由于 Q235-A 钢的碳含量并不作为交货条件，故一般不用于主要焊接结构）。

（2）焊接承重结构（如吊车梁、吊车桁架，有振动设备或有大吨位吊车厂房的屋架、托架、大跨度重型桁架等）以及重要的非焊接承重结构和需要弯曲成型的构件，还需具有冷弯试验的合格保证。

（3）民用房屋承重钢结构（梁、柱、钢架、桁架）的钢材牌号，一般应在设计规范推荐的、不同级别的 Q235 钢和 Q345 钢种之间选用。当有合理依据时，也可选用 Q390 钢和 Q420 钢。地震区的多层重要房屋，也可采用高层建筑结构用钢板。Q235-A、Q235-B 级钢宜优先选用镇静钢，焊接承重结构不应选用 Q235-A 钢。在各种使用条件下钢构件所选用钢材的牌号、性能质量等级、应保证的力学性能和化学成分项目等，可按表 3.12 选用。

（4）对于需要验算疲劳的以及主要的受拉或受弯的焊接结构（如重级工作制和起重量等于或大于 50t 的中级工作制焊接吊车梁、吊车桁架等）的钢材，应具有常温冲击韧性的合格保证；当结构工作温度等于或低于 0℃ 但高于 −20℃ 时，对于 Q235 钢和 Q345 钢应具有 0℃ 冲击韧性的合格保证，对于 Q390 钢和 Q420 钢应具有 −20℃ 冲击韧性的合格保证；当结构工作温度等于或低于 −20℃ 时，对于 Q235 钢和 Q345 钢应具有 −20℃ 冲击韧性的合格保证，对于 Q390 钢和 Q420 钢应具有 −40℃ 冲击韧性的合格保证。一般说来，受拉构件的材性要求较受压构件高，焊接结构的材性要求较非焊接结构高，受动力荷载的结构材性要高于受静力荷载的结构，处于低温工作条件下的结构材性要高于处于常温条件下的结构等。

（5）抗震结构附加要求。按抗震设防设计计算的承重钢结构，钢材性能还应满足下述要求：钢材的强屈比（f_u/f_y）不应小于 1.2；钢材应具有明显的屈服平台；钢材的伸长率（δ_5）不应小于 20%；具有良好的可焊性及合格的冲击韧性。

设防烈度（8 度及 8 度以上）地区的主要承重钢结构，以及高层、大跨建筑的主要承重钢结构所用的钢材，宜参照表 3.12 中直接承受动力荷载的结构钢材选用。涉及安全等级为一级的工业与民用建筑以及抗震设防类别为甲级的建筑钢结构，其主要承重结构钢材的质量等级不宜低于 C 级，必要时还可以要求碳含量的附加保证。

（6）特殊构件附加要求。对于重要承重钢结构的焊接节点，当截面板件厚度大于等于 40mm，并承受沿板厚方向拉力（撕裂作用）时，该部位或构件的钢材应按《厚度方向性能钢板》(GB/T 5313—2010) 的规定，附加保证 Z 向的断面收缩率，见表 3.13，一般可选用 Z15、Z25 两个级别。

（7）在室外侵蚀环境中的承重钢结构，可以按《耐候结构钢》(GB/T 4171—2008) 的规定选择耐候钢。选用耐候钢时，构件表面仍需进行除锈和涂装处理。

（8）当有充分的技术经济依据，承重钢结构需按抗火设计方法设计时，其钢材宜选用耐火钢，有关的材质、钢号、性能及技术要求可按相应的企业标准（如武钢、包钢、马钢等）妥善确定。同时，高温下耐火钢的材料特性应经试验确定。

表 3.12 钢材的牌号及等级选用表

项号	荷载性质	结构类别	工作环境温度	焊接结构			非焊接结构		
				钢材牌号及质量等级	力学性能保证项目	化学成分保证项目	钢材牌号及质量等级	力学性能保证项目	化学成分保证项目
1	承受静载荷或间接动力荷载	一般承重结构	>−30℃	Q235-B·F Q235-B·Z Q345-A Q390-A	屈服强度 σ_s 抗拉强度 σ_b 伸长率 δ_5	C P S	Q235-A·F Q235-A·Z Q345-A Q390-A	屈服强度 σ_s 抗拉强度 σ_b 伸长率 δ_5	P S
2			≤−30℃	Q235-B·Z Q345-A(或B) Q390-A(或B)			Q235-A·Z Q235-B·Z		
3		重要承重结构	>−20℃	Q235-B·Z Q345-A(或B) Q390-A(或B)	屈服强度 σ_s 抗拉强度 σ_b 伸长率 δ_5		Q345-A(或B) Q390-A(或B)	屈服强度 σ_s 抗拉强度 σ_b 伸长率 δ_5 冷弯性能	P S
4			≤−20℃	Q235-B·Z Q345-B Q390-B	冷弯性能		Q235-B·Z Q345-B Q390B		
5	直接承受动力荷载	不需验算疲劳的结构	>−20℃	同 3 项结构，并增加冷弯性能			同 3 项结构		
6			≤−20℃	同 4 项结构			同 4 项结构		
7		需验算疲劳的结构	≥0℃	同 4 项结构，附加常温冲击功			同 4 项结构，附加常温冲击功		
8			低于 0℃，>−20℃	Q235-C Q345-C Q390-C	屈服强度 σ_s 抗拉强度 σ_b 伸长率 δ_5 冷弯性能 冲击功	C P S (或碳当量)	Q235-B Q345-B Q390-C	屈服强度 σ_s 抗拉强度 σ_b 伸长率 δ_5 冷弯性能 冲击功	P S
9			≤−20℃	Q235-D Q345-D Q390-D			Q235-C Q345-C Q390-D		

注：1. 当需要选用 Q420 钢时，其质量等级可参照 Q390 钢选用。表中 A、B、C、D 表示钢材的性能等级。

2. 环境温度对非采暖房屋，可采用国标《采暖通风与空气调节设计规范》（GB 50019—2003）中所列的最低日平均温度；对采暖房屋内的结构，可提高 10℃ 采用。

3. 当钢材厚度 $t \geqslant 50mm$（Q235 钢）或 $t > 40mm$（Q345 钢、Q390 钢）时，应适当从严选用。

4. 使用 Q235-C、D，Q345-C、D，Q390-C、D 钢时，宜增加限制碳含量的要求。

5. 当选用各种牌号的钢材时，一般按热轧状态交货，当有技术经济性依据时，宜可要求各种牌号的 B 级钢可控轧交货，C、D 级钢正火或控轧交货，E 级钢正火交货，Q420 钢淬火加回火交货。交货状态应在设计中注明。

表 3.13 厚度方向性能钢板的断面收缩率

厚度方向性能级别	断面收缩率/%	
	三个试样平均值	单个试样值
Z15	≥15	≥10
Z25	≥25	≥15
Z35	≥35	≥25

（9）冷弯薄壁型钢要求有镀锌保护层时，应采用热浸镀锌板（卷）直接进行冷弯成型，不得采用电镀锌板，也不宜冷弯成型后再进行热浸镀锌。正常使用环境、弱侵蚀环境及中等侵蚀环境中镀锌层重量（双面）应分别不小于 $180g/m^2$、$220g/m^2$、$275g/m^2$。

3.4.3 选用钢材规格时注意事项

（1）应优先选用经济高效截面的型材（如宽翼缘 H 型钢、冷弯型钢）。

（2）在同一项工程中选用的型钢、钢板规格不宜过多；一般不宜选用最大规格的型钢，也不应选用带号的加厚槽钢与工字钢以及轻型槽钢等。

（3）规格或材料代用时应严格审查确认其材质、性能符合原设计要求。必要时材料材质的复验，应经设计人员确认。

3.5 建筑常用钢材

根据钢材选用的要求，我国现行的《钢结构设计规范》（GB 50017—2003）推荐承重结构的钢材宜采用碳素结构钢中的 Q235 钢及低合金高强度结构钢中的 Q345、Q390 及 Q420 钢。下面重点介绍这两类钢材的性能和用途。

3.5.1 碳素结构钢

根据《碳素结构钢》（GB/T 700—2006）的规定，碳素结构钢牌号的表示方式是由代表屈服点的字母、屈服点的数值、质量等级符号、脱氧方法符号四个部分按顺序组成。

（1）由"Q+数字+质量等级符号+脱氧方法符号"组成。它的钢号冠以"Q"，代表钢材的屈服点，后面的数字表示屈服点数值，单位是 N/mm^2。例如 Q235 表示屈服点（σ_{eH}）为 235MPa 的碳素结构钢。

（2）必要时钢号后面可标出表示质量等级和脱氧方法的符号。质量等级符号分别为 A、B、C、D。脱氧方法符号：F 表示沸腾钢；Z 表示镇静钢；TZ 表示特殊镇静钢，镇静钢可不标符号，即 Z 和 TZ 都可不标。例如 Q235-AF 表示 A 级沸腾钢。

（3）专门用途的碳素钢，例如桥梁钢、船用钢等，基本上采用碳素结构钢的表示方法，但在钢号最后附加表示用途的字母。

GB/T 700—2006 对碳素结构钢的牌号共分四种，即 Q195、Q215、Q235、Q275。其中 Q235 钢的质量等级分为 A、B、C、D 四级。

在建筑钢结构中，碳素结构钢的化学成分见表 3.7 规定。其力学性能拉伸、冲击试验和冷弯试验应分别符合表 3.14 和表 3.15 规定。碳素结构钢的特性和用途见表 3.16。

表 3.14 钢材的拉伸试验

钢号	屈服点 σ_{eH}/(N/mm²)，不小于						抗拉强度 σ_m/(N/mm²)	伸长率 δ/%，不小于				
	钢材厚度（直径）/mm							钢材厚度（直径）/mm				
	≤16	>16~40	>40~60	>60~100	>100~150	>150~200		≤40	>40~60	>60~100	>100~150	>150
	不小于							不小于				
Q195	(195)	(185)	—	—	—	—	315~430	33	—	—	—	—
Q215	215	205	195	185	175	165	335~450	31	30	29	27	26
Q235	235	225	215	205	195	185	375~500	26	25	24	22	21
Q275	275	265	255	245	225	215	490~630	22	21	20	18	17

表 3.15 钢材的冲击和冷弯试验

牌号	冲击试验			冷弯试验 180°（试样宽度 B=2a）		
	等级	温度/℃	V 型冲击功（纵向）/J ≥	试样方向	钢材厚度（或直径）/mm	
					≤60	>60~100
					弯心直径 d	
Q195	—	—	—	纵	0	—
				横	0.5a	
Q215	A	—	—	纵	0.5a	1.5a
	B	20	27	横	a	2a
Q235	A	—	27	纵	a	2a
	B	20				
	C	0		横	1.5a	2.5a
	D	−20				
Q275	A	—	27	纵	1.5a	2.5a
	B	20				
	C	0		横	2a	3a
	D	−20				

注：B 为试样宽度，a 为试样钢材厚度（或直径）；钢材厚度（或直径）大于 100mm 时，弯曲试验由双方协商确定。

表 3.16　碳素结构钢的特性和用途

牌号	主要特性	用途举例
Q195	碳、锰含量低,强度不高,塑性好,韧性高,具有良好的工艺性能和焊接性能	广泛用于轻工、机械、运输车辆、建筑等一般结构构件,自行车、农机配件,五金制品,焊管坯及输送水、煤气等用管、烟筒、屋面板、拉杆、支架及机械用一般结构零件
Q215	碳、锰含量较低,强度比 Q195 稍高,塑性好,具有良好的韧性、焊接性能和工艺性能	用于厂房、桥梁等大型结构件,建筑桁架、铁塔、井架及车船制造结构件,轻工、农业等机械零件,五金工具、金属制品等
Q235	碳含量适中,具有良好的塑性、韧性、焊接性能、冷加工性能,以及一定的强度	大量生产钢板、型钢、钢筋,用以建造厂房屋架、高压输电铁塔、桥梁、车辆等。其 C、D 级钢硫、磷含量低,相当于优质碳素结构钢,质量好,适用于制造对可焊性及韧性要求较高的工程结构机械零部件,如机座、支架、受力不大的拉杆、连杆、销、轴、螺钉(母)、轴、套圈等
Q275	碳及硅、锰含量高一些,具有较高的强度、硬度和耐磨性,较好的塑性,一定的焊接性能和较好的切削加工性能,完全淬火后,硬度可达 HBS270~400	用于制造心轴、齿轮、销轴、链轴、螺栓(母)、垫圈、刹车杆、鱼尾板、垫板、农机用型材、机架、耙齿、播种机开沟器架、输送链条等

3.5.2　低合金结构钢

3.5.2.1　牌号

根据《低合金高强度结构钢》(GB/T 1591—2008),低合金结构钢牌号的表示方法,由代表屈服点的汉语拼音"Q"＋屈服点数值＋质量等级符号(A、B、C、D、E)三部分按顺序排列组成,例如:Q390A、Q420E。

(1)低合金高强度结构钢的脱氧方法分为镇静钢和特殊镇静钢,在牌号的组成中表示脱氧方法的符号"Z"和"TZ"予以省略。

(2)对专用低合金高强度钢,应在钢号最后标明。专用低合金高强度结构钢的牌号通常也可以采用阿拉伯数字(用两位阿拉伯数字表示平均碳含量,以万分之几计)、化学元素符号以及产品用途符号表示。例如,16Mn 钢,用于桥梁的专用钢种为"16Mnq",汽车大梁的专用钢种为"16MnL",压力容器的专用钢种为"16MnR"。

3.5.2.2　特性和用途、力学性能指标

部分钢的特性和用途见表 3.17,其化学成分见表 3.8,力学性能指标(GB/T 1591—2008)见表 3.18。

表 3.17　低合金高强度钢的特性和用途

牌号	主要特性	用途举例
Q345	具有良好的综合力学性能,低温冲击韧性、冷冲压和切削加工性、焊接性能均好。A、B 级钢视钢材用途和使用需求,可加入或不加入微合金化学元素 V、Nb、Ti;但 C、D、E 级钢应加入 V、Nb、Ti、Al 一种或几种,以细化钢的晶粒,防止钢的过热,提高钢的韧性和改善强度。钢中也可加入稀土元素,改善韧性、冷弯性能和钢材的各向异性	广泛用于各种焊接结构,如桥梁、车辆、船舶、管道、锅炉、大型容器、储罐、重型机械设备、矿山机械、电站、厂房结构、低温压力容器、轻纺机械零件等
Q390	强度比 Q345 钢的高,塑性稍差,韧性相当,焊接性能、冷冲压和切削加工性良好。A、B 级钢视钢材用途和使用需求可加入 V、Nb、Ti 微合金元素,但 C、D、E 级钢应加入 V、Nb、Ti、Al 的一种或几种,以细化钢的晶粒,防止钢的过热,提高钢的韧性和改善强度。还可加入微量 Cr、Ni 或 Mo 元素改善钢的性能	用于桥梁、车辆、船舶、厂房等大型结构构件,高中压石油化工容器、锅炉汽包、管道、过热器、压力容器、重型机械等
Q420	具有良好的力学性能和焊接性能,冷热加工性好,由于加入微合金元素,提高和改善钢的强韧性	用于制造矿山机械、重型车辆、船舶、桥梁、中高压锅炉、容器及其他大型焊接结构件
Q460	强度高,塑性及韧性好,焊接性能良好,冷热加工性较好	主要用于制造工程机械构件,如运输车、桥梁、中高压锅炉及大型焊接结构件

表 3.18 低合金高强度钢的力学性能指标

牌号	屈服强度 σ_{eL}/(N/mm²)									抗拉强度 σ_m/(N/mm²)			
	钢材厚度(或直径)/mm												
	≤16	>16~ 40	>40~ 63	>63~ 80	>80~ 100	>100~ 150	>150~ 200	>200~ 250	>250~ 400	≤40	>40~ 80	>80~ 100	>100
Q345	≥345	≥335	≥325	≥315	≥305	≥285	≥275	≥265	≥265	470~630		450~ 600	
Q390	≥390	≥370	≥350	≥330	≥330	≥310		—	—	490~650		470~ 620	
Q420	≥420	≥400	≥380	≥360	≥360	≥340				520~680			
Q460	≥460	≥440	≥420	≥400	≥400	≥380	—	—		550~720		530~ 700	
Q500	≥500	≥480	≥470	≥450	≥440	—	—	—		610~770			
Q550	≥550	≥530	520	≥500	≥490	—	—	—		670~830			
Q620	≥620	≥600	≥590	≥570						710~880		—	—
Q690	≥690	≥670	≥660	≥640						770~940		—	—

牌号	质量 级别	伸长率 δ_5/%						冲击吸收能量(KV_2)(纵向)/J				180°弯曲试验	
		≤40mm	>40~ 63mm	>63~ 100mm	>100~ 150mm	>150~ 250mm	>250~ 400mm	试验 温度 /℃	12~ 150mm	>150~ 250mm	>250~ 400mm	d 弯心直径 试样厚度 a	
												≤16mm	>16~ 100mm
Q345	A	≥20	≥19	≥19	≥18	≥17	—		≥34	≥27		2a	3a
	B							20					
	C	≥21	≥20	≥20	≥19	≥18		0					
	D、E	≥21	≥20	≥20	≥19	≥18	≥17	−20 −40			27		
Q390	A	≥20	≥19	≥19	≥18	—	—	20 0 −20 −40	≥34	—	—	2a	3a
	B、C、 D、E												
Q420	A	≥19	≥18	≥18	≥18	—	—	20 0 −20 −40	≥34	—	—		
	B、C、 D、E												
Q460		≥17	≥16	≥16	≥16	—	—		≥34	—	—	2a	3a
Q500	C、D、E	≥17				—	—	0	≥55				
Q550		≥16				—	—	−20	≥47				
Q620		≥15				—	—	−40	≥31				
Q690		≥14			—	—							

3.6 常用型材

各类钢种供应的钢材规格分为型材、板材、管材及金属制品四大类,其中建筑钢结构中使用最多的是型材、板材和钢管。

3.6.1 型材的分类

3.6.1.1 按材质分普通型钢和优质型钢

(1)普通型钢是由碳素结构钢和低合金高强度结构钢制成的型钢,用于建筑结构和工程结构。

(2)优质型钢也称优质型材,是由优质钢,如优质碳素结构钢、合金结构钢、易切削结构钢、弹簧钢、滚动轴承钢、碳素工具钢、不锈耐酸钢、耐热钢等制成的型钢,主要用于各种结构、工具及有特殊性能要求的结构。

3.6.1.2　按生产方法的不同分

型钢分为热轧（锻）型钢、冷弯型钢、冷拉型钢、挤压型钢和焊接型钢。

（1）用热轧方法生产型钢，具有生产规模大、效率高、能耗少和成本低等优点，是型钢生产的主要方法。

（2）用焊接方法生产型材，是将矫直后的钢板或钢带剪裁、组合并焊接成型，不但节约金属，而且可生产特大尺寸的型材，生产工字型材的最大尺寸目前已达到 2000mm×508mm×76mm。

3.6.1.3　按截面形状的不同分

型钢分圆钢、方钢、扁钢、六角钢、等边角钢、不等边角钢、工字钢、槽钢和异形型钢等。

（1）圆钢、方钢、扁钢、六角钢、等边角钢及不等边角钢等的截面没有明显的凹凸分枝部分，也称简单截面型钢或棒钢，在简单截面型钢中，优质钢与特殊性能钢占有相当的比重。

（2）工字钢、槽钢和异形型钢的截面有明显的凸凹分枝部分，成型比较困难，也称复杂截面型钢，即通常意义上的型钢。

异形型钢通常是指专门用途的截面形状比较复杂的型钢，如窗框钢、履带板型钢等。

3.6.2　常用型钢

钢结构采用的型材有热轧成型的钢板和型钢。常用型钢主要有角钢、工字钢、槽钢、H型钢、圆（方）钢、钢管等，如图 3.5 所示。

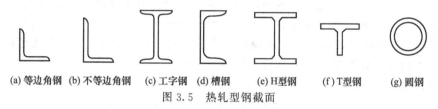

(a) 等边角钢　(b) 不等边角钢　(c) 工字钢　(d) 槽钢　(e) H型钢　(f) T型钢　(g) 圆钢

图 3.5　热轧型钢截面

3.6.2.1　角钢

（1）角钢分等边和不等边两种，可以用来组成独立的受力杆件，或作为受力构件之间的连接零部件。等边角钢（也叫等肢角钢）规格以角钢符号"∟"和边（肢）宽×厚度表示，如∟120×8 为肢宽 120mm，厚度为 8mm 的等边角钢。截面尺寸偏差应符合表 3.19 的规定。

不等边角钢用"∟"符号后跟两边宽度和厚度表示，如∟120×100×10 为长肢宽 120mm，短肢宽 100mm，厚度 10mm 的不等边角钢。我国生产的最大等边角钢为∟200×20，最大不等边角钢为∟200×125×18。截面尺寸偏差（GB/T 706—2008）应符合表 3.19 的规定。

（2）角钢顶端直角允许偏差为 90°±50'。

（3）角钢外端外角和顶角钝化不得使直径等于 0.18d 的圆棒通过。

表 3.19　角钢截面尺寸、外形允许偏差　　　　　　　　单位：mm

项　目		允许偏差		图　示
		等边角钢	不等边角钢	
边宽度 (B,b)	边宽度[①]≤56	±0.8	±0.8	
	＞56～90	±1.2	±1.5	
	＞90～140	±1.8	±2.0	
	＞140～200	±2.5	±2.5	
	＞200	±3.5	±3.5	
边厚度 (d)	边宽度[①]≤56	±0.4		
	＞56～90	±0.6		
	＞90～140	±0.7		
	＞140～200	±1.0		
	＞200	±1.4		

项 目	允许偏差		图 示
	等边角钢	不等边角钢	
顶端直角	$\alpha \leqslant 50'$		
弯曲度	每米弯曲度≤3mm 总弯曲度≤总长度的0.30%		适用于上下、左右大弯曲

① 不等边角钢按长边宽度 B。

3.6.2.2 热轧工字钢槽钢

工字钢有普通工字钢和轻型工字钢之分，常单独用作梁、柱、桁架弦杆，或用作格构柱的肢件。分别用符号"I"和号数表示，I20 和 I32 以上的普通工字钢，同一号数有三种腹板厚度，分别为 a、b、c 三类，其中 a 类腹板最薄，翼缘最窄，用作受弯构件较为经济，如 I32a。我国生产的最大普通工字钢为 I63 号。轻型工字钢用"QI"表示，最大的轻型工字钢为 QI70 号。轻型工字钢的腹板和翼缘均较普通工字钢薄，因而在相同重量下其截面模量和回转半径均较大。

槽钢有普通槽钢和轻型槽钢两种，以腹板厚度区分之，常用作格构式柱的肢件和檩条等。型号用符号"["和"Q ["以及截面高度的厘米数表示。[14 和 [25 以上的普通槽钢同一号数中又分 a、b 和 a、b、c 类型，其腹板厚度和翼缘宽度均分别递增 2mm。如 [30a 表示截面高度为 300mm、腹板厚度为 a 类的普通槽钢。号码相同的轻型槽钢，其翼缘较普通槽钢宽而薄，腹板也较薄，回转半径较大，重量较轻，表示方法为符号"Q ["加上截面高度厘米数。我国目前生产的最大槽钢为 [40c，长度一般为 5～19m。

工字钢、槽钢的截面尺寸允许偏差（GB/T 706—2008）应符合表 3.20 的规定。

表 3.20　工字钢、槽钢截面尺寸、外形允许偏差　　　　　　　单位：mm

项 目		允许偏差	图 示
高度(h)	＜100	±1.5	
	100～＜200	±2.0	
	200～＜400	±3.0	
	≥400	±4.0	
腿宽度(b)	＜100	±1.5	
	100～＜150	±2.0	
	150～＜200	±2.5	
	200～＜300	±3.0	
	300～＜400	±3.5	
	≥400	±4.0	
腰厚度(d)	＜100	±0.4	
	100～＜200	±0.5	
	200～＜300	±0.7	
	300～＜400	±0.8	
	≥400	±0.9	
外缘斜度(T)		$T \leqslant 1.5\%b$ $2T \leqslant 2.5\%b$	

续表

项　　目	允许偏差	图　　示
弯腰挠度(W)	$W \leqslant 0.15d$	

弯曲度	工字钢	每米弯曲度≤2mm 总弯曲度≤总长度的 0.20%	适用于上下、左右大弯曲
	槽钢	每米弯曲度≤3mm 总弯曲度≤总长度的 0.30%	

3.6.2.3　热轧 H 型钢

　　H 型钢是使用很广泛的热轧型钢，其截面形状经济合理，力学性能好，轧制时截面上各点延伸较均匀、内应力小。与普通工字钢比较，具有截面模数大、重量轻、节省金属的优点，可使建筑结构减轻 30%～40%；又因其腿内外侧平行，腿端是直角，拼装组合成构件，可节约焊接、铆接工作量达 25%。常用于要求承载能力大、截面稳定性好的大型建筑（如厂房、高层建筑等），以及桥梁、船舶、起重运输机械、设备基础、支架、基础桩等。我国生产的 H 型钢分为宽翼缘（HW）、中翼缘（HM）和窄翼缘（HN）H 型钢。

　　H 型钢的尺寸表示方法可采用高度×宽度×腹板厚度×翼缘厚度的毫米数表示。

　　宽翼缘 H 型钢（HW，W 是英文 Wide 的字头）是 H 型钢高度 H 和翼缘宽度 B 基本相等；具有良好的受压承载力。截面规格为：$100mm \times 100mm \sim 400mm \times 400mm$。在钢结构中主要用于柱，在钢筋混凝土框架结构柱中主要用于钢芯柱，也称劲性钢柱。

　　中翼缘 H 型钢（HM，M 是英文 Middle 的字头）是 H 型钢高度和翼缘宽度比例大致为 $1.33 \sim 1.75$ 或 $B = (1/2 \sim 2/3)H$。截面规格为：$150mm \times 100mm \sim 600mm \times 300mm$。主要作钢框架柱，在承受动力荷载的框架结构中用作框架梁。

表 3.21　热轧 H 型钢截面尺寸允许偏差（GB/T 11263—2005）

项目			允许偏差/mm	图　　示
高度 H/mm		＜400	±2.0	
		≥400～＜600	±3.0	
		≥600	±4.0	
宽度 B/mm		＜100	±2.0	
		≥100～＜200	±2.5	
		≥200	±3.0	
厚度	t_1 /mm	＜5	±0.5	
		≥5～＜16	±0.7	
		≥16～＜25	±1.0	
		≥25～＜40	±1.5	
		≥40	±2.0	
	t_2 /mm	＜5	±0.7	
		≥5～＜16	±1.0	
		≥16～＜25	±1.5	
		≥25～＜40	±1.7	
		≥40	±2.0	
长度/m		≤7	±60,0	
		＞7	长度每增加 1m 或不足 1m 时， 正偏差在上述基础上加 5mm	

窄翼缘 H 型钢（HN，N 是英文 Narrow 的字头）是 H 型钢翼缘宽度和高度比为（1∶3）～（1∶2），具有良好的受弯承载力，截面高度 100～900mm，主要用于梁。

热轧 H 型钢截面尺寸允许偏差见表 3.21。

3.6.2.4 热轧圆钢和方钢

圆钢尺寸以直径 d 的毫米数标定。方钢尺寸以边长 a 的毫米数标定。热轧圆钢和方钢的截面尺寸允许偏差见表 3.22。

表 3.22 热轧圆钢和方钢的截面尺寸允许偏差（GB/T 702—2004）

圆钢直径 d/mm 方钢边长 a/mm	允许偏差/mm		
	精度分组 1 组	精度分组 2 组	精度分组 3 组
5.5～7	±0.20	±0.3	±0.4
>7～20	±0.2	±0.35	±0.4
>20～30	±0.30	±0.4	±0.5
>30～50	±0.40	±0.5	±0.6
>50～80	±0.60	±0.7	±0.8
>80～110	±0.90	±1.0	±1.1
>110～150	±1.2	±1.3	±1.4
>150～190	—	—	±2.0
>190～250	—	—	±2.5

3.6.3 常用钢板

建筑钢结构使用的钢板（钢带）根据轧制方法分为冷轧板和热轧板，其中，热轧钢板是建筑钢结构应用最多的钢材之一。

3.6.3.1 钢板与钢带的区别

钢板和钢带的不同，主要体现在其成品形状上。钢板是指平板状、矩形的，可直接轧制或由宽钢带剪切而成的板材。一般情况下，钢板是指一种宽厚比和表面积都很大的扁平钢材。钢带一般是指成卷交货。

3.6.3.2 钢板、钢带的规格

（1）根据钢板的薄厚程度，钢板大致可分为薄钢板（厚度≤4mm）和厚钢板（厚度>4mm）两种。在实际工作中，常将厚度 4～20mm 的钢板称为中板；将厚度 20～60mm 的钢板称为厚板；将厚度>60mm 的钢板称为特厚。成张钢板的规格以符号"-"加"宽度×厚度×长度"或"宽度×厚度"的毫米数表示，如-450×10×300，-450×10。

（2）钢带也分为两种，当宽度大于或等于 600mm 时为宽钢带；当宽度小于 600mm 时，称为窄钢带。钢带的规格以"厚度×宽度"的毫米数表示。

3.6.3.3 花纹钢板的厚度允许偏差

花纹钢板的厚度允许偏差见表 3.23。

表 3.23 花纹钢板的厚度允许偏差（GB/T 3277—91） 单位：mm

厚度	2.5	3.0	3.5	4.0	4.5	5.0	5.5	6.0	7.0	8.0
允许偏差	±0.3	±0.3	±0.3	±0.4	±0.4	+0.4 −0.5	+0.4 −0.5	+0.5 −0.6	+0.6 −0.7	+0.6 −0.8

3.6.3.4 冷轧、热轧钢板和钢带厚度允许偏差

根据 GB/T 708—2006，冷轧、热轧钢板及钢带厚度允许偏差分别见表 3.24 和表 3.25。

表 3.24　冷轧钢板和钢带厚度允许偏差　　　　　　　　　　单位：mm

公称厚度	允许偏差			
	A 精度		B 精度	
	公称宽度			
	≤1500	>1500~2000	≤1500	>1500~2000
0.2~0.5	±0.04	—	±0.05	—
>0.5~0.65	±0.05	—	±0.06	—
>0.65~0.9	±0.06	—	±0.07	—
>0.9~1.1	±0.07	±0.09	±0.09	±0.11
>1.1~1.2	±0.07	±0.10	±0.10	±0.12
>1.2~1.4	±0.10	±0.12	±0.11	±0.14
>1.4~1.5	±0.11	±0.13	±0.12	±0.15
>1.5~1.8	±0.12	±0.14	±0.14	±0.16
>1.8~2.0	±0.13	±0.15	±0.15	±0.17
>2.0~2.5	±0.14	±0.17	±0.16	±0.18
>2.5~3.0	±0.16	±0.19	±0.18	±0.20
>3.0~3.5	±0.18	±0.20	±0.20	±0.21
>3.5~4.0	±0.19	±0.21	±0.22	±0.24
>4.0~5.0	±0.20	±0.22	±0.23	±0.25

表 3.25　热轧钢板和钢带厚度允许偏差　　　　　　　　　　单位：mm

公称厚度	允许负偏差	允许正偏差									
		宽度									
		>1000~1200	>1200~1500	>1500~1700	>1700~1800	>1800~2000	>2000~2300	>2300~2500	>2500~2600	>2600~2800	>2800~3000
>13~25	−0.8	+0.2	+0.2	+0.3	+0.4	+0.6	+0.8	+0.8	+1.0	+1.1	+1.2
>25~30	−0.9	+0.2	+0.2	+0.3	+0.4	+0.6	+0.8	+0.9	+1.0	+1.1	+1.2
>30~34	−1.0	+0.2	+0.3	+0.3	+0.4	+0.6	+0.8	+0.9	+1.0	+1.2	+1.3
>34~40	−1.1	+0.3	+0.4	+0.5	+0.6	+0.7	+0.9	+1.0	+1.1	+1.3	+1.4
>40~50	−1.2	+0.4	+0.5	+0.6	+0.7	+0.8	+1.0	+1.1	+1.2	+1.4	+1.5
>50~60	−1.3	+0.6	+0.7	+0.8	+0.9	+1.0	+1.1	+1.1	+1.3	+1.3	+1.5
>60~80	−1.8	—	—	+1.0	+1.0	+1.0	+1.0	+1.1	+1.8	+1.3	+1.3
>80~100	−2.0	—	—	+1.2	+1.2	+1.2	+1.2	+1.3	+2.0	+1.3	+1.4
>100~150	−2.2	—	—	+1.3	+1.3	+1.3	+1.4	+1.5	+2.2	+1.6	+1.6
>150~200	−2.6	—	—	+1.5	+1.5	+1.5	+1.6	+1.7	+2.6	+1.7	+1.8

3.6.4　冷弯型钢

冷弯型钢也称为钢制冷弯型材或冷弯型材，是以热轧或冷轧钢带为坯料经弯曲成型制成的各种截面形状尺寸的型钢。建筑中常用的厚度为 1.5~12mm 薄钢板或钢带（一般采用 Q235 或 Q345 钢）经冷轧（弯）或模压而成的，故也称为冷弯薄壁型钢，是一种经济的截面轻型薄壁钢材，广泛用于矿山、建筑、农业机械、交通运输、桥梁、石油化工、轻工、电子等工业。

薄壁型钢的表示方法为：字母 B 或 BC 加"截面形状符号"加"长边宽度×短边宽度×卷边宽度×壁厚"，单位为 mm。常用的截面形式有等肢角钢、卷边等肢角钢、Z 型钢、卷边 Z 型钢、槽钢、卷边槽钢（C 型钢）、钢管等，如图 3.6 所示。

(a) 等肢　　(b) 卷边等肢角钢　(c) Z 型钢　　(d) 卷边 Z　　(e) 槽钢　　(f) 卷边　　(g) 焊接薄壁钢管　(h) 方钢管
角钢　　　　　　　　　　　　　　　　　　　　型钢　　　　　　　槽钢

图 3.6　冷弯薄壁型钢截面

冷弯型钢具有以下特点：

（1）截面经济合理，节省材料。冷弯型钢的截面形状可根据需要设计，结构合理，单位重量的截面系数高于热轧型钢。在同样负荷下，可减轻构件重量，节约材料。冷弯型钢用于建筑结构可比热轧型钢节约金属38%～50%，方便施工，降低综合费用，在轻钢结构中得到广泛应用。

（2）品种繁多，可以生产用一般热轧方法难以生产的壁厚均匀、截面形状复杂的各种型材和各种不同材质的冷弯型钢。产品表面光洁，外观好，尺寸精确，而且长度也可以根据需要灵活调整，全部按定尺或倍尺供应，提高材料的利用率。

（3）生产中还可与冲孔等工序相配合，以满足不同的需要。冷弯型钢品种繁多，从截面形状分，有开口的、半闭口和闭口的，通常生产的冷弯型钢，厚度在6mm以下，宽度在500mm以下。

3.6.5 常用钢管

钢管是一种具有中空截面的长条形管状钢材，与圆钢等实心钢材相比，在抗弯抗扭强度相同时，重量较轻，是一种经济截面的钢材，广泛用于制造结构构件和各种机械零件。

钢管有无缝钢管和焊接钢管两种。无缝钢管用符号"ϕ"后面加"外径×厚度"表示，如$\phi 400 \times 6$为外径400mm，厚度6mm的钢管。

直缝电焊钢管（GB/T 13793—2008）一般以钢管的外径D、内径和壁厚S的毫米数标定。其壁厚和截面尺寸允许偏差见表3.26和表3.27。

表3.26　直缝电焊钢管的壁厚允许偏差　　　　　　单位：mm

壁　厚 t	允许偏差		
	高精度	较高精度	普通精度
0.5～0.6	+0.03、-0.05	±0.06	
>0.6～0.8	+0.04、-0.07	±0.07	±0.10
>0.8～1.0		±0.08	
>1.0～1.2	+0.05、-0.09	±0.09	
>1.2～1.4		±0.11	
>1.4～1.5	+0.06、-0.11	±0.12	
>1.5～1.6		±0.13	
>1.6～2.0	+0.07、-0.13	±0.14	
>2.0～2.2		±0.15	±10%t
>2.2～2.5		±0.16	
>2.5～2.8	+0.08、-0.16	±0.17	
>2.8～3.2		±0.18	
>3.2～3.8	+0.1、-0.20	±0.20	
>3.8～4.0		±0.22	
>4.0～5.5	±5%t	±7.5%t	
>5.5	±7.5%t	±10%t	±15%t

表3.27　直缝电焊钢管的截面尺寸允许偏差　　　　　　单位：mm

外径 D	允许偏差		
	高精度	较高精度	普通精度
5～20	±0.10	±0.20	±0.30
>20～50	±0.15	±0.30	±0.50
>50～80	±0.30	±0.50	±1.0%D
>80～114.3	±0.40	±0.60	±1.0%D
114.3～219.1	±0.60	±0.80	±1.0%D
>219.1	±0.5%D	±0.75%D	±1.0%D

能力训练题

1. 钢材是如何分类的？影响钢材强度的因素有哪些？

2. 在钢材的化学成分中，应严格控制哪些有害成分的含量？为什么？

3. 钢材有哪些性能？选择钢材时应考虑哪些主要因素？

4. 钢材有几种规格？钢结构中热轧钢板、热轧型钢种类有哪些？型钢用什么符号表示？

5. 解释下列名词：(1) 韧性；(2) 可焊性；(3) 交货状态。

6. 试述碳、硫、磷对钢材性能的影响。

7. 温度对钢材性能有什么影响？

8. 指出下列符号的意义：(1) Q235-BF；(2) Q235-C；(3) Q345-D。

9. 下列钢材出厂时，哪些钢材的化学成分和力学性能有合格保证？
(1) Q235-BF；(2) Q390-B；(3) Q420-E。

10. 钢材的可焊性能是否仅与碳含量有关？其他哪些因素对焊接的难易程度有影响？

11. 低合金高强度结构钢牌号中的符号分别代表什么含义？

12. 根据学校和当地的实际情况，选择性地完成第 13 章第 13.4 节的实训项目。

第4章　钢结构制作工艺

【知识目标】
- 熟悉钢结构制作工艺的基本概念
- 熟悉钢结构制作工艺要点

【学习目标】
- 了解钢结构制作工艺的基本概念和制作工艺要点，掌握图纸会审、编制工艺文件、技术交底等工作的内容

　　钢结构制作工艺师"承上启下"，上接设计师，通过施工图纸和技术文件了解设计意图；启下是组织广大制作者发挥他们的智慧和才华。好比一个导演，以车间、工地为舞台，出色地完成每一个工程项目的制作，承上启下的纽带是制订先进而切实可行的工艺规程；工艺规程关系到满足技术要求、产品质量、交货期、生产效率、安全生产等各个方面，可见工艺师肩负的责任重大。

4.1　基本概念

4.1.1　基本概念

　　工艺：将原材料或半成品转变成产品的方法和过程称之为工艺。

　　工艺过程：改变生产对象的形状、尺寸、相对位置和性质等，使其成为成品或半成品的过程，称为工艺过程。

　　工艺规程：把工艺过程按一定的格式进行总结、用文件形式固定下来，便成为工艺规程。

4.1.2　工艺规程的作用、分类与形式

　　生产技术准备的主要内容之一是编制工艺规程。工艺规程是组织生产的重要依据，如原材料准备、工艺装备的设计与制作、场地安排、生产进度、组装及总装、质量验收等都可在工艺规程中反映出来。编制先进、合理的工艺规程可以使生产有序进行、有利于组织均衡生产。

4.1.2.1　工艺规程的作用

　　(1) 工艺规程是一切生产人员必须严格执行的纪律性文件，对产品质量提供保证，使之有章可循。

　　(2) 工艺规程是生产过程中的指导性技术文件，它对各工序的操作方法和步骤、关键部位的难点均作了详细规定，不但对操作者提供指导，还对生产指挥者及计划调度人员起到纲领性的指导作用。

4.1.2.2　工艺规程的分类与形式

　　以文件性质分，工艺规程可分成纲领性文件、指导性文件及操作性文件，其分类、形式和作用列于表4.1。

表4.1　工艺规程的分类与形式

工艺规程分类	名称和形式	作　　用
纲领性文件	工艺路线卡	以工序为单位，表达制造全部工艺过程，是工艺规程中的纲领性文件，指导管理人员和技术人员了解产品全过程，以便组织生产和编制工艺文件，使操作者熟悉上、下工序间的协作关系。路线卡中的主要内容：工艺序号、工种、作业区、工序名称和内容、使用工艺装备、定额工时等

工艺规程分类	名称和形式	作　用
指导性文件	工艺守则	是纪律性文件,详细规定了在生产过程中有关人员应遵守的工艺纪律。通常按工种或工序进行编制,如加工工艺守则、装配工艺守则、焊工工艺守则等
指导性文件	工艺规范	是对工艺过程中技术要求的统一规定,适用于大批量生产、产品单一或工艺过程不变的场合下使用
操作性文件	工艺过程卡	是以单个零部件制作为对象,详细说明整个工艺过程的工艺文件,是用来指导操作方法的工艺文件,卡中通常包含零件的工艺特性(材料、形状和尺寸)、工艺基准的选择、各工艺步骤的操作方法、所应用的工艺装备、工时定额等
操作性文件	典型工艺卡	当批量生产结构相同或相似、规格不一的产品,可采用典型工艺卡形式(格式与工艺过程卡类似)
钢结构制作工艺文件	单一工艺文件	例如,常用的有产品加工工艺规程、产品装配工艺规程、产品焊接工艺规程以及火工校正变形和涂装工艺规程等。内容有:工艺参数、工作顺序、技术要求、操作规程要点及质量标准等
钢结构制作工艺文件	综合工艺文件	钢结构制作特点是:单件小批量,多工序,常采用综合工艺文件,一般适用于大型钢构件制作或工程项目。它起到工艺路线卡、工艺守则、工艺规范以及工艺过程卡等作用。为了不使工艺文件过长,可以通用性工艺文件为基础,按产品结构特点,在综合工艺文件中详述工艺要点及技术要求

4.2　钢结构制作工艺要点

　　钢结构制作的准备工作包括审查图样、备料核对、钢材选择和检验要求,材料的变更与修改、钢材的合理堆放,成品检验,以至装运出厂等有关施工生产技术资料文件的编写和制订。制订施工工艺规程是工艺师的主课,按照常规的职责范围,工艺工作有如下十个要点(表4.2),抓住这十个环节,就掌握了开展工艺工作的主动权。

表 4.2　钢结构制作工艺要点

序号	项目	内　容
1	审阅施工图纸	仔细审阅施工图纸,包括技术要求,相关的技术规范、规程、规则;特别关注关键性的技术条款,建筑钢结构中重要的节点,这些节点要由施工单位自行设计之后提供设计院认可,发现图纸中的疑问及时与设计师沟通,达成共识,修改设计图;一旦下发图纸后可以顺利施工;审核图纸时,凡是需机加工的部件,用红笔注明加工余量,使施工者一目了然
2	熟悉工程材料的特性	深入了解材料的"质保书",所述牌号、规格及机械性能是否与设计图纸相符,若品种规格不符,应及早采取措施,使工程顺利进行 仔细了解材料的工艺性能,工艺性能与制作有密切关系,这是制订工艺的依据、针对材料的特殊性,应在工艺上采取措施。例如铝合金结构施工,材料是不能焊接的;硬铝的特点是强度高,质轻,缺点是易腐蚀,在制作工艺中采取有力的防腐蚀措施后,使用年限提高了四倍;对于新型钢材,深入了解其加工性及可焊性十分必要
3	编制施工工艺规程	工艺规程是工艺师的主课,是工程的主心骨,制订工艺的前提是确保产品制作质量、满足设计要求;一般立足企业现有装备(起吊能力、场地、加工机床及焊接设备等),有时为发展生产,开拓市场也可以增添一些新设备 制订工艺,通常可采用过去成熟的工艺,但切忌生搬硬套,一定要联系企业实际,发挥企业自己固有的特色、或取长补短,吸收兄弟厂的优势,补充自己的劣势和不足
4	设计工艺装备	根据产品特点、设计加工模具、装配夹具、装配胎架等
5	工艺评定及工艺试验	对于新材料的焊接,从工艺评定中测定焊接工艺参数、变形量的大小,反变形措施等均可进行工艺试验

序号	项目	内　　容
6	技术交底	工艺(初稿)编订完成后,结合产品结构特点和技术要求,向工人技术交底,效果很好。工人了解设计意图后,哪些环节应特别注意,精心操作,会献计献策,提出很好的建议、确保符合技术要求
7	首件检验	在批量生产中,先制作一个样品,然后对产品质量作全面检查,总结经验后,再全面铺开
8	巡回检查	了解工艺执行情况、技术参数以及工艺装备使用情况 与工人沟通,及时解决施工中的技术工艺问题
9	搞好基础工艺管理	编制车间通用工艺手册,将常用的工艺参数、规程编入手册,工人可按手册执行,不必事无巨细,样样去问工艺师,工艺师可以腾出时间学习新工艺、新技术、新材料及新设备,掌握新知识用于新产品 编制产品工艺,以通用工艺为基础,编制产品制作工艺时,有些内容可写"参阅通用工艺某一部分",不必面面俱到,力求简化 对于批量生产的产品,可以编制专门的技术手册,人手一份,随身携带
10	做好归档工作	产品竣工后,及时搞好竣工图纸、将技术资料归档,这是一项很重要的工作

4.2.1　审阅施工图纸

钢结构制造厂在接到工程图样后,应该组织有关工程技术人员对设计图和施工图进行审查。

4.2.1.1　图纸审查目的

审查图样是检查图样设计的深度能否满足施工的要求,核对图样上构件的数量和安装尺寸,检查构件之间有无矛盾等。同时对图样进行工艺审核,即审查技术上是否合理,制作上是否便于施工,图样上的技术要求按加工单位的施工水平能否实现等。此外,还要合理划分运输单元。如果由加工单位自己设计施工详图,制图期间又已经过审查,则审图程序可相应简化。

4.2.1.2　图纸审查内容

工程技术人员对图样审核的主要内容如下。

(1) 设计文件是否齐全。设计文件包括设计图、施工图、图样说明和设计变更通知单等。

(2) 构件的几何尺寸是否齐全。

(3) 相关构件的尺寸是否正确。

(4) 节点是否清楚,是否符合国家标准。

(5) 标题栏内构件的数量是否符合工程总数。

(6) 构件之间的连接形式是否合理。

(7) 加工符号、焊接符号是否齐全。

(8) 结合本单位的设备和技术条件考虑,能否满足图样上的技术要求。

(9) 图样的标准化是否符合国家规定等。

4.2.1.3　做好技术交底

图纸审查后,应做好技术交底准备,其内容主要包括以下几点:

(1) 根据构件尺寸考虑原材料对接方案和接头在构件中的位置;

(2) 考虑总体的加工工艺方案及重要的工装方案;

(3) 对构件的结构不合理处或施工有困难的地方,要与需方或者设计单位做好变更签证的手续;

(4) 列出图纸中的关键部位或者有特殊要求的地方,加以重点说明。

4.2.2　编制施工工艺规程

钢结构零、部件的制作是一个严密的流水作业过程，指导这个过程的除生产计划外，主要是依据工艺规程。工艺规程是钢结构制作中的指导性技术文件，一经制订，必须严格执行，不得随意更改。

4.2.2.1　工艺规程的编制原则

工艺规程编制的总原则是：在一定的条件下，以最低的成本，最好的质量，可靠地加工出符合图样和技术要求的产品。

（1）技术上先进。在制订工艺规程时，要了解国内外同行业工艺、技术的发展，通过必要的工艺试验，积极采用适用的先进技术和工艺装备。在一定的生产规模和条件下编制的工艺规程，不但能保证图样的技术要求，而且能更可靠、更顺利地实现这些要求，即工艺规程应尽可能依靠工装设备，而不是依靠劳动者技巧来保证获得产品质量和产量的稳定性。

（2）经济上合理。在确保产品技术要求前提下，选择使产品成本最低的方案。因此对于同一产品应考虑不同的工艺方案，互相比较，从中选择最好的方案，力争做到以最少的劳动量、最短的生产周期、最低的材料和能源消耗，生产出质量可靠的产品。

（3）有良好的劳动条件。所编制的工艺规程，既要满足工艺、经济条件，又是最安全的施工方法，并要尽量减轻劳动强度，减少流程中的往返性。编制工艺规程时，使操作者有良好的操作条件和安全生产措施，将工人从笨重繁杂的体力劳动中解放出来。例如钢结构现场施工，采用 CO_2 气体陶瓷衬垫焊替代手工仰焊操作，既改善施工条件，又可以提高生产效率。

4.2.2.2　编制依据

（1）结构件的总图、部件图和零件图。

（2）结构件的设计说明和技术条件。

（3）结构件的批量及单件的重量和外形尺寸。

（4）车间的作业面积，动力、起重和加工设备的能力。

（5）车间劳动者的数量、工种及技术等级等。

4.2.2.3　编制工艺文件

工艺文件主要包括制作原则工艺和制作细则工艺，见表 4.3。

4.2.2.4　工艺规程的内容

（1）成品技术要求。

（2）为保证成品达到规定的标准而制订的措施。

① 关键零件的精度要求，检查方法和使用的量具、工具。

表 4.3　工艺文件主要内容

工艺文件	主 要 内 容
制作原则工艺	(1)总则:说明工艺适用于哪个钢结构工程项目,其设计、制造、检验所采用的标准;对于合同以后的变更、协议等问题的处理原则; (2)工程概况:简要描述工程项目的特征,工程内容和范围,钢结构的特点等; (3)主要材料材质、规格,对材料试验与检验说明; (4)工艺装备制作,生产场地布置,拼装方案; (5)工艺评定、焊工考试、持证上岗,制作和检验人员资质要求; (6)焊接工艺程序、防止变形措施、焊接质量标准及焊缝检验方法; (7)涂装:除锈等级、方法,涂层厚度、涂料品种; (8)包装和运输; (9)生产进度日程表,突出节点周期
制作细则工艺	(1)作业流程图、工装、专用工具,各工序加工要点; (2)交工时通用检测项目表或专用检测项目表

② 主要构件的工艺流程，工序质量标准，为保证构件达到工艺标准而采用的工艺措施

（如组装次序、焊接方法等）。

③ 采用的加工设备和工艺装备。

4.2.2.5 工艺规程编制步骤

（1）分析设计图纸，了解产品用途和结构特点，要仔细分析研究每一个细节和每一项技术要求，列出难点，在工艺方案中采取措施，逐个解决。

（2）拟定工艺方案

① 从研究材料的可焊性着眼，选择何种焊接方法着手，确定合适的制造工艺及相关的工艺装备。

② 拟定工序、工步。

③ 草拟各工序（步）的具体操作方法和技术要求；各工序间的交接要领。例如，哪些构件装配后，必须焊妥之后才能进行下一道工序（特别是隐蔽焊缝）；哪道工序完成后，必须火工校正后，才能进行下道工序等。

按上述方法同时考虑二三套方案，进行综合对比、择优选择，必要时可进行工艺试验加以验证。

4.2.3 工艺试验

工艺性试验一般可分为三类。

（1）焊接试验。钢材可焊性试验、焊材工艺性试验、焊接工艺评定试验等均属焊接性试验，而焊接工艺评定试验是各工程制作时最常遇到的试验。

焊接工艺评定是焊接工艺的验证，属生产前的技术准备工作，是衡量制造单位是否具备生产能力的一个重要的基础技术资料。焊接工艺评定对提高劳动生产率、降低制造成本、提高产品质量、搞好焊接技能培训是必不可少的，未经焊接工艺评定的焊接方法、技术参数不能用于工程施工。

焊接接头的力学性能试验以拉伸和冷弯为主，冲击试验按设计要求确定。冷弯以面弯和背弯为主，有特殊要求时应做侧弯试验。每个焊接位置的试件数量一般为：拉伸、面弯、背弯及侧弯各工件；冲击试验9件（焊缝、熔合线、热影响区各3件）。

（2）摩擦面的抗滑移系数试验。当钢结构件的连接采用高强度螺栓摩擦连接时，应对连接面进行喷砂、喷丸等方法的技术处理，使其连接面的抗滑移系数达到设计规定的数值。经过技术处理的摩擦面是否能达到设计规定的抗滑移系数数值，需对摩擦面进行必要的检验性试验，以求得对摩擦面处理方法是否正确、可靠。

抗滑移系数试验可按工程量每200t为一批，不是200t的可视为一批。每批三组试件由制作厂进行试验，另备三组试件供安装单位在吊装前进行复验。

（3）工艺性试验。对构造复杂的构件，必要时应在正式投产前进行工艺性试验。工艺性试验可以是单工序，也可以是几个工序或全部工序；可以是个别零部件，也可以是整个构件，甚至是一个安装单元或全部安装构件。

通过工艺性试验获得的技术资料和数据是编制技术文件的重要依据，试验结束后应将试验数据纳入工艺文件，用以指导工程施工。

4.2.4 组织技术交底

钢结构工程是一个综合性的加工生产过程，构件或产品的生产从投料到成品要经过许多道加工工序和装配连接等一系列工作。为贯彻国家标准和技术规范，确保工程质量，这就要求制作单位在投产前组织技术交底的专题讨论会。

4.2.4.1 技术交底的目的

组织技术交底会的目的是对某一项钢结构工程中的技术要求进行当面的交底，同时亦可对制作中的难题进行研究讨论和协商，以求达到意见统一，解决生产过程中的具体问题，确保工程质量。

4.2.4.2 技术交底的实施

技术交底会按工程的实施阶段可分为两个层次。

（1）第一个层次技术交底会是工程开工前的技术交底会，参加的人员主要有：工程图纸的设计单位，工程建设单位，工程监理及制作单位的有关人员。

技术交底的主要内容由以下几个方面组成：①工程概况；②工程结构件的类型和数量；③图纸中关键部位的说明和要求；④设计图纸的节点情况介绍；⑤对钢材、辅料的要求和原材料对接的质量要求；⑥工程验收的技术标准说明；⑦交货期限、交货方式的说明；⑧构件包装和运输要求；⑨涂层质量要求；⑩其他需要说明的技术要求。

（2）第二层次的技术交底会是在投料加工前进行的本工厂施工人员交底会，参加的人员主要有：制作单位技术、质量负责人，技术部门和质检部门的技术人员、质检人员，生产部门的负责人、施工员、及相关工序的代表人员等。

此类技术交底的主要内容除上述 10 点外，还应增加工艺方案、工艺规程、施工要点、主要工序的控制方法、检查方法等与实际施工相关的内容。

这种制作过程中的技术交底会在贯彻设计意图、落实工艺措施方面起着不可替代的作用，同时也为确保工程质量创造了良好的条件。

4.2.5 施工工艺准备

4.2.5.1 划分工号

根据产品的特点、工程量的大小和安装施工进度，将整个工程划分成若干个生产工号（或生产单元），以便分批投料，配套加工，生产出成品。

生产工号的划分应遵循以下几点。

（1）在条件允许的情况下，同一张图纸上的构件宜安排在同一生产工号中加工。

（2）相同构件或特点类似、加工方法相同的构件宜放在同一生产工号中加工。如按钢柱、钢梁、桁架、支撑分类划分工号进行加工。

（3）工程量较大的工程划分生产工号时要考虑安装施工的顺序，靠安装的构件要优先安排工号进行加工，以保证顺利安装的需要。

（4）同一生产工号中的构件数量不要过多，可与工程量统筹考虑。

4.2.5.2 编制工艺流程表

从施工详图中摘出零件，编制出工艺流程表（或工艺过程卡）。加工工艺过程由若干个顺序排列的工序组成，工序内容是根据零件加工的性质而定的，工艺流程表就是反映这个过程的工艺文件。

工艺流程表的具体格式随各厂不同，但所包括的内容基本相同，其中有零件名称、件号、材料牌号、规格、件数、工序顺序号、工序名称和内容、所用设备和工艺装备名称及编号、工时定额等。除上述内容外，关键零件要标注加工尺寸和公差，重要工序要画出工序图等。

4.2.5.3 编制工艺卡和零件流水卡

根据工程设计图纸和技术文件提出的构件成品要求，确定各加工工序的精度要求和质量要求，结合单位的设备状态和实际加工能力、技术水平，确定各个零件下料、加工的流水顺序，即编制出零件流水卡。

零件流水卡是编制工艺卡和配料的依据。一个零件的加工制作工序是根据零件加工的性质而定的，工艺卡是具体反映这些工序的工艺文件，是直接指导生产的文件。工艺卡所包含的内容一般为：确定各工序所采用的设备；确定各工序所采用的工装模具；确定各工序的技术参数、技术要求、加工余量、加工公差、检验方法和标准，以及确定材料定额和工时定额等。

4.2.5.4 工艺装备的制作

由于工艺装备的生产周期较长，因此，要根据工艺要求提前做出准备，争取先行安排加工，以确保使用。工艺装备的设计方案取决于生产规模的大小、产品结构形式和制作工艺的过程等。

（1）工艺装备的分类。钢结构制作过程中的工艺装备一般分为两大类。

① 原材料加工过程中所需的工艺装备。下料、加工用的定位靠模，各种冲切模、压模、切割套模、钻孔钻模等均属此类。这一类工艺装备主要应能保证构件符合图纸的尺寸要求。

② 拼装焊接所需的工艺装备。拼装用的定位器、夹紧器、拉紧器、推撑器，以及装配焊接用的各种拼装胎、焊接转胎等均属此类。这一类工艺装备主要是保证构件的整体几何尺寸和减少变形量。

（2）制作要求。工艺装备的制作关系到保证钢结构产品质量的重要环节，因此，工艺装备的制作要满足以下要求。

① 工装夹具的使用要方便，操作容易，安全可靠。

② 结构要简单、加工方便、经济合理。

③ 容易检查构件尺寸和取放构件。

④ 容易获得合理的装配顺序和精确的装配尺寸。

⑤ 方便焊接位置的调整，并能迅速地散热，以减少构件变形。

⑥ 减少劳动量，提高生产率。

能力训练题

1. 钢结构制作工艺步骤有哪些？

2. 如何做好技术交底工作？

3. 钢结构工艺试验有哪些？

4. 钢结构制作施工工艺准备有哪些？

第5章 钢结构构件制作与预拼装

【知识目标】

- 熟悉钢结构制作过程；熟悉钢结构构件放样下料过程
- 掌握钢结构矫正成型以及边缘加工过程
- 熟悉钢结构构件预拼装施工过程

【学习目标】

- 通过理论教学和实地观察钢结构，熟悉钢结构构件放样和下料的基本内容；掌握钢结构构件矫正成型和钢结构构件边缘加工过程，熟悉钢结构构件预拼装施工过程

5.1 钢结构的制作

5.1.1 钢结构制作的特点及流程

5.1.1.1 钢结构制作的特点

钢结构制作的特点是条件优、标准严、精度好、效率高。钢结构一般在工厂制作，因为工厂具有较为恒定的工作环境，有刚度大、平整度高的钢平台，精度较高的工装夹具及高效能的设备，施工条件比现场优越，易于保证质量，提高效率。

钢结构制作有严格的工艺标准，每道工序应该怎么做，允许有多大的误差，都有详细规定，特殊构件的加工，还要通过工艺试验来确定相应的工艺标准，每道工序的工人都必须按图纸和工艺标准生产，因此，钢结构加工的质量和精度与一般土建结构相比大为提高，而与其相连的土建结构部分也要有相匹配的精度或有可调节措施来保证两者的兼容。

钢结构加工可实现机械化、自动化，因而劳动生产率大为提高。另外，因为钢结构在工厂加工基本不占施工现场的时间和空间，采用钢结构也可大大缩短工期，提高施工效率。

5.1.1.2 钢结构制作的依据

钢结构制作的依据是设计图和国家规范。国家规范主要有《钢结构工程施工质量验收规范》（GB 50205—2001）、《钢结构焊接规范》（GB 50661—2011）及原冶金部、原机械部关于钢结构材料、辅助材料的有关标准等。另外如网架结构、高耸结构、输电杆塔钢结构等都有相应的施工技术规程可以参照执行。

钢结构制作单位根据设计图和国家有关标准编制工艺图、卡，下达到车间，工人则根据工艺图、卡生产。

5.1.1.3 钢结构制作的流程

钢结构制作的基本流程如图5.1所示。具体方法及设备说明见表5.1。

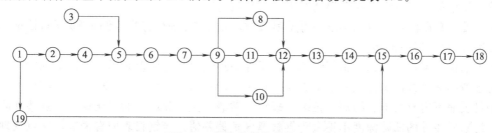

图5.1 钢结构制作的基本流程

表 5.1　具体方法及设备说明表

工序号	工序名称	具体方法	所需设备
①	材料检验	化学成分检验,力学试验、几何尺寸测定	化验设备、拉力机、冲击韧性试验机等
②	材料堆放		吊车
③	放样		尺、规、经纬仪
④	材料矫正		校直机等
⑤	号料		
⑥	切割	冲、剪、锯、气割、等离子切割	冲床、剪板机、锯床、多头切割机、等离子切割机
⑦	矫正		
⑧	成型	模压、热弯	油压机等
⑨	加工	铣、刨、铲	铣床、刨床、碳弧气刨等
⑩	制孔	冲、钻	冲床、钻床
⑪	装配		吊车
⑫	焊接	自动焊、CO_2 保护焊、手工焊	埋弧自动焊接机,CO_2 保护焊接机,普通交、直流电焊机
⑬	后处理		校直机、千斤顶
⑭	总体试装		吊车
⑮	除锈	喷砂、喷丸、刷	喷砂机、喷丸机、电动刷
⑯	油漆包装	喷漆、刷漆	喷漆机
⑰	库存		吊车
⑱	出厂		
⑲	辅助材料准备		

5.1.2　钢材的准备

5.1.2.1　钢材材质的检验

钢材的材质必须有质量保证书（简称"质保单"）。质保单内记载着本批钢材的钢号、规格、数量（长度、根数）、生产单位、日期等。质保单内还记载着本批钢材的化学成分和力学性能。

对于结构用钢，化学性能与钢材的可加工性、韧性、耐久性等有关。因此，应该保证符合规范要求。其中碳含量与可焊性及热加工性能关系密切。硫、磷等杂质含量与钢材的低温冲击韧性、热脆、冷脆等性能关系密切，应限制在标准以内。

结构用钢的力学性能中屈服点、抗拉强度、延伸率、冷弯试验、低温冲击韧性试验值等指标应符合规范的要求（后者在低温情况下才必须具备）。

除了质保单的审查，当对钢材的质量有疑义时，应按国家现行有关标准的规定进行抽样检验。

5.1.2.2　钢材外形的检验

对于钢板、型钢、圆钢、钢管，其外形尺寸与理论尺寸的偏差必须在允许范围内。允许偏差值可参考第 3 章或国家标准 GB/T 709—2006，GB/T 706—2008，GB 816—88 等。

钢材表面不得有气泡、结疤、拉裂、裂纹、褶皱、夹杂和压入的氧化铁皮。这些缺陷必须清除，清除后该处的凹陷深度不得大于钢材厚度负偏差值。当钢材表面有锈蚀、麻点或划痕等缺陷时，其深度不得大于该钢材厚度负偏差值的 1/2。

5.1.2.3　辅助材料的检验

钢结构用辅助材料包括螺栓、电焊条、焊剂、焊丝等，均应对其化学成分、力学性能及外观进行检验，并应符合国家有关标准。

5.1.2.4　堆放

检验合格的钢材应按品种、牌号、规格分类堆放，其底部应垫平、垫高，防止积水。钢材堆放不得造成地基下陷和钢材永久变形。

5.2　放样和下料

5.2.1　放样

钢结构是按照结构的实物缩小比例绘制成设计施工图来制造的，它由许多构件组成，结构的形状复杂，在施工图上很难反映出来某些构件的真实形状，甚至有时标注的尺寸也不好表示，需要按施工图上的几何尺寸以 1∶1 的比例在样台上放出实样以求出真实形状和尺寸，然后根据实样的形状和尺寸制成样板、样杆，作为下料、切割、装配等加工的依据，将上述过程称为放样。

放样是钢结构制作工艺中的第一道工序。只有放样尺寸精确，才能避免以后各道加工工序的累积误差，才能保证整个工程的质量。

（1）放样的环境要求。放样台是专门用来放样的，放样台分为木质地板和钢质平台，也可以在装饰好的室内地坪上进行。木质放样台应设置于室内，光线要充足，干湿度要适合，放样平台表面应保持平整光洁。木地板放样台应刷上淡色无光漆，并注意防火。钢质地板放样台，一般刷上黏白粉或白油漆，这样可以划出易于辨别清楚的线条，以表示不同结构形状，使放样台上的图面清晰，不致混乱。如果在地坪上放样，也可根据实际情况采用弹墨线的方法，日常则需保护台面（如不许在其上进行对活、击打、矫正工作等）。

（2）放样准备。放样前，应校对图纸各部尺寸有无不符之处，与土建和其他安装工程分部有无矛盾。如果图纸标注不清，与有关标准有出入或有疑问，自己不能解决时，应与有关部门联系，妥善解决，以免产生错误。如发现图纸设计不合理，需变动图纸上的主要尺寸或发生材料代用时，应向有关部门联系取得一致意见，并在图纸上注明更改内容和更改时间，填写技术变更洽商单等。

（3）放样操作。根据施工图纸的具体技术要求，按照 1∶1 的比例尺寸和基准画线以及正投影的作图步骤，面出构件相互之间的尺寸及真实图形。产品放样经检查无误后，采用的薄钢板或牛皮纸等材料，以实样尺寸为依据，制出零件的样杆、样板，用样杆和样板进行号料。

用纸壳材料作样板时，应注意温度和湿度影响所产生的误差。

（4）样板标注。样板制出后，必须在上面注明图号、零件名称、件数、位置、材料牌号规格及加工符号等内容，以便使下料工作有序进行。同时，应妥善保管样板，防止折叠锈蚀，以便进行校核，查出原因。由于零件的形状不同，所制出样板的用途也就不同。样板种类名称及用途见表 5.2。

（5）加工余量。为了保证产品质量，防止由于下料不当造成废品，样板应注意预放加工余量，一般可根据不同的加工量按下列数据进行。

① 自动气割切断的加工余量为 3mm；手工气割切断的加工余量为 4mm；气割后需铣端或刨边者，其加工余量为 4～5mm。

② 剪切后无需铣端或刨边的加工余量为零。

③ 对焊接结构零件的样板，除放出上述加工余量外，还须考虑焊接零件的收缩量，一般沿焊缝长度纵向收缩率为 0.03%～0.2%；沿焊缝宽度横向收缩，每条焊缝为：0.03～

0.75mm；加强肋的焊缝引起的构件纵向收缩，每肋每条焊缝为0.25mm。加工余量和焊接收缩量，应以组合工艺中的拼装方法、焊接方法及钢材种类、焊接环境等决定。

表5.2　常用样板的名称及用途

顺　序	样板名称	用　途
1	平面样板	在板料及型钢平面进行划线下料
2	弧形样板	检查各种圆弧及圆的曲率大小
3	切口样板	各种角钢、槽钢切口弯曲的划线标准
4	展开样板	各种板料及型材展开零件的实际长及形状
5	覆盖样板	按照放样图上（或实物上）图形用覆盖方法所放出的实样（用于连接构件）
6	号孔样板	以此为依据决定零件的孔心位置
7	弯曲样板	各种压型件及制作胎模零件的检查标准

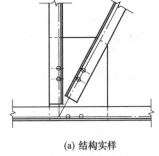 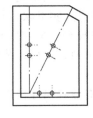

(a) 结构实样　　　　　(b) 过样样板

图5.2　覆盖过样法示意

④ 覆盖和过样。对单一的产品零件，可以直接在所需厚度的平板材料（或型材）上进行画线下料，不必在放样台上画出放样图和另行制出样板。对于较复杂带有角度的结构零件，不能直接在板料型钢上号料时，可用覆盖过样的方法制出样板，利用样板进行划线下料，如图5.2所示。

覆盖和过样的方法和步骤如下。

a. 按施工设计图纸的结构连接尺寸画出实样。

b. 以实样上的型钢件和板材件的重心线或中心线为基准并适当延长，如图5.2所示。把所用样板材料覆盖在实样上面，用直尺或粉线以实样的延长线在样板面上画出重心线或中心线。再以样板上的重心线或中心线为准画出连接构件的所需尺寸，最后将样板的多余部分剪掉，做成过样样板，如图5.2(b)所示。放样时要按图施工，从画线到制样板应做到尺寸精确，减少误差，放样允许偏差见表5.3。

表5.3　样板、样杆制作尺寸的允许偏差　　　　　　　单位：mm

项　目		容许偏差
样板	长度	0，−0.5
	宽度	0，−0.5
	两对角线长度差	1.0
样杆	长度	±1.0
	两最外排孔中心线距离	±1.0
同组内相邻两孔中心线距离		±0.5
相邻两组端孔间中心线距离		±1.0
加工样板的角度		±20′

一般号料样板尺寸小于设计尺寸0.5～1.0mm。因划线工具沿样板边缘划线时，增加距离，这样正负值相抵，可减少误差。

5.2.2　下料

下料也称为号料，是根据施工图纸的几何尺寸、形状制成样板，利用样板或计算出的下料尺寸，直接在板料或型钢表面上，画出零构件形状的加工界线，采用剪切、冲裁、锯切、气割等制作的过程。

（1）下料准备

① 准备好下料的各种工具。如各种量尺、手锤、中心冲、划规、划针和凿子及上面提到的剪、冲、锯、割等工具。

② 检查对照样板及计算好的尺寸是否符合图纸的要求。如果按图纸的几何尺寸直接在板料上或型钢上下料时，应细心检查计算下料尺寸是否正确，防止错误并避免由于错误产生废品。

③ 发现材料上有疤痕、裂纹、夹层及厚度不足等缺陷时，应及时与有关部门联系研究决定后再进行下料。

④ 钢材有弯曲和凹凸不平时，应先矫正，以减小下料误差。

材料的摆放，两型钢或板材边缘之间至少有 50～100mm 的距离以便画线。规格较大的型钢和钢板放、摆料要有吊车配合进行，可提高工效，保证安全。

（2）下料加工符号。下料常用的下料符号见表 5.4。

在下料工作完成后，在零件的加工线、拼缝线及孔的中心位置上应打冲印或凿印，同时用标记笔或色漆在材料的图形上注明加工内容，为以下工序的剪切、冲裁和气割等加工提供方便。

表 5.4　常用下料符号

序号	名　称	符　号	序号	名　称	符　号
1	板缝线		5	余料切线	
2	中心线		6	弯曲线	
3	R 曲线	R曲	7	结构线	
4	切断线		8	刨边符号	

5.2.3　钢材下料质量预控项目及防治措施

对错用钢材的工程，根据工程的重要性、特点，由上级技术主管部门召集相应范围的专家鉴定会，根据危害不同程度制定相应的治理方案，限期完成，具体见表 5.5。

表 5.5　钢材下料质量预控项目及防治措施

	样板尺寸误差大	下料尺寸偏差大
现象	放样和样板（样杆）的对角线、长度、宽度、孔距等超过允许值	下料的对角线、外形尺寸及孔距等超过允许值
原因分析	①放样人员对图纸之间的关系不清楚，或者施工图有错误。 ②土建、钢结构制作、安装、监理所使用的钢尺未经计量单位检验合格，并未互相核对。 ③样板杆件有弯曲，拼装平台标高有问题。 ④对焊接节点的样板，没有对杆件留出焊接收缩值。 ⑤没有经过必需的检验程序	①下料人员列下料图及定尺计划不详。 ②材料外观不平直，弯曲或端部有倾斜。 ③锯、割、刨、铣、焊工序所留加工余量及焊接收缩值不对。 ④拼接件制孔工序颠倒。定位靠模下料尺寸有误。 ⑤下料未加工基准线或其他标记，又未经专业人员程序检验
防治措施	①放样人员对图纸必须清楚，发现问题应及时与设计人员沟通。 ②参与钢结构施工的单位使用的钢尺，必须经过计量单位检验合格（在有效期之内），并互相核对，定出每盘钢尺的正负值。所使用的经纬仪、水准仪也同样须经计量单位检验合格方可使用。 ③用钢尺量距，钢尺摊平拉紧，分段尺寸应叠加量取全长，不准分段尺寸量取后相加累计全长。 ④样板的杆件必须调直，拼装平台的标高一般控制在1mm 以内。 ⑤对焊接节点的样板，视节点和杆件实际情况，必须留出焊接收缩值。如无经验参考值，可通过焊接试验定出收缩值。 ⑥样板必须经过自检、专业（监理）检验人员检验。放样和样板（样杆）的允许偏差见表 5.6	①下料人员对下料图必须看清楚，尤其是对定尺计划排料更要合理安排，才能保证下料尺寸并合理约省钢材。 ②材料外观不符合要求的要进行矫正或裁边后使用。 ③按有关工序规定留好加工余量及焊接收缩值。对高层钢框架柱，尚应预留弹性压缩量。具体数据由制作厂和设计人员协商确定。 ④采用无齿锯（即砂轮锯）下料时，要注意由于砂轮越磨越薄，致使定尺下料的杆件尺寸越下越长。 ⑤对受力和弯曲构件，下料应按工艺规定的方向取料，弯曲件外侧不应有伤痕。 ⑥拼接件制孔必须是先拼接好，并矫正完毕达到拼接允许偏差之内再制孔，否则会出现误差。 ⑦定位靠模下料，必须随时检查靠模及成品尺寸的正确性。 ⑧下料件必须加工基准线或冲点标准，否则拼装无依据。 ⑨钢材下料宜用钢引划线，并配弹簧钢丝、直尺、角尺联合划线，以保证精度。 ⑩根据下料件部位的重要性，进行不同比例的抽检。下料与样杆（样板）的允许偏差见表 5.6

表 5.6　放样和样板（样杆）的允许偏差

项　次	项　目	允许偏差
1	平行线距离和分段尺寸	±0.5mm
2	对角线	±1.0mm
3	长度、宽度	长度 0～+0.5mm,宽度 -0.5～0mm
4	孔距	±0.5mm
5	组孔中心线距离	±0.5mm
6	加工样板的角度	±20′
7	零件外形尺寸	±1.0mm
8	基准线（装配或加工）	±0.5mm

5.3　切割

5.3.1　切割

5.3.1.1　一般规定

切割余量的确定可依据设计进行。如无明确要求，可参照表 5.7 选取。

（1）钢材的下料切割方法通常可根据具体要求和实际条件参照表 5.8 选用。

表 5.7　切割余量　　　　　　　　　　　　　　　　　　单位：mm

加工余量	锯切	剪切	手工切割	半自动切割	精密切割
切割缝	—	1	4～5	3～4	2～3
刨边	2～3	2～3	3～4	1	1
铣平	3～4	2～3	4～5	2～3	2～3

表 5.8　各种切削方法分类比较

类　别	使用设备	特点及适用范围
机械切割	剪板机 型钢冲剪机	切割速度快、切口整齐、效率高,适用薄钢板、压型钢板、冷弯钢管的切削
	无齿锯	切割速度快,可切割不同形状、不同对的各类型钢、钢管和钢板,切口不光洁、噪声大,适于锯切精度要求较低的构件或下料留有余量最后尚需精加工的构件
	砂轮锯	切口光滑、生刺较薄易清除、噪声大,粉尘多,适于切割薄壁型钢及小型钢管,切割材料的厚度不宜超过 4mm
	锯床	切割精度高,适于切割各类型钢及梁、柱等型钢构件

（2）气割和机械切割的容许偏差应符合表 5.9 的规定。

表 5.9　气割和机械切割的容许偏差　　　　　　　　　　单位：mm

项　目	气割容许偏差	项　目	机械切割容许偏差
零件宽度长度	±3.0	零件宽度长度	±3.0
切割面平面度	$0.05t$,且≤2.0	边缘缺棱	1.0
割纹深度	0.3	型钢端部垂直度	2.0
局部缺口深度	1.0		

注：t 为切割面厚度。

（3）切割后钢材不得有分层，断面上不得有裂纹，应清除切口处的毛刺、熔渣和飞溅物。

（4）钢材切割面应无裂纹、夹渣、分层和大于 1mm 的缺棱，其切割面质量应符合下述规定。

① 切割面平面度如图 5.3 所示，即在所测部位切割面上的最高点和最低点，按切割面倾角方向所作两条平行线的间距，应符合 $u = 0.05t$（t 为切割面厚度）且不大于 2.0mm。

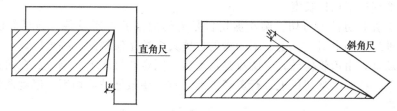

图 5.3　切割面平面度示意图

② 切割面割纹深度（表面粗糙度）h 如图 5.4 所示，即在沿着切割方向 20mm 长的切割面上，以理论切割线为基准的轮廓峰顶线与轮廓各底线之间的距离 $h \leqslant 0.2$mm。

③ 局部缺口深度，即在切割面上形成的宽度、深度及形状不规则的缺陷，它使均匀切割面产生中断，其深度应小于等于 1.0mm。

④ 机械剪切面的边缘缺棱，如图 5.5 所示，应小于等于 1.0mm。

⑤ 剪切面的垂直度，如图 5.6 所示，应小于等于 2.0mm。

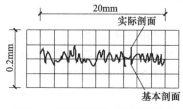

图 5.4　切割面割纹深度示意图

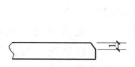

图 5.5　机械剪切面的边缘缺棱示意图

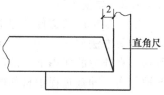

图 5.6　剪切面的垂直度示意图

⑥ 切割面出现裂纹、夹渣、分层等缺陷大于 10mm 的沸腾钢钢材容易出现这类问题，一般是钢材本身的质量问题，特别是厚度，故需特别注意。

5.3.1.2　剪切下料

剪切一般在斜口剪床、龙门剪床、圆盘剪床等专用机床上进行。

（1）在斜口剪床上剪切。为了使剪刀片具有足够的剪切能力，其上剪刀片沿长度方向的斜度一般为 $10° \sim 15°$，截面的角度为 $75° \sim 80°$。这样可避免在剪切时剪刀和钢板材料之间产生摩擦，如图 5.7 所示，上、下剪刀刃也有约 $5° \sim 7°$ 的刃口角。

上、下剪刀片之间的间隙，根据剪切钢板厚度不同，可以进行调整。其间隙见表 5.10，厚度越厚，间隙应越大一些。一般斜口剪床适用于剪切厚度在 25mm 以下的钢板。

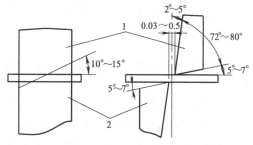

图 5.7　剪切刃的角度
1—上剪刀片；2—下剪刀片

表 5.10　斜口剪床上、下刀片之间的间隙　　　　　　　　　单位：mm

钢板厚度	<5	6~14	15~30	30~40
刀片间隙	0.08~0.09	0.1~0.3	0.4~0.5	0.5~0.6

（2）在龙门剪床上剪切。剪切前将钢板表面清理干净，并划出剪切线，然后将钢板放在工作台上，剪切时，首先将剪切线的两端对准下刀口。多人操作时，选定一人指挥控制操纵机

构。剪床的压紧机构先将钢板压牢后，再进行剪切。这样一次就完成全长的剪切，而不像斜口剪床那样分几段进行。因此，在龙门剪床上进行剪切操作要比斜口剪床容易掌握。龙门剪床上的剪切长度不能超过下切口长度。

（3）在圆盘管剪切机上剪切。圆盘剪切机是剪切曲线的专用设备。圆盘剪切机的剪刀由上、下两个呈锥形的圆盘组成。上、下圆盘的位置大多数是倾斜的，并可以调节，如图5.8所示上圆盘是主动盘，由齿轮传动；下圆盘是从动盘，固定在机座上。钢板放在两盘之间，可以剪切任意曲线形。在圆盘剪切机上进行剪切之前，首先要根据被剪切钢板厚度调整上、下两只圆盘剪刀的距离。

（4）剪切对钢材质量的影响。剪切是一种高效率切割金属的方法，切口也较光洁平整、但也有一定的缺点，主要有以下三个方面。

① 零件经剪切后发生弯曲和扭曲变形，剪切后必须进行矫正。

② 如果刀片间隙不适当，则零件剪切断面粗糙并带有毛刺或出现卷边等不良现象。

③ 在剪切过程中，由于切口附近金属受剪力作用而发生挤压、弯曲而变形，由此而使该区域的钢材发生硬化。

当被剪切的钢板厚度小于25mm时，一般硬化区域宽度在1.5～2.5mm之间。因此，在制造重要的结构件时，需将硬化区的宽度刨削除掉或者进行热处理。

5.3.1.3 冲裁下料

对成批生产的构件或定型产品，应用冲裁下料，可提高生产效率和产品质量。

冲裁方法如图5.9(a)所示，冲裁时材料置于凸凹模之间，冲裁模具的间隙如图5.9(b)所示。在外力的作用下，凸凹模产生一对剪切力（劈切线通常是封闭的），材料在剪切力作用下被分离。冲裁过程中材料的变形情况及断面状况，与剪切时大致相同。

冲裁一般在冲床上进行。常用的冲床有曲轴冲床和偏心冲床两种。

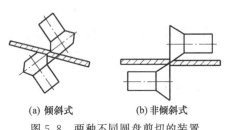

(a) 倾斜式　　(b) 非倾斜式

图 5.8　两种不同圆盘剪切的装置

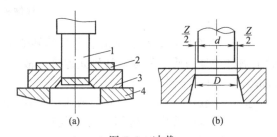

图 5.9　冲裁
1—凸模；2—板料；3—凹模；4—冲床工作台

（1）冲床的技术参数对冲裁工作影响很大，在进行冲裁时，要根据技术性能参数进行选择。

① 冲床吨位与额定功率是两项标志冲床工作能力的指标。实际冲裁零件所需的冲裁功，必须小于冲床的这两项指标。薄板冲裁时，所需冲裁功较小，一般可不考虑。

② 冲床的闭合高度：即滑块在最低位置时，下表面至工作台面的距离。冲床的闭合高度应与模具的闭合高度相适应。

③ 滑块行程，即滑块从最高位置至最低位置所滑行的距离，也常称为冲程。冲床滑块行程的大小，应保证冲裁时顺利地进行退料。

④ 冲床台面尺寸，冲裁时模具尺寸与冲床工作台面尺寸相适应，保证模具能牢固地安装在台面上。

（2）冲裁模具结构：冲裁模具的结构形式很多，但无论何种形式，其结构组成都要考虑如下五个方面。

① 凸模和凹模是直接对材料产生剪切作用的零件，是冲裁模具的核心部分。

② 定位装置作用是保证冲裁件在模具中的准确位置。

③ 卸料装置（包括出料零件）作用是使板料或冲裁下的工件与模具脱离。

④ 导向装置作用是保证模具的上、下两部分具有正确的模对位置。

⑤ 装卡、固定位置作用是保证模具与机床、模具各零件间连接的稳定、可靠。

（3）冲裁加工操作要点

① 搭边值的确定。为保证冲裁件质量和模具寿命，冲裁时料在凸模工作刃口外侧应留足够的宽度，即搭边。搭边值 a 一般根据冲裁件的板厚 t 按以下关系选取。

圆形零件：$a \geq 0.7t$；方形零件：$a \geq 0.8t$。

② 合理排样。冲裁加工时的合理排样，是降低生产成本的有效途径，就是要保证必要的搭边值并尽量减少废料，如图 5.10 所示。

③ 可能冲裁的最小尺寸。零件冲裁加工部分尺寸愈小，则所需冲裁边也愈小，但不能过小，尺寸过小将会造成凸模样单位面积上的压力过大，使其强度不足。零

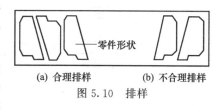

图 5.10　排样
(a) 合理排样　(b) 不合理排样

件冲裁加工部分的最小尺寸，与零件的形状、板厚及材料的机械性能有关。采用一般冲模在较软钢料上所能冲出的最小尺寸为：方形零件最小边长 $= 0.9t$；矩形零件最小短边 $= 0.8t$；长圆形零件两直边最小距离 $= 0.7t$。（注：t 为冲裁件板厚）。

5.3.1.4　气割下料

气割可以切割较大厚度范围的钢材，而且设备简单，费用经济，生产效率较高，并能实现空间各种位置的切割。所以，在金属结构制造与维修中，得到广泛的应用。尤其对于本身不便移动的巨大金属结构，应用气割更显示其优越性。

（1）气割条件。氧-乙炔气割是根据某种金属被加热到一定温度时在氧气流中能够剧烈燃烧氧化的原理，用割炬来进行切割的。

金属材料只有满足下列条件，才能进行气割。

① 金属材料的燃点必须低于其熔点。这是保证切割在燃烧过程中进行的基本条件。否则，切割时金属先熔化变为熔割过程，使割口过宽，而且不整齐。

② 燃烧生成的金属氧化物的熔点，应低于金属本身的熔点，同时流动性要好。否则，就会在割口表面形成固态氧化物，阻碍氧气流与下层金属的接触，使切割过程不能正常进行。

③ 金属燃烧时应能放出大量的热，而且金属本身的导热性要低。这是为了保证下层金属有足够的预热温度，使切割过程能连续进行。

满足上述条件金属材料有纯铁、低碳钢、中碳钢和普通低合金钢。而铸铁、高碳钢、高合金钢及铜、铝等有色金属及其合金，均难以进行氧-乙炔气割。

（2）手工气割操作要点

① 气割前的准备

a. 场地准备。首先检查工作场地是否符合安全要求，然后将工件垫平。工件下面应留有一定的空隙，以利于氧化铁渣的吹出。工件下面的空间不能密封，否则会在气割时引起爆炸。工件表面的油污和铁锈要加以清除。

b. 检查切割氧气流线（风线）方法是点燃割炬，并将预热火焰调整适当。然后打开切割氧阀门，观察切割氧流线的形状。切割氧流线应为笔直而清晰的圆柱体，并有适当的长度，这样才能使工件切口表面光滑干净，宽窄一致。如果风线形状不规则，应关闭所有的阀门，用透针或其他工具修整割嘴的内表面，使之光滑。

② 气割操作。气割操作时，首先点燃割炬，随即调整火焰。火焰的大小应根据工件的厚

薄调整适当，然后进行切割。

开始切割时，若预热钢板的边缘略呈红色时，将火焰局部移出边缘线以外，同时慢慢打开切割氧气阀门。如果预热的红点在氧流中被吹掉，此时应打开大切割氧气阀门。当有氧化铁渣随氧流一起飞出时，证明已割透，这时即可进行正常切割。

若遇到切割必须从钢板中间开始，要在钢板上先割出孔，再按切割线进行切割。割孔时，首先预热要割孔的地方，如图5.11(a)所示，然后将割嘴提起离钢板约15mm，如图5.11(b)所示，再慢慢开启切割氧阀门，并将割嘴稍侧倾并旁移，使熔渣吹出，如图5.11(c)所示，直至将钢板割穿，再沿切割线切割。

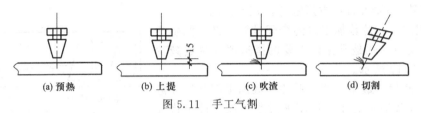

(a) 预热　　　　(b) 上提　　　　(c) 吹渣　　　　(d) 切割

图5.11　手工气割

在切割过程中，有时因嘴头过热或氧化铁渣的飞溅，使割炬嘴头堵住或乙炔供应不及时，嘴头产生鸣爆并发生回火现象。这时应迅速关闭预热氧气，切割炬仍然发出"嘶、嘶"，说明割炬内回火尚未熄灭，这时应再迅速将乙炔阀门关闭或者迅速拨下割炬上的乙炔气管，使回火的火焰气体排出。处理完毕，应先检查割炬的射吸能力，然后方可重新点燃割炬。

切割临近终点时，嘴头应略向切割前进的反方向倾斜，以利于钢板的下部提前割透，使收尾时割缝整齐。当到达终点时，应迅速关闭切割氧气阀门，并将割炬抬起，再关闭乙炔阀门，最后关闭预热氧阀门。

5.3.2　钢材切割质量预控项目及防治措施

(1) 钢材切割经常出现质量问题，具体现象有以下几种。

① 零、部件表面遗留硬性锤伤，因焊接损伤了构件表面。

② 冷、热弯曲、矫正和拼装用的模具、机具表面存在锐角边棱，损伤了零、部件表面。

③ 钢材用机械剪切后和边缘存在硬化层或断裂层以及气割后的淬硬层（或氧化层），这些部分未作相应处理而改变材质性能和损伤零件边缘的截面。

(2) 原因分析。主要是操作方法不当，工艺过程不符合规定要求。

(3) 防治措施

① 操作使用的锤顶不应突起，打锤时锤顶与零件表面应水平接触，必要时应用锤垫保护，以防止偏击而使零件表面留下硬性锤痕以致损伤表面。

② 冷、热弯曲、矫正加工及装配时，使用的模具和机具的表面过分粗糙时，应加工成圆弧过渡的圆弧面；对精度要求较高的零件加工，其模具表面的加工精度不能低于$Ra12.5$，避免突出的锐角棱边损伤零件表面；其表面损伤、划痕深度不能大于0.5mm；如超过时需补焊，然后打磨处理与母材平齐。

③ 重要承重结构的钢板用冲压机械剪切时，由于剪切应力很大，剪切边缘有1.5～2.0mm的区域产生冷作硬化，使钢材脆性增大，因此对于厚度较大承受动力荷载一类重要结构，剪切后应将金属的硬化层部分刨削或铲削除去。

④ 对重级工作制吊车梁等受拉零件的全部边缘用气割或机械剪切时，应沿全长硬化层部分刨除；用半自动或手工气割局部时，应用机械或砂轮将局部淬硬层除去。

⑤ 矫正、拼装、焊接具有孔、槽和表面精度要求较高零件时应认真加以保护，以保证结构的精度及表面不受损伤。

⑥ 为防止焊接损伤构件表面，引弧或打火应在焊缝中间进行；为避免在起焊处产生温差或凹陷弧坑，焊接对接接头和 T 形接头的焊缝，应在焊件的两端设置引弧板，其材质、坡口型式应与焊件相同。

⑦ 焊接规定需预热的焊件以及在拼装时用的引弧板、组装卡具，焊前均应按焊件规定的温度进行预热；焊接结束应用气割切除并用砂轮修磨使其与母材平齐。不得用大锤击落，以免损伤母材。

⑧ 实腹式吊车梁等动力荷载一类的受拉构件，多以低合金高强钢板组合成，该种材质钢板焊接时，在局部受热（焊点，电弧划伤）、划痕、缺口等表面损伤部位，常发生脆裂现象，因此在制造过程中必须特别注意，不能随意在梁的腹板、下翼缘等部位动火切割和点焊、卡具；吊装或运输时应设溜绳控制方向加以保护，严禁与其他坚硬物体冲击相撞。

（4）质量验收要求。钢材切割面或剪切面应无裂纹、加渣、分层和大于 1mm 的缺棱。通过观察或用放大镜及百分尺检查，有疑义时作渗透、磁粉或超声波探伤全数检查。

5.4　矫正和成型

5.4.1　矫正和成型

在钢结构制作过程中，由于原材料变形、气割与剪切变形、焊接变形、运输变形等，影响构件的制作及安装质量。

碳素结构钢在环境温度低于 16℃ 和低合金结构钢在环境温度低于 12℃ 时，为避免钢材冷脆断裂不得进行冷矫正和冷弯曲。矫正后的钢材表面不应有明显的凹痕和损伤，表面划痕深度不得大于 0.1mm。当采用火焰矫正时，加热温度应根据钢材性能选定，但不得超过 900℃，低合金钢在加热矫正后应慢慢冷却。

矫正就是造成新的变形去抵消已经发生的变形。型钢的矫正分为机械矫正、手工矫正和火焰矫正等。

型钢在矫正时，先要确定弯曲点的位置（又称找弯），这是矫正工作不可缺少的步骤。在现场确定型钢变形位置，常用平尺靠量，拉直粉线来检验，但多数是用目测。如图 5.12 所示。

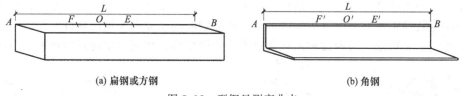

|(a) 扁钢或方钢|(b) 角钢|

图 5.12　型钢目测弯曲点

确定型钢的弯曲点时，应注意型钢自重下沉而产生的弯曲，以防影响准确查看弯曲，因此对较长型的型钢测弯要放在水平面上或放在矫架上测量。目测型钢弯曲点时，应以全长（L）中间 O 点为界，A、B 两人分别站在型钢的各端，并翻转各面找出所测的界前弯曲点（A 视 E 段长度、B 视 F 段长度），然后用粉笔标注。该方法适于有经验的工人，缺少经验者目测的误差就较大。因此，对长度较短的型钢测弯曲点时采用直尺测量，较长的应用拉线法测量。

5.4.1.1　型钢机械矫正

型钢机械矫正是在型钢矫直机上进行的，如图 5.13 所示。

型钢矫直机的工作力有侧向水平推力和垂直向下压力两种。两种型钢矫正机的工作部分是由两个支撑和一个推撑构成。推撑可作伸缩运动，伸缩距离可根据需要进行控制，两个支撑固定在机座上，可按型钢弯曲程度来调整两支撑点之间的距离。一般矫大弯距离则大，矫小弯距离则小。在矫直机的支撑、推撑之间的下平面至两端，一般安设数个带轴承的转动轴或滚筒支架设施，便于矫正较长的型钢时，来回移动省力。

5.4.1.2 型钢半自动机械矫正

型钢变形的矫正除用机械矫正外，在安装工地常用扳弯器、压力机、千斤顶等小型机具进行半自动机械矫正。

（1）扳弯器矫正型钢。扳弯器矫正型钢时，应将型钢弯曲的凸面朝向扳弯器的顶点，两钩钩在型钢凹面两端，手扳主轴转杆加力即可矫正，如图5.14(a)所示。为了防止回弹，可加力略多扳些。卸除扳弯器时用锤击打消除应力后即可。

（2）手扳压力机矫正型钢。用手扳压力机矫直型钢如图5.14(b)所示，将变形型钢的凸面向上，凹面向下，放在压力机顶轴下，使凸面最高点对准轴头，扳转主轴把柄，弯处通过顶轴力作用，即把型钢矫正。如果各面多处变形，应翻动型钢，按面分次矫正。

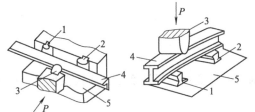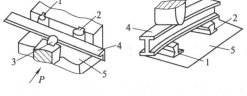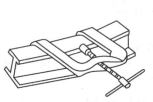

(a) 撑直机矫直角钢	(b) 撑直机(或压力机)矫直工字钢

图5.13 型钢机械矫正

1,2—支撑；3—推撑；4—型钢；5—平台

(a) 扳弯器矫直工字钢	(b) 手扳压力机示意图

图5.14 手动机械矫正型钢

（3）千斤顶矫正型钢。用千斤顶矫正型钢时，可视型钢种类、规格及变形程度，选择适应吨位的千斤顶。如图5.15所示千斤顶矫正槽钢各面弯曲变形，为使在小面同时均匀受力及防止其翼缘面局部产生异常变形，应在槽钢受力处加设垫块进行矫正。

5.4.1.3 型钢手工矫正

型钢用人力大锤进行矫正，多数是用在小规格的各种型钢上，依点捶击力进行矫正。因型钢结构的刚度较薄钢板强，所以用捶击矫正各种型钢的操作原则为见凸就打。

（1）角钢手工矫正。角钢的矫正首先要矫正角度变形，将其角度矫正后再矫正弯曲变形。

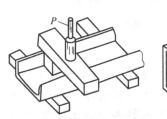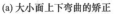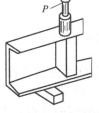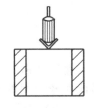

(a) 大小面上下弯曲的矫正	(b) 大小面侧向弯曲矫正

图5.15 千斤顶矫正槽钢

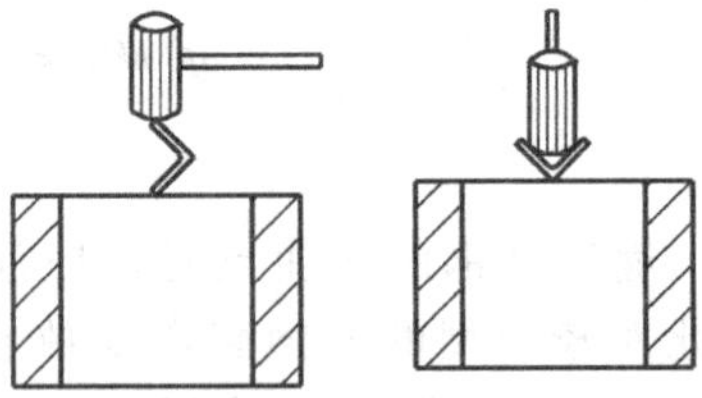

(a) 大于90°的矫正	(b) 小于90°的矫正

图5.16 手工矫正角钢角度变形

角钢角度变形的矫正。角钢批量角度变形的矫正时，可制成90°角形凹凸模具用机械压、顶法矫正；少量的局部角钢变形，可与矫正一并进行。当角度大于90°时，将一肢边立在平面上，直接用大锤击打另一肢边，使角度达到90°为止；其角度小于90°时，将内角向上垂直放一平面上，将适合的角度锤或手锤放于内角，用大锤击打，扩开角度而达到90°，如图5.16所示。

角钢弯曲手工矫正。用大锤矫正角钢方法如图5.17所示。将角钢放在矫架上，根据角钢的长度，一人或两人紧握角钢的端部，另一人用大锤击中角钢的立边面和角筋位置面，要求打准且稳。根据角钢各面弯曲和翻转变化以及打锤者所站的位置，大锤击打角钢各面时，其锤把如图 5.17 所示箭头方向略有抬高或放低。锤面与角钢面的高、低夹角约为 3°～10°。这样大锤对角钢具有推、拉作用力，以维持角钢受力时的重心平衡，才不会把角钢打翻和避免发生震手的现象。

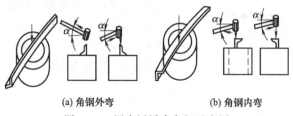

(a) 角钢外弯　　　　　　　(b) 角钢内弯

图 5.17　用大锤矫直角钢示意图

（2）槽钢的矫正。槽钢大小面方向变形弯曲的大锤矫正与角钢各面弯曲矫正方法相同。翼缘面局部内外凹凸变形的手工矫正方法如图 5.18 所示。

(a) 内凸检查　　　　　(b) 外凸矫正

图 5.18　槽钢翼缘面凹凸变形的手工矫正

槽钢翼缘面内凸的矫正。槽钢翼缘向内凸起矫正时，将槽钢立起并使凹面向下与平台悬空；矫正方法应视变形程度而定。当凹变形小时，可用大锤由内向外直接击打；严重时可用火焰加热其凸处，并用平锤垫衬，大锤击打即可矫正。

槽钢翼缘面外凸矫正。将槽钢翼缘面仰放在平台上，一人用大锤顶紧凹面，另一人用大锤由外凸处向内击打，直到打平为止。

（3）扁钢的矫正。矫直扁钢侧向变形弯曲时，将扁钢凸面朝上、凹面朝下放置于矫正架上，用火锤由凸处最高点依次击打，即可矫正。

扁钢的扭曲矫正如图 5.19 所示。小规格的扁钢扭曲矫正先将靠近扭曲处的直段用虎钳夹紧，用扳制的井口扳手插在另一端靠近扭曲处的直段，向扭曲的反方向加力扳曲，最后放在平台上用大锤修整而矫正扁钢。扁钢扭曲的另一种矫正方法是将扁钢的扭曲点放在平台边缘上，用大锤按扭曲反方向进行两面逐段来回移动循环击打即可矫正。

（4）圆钢弯曲的矫正。手工矫正方法如图 5.20 所示。当圆钢制品件质量要求较严时，应将弯曲凸面向上放在平台上，用棒子锤压凸处，用大锤击打便可矫正。

(a) 小规格扁钢用虎钳夹紧法矫正　　(b) 扁钢旋转平台边缘击打矫正

图 5.19　扁钢扭曲矫正

1—虎钳；2—平台；3—开口扳具；4—扭曲扁钢

一般圆钢的弯曲矫正时，可两人进行。一人将圆钢的弯处凸面向上放在平台一固定处，来回转动圆钢，另一人用大锤击打凸处，当全圆钢矫正 1/2，从圆钢另一端进行矫正，直到整根圆钢全部与平台面相接触即可。

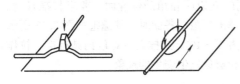

(a) 用捧子锤矫正　　(b) 用大锤击打矫正

图 5.20　圆钢弯曲手工矫正

5.4.1.4　型钢火焰矫正法

用氧-乙炔焰或其他气体的火焰对部件或构件变形部位进行局部加热，利用金属热胀冷缩的物理性能，钢材受热冷却时产生很大的冷缩应力来矫正变形。

加热方式有点状加热、线状加热和三角形加热三种。点状加热的热点呈小圆形，如图 5.21 所示，直径一般为 10～30mm，点距为 50～100mm，呈梅花状布局，加热后"点"的周围向中心收缩，使变形得到矫正。

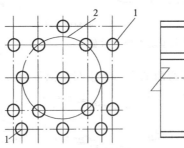
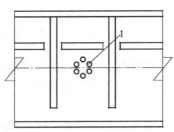

(a) 点状加热布局　　(b) 用点状加热矫正吊车梁腹板变形

图 5.21　火焰加热的点状加热方式

1—点状加热点；2—梅花形布局

线状加热，如图 5.22(a)、(b) 所示，即带状加热，加热带的宽度不大于工件厚度的 0.5～2.0 倍。由于加热后上下两面存在较大的温差，加热带长度方向产生的收缩量较小，横方向收缩量较大，因而产生不同收缩使钢板变直，但加热红色区的厚度不应超过钢板厚度的 1/2，常用于 H 型钢构件翼板角变形的纠正，如图 5.22(c)、(d) 所示。三角形加热，如图 5.23(a)、(b) 所示，加热面呈等腰三角形，加热面的高度与底边宽度一般控制在型材高度的 1/5～2/3 范围内，加热面应在工件变形凸出的一侧，三角顶在内侧，底在工件外侧边缘处，一般对工件凸起处加热数处，加热后收缩量从三角形顶点起沿等腰边逐渐增大，冷却后凸起部分收缩使工件得到矫正，常用于 H 型钢构件的拱变形和旁弯的矫正，如图 5.23(c)、(d) 所示。

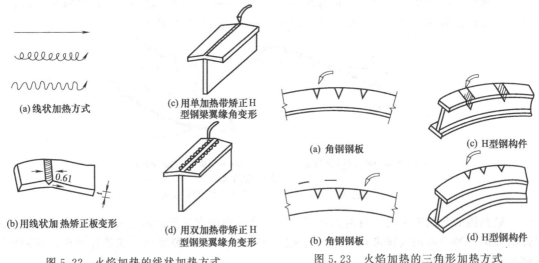

(a) 线状加热方式

(b) 用线状加热矫正板变形

(c) 用单加热带矫正 H 型钢梁翼缘角变形

(d) 用双加热带矫正 H 型钢梁翼缘角变形

图 5.22　火焰加热的线状加热方式

t—板材厚度

(a) 角钢钢板

(b) 角钢钢板

(c) H 型钢构件

(d) H 型钢构件

图 5.23　火焰加热的三角形加热方式

火焰加热温度一般为 700℃左右，不应超过 900℃，加热应均匀，不得有过热、过烧现象；火焰矫正厚度较大的钢材时，加热后不得用凉水冷却；对低合金钢必须缓慢冷却。因水冷却使钢材表面与内部温差过大，易产生裂纹；矫正时应将工件垫平，分析变形原因，正确选择加热点、加热温度和加热面积等，同一加热点的加热次数不宜超过 3 次。

点状的加热适于矫正板料局部弯曲或凹凸不平；线状加热多用于较厚板（10mm 以上）的角变形和局部圆弧、弯曲变形的矫正；三角形加热面积大，收缩量也大，适用于型钢、钢板及构件（如屋架、吊车梁等成品）纵向弯曲及局部弯曲变形的矫正。

火焰矫正变形一般只适用于低碳钢、Q345，对于中碳钢、高合金钢、铸铁和有色金属等脆性较大的材料，由于冷却收缩变形会产生裂纹，不得采用。

5.4.2　质量验收要求

矫正后的钢材表面，不应有明显的凹面或损伤，划痕深度不得大于 0.5mm，且不应大于该钢材厚度负允许偏差的 1/2，通过全数观察检查和实测检查。

冷矫正和冷弯曲的最小曲率半径和最大弯曲矢高应符合表 5.11 的规定。通过观察检查和实测检查，检查数量按冷矫正和冷弯曲的件数抽查 10%，且不应少于 3 个。

钢材矫正后的允许偏差，应符合表 5.12 的规定，通过观察检查和实测检查，检查数量按冷矫正和冷弯曲的件数抽查 10%，且不应少于 3 个。

表 5.11　冷矫正和冷弯曲的最小曲率半径和最大弯曲矢高　　　　　单位：mm

钢材类别	图　例	对应轴	矫　正		弯　曲	
			r	f	r	f
钢板扁钢		$x—x$	$50t$	$\dfrac{l^2}{400t}$	$25t$	$\dfrac{l^2}{200t}$
		$y—y$（仅对扁钢轴线）	$100b$	$\dfrac{l^2}{800b}$	$50b$	$\dfrac{l^2}{400b}$
角钢		$x—x$	$90b$	$\dfrac{l^2}{720b}$	$45b$	$\dfrac{l^2}{360b}$
槽钢		$x—x$	$50h$	$\dfrac{l^2}{400h}$	$25h$	$\dfrac{l^2}{200h}$
		$y—y$	$90b$	$\dfrac{l^2}{720b}$	$45b$	$\dfrac{l^2}{360b}$
工字钢		$x—x$	$50h$	$\dfrac{l^2}{400h}$	$25h$	$\dfrac{l^2}{200h}$
		$y—y$	$50b$	$\dfrac{l^2}{400b}$	$25b$	$\dfrac{l^2}{200b}$

注：r 为曲率半径；f 为弯曲半径；l 为弯曲弦长；t 为板厚；b 为宽度；h 为高度。

表 5.12　钢材矫正后的允许偏差　　　　　　　单位：mm

项　目		允许偏差	图　例
钢板的局部平面度	$t\leqslant14$	1.5	
	$t>14$	1.0	
型钢弯曲矢高		$l/1000$ 且不应大于 5.0	
角钢肢的垂直度		$b/100$，双肢栓接角钢的角度不得大于 90°	
槽钢翼缘对腹板的垂直度		$b/80$	
工字钢、H 型钢翼缘对腹板的垂直度		$b/100$ 且不大于 2.0	

5.5　边缘加工和制孔

5.5.1　边缘加工

钢吊车梁翼缘板的边缘、钢柱脚和肩梁承压支承以及其他要求刨平顶紧的部位，焊接对接口、焊接坡口的边缘、尺寸要求严格的加劲板、隔板腹板和有孔眼的节点板，以及由于切割下料产生硬化的边缘或采用气割、等离子弧切割下料产生带有有害组织的热影响区，一般均需边缘加工进行刨边、刨平或刨坡。

边缘加工方法有：采用刨边机（或刨床）刨边、端面铣床铣边、电弧气刨刨边、型钢切割机切边、半自动机自动气割机切边、等离子弧切割边、砂轮机磨边以及风铲铲边等焊接坡口加工形式，尺寸应根据图样和构件的焊接工艺进行。除机械加工方法外，对要求不高的坡口亦可采用气割或等离子弧切割方法，用自动或半自动气割机切割。对于允许以碳弧气刨方法加工焊接坡口或焊缝背面清根时，在保证气刨槽平直深度均匀的前提下可采用半自动碳弧气刨。

当用气割方法切割碳素钢和低合金钢焊接坡口时，对屈服强度小于 $400N/mm^2$ 的钢只将坡口熔渣、氧化层等消除干净，并将影响焊接质量的凹凸不平处打磨平整；对屈服强度不小于 $400N/mm^2$ 的钢材，应将坡口表面及热影响区用砂轮打磨去除淬硬层。

当用碳弧气刨方法加工坡口或清焊根时，刨槽内的氧化层、淬硬层、顶碳或铜迹必须彻底打磨干净。边缘加工的允许偏差见表 5.13。

表 5.13　边缘加工的允许偏差

项　目	允许偏差	项　目	允许偏差
零件宽度、长度 l	±1.0mm	加工面垂直度	$0.025t$，且不应大于 0.5mm
加工边直线度	$l/3000$，且不应大于 2.0mm	加工面表面粗糙度	$Ra\leqslant50\mu m$
相邻两边夹角	$\pm6'$		

注：t 为构件厚度。

5.5.2　制孔

5.5.2.1　钻孔

钻孔有人工钻孔和机床钻孔两种方式。前者由人工直接用手式枪或手提式电钻钻孔。多用于钻直径较小、板料较薄的孔，亦可采用压杠钻孔，如图 5.24 所示，由两人操作，可钻一般性钢结构的孔，不受工件位置和大小的限制；后者用台式或立式摇臂式钻床钻孔，施钻方便，工效和精度高。

构件钻孔前应进行试钻，经检查认可后方可正式钻孔。钻制精度要求高的精制螺栓孔或板叠层数多、长排连接、多排连接的群孔，可借助钻模卡在工件上制孔；使用钻模厚度一般为 15mm 左右，钻套内孔直径比设计孔径大 0.3mm；为提高工效，亦可将同种规格的板件叠合在一起钻孔，但必须卡牢或点焊固定；成对或成副的构件，宜成对或成副钻孔以便构件组装。

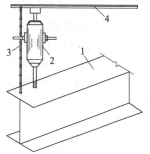

图 5.24　压杠钻孔法
1—工件；2—电钻；
3—链条；4—压杆

5.5.2.2　冲孔

冲孔是用冲孔机将板料冲出孔来，效率高，但质量较钻孔差，仅用于非圆孔和薄板制冲孔操作。构件冲孔时，应装好冲模，检查冲模之间间隙是否均匀一致，并用与构件相同的材料试冲，经检查质量符合要求后，再正式冲孔。冲孔的直径应大于板厚，否则易损坏冲头。冲孔下模上平面的孔应比上模的冲头直径大 0.8～1.5mm。大批量冲孔时，应按批抽查孔的尺寸及孔的中心距，以便及时发现问题，及时纠正。当环境温度低于 20℃时，应禁止冲孔。

5.5.2.3　扩孔

扩孔是将已有孔眼扩大到需要的直径。主要用于构件的拼装和安装，如叠层连接板孔，常先把零件孔钻成比设计小 3mm 的孔，待整体组装后再行扩孔，以保证孔眼一致，孔壁光滑，或用于钻直径 30mm 以上的孔，先钻成小孔，后扩成大孔，以减小钻端阻力，提高工效。

扩孔工具用扩孔钻或麻花钻，用麻花钻扩孔时，需将后角修小，使切屑少而易于排除，可提高孔的表面光洁度。

5.5.2.4　锪孔

锪孔是将已钻好的孔上表面加工成一定形状的孔，常用的有锥形埋头孔、圆柱形埋头孔等。锥形埋头孔应用专用锥形锪钻制孔，或用麻花钻改制，将顶角磨成所需的大小角度；圆柱形埋头孔应用柱形锪钻，用其端面刀及切削，锪钻前端设导柱导向，以保证位置正确。

5.5.2.5　制孔精度

A、B 级螺栓孔（Ⅰ类孔）应具有 H12 的精度，孔壁表面粗糙度 Ra 不应大于 12.5μm。其孔径的允许偏差应符合表 5.14 的规定。C 级螺栓孔（Ⅱ类孔），孔壁表面粗糙度 Ra 不应大于 25μm，其允许偏差应符合表 5.15 的规定。

表 5.14　A、B 级螺栓孔径的允许偏差　　　　　　　　　单位：mm

序　　号	螺栓公称直径、螺栓孔直径	螺栓公称直径允许误差	螺栓孔直径允许误差	检查数量	检验方法
1	10～18	0.00，−0.21	+0.18，0.00	按钢构件数量抽查10%，且不应小于3件	用游标卡尺或孔径量规检查
2	18～30	0.00，−0.21	+0.21，0.00		
3	30～50	0.00，−0.25	+0.25，0.00		

表 5.15　C 级螺栓孔径的允许偏差　　　　　　　　　　　　单位：mm

项　目	允 许 偏 差	检 查 数 量	检 验 方 法
直径	+1.0,0.0	按钢构件数量抽查 10%，且不应小于 3 件	用游标卡尺或孔径量规检查
圆度	2.0		
垂直度（t 为钻孔材料厚度）	0.03t，且≤2.0		

5.5.2.6　孔距要求

根据《钢结构工程施工质量验收规范》（GB 50205—2001），螺栓孔孔距的允许偏差应符合表 5.16 的规定，按钢构件数量抽查 10%，且不应少于 3 件，用钢尺检查。

螺栓孔孔距的允许偏差超过表 5.16 规定的允许偏差时，应采用与母材材质相匹配的焊条补焊后重新制孔，通过观察全数检查。

表 5.16　螺栓孔孔距允许偏差　　　　　　　　　　　　单位：mm

螺栓孔距范围	≤500	501～1200	1201～3000	>3000
同一组内任意两孔间距离	±1.0	±1.5	—	—
相邻两组的端孔间距离	±1.5	±2.0	±2.5	±3.0

注：1. 在节点中连接板与一根杆件相连的所有螺栓孔为一组；
2. 对接接头在拼接板一侧的螺栓孔为一组；
3. 在两相邻节点或接头间的螺栓孔为一组，但不包括上述两项所规定的螺栓孔；
4. 受弯构件翼缘上的连接螺栓孔，每米长度范围内的螺栓孔为一组。

5.6　钢构件预拼装

构件在预拼装时，不仅要防止构件在拼装过程中产生的应力变形，而且也要考虑到构件在运输过程中将会受到的损害，必要时应采取一定的防范措施，尽可能地把损害降到最低点。

5.6.1　钢构件预拼装

5.6.1.1　预拼装要求

（1）钢构件预拼装比例应符合施工合同和设计要求，一般按实际平面情况预装 10%～20%。

（2）拼装构件一般应设拼装工作台，如在现场拼装，则应放在较坚硬的场地上用水平仪找平。拼装时构件全长应拉通线，并在构件有代表性的点上用水平尺找平，符合设计尺寸后电焊点固焊牢。刚性较差的构件，翻身前要进行加固，构件翻身后也应进行找平，否则构件焊接后无法矫正。

（3）构件在制作、拼装、吊装中所用的钢尺应统一，且必须经计量检验，并相互核对，测量时间宜在早晨日出前，下午日落后最佳。

（4）各支撑点的水平度应符合下列规定：

① 当拼装总面积在 300～1000m² 时，允许偏差≤2mm；

② 当拼装总面积在 1000～5000m² 时，允许偏差＜3mm。

单构件支撑点不论柱、梁、支撑，应不少于两个支点。

（5）钢构件预拼装地面应坚实，胎架强度、刚度必须经设计计算而定，各支撑点的水平精度可用已计量检验的各种仪器逐点测定调整。

（6）在胎架上预拼装过程中，不得对构件动用火焰、锤击等，各杆件的重心线应交汇于节点中心，并应完全处于自由状态。

（7）预拼装钢构件控制基准线与胎架基线必须保持一致。

（8）高强度螺栓连接预拼装时，使用冲钉直径必须与孔径一致，每个节点要多于 3 只，临时普通螺栓数量一般为螺栓孔的1/3。对孔径检测,试孔器必须垂直自由穿落。

(9)所有需要进行预拼装的构件制作完毕后,必须经专检员验收,并应符合质量标准的要求。相同的单构件可以互换,也不会影响整体几何尺寸。

(10)大型框架露天预拼装的检测时间,建议在日出前、日落后定时进行,所用卷尺精度应与安装单位相一致。

5.6.1.2 预拼装方法

(1)平装法。平装法适用于拼装跨度较小、构件相对刚度较大的钢结构,如长18m以内钢柱、跨度6m以内天窗架及跨度21m以内的钢屋架的拼装。

该拼装方法操作方便,不需要稳定加固措施,也不需要搭设脚手架。焊缝焊接大多数为平焊缝,焊接操作简易,不需要技术很高的焊接工人,焊缝质量易于保证,校正及起拱方便、准确。

(2)立拼拼装法。立拼拼装法可适用适于跨度较大、侧向刚度较差的钢结构,如18m以上钢柱、跨度9m及12m窗架、24m以上钢屋架以及屋架上的天窗架。

该拼装法可一次拼装多榀,块体占地面积小,不用铺设或搭设专用拼装操作平台或枕木墩,节省材料和工时。省却翻身工序,质量易于保证,不用增设专供块体翻身、倒运、就位、堆放的起重设备,缩短工期。块体拼装连接件或节点的拼接焊缝可两边对称施焊,可防止预制构件连接件或钢构件因节点焊接变形而使整个块体产生侧弯。但需搭设一定数量稳定支架,块体校正、起拱较难,钢构件的连接节点及预制构件的连接件的焊接立缝较多,增加焊接操作的难度。

(3)利用模具拼装法。模具是指符合工件几何形状或轮廓的模型(内模或外模)。用模具来拼装组焊钢结构,具有产品质量好、生产效率高等许多优点。对成批的板材结构、型钢结构,应当考虑采用模具拼组装。

桁架结构的装配模,往往是以两点连直线的方法制成,其结构简单,使用效果好。图5.25为构架装配模示意图。

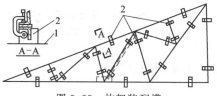

图5.25 构架装配模
1—工作台;2—模板

5.6.2 预拼装施工

5.6.2.1 修孔

在施工过程中,修孔现象时有发生,如错孔在3.0mm以内时,一般都用铣刀铣孔或铰刀铰孔,其孔径扩大不超过原孔径的1.2倍。如错孔超过3.0mm,一般都用焊条焊补堵孔,并修磨平整,不得凹陷。

考虑到目前各制作单位大多采用模板钻机,如果发现错孔,则一组孔均错,各制作单位可根据节点的重要程度来确定采取焊补孔或更换零部件。特别强调不得在孔内填塞钢块,否则会酿成严重后果。

5.6.2.2 工字钢梁、槽钢梁拼装

工字钢梁和槽钢梁分别是由钢板组合的工程结构梁,它们的组合连接形式基本相同,仅是型钢的种类和组合成型的形状不同,如图5.26所示。

(1)在拼装组合时,首先按图纸标注的尺寸、位置在面板和型钢连接位置处进行划线定位。

(2)在组合时,如果面板宽度较窄,为使面板与型钢垂直和稳固,防止型钢向两侧倾斜,可用与面板同厚度的垫板临时垫在底面板(下翼板)两侧来增加面板与型钢的接触面。

(3)用直角尺或水平尺检验侧面与平面垂直,几何尺寸正确后,方可按一定距离进行点焊。

(4)拼装上面板以下底面板为基准。为保证上下面板与型钢严密结合,如果接触面间隙大,可用撬杠或卡具压严靠紧,然后进行点焊和焊接,如图5.26中的1、5、6所示。

5.6.2.3 箱形梁拼装

箱形梁的结构有钢板组成的,也有型钢与钢板混合结构组成的,但多数箱形梁的结构是采

用钢板结构成型的。箱形梁是由上下面板、中间隔板及左右侧板组成。箱形梁的组合体如图5.27(d) 所示。

箱形梁的拼装过程是先在底面板划线定位，如图5.27(a) 所示；按位置拼装中间定向隔板，如图5.27(b) 所示。为防止移动和倾斜，应将两端和中间隔板与面板用型钢条临时点固。然后以各隔板的上平面和两侧面为基准，同时拼装箱形梁左右立板。两侧立板的长度，要以底面板的长度为准靠齐并点焊。如两侧板与隔板侧面接触间隙过大时，可用活动型卡具夹紧，再进行点焊。最后拼装梁的上面板，如果上面板与隔板上平面接触间隙大、误差多时，可用手砂轮将隔板上端找平，并用凵型卡具压紧进行点焊和焊接，如图5.27(d) 所示。

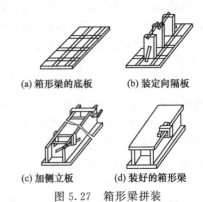

(a) 箱形梁的底板　　(b) 装定向隔板

(c) 加侧立板　　(d) 装好的箱形梁

图 5.27　箱形梁拼装

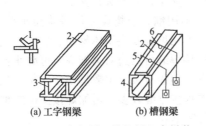

(a) 工字钢梁　　(b) 槽钢梁

图 5.26　工字钢梁、槽钢梁组合拼装

1—撬杠；2—面板；3—工字钢；4—槽钢；5—龙门架；6—压紧工具

5.6.2.4　钢柱拼装

(1) 施工步骤

① 平装。先在柱的适当位置用枕木搭设3～4个支点，如图5.28 (a) 所示。各支点高度应拉通线，使柱轴线中心线成一水平线，先吊下节柱找平，再吊上节柱，使两端头对准，然后找中心线，并把安装螺栓或夹具上紧，最后进行接头焊接，采取对称施焊，焊完一面再翻身焊另一面。

② 立拼。在下节柱适当位置设2～3个支点，上节柱设1～2个支点，如图5.28 (b) 所示，各支点用水平仪测平垫平。拼装时先吊下节，使牛腿向下，并找平中心，再吊上节，使两节的节头端相对准，然后找正中心线，并将安装螺栓拧紧，最后进行接头焊接。

(2) 柱底座板和柱身组合拼装。柱底座板与柱身组合拼装时，应符合下列规定。

① 将柱身按设计尺寸先行拼装焊接，使柱身达到横平竖直，符合设计和验收标准的要求。如果不符合质量要求，可进行矫正以达到质量要求。

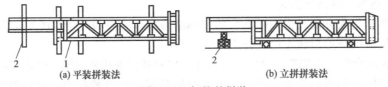

(a) 平装拼装法　　　　　　　　(b) 立拼拼装法

图 5.28　钢柱的拼装

1—拼接点；2—枕木

② 将事先准备好的柱底板按设计规定尺寸，分清内外方向画结构线并焊挡铁定位，以防在拼装时位移。

③ 柱底板与柱身拼装之前，必须将柱身与柱底板接触的端面用刨床或砂轮加工平。同时将柱身分几点垫平，如图5.29 所示。使柱身垂直柱底板，使安装后受力均称，避免产生偏心

压力，以达到质量要求。端部铣平面允许偏差见表 5.17。

表 5.17　端部铣平面的允许偏差

项目	允许偏差/mm
两端铣平时构件长度 L	±2.0
两端铣平时零件长度 L	±0.5
铣平面的平面度	0.3
铣平面对轴线的垂直度	L/1500

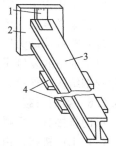

图 5.29　钢柱拼装示意图

1—定位角钢；2—柱底板；
3—柱身；4—水平垫基

④ 拼装时，将柱底座板用角钢头或平面型钢按位置点固，作为定位倒吊挂在柱身平面，并用直角尺检查垂直度及间隙大小，待合格后进行四周全面点固。为防止焊接变形，应采用对角或对称方法进行焊接。

⑤ 如果柱底板左右有梯形板时，可先将底板与柱端接触焊缝焊完后，再组装梯形板，并同时焊接，这样可避免梯形板妨碍底板缝的焊接。

5.6.2.5　钢屋架拼装

钢屋架多数用底样采用仿效方法进行拼装，其过程如下。

（1）按设计尺寸，并按长、高尺寸，以 1/1000 预留焊接收缩量，在拼装平台上放出拼装底样，如图 5.30 所示。因为屋架在设计图纸的上下弦处不标注起拱量，所以才放底样，按跨度比例画出起拱。

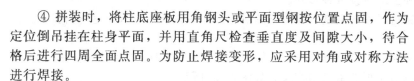

(a) 拼装底样　　　　　(b) 屋架拼装

图 5.30　屋架拼装示意图

H—起拱抬高位置；1—上弦；2—下弦；3—立撑；4—斜撑

（2）在底样上一定按图画好角钢面宽度、立面厚度，作为拼装时的依据。如果在拼装时，角钢的位置和方向能记牢，其立面的厚度可省略不画，只画出角钢面的宽度即可。

（3）放好底样后，将底样上各位置上的连接板用电焊点牢，并用挡铁定位，作为第一次单片屋架拼装基准的底模，如图 5.30 所示，接着，就可将大小连接板按位置放在底模上。

（4）屋架的上下弦及所有的立、斜撑，限位板放到连接板上面，进行找正对齐，用卡具夹紧点焊。待全部点焊牢固，可用起重机作 180°翻个，这样就可用该扇单片屋架为基准仿效组合拼装，如图 5.31(a)、(b) 所示。

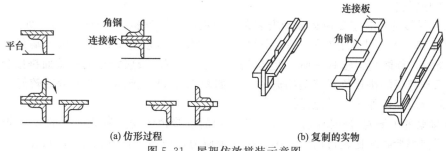

(a) 仿形过程　　　　　(b) 复制的实物

图 5.31　屋架仿效拼装示意图

（5）拼装时，应给下一步运输和安装工序创造有利条件。除按设计规定的技术说明外，还应结合屋架的跨度（长度），作整体或按节点分段进行拼装。

（6）屋架拼装一定要注意平台的水平度，如果平台不平，可在拼装前用仪器或拉粉线调整垫平，否则拼装成的屋架，在上下弦及中间位置产生侧向弯曲。

（7）对特殊动力厂房屋架，为适应生产性质的要求强度，一般不采用焊接而用铆接。

以上的仿效复制拼装法具有效率高、质量好，便于组织流水作业等优点。因此，对于截面对称的钢结构，如梁、柱和框架等都可应用。

5.6.2.6 梁的拼接

梁的拼接有工厂拼接和工地拼接两种形式。

（1）工厂拼接。由于钢材尺寸的限制，需将梁的翼缘或腹板接长或拼大，这种拼接在工厂中进行，故称工厂拼接。

① 工厂拼接多为焊接拼接，由钢材尺寸确定其拼接位置。拼接时，翼缘拼接与腹板拼接最好不要在一个剖面上，以防止焊缝密集与交叉，如图5.32所示。

② 腹板和翼缘通常都采用对接焊缝拼接，如图5.32所示。拼接焊缝可用直缝或斜缝。腹板的拼接焊缝与平行它的加劲肋间至少应相距 $10t_w$。

a. 用直焊缝拼接比较省料，但如焊缝的抗拉强度低于钢板的强度，则可将拼接位置布置在应力较小的区域。

b. 采用斜焊缝时，斜焊缝可布置在任何区域，但较费料，尤其是在腹板中。

c. 此外，也可以用拼接板拼接，如图5.33所示。这种拼接与对接焊缝拼接相比，虽然具有加工精度要求较低的优点，但用料较多，焊接工作量增加，而且会产生较大的应力集中。

③ 为了使拼接处的应力分布接近于梁截面中的应力分布，防止拼接处的翼缘受超额应力，腹板拼接板的高度应尽量接近腹板的高度。

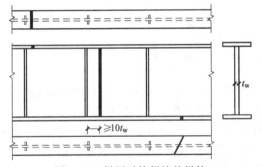

图5.32 梁用对接焊缝的拼接

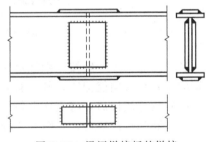

图5.33 梁用拼接板的拼接

（2）工地拼接。由于运输或安装条件的限制，梁需分段制作和运输，然后在工地拼装，这种拼接称工地拼接。

① 工地拼接的位置主要由运输和安装条件确定，一般布置在弯曲应力较低处。

② 翼缘和腹板应基本上在同一截面处断开，以便于分段运输。拼接构造端部平齐，如图5.34（a）所示，能防止运输时碰损，但其缺点是上、下翼缘及腹板在同一截面拼接会形成薄弱部位。翼缘和腹板的拼接位置略为错开一些，如图5.34（b）所示，受力情况较好，但运输时端部突出部分应加以保护，以免碰损。

③ 焊接梁的工地对接缝拼接处，上、下翼缘的拼接边缘均宜做成向上的V形坡口，以便俯焊。为了使焊缝收缩比较自由，减小焊接残余应力，应留一段（长度500mm左右）翼缘焊缝在工地焊接，并采用合适的施焊程序。

④ 对于较重要的或受动力荷载作用的大型组合梁，考虑到现场施焊条件较差，焊缝质量难以保证，其工地拼接宜用摩擦型高强度螺栓连接。

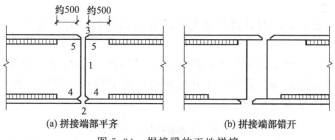

(a) 拼接端部平齐　　　　　　　　(b) 拼接端部错开

图 5.34　焊接梁的工地拼接

5.6.2.7　框架横梁与柱的连接

框架横梁与柱直接连接时，可采用螺栓连接也可采用焊缝连接，其连接方案大致有柱到顶与梁连接、梁延伸与柱连接和梁柱在角中线连接，如图 5.35 和图 5.36 所示。

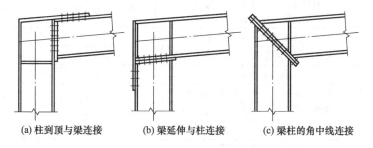

(a) 柱到顶与梁连接　　　　(b) 梁延伸与柱连接　　　　(c) 梁柱的角中线连接

图 5.35　框架角的螺栓连接

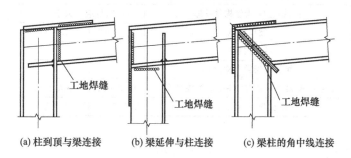

(a) 柱到顶与梁连接　　　　(b) 梁延伸与柱连接　　　　(c) 梁柱的角中线连接

图 5.36　框架角的工地焊缝连接

这三种工地安装连接方案各有优缺点。所有工地焊缝均采用角焊缝，以便于拼装，另加拼接盖板可加强节点刚度。但在有檩条或墙架的框架中，会使横梁顶面或柱外立面不平，产生构造上的麻烦，对此，可将柱或梁的翼缘伸长与对方柱或梁的腹板连接。

对于跨度较大的实腹式框架，由于构件运输单元的长度限制，常需在屋脊处作一个工地拼接，可用工地焊缝或螺栓连接。工地焊缝需用内外加强板，横梁之间的连接用突缘结合。螺栓连接则宜在节点处变截面，以加强节点刚度。拼接板放在受拉的内角翼缘处，变截面处的腹板设有加劲肋，如图 5.37 所示。

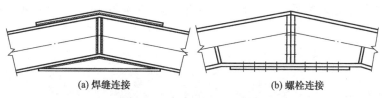

(a) 焊缝连接　　　　　　　　　　(b) 螺栓连接

图 5.37　框架顶的工地拼装

5.6.3 预拼装检查

钢构件预拼装完成后，应对其进行必要的检查。构件预拼装的允许偏差应符合表 5.18 的规定。

预拼装检查合格后，对上下定位中心线、标高基准线、交线中心点等应标注清楚、准确。对管结构、工地焊缝连接处等，除应有上述标记外，还应焊接一定数量的卡具、角钢或钢板定位器等，以便按预拼装结果进行安装。

表 5.18　构件预拼装的允许偏差　　　　　　单位：mm

构件类型	项　　目		允 许 偏 差	检 验 方 法
多节柱	预拼装单元总长 L		±5.0	用钢尺检查
	预拼装单元弯曲矢高		$L/1500$，且应不大于 10.0	用拉线和钢尺检查
	接口错边		2.0	用焊缝量规检查
	预拼装单元柱身扭曲（h 为预拼装单元柱身截面高度）		$h/200$，且应不大于 5.0	用拉线、吊线和钢尺检查
	顶紧面至任一牛腿距离		±2.0	用钢尺检查
梁、桁架	跨度最外两端安装孔或两端支承面外侧距离		+5.0，−10.0	
	接口截面错位		2.0	用焊缝量规检查
	拱度（L 为梁或桁架的长度）	设计要求起拱	±$L/5000$	用拉线和钢尺检查
		设计未要求起拱	±$L/2000$，0	
	节点处杆件轴线错位		4.0	划线后用钢尺检查
管构件	预拼装单元总长 L		±5.0	用钢尺检查
	预拼装单元弯曲矢高		$L/1500$，且应不大于 10.0	用拉线和钢尺检查
	对口错边（t 为管构件壁厚）		$t/10$，且应不大于 3.0	用焊缝量规检查
	坡口间隙		+2.0，−1.0	
构件平面总体预拼装	各楼层柱距		±4.0	用钢尺检查
	相邻楼层梁与梁之间		±3.0	
	各层间框架两对角线之差（H 为柱高度）		$H/2000$，且应不大于 5.0	
	任意两对角线之差		$\sum H/2000$，且应不大于 8.0	

能力训练题

1. 钢结构的放样是否完全按照设计图的尺寸进行？
2. 什么是放样？放样的环境有哪些要求？
3. 切割有哪些方法？各自的特点和适用范围是什么？
4. 矫正和成型的方法有哪些？
5. 制孔有哪些方式？这些方式的特点是什么？
6. 预拼装方法有哪些？
7. 构件预拼装的检验标准是什么？
8. 根据学校和本地的实际情况，选择性地完成第 13 章第 13.5 节的实训项目。

第6章 钢结构螺栓连接和铆接

【知识目标】
- 熟悉钢结构主要连接方式的特点
- 熟悉普通螺栓和高强螺栓的施工工艺要求，掌握质量验收标准和方法
- 熟悉铆接的施工工艺要求及质量验收标准和方法

【学习目标】
- 通过理论教学和技能实训，了解钢结构各种连接的特点，熟悉钢结构螺栓连接的施工工艺和质量验收要求。掌握钢结构高强螺栓施工工艺和施工验收标准和方法

钢结构是由钢板、型钢等通过连接制成基本构件（如梁、柱、桁架等），运到工地现场安装连接成整体结构。紧固件连接在钢结构工程中得到了广泛的应用，在钢结构设计和制作过程中都会遇到紧固件连接问题。

钢结构所用的连接方法有焊缝连接［图6.1(a)］、铆钉连接［图6.1(b)］和螺栓连接［图6.1(c)］三种。

焊缝连接是现代钢结构最主要的连接方法。它的优点是不削弱构件截面，节省钢材；焊件间可直接焊接，构造简单，加工简便，连接的密封性好，刚度大；易于采用自动化生产。但是，焊缝连接不足是：焊接结构中不可避免地产生残余应力和残余变形，对结构的工作产生不利的影响；在焊缝的热影响区内钢材的力学性能发生变化，材质变脆；焊接结构对裂纹很敏感，一旦局部发生裂纹，便有可能迅速扩展到整个截面，尤其是低温下更易发生脆裂。

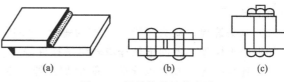

图6.1 钢结构的连接方法

铆钉连接需要先在构件上开孔，用加热的铆钉进行铆合，有时也可用常温的铆钉进行铆合，但需要较大的铆合力。铆钉连接由于费钢费工，现在很少采用。但是，铆钉连接传力可靠，韧性和塑性较好，质量易于检查，对经常受动力荷载作用、荷载较大和跨度较大的结构，有时仍然采用铆接结构。

螺栓连接可分为普通螺栓连接和高强度螺栓连接两种。螺栓连接具有易于安装、施工进度和质量容易保证、方便拆装维护的优点，其缺点是因开孔对构件截面有一定削弱，有时在构造上还须增设辅助连接件，故用料增加，构造较繁；螺栓连接需制孔，拼装和安装时需对孔，工作量增加，且对制造的精度要求较高，但螺栓连接仍是钢结构连接的重要方式之一。

除上述常用连接方式外，钢网架螺栓球连接也是高强度螺栓连接的一种重要形式。在薄壁钢结构中还经常采用射钉、自攻螺钉和焊钉（栓钉）连接方式。紧固件连接在钢结构安装连接中得到广泛应用，本章主要介绍螺栓连接和铆钉连接，焊缝连接的相关内容见第7章。

6.1 普通螺栓连接

钢结构普通螺栓连接就是将螺栓、螺母、垫圈机械地和连接件连接在一起形成的一种连接

形式。从连接工作机理看，荷载是通过螺栓杆受剪、连接板孔壁承压来传递的，接头受力后会产生较大的滑移变形，因此一般受力较大结构或承受动力荷载的结构，应采用精制螺栓，以减少接头变形量。由于精制螺栓加工费用较高、施工难度大，工程上极少采用，已逐渐为高强度螺栓所取代。

6.1.1 普通螺栓连接材料

钢结构普通螺栓连接由螺栓、螺母和垫圈三部分组成。

6.1.1.1 普通螺栓

按照普通螺栓的形式，可将其分为六角头螺栓、双头螺栓和地脚螺栓等。

（1）六角头螺栓。按照制造质量和产品等级，六角头螺栓可分为 A、B、C 三个等级，其中，A、B 级为精制螺栓，C 级为粗制螺栓。A、B 级一般用 35 号钢或 45 号钢做成，级别为 5.6 或 8.8 级。A、B 级螺栓加工尺寸精确，受剪性能好，变形很小，但制造和安装复杂，价格昂贵，目前在钢结构中应用较少。C 级为六角头螺栓，也称粗制螺栓。一般由 Q235 镇静钢制成，性能等级为 4.6 级和 4.8 级，C 级螺栓的常用规格从 M5 至 M64 共有几十种，常用于安装连接及可拆卸的结构中，有时也可以用于不重要的连接或安装时的临时固定等。在钢结构螺栓连接中，除特别注明外，一般均为 C 级粗制螺栓。

建筑钢结构中使用的普通螺栓，一般为六角头螺栓，螺栓的标记通常为 $Md \times L$，其中 d 为螺栓规格（即直径）、L 为螺栓的公称长度。

普通螺栓的通用规格为 M8、M10、M12、M16、M20、M24、M30、M36、M42、M48、M56 和 M64 等。

（2）双头螺栓。双头螺栓一般称为螺栓，多用于连接厚板和不便使用六角螺栓连接的地方，如混凝土屋架、屋面梁悬挂单轨梁吊挂件等。

（3）地脚螺栓。地脚螺栓分一般地脚螺栓、直角地脚螺栓、锤头螺栓、锚固地脚螺栓四种。

① 一般地脚螺栓和直角地脚螺栓是在浇筑混凝土基础时预埋在基础之中用以固定钢柱的。

② 锤头螺栓是基础螺栓的一种特殊型式，是在混凝土基础浇筑时将特制模箱（锚固板）预埋在基础内，用以固定钢柱的。

③ 锚栓。锚栓是用于钢构件与混凝土构件之间的连接件，如钢柱柱脚与混凝土基础之间的连接、钢梁与混凝土墙体的连接等。锚栓可分为化学试剂型和机械型两类，化学试剂型是指锚栓通过化学试剂（如结构胶等）与其所植入的构件材料黏结传力，而机械型则不需要。锚栓是一种非标准件，直径和长度随工程情况而定，化学试剂型锚栓的锚固长度一般不小于 15 倍栓径，机械型锚栓的锚固长度一般不小于 25 倍栓径，下部弯折或焊接方钢板以增大抗拔力。锚栓一般由圆钢制作而成，材料多为 Q235 钢和 Q345 钢，有时也采用优质碳素钢。

钢结构中常用普通螺栓的性能等级、化学成分及力学性能可参见表 6.1。

表 6.1 普通螺栓性能等级、化学成分及力学性能

性能等级		3.6	4.6	4.8	5.6	5.8	6.8
材料		低碳钢	低碳钢或中碳钢				
化学成分	C	≤0.20	≤0.55				
	P	≤0.05	≤0.05				
	S	≤0.06	≤0.06				
抗拉强度/MPa	公称	300	400	400	500	500	600
	最小	330	400	420	500	520	600
维氏硬度	最小	95	115	121	148	154	178
	最大	206	206	206	206	206	227

6.1.1.2　螺母

建筑钢结构中选用螺母应与相匹配的螺栓性能等级一致，当拧紧螺母达规定程度时，不允许发生螺纹脱扣现象。为此可选用栓接结构用六角螺母及相应的栓接结构大六角头螺栓、平垫圈，使连接副能防止因超拧而引起的螺纹脱扣。

螺母性能等级分 4、5、6、8、9、10、12 等，其中 8 级（含 8 级）以上螺母与高强度螺栓匹配，8 级以下螺母与普通螺栓匹配，表 6.2 为螺母与螺栓性能等级相匹配的参照表。

表 6.2　螺母与螺栓性能等级相匹配的参照表

螺母性能等级	相匹配的螺栓性能等级		螺母性能等级	相匹配的螺栓性能等级	
	性能等级	直径范围/m		性能等级	直径范围/m
4	3.6、4.6、4.8	＞16	9	8.8	16＜直径≤39
5	3.6、4.6、4.8	≤16		9.8	≤16
	5.6、5.8	所有的直径	10	10.9	所有的直径
6	6.8	所有的直径	12	12.9	≤39
8	8.8	所有的直径			

螺母的螺纹应和螺栓相一致，一般应为粗牙螺纹（除非特殊注明用细牙螺纹），螺母的机械性能主要是螺母的保证应力和硬度，其值应符合《紧固件机械性能　螺母　粗牙螺纹》（GB 3098.2—2000）的规定。

6.1.1.3　垫圈

常用钢结构螺栓连接的垫圈，按其形状及使用功能可分为以下几类。

（1）圆平垫圈。圆平垫圈一般放置于紧固螺栓头及螺母的支承面下面，用以增加螺栓头及螺母的支承面，同时防止被连接件表面损伤。

（2）方型垫圈。方型垫圈一般置于地脚螺栓头及螺母支承面下，用以增加支承面及遮盖较大螺栓孔眼。

（3）斜垫圈。主要用于工字钢、槽钢翼缘倾斜面的垫平，使螺母支承面垂直于螺杆，避免紧固时造成螺母支承面和被连接的倾斜面局部接触，以确保连接安全。

（4）弹簧垫圈。为防止螺栓拧紧后在动载作用产生振动和松动，依靠垫圈的弹性功能及斜口摩擦面来防止螺栓松动，一般用于有动荷载（振动）或经常拆卸的结构连接处。

6.1.2　普通螺栓的选用

6.1.2.1　螺栓的破坏形式

螺栓的可能破坏形式有以下几种。

（1）栓杆被剪断，见图 6.2(a)。

（2）被连接板被挤压破坏，见图 6.2(b)。

（3）被连接板被拉（压）破坏，见图 6.2(c)。

（4）被连接板被剪破坏——拉豁，见图 6.2(d)。

（5）栓杆受弯破坏，见图 6.2(e)。

6.1.2.2　螺栓直径的确定

螺栓直径的确定应由设计人员按等强原则，参照《钢结构设计规范》（GB 50017—2003），根据螺栓的破坏形式通过计算确定。但对某一个工程来讲，螺栓直径规格应尽可能少，有的还需要适当归类，便于施工和管理。一般情况下，螺栓直径应与被连接件的厚度相匹配，表 6.3 为不同的连接厚度所推荐选用的螺栓直径。

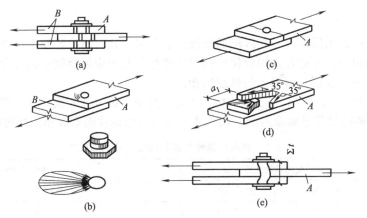

图 6.2　螺栓的破坏形式

表 6.3　不同连接厚度推荐螺栓直径　　　　　单位：mm

连接件厚度	4～6	5～8	7～11	10～14	13～20
推荐螺栓直径	12	16	20	24	27

6.1.2.3　螺栓长度的确定

连接螺栓的长度应根据连接螺栓的直径和厚度确定。螺栓长度是指螺栓头内侧到尾部的距离，一般为 5mm 进制，可按下式计算：

$$L = \delta + m + nh + C \tag{6.1}$$

式中　δ——被连接件的总厚度，mm；

　　　m——螺母厚度，mm，一般取 $0.8D$（D 为螺母的公称直径）；

　　　n——垫圈个数；

　　　h——垫圈厚度，mm；

　　　C——螺纹外露部分长度（2～3 丝扣为宜，$\leqslant$5mm），mm。

6.1.2.4　螺栓的排列和间距

螺栓在构件上的排列可分为并列排列与错位排列两种，根据《钢结构设计规范》（GB 50017—2003）的规定，螺栓最大和最小间距见表 6.4 和图 6.3。

表 6.4　螺栓的最大、最小容许距离

名称	位置和方向			最大容许距离(取两者的较小值)	最小容许距离
中心间距	任意方向	外排		$8d_0$ 或 $12t$	$3d_0$
		中间排	构件受压力	$12d_0$ 或 $18t$	
			构件受拉力	$16d_0$ 或 $24t$	
中心至构件边缘距离	垂直内力方向	顺内力方向		$4d_0$ 或 $8t$	$2d_0$
		切割边			$1.5d_0$
		轧制边	高强度螺栓		
			其他螺栓或铆钉		$1.2d_0$

注：1. d_0 为螺栓或铆钉的孔径，t 为外层较薄板件的厚度。

2. 钢板边缘与刚性构件（如角钢、槽钢等）相连的螺栓或铆钉的最大间距，可按中间排的数值采用。

3. 螺栓孔不得采用气割扩张。对于精制螺栓（A、B级螺栓），螺栓孔必须钻孔成型，同时必须是 I 类孔，应具有 H12 的精度，孔壁表面粗糙度 Ra 不应大于 12.5μm。

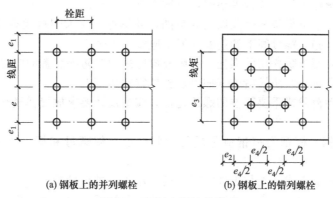

(a) 钢板上的并列螺栓　　　(b) 钢板上的错列螺栓

图 6.3　钢板上螺栓的排列

排列时应考虑下列要求。

(1) 受力要求。螺栓任意方向的中距以及边距和端距均不应过小，以免受力时加剧孔壁周围的应力集中和防止钢板过度削弱而承载力过低，造成沿孔与孔或孔与边间拉断或剪断。当构件承受压力作用时，顺压力方向的中距不应过大，否则螺栓间钢板可能失稳形成鼓曲。因此，从受力的角度规定了最大和最小的容许间距。

(2) 构造要求。若栓距及线距过大，则构件接触面不够紧密，潮气易于侵入缝隙而发生锈蚀，因此规定了螺栓的最大容许间距。按规范规定，栓孔中心最大间距受压时为 $12d_0$ 或 $18t$（t 为外层较薄板件的厚度），受拉时为 $16d_0$ 或 $24t$，中心至构件边缘最大距离为 $4d_0$ 或 $18t$。

(3) 施工要求。要保证有一定的空间，便于转动螺栓扳手，规定了螺栓最小容许间距。

螺栓的布置应使各螺栓受力合理，同时要求各螺栓尽可能远离形心和中性轴，以便充分和均衡地利用各个螺栓的承载能力。

6.1.3　普通螺栓连接施工

6.1.3.1　普通螺栓施工作业条件

(1) 构件已经安装调校完毕，被连接件表面应清洁、干燥，不得有油（泥）污。

(2) 高空进行普通紧固件连接施工时，应有可靠的操作平台或施工吊篮，需严格遵守《建筑施工高处作业安全技术规范》(JGJ 80—91)。

6.1.3.2　螺栓孔加工

螺栓连接前，需对螺栓孔进行加工，可根据连接板的大小采用钻孔或冲孔加工。冲孔一般只用于较薄钢板和非圆孔的加工，而且要求孔径一般不小于钢板的厚度。

(1) 钻孔前，将工件按图样要求划线，检查后打样冲眼。样冲眼应打大些，使钻头不易偏离中心。在工件孔的位置划出孔径圆和检查圆，并在孔径圆上及其中心冲出小坑。

(2) 当螺栓孔要求较高，叠板层数较多，同类孔距也较多时，可采用钻模钻孔或预钻小孔，再在组装时扩孔的方法。预钻小孔直径的大小取决于叠板的层数，当叠板少于五层时，预钻小孔的直径一般小于 3mm；当叠板层数大于五层时，预钻小孔直径应小于 6mm。

(3) 当使用精制螺栓（A、B 级螺栓）时，其螺栓孔的加工应是谨慎钻削，尺寸精度不低于 IT13～IT11 级，表面粗糙度不大于 $Ra12.5\mu m$，或按基准孔（H12）加工，重要场合宜经铰削成孔，以保证配合要求。

普通螺栓（C 级）的配合孔，可应用钻削成形。但其内孔表面粗糙度 Ra 值不应大于 $25\mu m$，其允许偏差应符合相关规定。

6.1.3.3　普通螺栓的装配

普通螺栓的装配应符合下列各项要求。

（1）螺栓头和螺母下面应放置平垫圈，以增大承压面积。

（2）每个螺栓一端不得垫两个及以上的垫圈，并不得采用大螺母代替垫圈。螺栓拧紧后，外露丝扣不应少于2扣。螺母间下的垫圈一般不应多于1个。

（3）对于设计有要求防松动的螺栓、锚固螺栓应采用有防松装置的螺母（即双螺母）或弹簧垫圈，或用人工方法采取防松措施（如将螺栓外露丝扣打毛）。

（4）对于承受动荷载或重要部位的螺栓连接，应按设计要求放置弹簧垫圈，弹簧垫圈必须设置在螺母一侧。

（5）对于工字钢、槽钢类型钢应尽量使用斜垫圈，使螺母和螺栓头部的支承面垂直于螺杆。

（6）双头螺栓的轴心线必须与工件垂直，通常用角尺进行检验。

（7）装配双头螺栓时，首先将螺纹和螺孔的接触面清理干净，然后用手轻轻地把螺母拧到螺纹的终止处，如果遇到拧不进的情况，不能用扳手强行拧紧，以免损坏螺纹。

（8）螺母与螺钉装配时，应满足螺母或螺钉和接触的表面之间应保持清洁，螺孔内的脏物要清干净。螺母或螺钉与零件贴合的表面要光洁、平整、贴合处的表面应当经过加工，否则容易使连接件松动或使螺钉弯曲。

6.1.3.4　螺栓紧固

为了使螺栓受力均匀，应尽量减少连接件变形对紧固轴力的影响，保证节点连接螺栓的质量。螺栓紧固必须从中心开始，对称施拧。

对拧紧成组的螺母时，必须按照一定的顺序进行，并做到分次序逐步拧紧（一般分3次拧紧），否则会使零件或螺杆产生松紧不一致，甚至变形。在拧紧长方形布置的成组螺母时，必须从中间开始，逐渐向两边对称地扩展，如图6.4(a)所示。在拧紧方形或圆形布置的成组螺母时，必须对称地进行，如图6.4(b)、(c)所示。

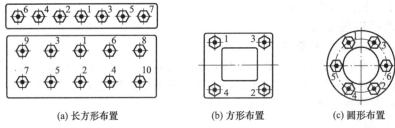

(a) 长方形布置　　　　　　(b) 方形布置　　　　　　(c) 圆形布置

图6.4　拧紧成组螺母的方法

对30号正火钢制作的各种直径的螺栓旋拧时，所承受的轴向允许荷载见表6.5。

表6.5　各种直径螺栓的允许荷载

螺栓公称直径/mm		12	16	20	24	30	36
轴向允许轴力	无预先锁紧/N	17200	3300	5200	7500	11900	17500
	螺栓在荷载下锁紧/N	1320	2500	4000	5800	9200	13500
扳手最大允许扭矩	kg/cm²	320	800	1600	2800	5500	9700
	N/cm²	3138	7845	15690	27459	53937	95125

注：对于Q235及45号钢应将表中允许值分别乘以修正系数0.75～1.1。

6.1.3.5　紧固质量检验

对永久螺栓拧紧的质量检验常采用锤敲或力矩扳手检验，要求螺栓不颤头和偏移，拧紧的真实性用塞尺检查，对接表面高度差（不平度）不应超过0.5mm。

对接配件在平面上的差值超过0.5～3mm时，应对较高的配件高出部分作成1:10的斜坡，斜坡不得用火焰切割。当高度超过 3mm 时，必须设置和该结构相同钢号的钢板做成的垫板，并用连接配件相同的加工方法对垫板的两侧进行加工。

6.1.3.6　防松措施

一般螺纹连接均具有自锁性，在受静载和工作温度变化不大时，不会自行松脱。但在冲击、振动或变荷载作用下，以及在工作温度变化较大时，这种连接有可能松动，以致影响工作，甚至发生事故。为了保证连接安全可靠，对螺纹连接必须采取有效的防松措施。

常用的防松措施有增大摩擦力、机械防松和不可拆三大类。

（1）增大摩擦力的防松措施。其措施是使拧紧的螺纹之间不因外载荷变化而失去压力，因而始终有摩擦阻力防止连接松脱。增大摩擦力的防松措施有安装弹簧垫圈和使用双螺母等。

（2）机械防松。此类防松措施是利用各种止动零件，阻止螺纹零件的相对转动来实现的。机械防松较为可靠，故应用较多。常用的机械防松措施有开口销与槽形螺母、止退垫圈与圆螺母、止动垫圈与螺母、串联钢丝等。

（3）不可拆防松措施。利用点焊、点铆等方法把螺母固定在螺栓或被连接件上，或者把螺钉固定在被连接件上，以达到防松的目的。

6.2　高强度螺栓连接

高强度螺栓是钢结构工程中发展起来的一种新型连接形式，它已发展成为当今钢结构连接的主要手段之一，在高层建筑钢结构中已成为主要的连接件。高强度螺栓是用优质碳素钢或低合金钢材料制成的一种特殊螺栓，由于螺栓的强度高，故称高强度螺栓。高强度螺栓连接具有安装简便、迅速、能装能拆和承压高、受力性能好、安全可靠等优点。

6.2.1　高强度螺栓分类

高强度螺栓采用经过热处理的高强度钢材做成，施工时需要对螺栓杆施加较大的预拉力。高强度螺栓从性能等级上可分为 8.8 级和 10.9 级（也记作 8.8S、10.9S）。根据其受力特征可分为摩擦型高强度螺栓与承压型高强度螺栓两类。

摩擦型高强度螺栓，是靠连接板叠间的摩擦阻力传递剪力，以摩擦阻力克服作为连接承载力的极限状态。具有连接紧密，受力良好，耐疲劳，适宜承受动力荷载，但连接面需要作摩擦面处理，如喷砂、喷砂后涂无机富锌漆等。承压型高强度螺栓，是当剪力大于摩擦阻力后，以栓杆被剪断或连接板被挤坏作为承载力极限状态，其计算方法基本上同普通螺栓，它们承载力极限值大于摩擦型高强度螺栓。

根据螺栓构造及施工方法不同，可分为大六角头高强度螺栓、扭剪型高强度螺栓（图6.5）两类。

（1）大六角头高强度螺栓。大六角头高强度螺栓的头部尺寸比普通六角头螺栓要大，可适应施加预拉力的工具及操作要求，同时也增大与连接板间的承压或摩擦面积。大六角头高强度螺栓施加预拉力的工具有电动、风动扳手及人工特制扳手。

（2）扭剪型高强度螺栓。扭剪型高强度螺栓的尾部连着一个梅花头，梅花头与螺栓尾部之间有一沟槽。当用特制扳手拧螺母时，以梅花头作为反拧支点，终拧时梅花头沿沟槽被拧断，并以拧断为标准表示已达到规定的预拉力值。如图 6.6 所示。

6.2.2　高强度螺栓的性能

高强度螺栓和与之配套的螺母和垫圈合称连接副，必须经热处理（淬火和回火）后方可使用。高强度大六角头螺栓连接副包括一个螺栓、一个螺母和两个垫圈。扭剪型高强度螺栓连接副包括一个螺栓、一个螺母和一个垫圈。其连接副的推荐材料分别见表 6.6 和表 6.7。

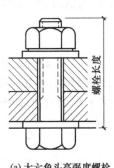
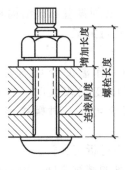
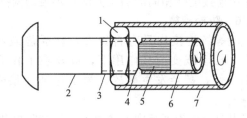

(a) 大六角头高强度螺栓　　　(b) 扭剪型高强度螺栓

图 6.5　高强度螺栓构造

图 6.6　扭剪型高强度螺栓构造

1—螺母；2—螺杆；3—螺纹；4—槽口；5—螺杆尾部梅花卡头；
6—电动扳手筒；7—大套筒

表 6.6　大六角头高强度螺栓连接副的推荐材料

类别	性能等级	推荐材料	标准编号	适用规格
螺栓	10.9S	20MnTiB	GB/T 3077	≤M24
		ML20MnTiB	GB/T 6478	
		35VB		≤M30
	8.8S	45、35 号钢	GB/T 699	≤M20
		20MnTiB、40Cr	GB/T 3077	≤M24
		ML20MnTiB	GB/T 6478	
		35CrMo	GB/T 3077	≤M30
		35VB		
螺母	10H	45、35 号钢	GB/T 699	
	8H	ML35	GB/T 6478	
垫圈	HRC35~45	45、35 号钢	GB/T 699	

表 6.7　扭剪型高强度螺栓连接副的推荐材料

类　　别	性能等级	推荐材料	标准编号
螺栓	10.9S	20MnTiD	GB 3077
螺母	10H	45、35 号钢	GB/T 699
		15MnVB	GB 3077
垫圈	HRC35~45	45、35 号钢	GB/T 699

高强度螺栓的材料要求如下。

(1) 高强度螺栓的规格共有 M12、M16、M18、M20、M22、M24、M27、M30 几种。螺栓、螺母、垫圈均应附有质量证明书，并应符合设计要求和国家标准的规定。高强度螺栓（六角头螺栓、扭剪型螺栓等）、半圆头铆钉等孔的直径应比螺栓杆和钉杆公称直径大 1.0～3.0mm。螺栓孔应具有 H14（H15）的精度。

(2) 高强度螺栓按性能等级可分为 8.8、10.9、12.9 级等。8.8 级仅用于大六角头高强度螺栓，10.9 级用于扭剪型高强度螺栓和大六角头高强度螺栓。制造厂应对原材料（按加工高强度螺栓的同样工艺进行热处理）进行抽样试验，其力学性能应符合表 6.8 的规定。

当高强度螺栓的性能等级为 8.8 级时，热处理后硬度为 21～29HRC；性能等级为 10.9 级时，热处理后硬度为 32～36HRC。

高强度螺栓不允许存在任何淬火裂纹，其表面要进行发黑处理。

(3) 高强度螺栓抗拉极限承载力应符合表 6.9 的规定，其偏差应符合表 6.10 的规定。

(4) 采用高强度螺栓连接副，应分别符合《钢结构用高强度大六角头螺栓》（GB/T 1228—2006）、《钢结构用高强度大六角螺母》（GB/T 1229—2006）、《钢结构用高强度垫圈》

表 6.8 高强度螺栓的力学性能

性能等级	螺栓类型	抗拉强度 /MPa	屈服强度/MPa	伸长率 J_5/%	收缩率 ψ/%	冲击韧性 α_k/(J/cm²)
				≥		
10.9S	大六角头螺栓 扭剪型螺栓	1040～1240	940	10	42	59
8.8S	大六角头螺栓	830～1030	660	12	45	78

表 6.9 高强度螺栓抗拉极限承载力

公称直径 d/mm	公称应力截面积 A/mm²	抗拉极限承载力/kN	
		10.9S	8.8S
12	84	84～95	68～83
14	115	115～129	93～113
16	157	157～176	127～154
18	192	192～216	156～189
20	245	245～275	198～241
22	303	303～341	245～298
24	353	353～397	286～347
27	459	459～516	372～452
30	561	561～631	454～552
33	694	694～780	562～663
36	817	817～918	662～804
39	976	976～1097	791～960
42	1121	1121～1260	908～1103
45	1306	1306～1468	1058～1285
48	1473	1473～1656	1193～1450
52	1758	1758～1976	1424～1730
56	2030	2030～2282	1644～1998
60	2362	2362～2655	1913～2324

表 6.10 高强度螺栓极限偏差　　　　　　　　单位：mm

公称直径 d	12	16	20	(22)	24	(27)	30
允许偏差	±0.43			±0.52		±0.84	

(GB/T 1230—2006)、《钢结构用高强度大六角头螺栓、大六角螺母、垫圈技术条件》(GB/T 1231—2006) 或《钢结构用扭剪型高强度螺栓连接副》(GB/T 3632—2008) 的规定。

(5) 高强度螺栓连接副必须经过以下试验,符合规范要求后方可出厂。

材料、炉号、制作批号、化学成分与机械性能证明或试验数据;螺栓的楔负荷试验;螺母的保证荷载试验;螺母及垫圈的硬度试验;连接副的扭矩系数试验(注明试验温度)。大六角头连接副的扭矩系数平均值和标准偏差;扭剪型连接副的紧固轴力平均值和标准偏差。

(6) 高强度螺栓的储运应符合:①存放应防潮、防雨、防粉尘,并按类型和规格分类存放。使用时应轻拿轻放,防止撞击、损坏包装和损伤螺纹。发放和回收应做记录,使用剩余的紧固件应当天回收保管。②长期保管超过六个月或保管不善而造成螺栓生锈及沾染脏物等可能改变螺栓的扭矩系数或性能的高强度螺栓,应视情况进行清洗、除锈和润滑等处理,并对螺栓进行扭矩系数或预拉力检验,合格后方可使用。③高强度螺栓连接摩擦面应平整、干燥,表面不得有氧化皮、毛刺、焊疤、油漆和油污等。

6.2.3　施工准备

高强度螺栓的施工机具有电动扭矩扳手及控制仪、手动扭矩扳手、扭矩测量扳手、手工扳手、钢丝刷、冲子、锤子等。

(1) 手动扭矩扳手。各种高强度螺栓在施工中以手动紧固时,都要使用有示明扭矩值的扳

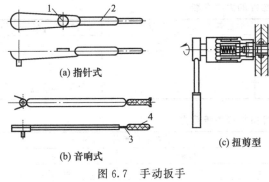

图 6.7　手动扳手

1—千分表；2—扳手；3—主刻度；4—副刻度

手施拧，使达到高强度螺栓连接副规定的扭矩和剪力值。一般常用的手动扭矩扳手有指针式、音响式和扭剪型三种（图 6.7）。

① 指针式扭矩扳手在头部设一个指示盘配合套筒头紧固六角螺栓，当给扭矩扳手预加扭矩施拧时，指示盘即显示出扭矩值。

② 音响式扭矩扳手是一种附加棘轮机构预调式的手动扭矩扳手，配合套筒可紧固各种直径的螺栓。音响扭矩扳手在手柄的根部带有力矩调整的主、副两个刻度，施拧前，可按需要调整预定的扭矩值。当施拧到预调的扭矩值时，便有明显的音响和手上的触感。这种扳手操作简单、效率高，适用于大规模的组装作业和检测螺栓紧固的扭矩值。

③ 扭剪型手动扳手是一种紧固扭剪型高强度螺栓使用的手动力矩扳手。配合扳手紧固螺栓的套筒，设有内套筒弹簧、内套筒和外套筒。这种扳手靠螺栓尾部的卡头得到紧固反力，使紧固的螺栓不会同时转动。内套筒可根据所紧固的扭剪型高强度螺栓直径而更换相适应的规格。紧固完毕后，扭剪型高强度螺栓卡头在颈部被剪断，所施加的扭矩可以视为合格。

（2）电动扳手。钢结构用高强度大六角头螺栓紧固时用的电动扳手有：NR-9000A，NR-12 和双重绝缘定扭矩、定转角电动扳手等，是拆卸和安装六角高强度螺栓机械化工具，可以自动控制扭矩和转角，适用于钢结构桥梁、厂房建设、化工、发电设备安装大六角头高强度螺栓施工的初拧、终拧和扭剪型高强度螺栓的初拧，以及对螺栓紧固件的扭矩或轴力有严格要求的场合。

6.2.4　高强度螺栓孔加工

高强度螺栓孔应采用钻孔，如用冲孔工艺会使孔边产生微裂纹，降低钢结构疲劳强度，还会使钢板表面局部不平整，所以必须采用钻孔工艺。因高强度螺栓连接是靠板面摩擦传力，为使板层密贴，有良好的面接触，所以孔边应无飞边、毛刺。

6.2.4.1　一般规定

（1）划线后的零件在剪切或钻孔加工前后，均应认真检查，以防止划线、剪切、钻孔过程中，零件的边缘和孔心、孔距尺寸产生偏差；零件钻孔时，为防止产生偏差，可采用以下方法进行钻孔。

① 相同对称零件钻孔时，除已选用较精确的钻孔设备进行钻孔外，还应用统一的钻孔模具来钻孔，以达到其互换性。

② 对每组相连的板束钻孔时，可将板束按连接的方式、位置，用电焊临时点焊，一起进行钻孔；拼装连接时可按钻孔的编号进行，可防止每组构件孔的系列尺寸产生偏差。

（2）零部件小单元拼装焊接时，为防止孔位移产生偏差，可将拼装件在底样上按实际位置进行拼装；为防止焊接变形使孔位移产生偏差，应在底样上按孔位选用划线或挡铁、插销等方法限位固定。

（3）为防止零件孔位偏差，对钻孔前的零件变形应认真矫正；钻孔及焊接后的变形在矫正时均应避开孔位及其边缘。

6.2.4.2　孔径的选配

高强度螺栓制孔时，其孔径的大小可参照表 6.11 进行。

表 6.11　高强度螺栓孔径选配表　　　　　　　　　　　　　　单位：mm

螺栓公称直径	12	16	20	22	24	27	30
螺栓孔直径	13.5	17.5	22	24	26	30	33

6.2.4.3 螺栓孔距

零件的孔距要求应按设计执行。高强度螺栓的孔距值见表6.4，安装时，还应注意两孔间的距离允许偏差，也可参照表6.12所列数值来控制。

表6.12 螺栓孔距间的距离允许偏差　　　　　　　　单位：mm

螺栓孔孔距范围	≤500	501～1200	1201～3000	>3000
同一组内任意两孔间距离	±1.0	±1.5	—	—
相邻两组的端孔间距离	±1.5	±2.0	2.5	±3.0

注：1. 在节点中连接板与一根杆件相连的所有螺栓孔为一组；

2. 对接接头在拼接板一侧的螺栓孔为一组；

3. 在两相邻节点或接头间的螺栓孔为一组，但不包括上述两项所规定的螺栓孔；

4. 受弯构件翼缘上的连接螺栓孔，每米长度范围内的螺栓孔为一组。

6.2.4.4 螺栓孔位移处理

高强度螺栓孔位移时，应先用不同规格的孔量规分次进行检查：

第一次用比孔公称直径小1.0mm的量规检查，应通过每组孔数85%。

第二次用比螺栓公称直径大0.2～0.3mm的量规检查应全部通过；对两次不能通过的孔应经主管设计同意后，方可采用扩孔或补焊后重新钻孔来处理。扩孔或补焊后再钻孔应符合扩孔后的孔径不得大于原设计孔径的2.0mm，补孔时应用与原孔母材相同的焊条（禁止用钢块等填塞焊）补焊，每组孔中补焊重新钻孔的数量不得超过20%，处理后均应作出记录。

6.2.5 高强度螺栓的确定

6.2.5.1 螺栓长度计算

扭剪型高强度螺栓的长度为螺栓头根部至螺栓刃口头处的长度。如图6.5所示。

（1）高强度螺栓长度应按下式计算：

$$l = l' + \Delta l \tag{6.2}$$

式中　l'——连接板层总厚度；

　　　Δl——附加长度，可按下式计算：

$$\Delta l = m + nS + 3P \tag{6.3}$$

式中　m——高强度螺母公称厚度；

　　　n——垫圈个数，扭剪型高强度螺栓为1；大六角头高强度螺栓为2；

　　　S——高强度垫圈公称厚度；

　　　P——螺纹螺距。

当高强度螺栓公称直径确定后，Δl可由表6.13查得。

表6.13 高强度螺栓附加长度　　　　　　　　单位：mm

螺栓直径	12	16	20	22	24	27	30
大六角头高强度螺栓	25	30	35	40	45	50	55
扭剪型高强度螺栓		25	30	35	40		

（2）选用螺栓长度简单方法：螺栓的长度应为紧固连接板厚度加上一个螺母和一个垫圈的厚度，并且紧固后要露出3个螺距的余长，一般按连接板厚加表6.13中增加长度，并取5mm的整倍数。

6.2.5.2 螺栓的排列

螺栓的排列应遵循简单紧凑、整齐划一和便于安装紧固的原则，通常采用并列和错列两种形式，与普通螺栓相同，如图6.3所示。

6.2.5.3 螺栓的容许距离

螺栓的容许距离是指高强度螺栓在钢板（或型钢）上排列时可以选取的距离。不论采用哪种排列，螺栓的中距（螺栓中心间距）、端距（顺内力方向螺栓中心至构件边缘距离）和边距

（垂直内力方向螺栓中心至构件边缘距离）应满足表 6.4 的要求。通常，在排列螺栓时，宜按最小容许距离取用，且应取 5mm 的倍数，并按等距离布置，以缩小连接的尺寸。最大容许距离一般只在起连系作用的构造连接中采用。

型钢（角钢、工字钢、槽钢）上螺栓的排列（图 6.8），除应满足表 6.4 规定的最大、最小容许距离外，还应符合各自的要求，见表 6.14～表 6.16，以使螺栓大小和位置适当，便于拧固。

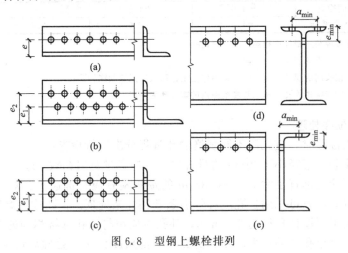

图 6.8　型钢上螺栓排列

表 6.14　角钢上螺栓容许最小距离　　　　　　　单位：mm

肢宽		40	45	50	56	63	70	75	80	90	100	110	125	140	160	180	200
单行	e	25	25	30	30	35	40	40	45	50	55	60	70				
	d_0	12	13	14	15.5	17.5	20	21.5	21.5	23.5	23.5	26	26				
双行 错列	e_1												55	60	70	70	80
	e_2												90	100	120	140	160
	d_0												23.5	23.5	26	26	26
双行 并行	e_1														60	70	80
	e_2														130	140	160
	d_0														23.5	23.5	26

表 6.15　工字钢和槽钢腹板上的螺栓容许距离

工字钢型号	12	14	16	18	20	22	25	28	32	36	40	45	50	56	63
线距 e_{min}/mm	40	45	45	45	50	50	55	60	60	65	70	75	75	75	75
槽钢型号	12	14	16	18	20	22	25	28	32	36	40				
线距 e_{min}/mm	40	45	50	50	55	55	55	60	65	70	75				

表 6.16　工字钢和槽钢翼缘上的螺栓容许距离

工字钢型号	12	14	16	18	20	22	25	28	32	36		45	50	56	63
线距 a_{min}/mm	40	40	50	55	60	65	655	760	750	80	80	85	90	95	95
槽钢型号	12	14	16	18	20	22	25	28	32	36	40				
线距 a_{min}/mm	30	35	35	40	40	45	45	45	50	56	60				

6.2.6　高强度螺栓连接施工

6.2.6.1　高强度螺栓连接操作工艺流程

作业准备→接头组装→安装临时螺栓→安装高强螺栓→高强螺栓紧固→检查验收。

6.2.6.2　施工作业条件

（1）钢结构的安装必须根据施工图进行，并应符合《钢结构工程施工质量验收规范》（GB 50205—2001）的规定。施工图应按设计单位提供的设计图及技术要求进行编制。如需修改设计图时，必须取得原设计单位同意，并签署设计更改文件。

（2）施工前，应按设计文件和施工图的要求编制工艺规程和安装施工组织设计（或施工方案），并认真贯彻执行。在设计图、施工图中均应注明所用高强度螺栓连接副的性能等级、规格、连接型式、预拉力、摩擦面抗滑移等级以及连接后的防锈要求。

（3）根据工程特点设计施工操作吊篮，并按施工组织设计的要求加工制作或采购。安装和质量检查的钢尺，均应具有相同的精度，并应定期送计量部门检定。

（4）高强度螺栓连接副施拧前必须对选材、螺栓实物最小载荷、预拉力、扭矩系数等项目进行检验。检验结果应符合国家标准后方可使用。高强度螺栓连接副的制作单位必须按批配套供货，并有相应的成品质量保证书。

（5）高强度螺栓连接副储运应轻装、轻卸、防止损伤螺纹；存放、保管必须按规定进行，防止生锈和沾染污物。所选用材质必须经过检验，符合有关标准。制作厂必须有质量保证书，严格制作工艺流程，用超探或磁粉探伤检查连接副有无发丝裂纹情况，合格后方可出厂。

（6）施拧前进行严格检查，严禁使用螺纹损伤的连接副，对生锈和沾染污物的要进行除锈和去除污物。

（7）根据设计有关规定及工程重要性，运到现场的连接副必要时要逐个或批量按比例进行磁粉和着色探伤检查，凡裂纹超过允许规定的，严禁使用。

（8）螺栓螺纹外露长度应为2～3个螺距，其中允许有10%的螺栓螺纹外露1个螺距或4个螺距。

（9）大六角头高强度螺栓，在施工前应按出厂批复验高强度螺栓连接副的扭矩系数，每批复检8套，8套扭矩系数的平均值应在0.110～0.150范围之内，其标准偏差小于或等于0.010。

（10）扭剪型高强度螺栓，在施工前应按出厂批复验高强度螺栓连接副的紧固轴力，每批复检8套，8套紧固预拉力的平均值和标准偏差应符合规定。变异系数应符合表6.17的规定，变异系数可用下式计算：

$$变异系数=\frac{标准偏差}{紧固轴力的平均值}\times100\% \tag{6.4}$$

表6.17 扭剪型高强度螺栓紧固轴力

螺栓直径 d/mm		16	20	24
每批紧固轴力的平均值/kN	公称	109	170	245
	最大	120	186	270
	最小	99	154	222
紧固轴力变异系数		≤10%		

（11）复检不符合规定者，由制作厂家、设计、监理单位协商解决，或作为废品处理。为防止假冒伪劣产品，无正式质量保证书的高强度螺栓连接副，严禁使用。

6.2.6.3 施工作业

高强度螺栓从作业准备→接头组装→安装临时螺栓→安装高强螺栓施工要点见表6.18。

表6.18 高强度螺栓施工作业要点

步骤	大六角头螺栓连接	扭剪型高强螺栓连接
作业准备	①备好扳手、临时螺栓、过冲、钢丝刷等工具，主要在班前应指定专人负责施工扭矩校正，扭矩校正后才准使用。②大六角头高强度螺栓长度选择，考虑到钢构件加工时采用钢材一般均为正公差，有时材料代用又以厚代薄居多，以连接总厚度增加3～4mm的现象多，因此，应选择好高强度螺栓长度，一般以紧固后长出2～3扣为宜，然后根据要求配好套备用	①摩擦面处理：摩擦面采用喷砂、砂轮打磨等方法进行处理，摩擦系数应符合设计要求（一般要求Q235钢为0.45以上，16锰钢为0.55以上）。摩擦面不允许有残留氧化铁皮，处理后的摩擦面可生成赤锈面后安装螺栓（一般露天存10d左右），用喷砂处理的摩擦面不必生锈即可安装螺栓。采用砂轮打磨时，打磨范围不小于螺栓直径的4倍，打磨方向与受力方向垂直，打磨的摩擦面应无明显高不平。摩擦面防止被油或油漆等污染，如污染应彻底清理干净。②检查螺栓孔的孔径尺寸，孔边有毛刺必须清除掉。③同一批号、规格的螺栓、螺母、垫圈，应配套装箱待用。④电动扳手及手动扳手应经过标定

步骤	大六角头螺栓连接	扭剪型高强螺栓连接
接头组装	①对摩擦面进行清理,对板不平直的,应在平直达到要求以后才能组装。摩擦面不能有油漆、污泥,孔的周围不应有毛刺,应对待装摩擦面用钢丝刷清理,其刷子方向应与摩擦受力方向垂直。 ②遇到安装孔有问题时,不得用氧-乙炔扩孔,应用扩孔钻床扩孔,扩孔后应重新清理孔周围毛刺。 ③高强度螺栓连接面板间应紧密贴实,对因板厚公差、制造偏差或安装偏差等产生的接触面间隙,应按以下规定处理	①连接处的钢板或型钢应平整,板边、孔边无毛刺;接头处有翘曲、变形必须进行校正,并防止损伤摩擦面,保证摩擦面紧贴。 ②装配前检查摩擦面,试件的摩擦系数是否达到设计要求,浮锈应用钢丝刷除掉,油污、油漆清除干净。 ③板叠接触面间应平整,当接触有间隙时,应按以下规定处理。
	当 $t<1.0$mm 时不予处理;$t=1.0\sim3.0$mm 时,将厚板一侧磨成 $1:10$ 的缓坡,使间隙小于 1.0mm;当 $t>3.0$mm 时加垫板,垫板厚度不小于 3mm,最多不超过三层,垫板材质和摩擦面处理方法应与构件相同	
安装临时螺栓	①钢构件组装时应先安装临时螺栓,临时安装螺栓不能用高强度螺栓代替,临时安装螺栓的数量一般应占连接板组螺群中的 1/3,不能少于 2 个。 ②少量孔位不正,位移量又较少时,可以用冲钉打入定位,然后再上安装螺栓。 ③板上孔位不正,位移较大时应用绞刀扩孔。个别孔位位移较大时,应补焊后重新打孔。不得用冲子边校正孔位边穿入高强度螺栓。安装螺栓达到 30% 时,可以将安装螺栓拧紧定位	连接处采用临时螺栓固定,其螺栓个数为接头螺栓总数的 1/3 以上,并每个接头不少于 2 个,冲钉穿入数量不宜多于临时螺栓的 30%。组装时先冲钉对准孔位,在适当位置插入临时螺栓,用扳手拧紧。不准用高强螺栓兼作临时螺栓,以防螺纹损伤
安装高强度螺栓	①高强度螺栓应自由穿入孔内,严禁用锤子将高强度螺栓强行打入孔内。高强度螺栓的穿入方向应该一致,局部受结构阻碍时可以除外。 ②不得在下雨天安装高强度螺栓。 ③高强度螺栓垫圈位置应该一致,安装时应注意垫圈正、反面方向(大六角头高强螺栓的垫圈应安装在螺栓头一侧和螺母一侧,垫圈孔有倒角一侧应和螺栓头接触,不得装反)。 ④高强度螺栓在检孔内不得受剪,应及时拧紧	①安装时高强螺栓应自由穿入孔内,不得强行敲打。扭剪型高强螺栓的垫圈安在螺母一侧,垫圈孔有倒角的一侧应和螺母接触,不得装反。 ②螺栓不能自由穿入时,不得用气割扩孔,要用绞刀绞孔,修孔时须使板层贴紧,以防铁屑进入板缝,绞孔后要用砂轮机清除板边毛刺,并清除铁屑。 ③螺栓穿入方向宜一致,穿入高强螺栓用扳手紧固后,再卸下临时螺栓,以高强螺栓替换。不得在雨天安装高强螺栓,且摩擦面应处于干燥状态

6.2.6.4 螺栓紧固

(1)螺栓紧固方法　高强度螺栓的预拉力通过紧固螺母建立。为保证其数值准确,施工时应严格控制螺母的紧固程度,不得漏拧、欠拧或超拧。一般采用的紧固方法有下列几种。

1)扭矩法。扭矩法是根据施加在螺母上的紧固扭矩与导入螺栓中的预拉力之间有一定关系的原理,以控制扭矩来控制预拉力的方法。

① 紧固扭矩和预拉力的关系可由下式表示:

$$M_k=KdP \tag{6.5}$$

式中　M_k——施加于螺母的紧固扭矩,N·m;

　　　K——扭矩系数;

　　　d——螺栓公称直径,mm;

　　　P——预拉力,kN。

② 高强度螺栓紧固后,螺栓在高应力下工作,由于蠕变原因,随时间的变化,预拉力会产生一定的损失,预拉力损失在最初一天内发展较快,其后则进行缓慢。为补偿这种损失,保证其预拉力在正常使用阶段不低于设计值,在计算施工扭矩时,将螺栓设计预拉力提高 10%,并以此计算施工扭矩值。

③ 采用扭矩法拧紧螺栓时，应对螺栓进行初拧和复拧。初拧扭矩和复拧扭矩均等于施工扭矩的 50% 左右。初拧和复拧过程中，其施工顺序一般是从中间向两边或四周对称进行。

④ 当螺栓在工地上拧紧时，扭矩只准施加在螺母上，因为螺栓连接副的扭矩系数是制造厂在拧紧螺母时测定的。

⑤ 为了减少先拧与后拧的高强度螺栓预拉力的区别，一般要先用普通扳手对其初拧（不小于终拧扭矩值的 50%），使板叠靠拢，然后用一种可显示扭矩值的定扭矩扳手终拧。终拧扭矩值根据预先测定的扭矩和预拉力（增加 5%～10% 以补偿紧固后的松弛影响）之间的关系确定，施拧时偏差不得大于 ±10%。此法在我国应用广泛。

2）转角法。高强度螺栓转角法施工分初拧和终拧两步进行，此法是用控制螺母的转角来获得规定的预拉力，因不需专用扳手，故简单有效。初拧的目的是为消除板缝影响，给终拧创造一个大体一致的基础，初拧扭矩一般为终拧扭矩的 50% 为宜，原则是以板缝密贴为准。转角是从初拧作出的标记线开始，再用长扳手（或电动、风动扳手）终拧 1/3～2/3 圈（120°～240°）。终拧角度与板叠厚度和螺栓直径等有关，可预先测定。图 6.9 为转角法施工的示意图。

（2）螺栓紧固

1）大六角头螺栓紧固

① 大六角头高强度螺栓全部安装就位后，可以开始紧固。紧固方法一般分两步进行，即初拧和终拧。应将全部高强度螺栓进行初拧，初拧扭矩应为标准的 60%～80%，具体还要根据钢板厚度、螺栓间距等情况适当掌握。若钢板厚度较大，螺栓布置间距较大时，初拧轴力应大一些为好。

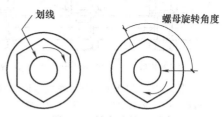

图 6.9　转角法施工示意

初拧紧固顺序，根据大六角头高强度螺栓紧固顺序规定（参见第 13.6 节实训项目），一般应从接头刚度大的地方向不受拘束的自由端顺序进行；或者从栓群中心向四周扩散方向进行。这是因为连接钢板翘曲不牢时，如从两端向中间紧固，有可能使拼接板中间鼓起而不能密贴，从而失去了部分摩擦传力作用。

② 大六角头高强度螺栓施工所用的扭矩扳手，使用前必须校正，其扭矩误差不得大于 ±5%，合格后方准使用。校正用的扭矩扳手，其扭矩误差不得大于 ±3%。

③ 大六角头高强度螺栓的施工扭矩可由下式计算确定：

$$T_c = KP_cd \tag{6.6}$$

式中　T_c——施工扭矩，N·m；

　　　K——高强度螺栓连接副的扭矩系数平均值，该值应为 0.110～0.150；

　　　P_c——高强度螺栓施工预拉力，kN，见表 6.19；

　　　d——高强度螺栓杆直径，mm。

表 6.19　大六角头高强度螺栓施工预拉力　　　　　　　　　　　单位：kN

螺栓的性能等级	螺栓公称直径						
	M12	M16	M20	M22	M24	M27	M30
8.8S	45	75	120	150	170	225	275
10.9S	60	110	170	210	250	320	390

④ 凡是结构原因，使个别大六角头高强度螺栓穿入方向不能一致，当拧紧螺栓时，只准在螺母上施加扭矩，不准在螺杆上施加扭矩，防止扭矩系数发生变化。

⑤ 大六角头高强度螺栓的拧紧应分为初拧、终拧。对于大型节点应分为初拧、复拧、终拧。初拧扭矩为施工扭矩的 50% 左右，复拧扭矩等于初拧扭矩。

初拧或复拧后的高强度螺栓应用颜色在螺母上涂上标记，然后按③的规定的施工扭矩值进行终拧，终拧后的高强度螺栓应用另一种颜色在螺母上涂上标记。

2）扭剪型高强度螺栓紧固。扭剪型高强度螺栓连接副紧固施工比大六角头高强度螺栓连接副紧固施工要简便得多，正常的情况采用专用的电动扳手进行终拧，梅花头拧掉标志着螺栓终拧的结束。

为了减少接头中螺栓群间相互影响及消除连接板面间的缝隙，紧固也要分初拧和终拧两个步骤进行，初拧紧固到螺栓标准轴力（即设计预拉力）的 60%～80%，初拧的扭矩值不得小于终拧扭矩值的 30%，对常用规格的高强度螺栓（M20、M22、M24）初拧扭矩可以控制在 400～600N·m，若用转角法初拧，初拧转角控制在 45°～75°，一般以 60° 为宜。

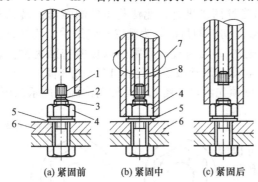

(a) 紧固前　(b) 紧固中　(c) 紧固后

图 6.10　扭剪型高强度螺栓紧固过程

1—梅花头；2—断裂切口；3—螺栓；4—螺母；5—垫圈；
6—被紧固的构件；7—扳手外套筒；8—扳手内套筒

图 6.10 为扭剪型高强度螺栓紧固过程。先将扳手内套筒套入梅花头上，再轻压扳手，再将外套筒套在螺母上；按下扳手开关，外套筒旋转，使螺母拧紧、切口拧断；关闭扳手开关，将外套筒从螺母上卸下，将内套筒中的梅花头顶出。

扭剪型高强度螺栓终拧时，应采用专用的电动扳手，在作业有困难的地方，也可采用手动扳手进行，终拧时扭剪型高强螺栓应将梅花卡头拧掉。用电动扳手紧固时，螺栓尾部卡头拧断后即终拧完毕，外露螺纹不得少于 2 个螺距。

对于超大型的接头还要进行复拧，初拧扭矩值为 $0.13×P_c×d$ 的 50% 左右，可参照表 6.20 选用。

表 6.20　初拧扭矩值

螺栓直径 d/mm	16	20	(22)	24
初拧扭矩/N·m	115	220	300	390

3）高强度螺栓施拧顺序。高强度螺栓连接副初拧、复拧和终拧原则上应以接头刚度较大的部位向约束较小的方向、螺栓群中央向四周的顺序，这是为了使高强度螺栓连接处板层能更好密贴。下面是典型节点的施拧顺序：

① 一般节点从中央向两端，如图 6.11 所示；

② 箱形节点按图 6.12 中 A、C、B、D 顺序；

③ 工字梁节点螺栓群按图 6.13 中 ①～⑥ 顺序；

④ H 形截面柱对接节点按先翼缘后腹板；

⑤ 两个节点组成的螺栓群按先主要构件节点，后次要节点的顺序。

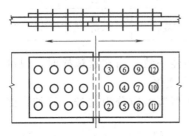

图 6.11　一般节点施拧顺序

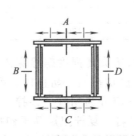

图 6.12　箱形节点施拧顺序

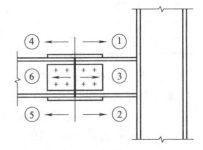

图 6.13　工字梁节点施拧顺序

6.2.6.5　螺栓防松

（1）垫放弹簧垫圈的可在螺母下面垫一开口弹簧垫圈，螺母紧固后在上下轴向产生弹性压力，可起到防松作用。为防止开口垫圈损伤构件表面，可在开口垫圈下面垫一平垫圈。

（2）在紧固后的螺母上面，增加一个较薄的副螺母，使两螺母之间产生轴向压力，同时也能增加螺栓、螺母凸凹螺纹的咬合自锁长度，达到相互制约而不使螺母松动。使用副螺母防松的螺栓，在安装前应计算螺栓的准确长度，待防松副螺母紧固后，应使螺栓伸出副螺母抓的长度不少于 2 个螺距。

（3）对永久性螺栓可将螺母紧固后，用电焊将螺母与螺栓的相邻位置，对称点焊 3～4 处或将螺母与构件相点焊。

6.2.7　高强度螺栓施工质量检验

6.2.7.1　高强度螺栓质量检验

高强度螺栓质量检验标准见表 6.21。

表 6.21　高强度螺栓质量检验标准

项目	高强度大六角头螺栓	扭剪型高强度螺栓
主控项目	①高强度大六角头螺栓连接副的规格和技术条件，应符合设计要求和现行国家标准《钢结构用高强度大六角头螺栓、大六角螺母、垫圈技术条件》（GB/T 1231—2006）的规定。 检验方法：逐批检查质量证明书和出厂检验报告。 ②高强度螺栓连接面的抗滑移系数。必须符合设计要求。 检验方法：检查构件加工单位的抗滑移系数试验报告，检查施工现场抗滑移系数的复验报告。施工现场的试件应与钢构件摩擦面同时生产，同环境条件下保存，以保证试验数据的可靠。摩擦系数试件一般做三组，取其平均值。 ③高强度大六角头螺栓连接副应进行扭矩系数复验，其结果应符合现行国家标准《钢结构用高强度大六角头螺栓、大六角螺母、垫圈技术条件》的规定。 检验方法：检查扭矩系数复验报告，复验用螺栓应在施工现场待安装的螺栓批中随机抽取，每批应抽取 8 套连接副进行复验。其结果应符合以下要求：每组 8 套连接副扭矩系数的平均值为 0.110～0.150，标准偏差小于或等于 0.010。 ④高强度大六角头螺栓连接摩擦面的表面应平整，不得有飞边、毛刺，焊接飞溅物、焊疤、氧化铁皮、污垢和不需要的涂料等。 检验方法：观察检查。 ⑤紧固高强度大六角头螺栓所采用的扭矩扳手应定期标定，螺栓初拧符合《钢结构工程施工质量验收规范》（GB 50205—2001）的规定后，方可进行终拧。 检验方法：检查扭矩扳手标定记录和螺栓施工记录。 ⑥高强度大六角头螺栓应自由穿入螺栓孔，不得强行敲打。 检验方法：观察检查	①高强螺栓的型式、规格和技术条件必须符合设计要求及有关《钢结构用扭剪型高强度螺栓连接副》（GB 3632—2008）的规定。检查质量证明书及出厂检验报告。复验螺栓预拉力符合规定后方准使用。 ②连接面的摩擦系数（抗滑移系数）必须符合设计要求。表面严禁有氧化铁皮、毛刺、飞溅物、焊疤、涂料和污垢等，检查摩擦系数试件试验报告及现场试件复验报告。 ③初拧扭矩扳手应定期标定。高强螺栓初拧、终拧必须符合施工规范及设计要求，检查标定记录及施工记录
一般项目	①外观质量：合格螺栓穿入方向基本一致，外露长度不应少于 2 扣。 优良：螺栓穿入方向一致，外露长度不应少于 2 扣，露长均匀。 检查数量：按节点数抽查 5%，但不少于 10 个节点。 检验方法：观察检查。 ②扭矩法施工的高强度大六角头螺栓终拧质量。 合格：螺栓的终拧扭矩经检查初拧或更换螺栓后，符合现行标准《钢结构工程施工质量验收规范》（GB 50205—2001）的规定。 优良：螺栓的终拧扭矩经检查一次即符合国家现行标准《钢结构工程施工质量验收规范》的规定。 检查数量：按节点数抽查 10%，抽不应少于 10 个节点；每个被抽查节点按螺栓数抽查 10%，但不应少于 2 个。 当发现终拧扭矩不符合上述现行国家标准时，应扩大抽查该节点螺栓数的 20%。当仍有不合格时，应将该节点内螺栓全数检查	①外观检查：螺栓穿入方向应一致，丝扣外露长度不少于 2 扣。 ②扭剪型高强螺栓尾部卡头终拧后应全部切掉。 ③摩擦面间隙符合施工规范的要求

6.2.7.2　螺栓扭矩检验

高强度螺栓连接副扭矩检验含初拧、复拧、终拧扭矩的现场无损检验。检验所用的扭矩扳手其扭矩精度误差应不大于 3%。

高强度螺栓连接副扭矩检验分扭矩法检验和转角法检验两种，原则上检验法与施工法应相同。扭矩检验应在施拧后1～48h内完成。

(1) 扭矩法检验。在螺尾端头和螺母相对位置划线，将螺母退回60°左右，用扭矩扳手测定拧回至原来位置时的扭矩值。该扭矩值与施工扭矩值的偏差在10%以内为合格。如发现不符合要求的，应重新抽样10%检查，如仍是不合格的，是欠拧、漏拧的，应该重新补拧，是超拧的应予更换螺栓。

(2) 转角法检验。转角法检验应符合以下要求。

① 检查初拧后在螺母与相对位置所画的终拧起始线和终止线所夹的角度是否达到规定值。

② 在螺尾端头和螺母相对位置划线，然后全部拧松螺母，再按规定的初拧扭矩和终拧角度重新拧紧螺栓，观察与原划线是否重合。终拧转角偏差在10°内为合格。

(3) 扭剪型高强度螺栓施工扭矩检验。观察尾部梅花头拧掉情况，头被拧掉者视同其终拧扭矩达到合格质量标准；尾部梅花头未被拧掉者应按上述扭矩法或转角法检验。扭剪型高强度螺栓连接副因其结构特点，施工中梅花杆部分承受的是反扭矩，因而梅花头部分拧断，即螺栓连接副已施加了相同的扭矩，故检查只需目测梅花头拧断即为合格。

6.2.7.3 质量检验和质量记录

高强度螺栓连接质量检验和质量记录见表6.22中的内容。

表 6.22 高强度螺栓连接质量检验和质量记录

内容	大六角头螺栓连接	扭剪型高强度螺栓连接
螺栓连接质量检验	①0.3kg小锤敲击法，对高强螺栓进行普查，防止漏拧。 ②进行扭矩检查，随机抽查每个节点螺栓数的10%，但不少于1个连接副。 ③扭矩检查应在终拧1h以后进行，并且应在24h以内检查完毕。 ④塞尺检查连接板之间间隙，当间隙超过1mm的，必须要重新处理。 ⑤大六角头高强螺栓穿入方向要一致，检查垫圈方向是否正确	①扭剪型高强度螺栓应全部拧掉尾部梅花卡头为终拧结束，不准遗漏。但个别部位的螺栓无法使用专用扳手，则按相同直径的高强度大六角螺栓检验方法进行。 ②扭剪型高强度螺栓施工必须进行初（复）拧和终拧才行，初拧（复拧）后应做好标志。此标志是为了检查螺母转角量及有无共同转角或螺栓空转的现象产生之用，应引起重视。 ③不能用专用扳手操作时，扭剪型高强螺栓应按大六角头高强螺栓用扭矩法施工。终拧结束后，检查漏拧、欠拧宜用0.3～0.5kg重的小锤逐个敲检，如发现有欠拧、漏拧应补拧；超拧应更换。检查时应将螺母回退30°～50°，再拧至原位，测定终拧扭矩值，其偏差不得大于±10%，已终拧合格的做出标记
质量记录	①高强度大六角头螺栓的出厂合格证； ②高强度大六角头螺栓的复验证明； ③高强度螺栓的初拧、终拧扭矩值； ④施工用扭矩扳手的检查记录； ⑤施工质量检查验收记录	①高强度螺栓、螺母、垫圈组成的连续副的出厂质量证明、出厂检验报告； ②高强螺栓预拉力复验报告； ③摩擦面抗滑移系数（摩擦系数）试验及复验报告； ④扭矩扳手标定记录； ⑤设计变更、洽商记录。施工检查记录

6.2.7.4 高强度螺栓成品保护和应注意的质量问题

高强度螺栓成品保护和施工过程应注意的质量问题见表6.23的要求。

表 6.23 高强度螺栓成品保护和施工过程应注意的质量问题

内容	高强度大六角头螺栓	扭剪型高强螺栓
成品保护	①已经终拧的大六角头高强度螺栓应做好标记。 ②已经终拧的节点和摩擦面应保持清洁整齐，防止油、尘土污染。 ③已经终拧的节点应避免过大的局部撞击和氧-乙炔烘烤	①结构防腐区段（如酸洗车间）应在连接板缝、螺头、螺母、垫圈周边涂抹防腐腻子（如过氯乙烯腻子）封闭，面层防腐处理与该区钢结构相同。 ②结构防锈区段应在连接板缝、螺头、螺母、垫圈周边涂快干红丹漆封闭，面层防锈处理与该区钢结构相同
施工过程应注意的质量问题	①高强度螺栓的安装施工应避免在雨雪天气进行，以免影响施工质量。 ②大六角头高强度螺栓连接副应该当天使用当天从库房中领出，最好用多少领多少，当天未用完的高强度螺栓不能堆放在露天，应该如数退回库房，以备第二天继续使用。 ③高强度螺栓在安装过程中如需要扩孔时，一定要注意防止金属碎屑夹在摩擦面之间，一定要清理干净后才能安装	①装配面不符合要求：表面有浮锈、油污，螺栓孔有毛刺、焊瘤等，均应清理干净。 ②连接板拼装不严；连接板变形，间隙大，应校正处理后再使用。 ③螺栓丝扣损伤：螺栓应自由穿入螺孔，不准许强行打入。 ④扭矩不准：应定期标定扳手的扭矩值，其偏差不大于5%，严格按紧固顺序操作

6.3 铆钉连接

将两个以上的零构件（一般是金属板或型钢）通过铆钉连接为一个整体的连接方法称为铆接。铆钉连接传力可靠，塑性、韧性均较好，质量容易检查。但铆钉连接要制孔打铆，费工费料，技术要求高，劳动强度大，劳动条件差，随着科学技术的发展和焊接工艺的不断提高，铆接在钢结构制品中逐步地被焊缝连接和高强度螺栓连接所代替，但目前在部分钢结构中仍被采用。

6.3.1 常用铆钉的种类

6.3.1.1 铆接的基本形式

铆接的基本形式有搭接、对接和角接三种。

（1）搭接是将板件边缘对搭在一起，用铆钉加以固定连接的结构形式，如图6.14所示。

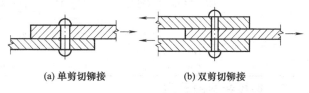

(a) 单剪切铆接　　(b) 双剪切铆接

图6.14　搭接形式

（2）对接是将两条要连接的板条置于同一平面，利用盖板把板件铆接在一起。这种连接可分为单盖板式和双盖板式两种对接形式，如图6.15所示。

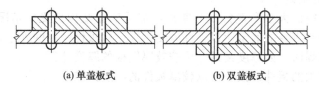

(a) 单盖板式　　(b) 双盖板式

图6.15　对接形式

（3）角接是两块板件互相垂直或按一定角度，在角接外利用搭接件——角钢用铆钉固定连接的结构形式，角接时，板件上的角钢接头有一侧或两侧两种形式，如图6.16所示。

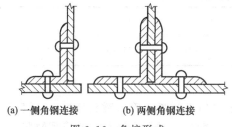

(a) 一侧角钢连接　　(b) 两侧角钢连接

图6.16　角接形式

6.3.1.2 铆接的方法

铆接可分为紧固铆接、紧密铆接和固密铆接三种方法。

（1）紧固铆接也叫坚固铆接。这种铆接要求一定的强度来承受相应的载荷，但对接缝处的密封性要求较差。如房架、桥梁、起重机车辆等均属于这种铆接。

（2）紧密铆接的金属结构不能承受较大的压力，只能承受较小而均匀的载荷，但对其叠合的接缝处却要求具有高度密封性，以防泄漏。如水箱、气罐、油罐等容器均属这一类。

（3）固密铆接也叫强密铆接。这种铆接要求具有足够的强度来承受一定的载荷，其接缝处必须严密，即在一定的压力作用下，液体或气体均不得渗漏。如锅炉、压缩空气罐等高压容器的铆接。为了保证高压容器铆接缝的严密性，在铆接后，对于板件边缘连接缝和铆头周边与板件的连接缝要进行敛缝和敛钉。

6.3.1.3 常用铆钉的种类

金属零件铆接装配就是用铆钉连接金属零件的过程。铆钉是铆接结构的紧固件，常用的铆钉由铆钉头和圆柱形铆钉杆两部分组成。常用的有半圆头、平锥头、沉头、半沉头、平头、扁平头和扁圆头等。此外，还有半空心铆钉、空心铆钉等。常用铆钉种类及一般用途见表6.24。

表 6.24　常用铆钉种类及一般用途

名　　称	国家标准	钉杆尺寸		一　般　用　途
		直径/mm	长度/mm	
半圆头铆钉	GB/T 863.1—86(粗制) GB/T 867—86	12～36	20～200	用于承受较大横向载荷的铆缝,如金属结构中的桥梁、桁架等,应用最广
小半圆头铆钉	GB/T 863.2—86	0.6～16	1～110	
平锥头铆钉	GB/T 864—86(粗制)	12～36	20～200	由于铆钉头大,能耐腐蚀,常常用于船壳、锅炉水箱等腐蚀强烈的场合
	GB/T 868—86	2～20	3～110	
沉头铆钉	GB/T 865—86(粗制)	12～36	20～200	用于平滑表面,且承载不大的场合
	GB/T 869—86	1～16	2～100	
半沉头铆钉	GB/T 866—86(粗制)	12～36	20～200	用于平滑表面,且承载不大的场合
	GB/T 870—86	1～16	2～100	
扁平头铆钉	GB/T 872—86	1.2～10	1.5～50	用于金属薄板或皮革、帆布、木材、塑料等的铆接

6.3.2　铆接参数的确定

铆钉是铆接结构的紧固件,其材料应有良好的塑性,通常采用专用钢材 ML2 和 ML3 普通碳素钢制造。用冷镦方法制成的铆钉必须经过退火处理。根据使用的要求,对铆钉要进行可锻性试验、剪切强度试验,以保证形成的铆钉头有足够的抗剪力。

6.3.2.1　铆钉直径的确定

铆接时,铆钉直径的大小和铆钉中心距离,都是依据结构件受力情况和需要的强度确定的。一般情况下,铆钉直径的确定应以板件厚度为准。而板件厚度的确定,应满足下列条件。

（1）板件搭接铆焊时,如厚度接近,可按较厚钢板的厚度计算。

（2）厚度相差较大的板件铆接,可以较薄板件的厚度为准。

（3）板料与型材铆接时,以两者的平均厚度确定。

板料的总厚度（指被铆接件的总厚度）,不应超过铆钉直径的 5 倍。铆钉直径与板件厚度的关系见表 6.25。

表 6.25　铆钉直径与板料厚度的关系　　　　　　　　　　　单位：mm

板料厚度	5～6	7～9	9.5～12.5	13～18	19～24	25 以上
铆钉直径	10～12	14～18	20～22	24～27	27～30	20～36

6.3.2.2　铆钉长度及孔径的确定

铆钉质量的好坏,与选定铆钉长度有很大关系。若铆钉杆过长,铆钉镦头就过大,钉杆容易弯曲；若铆钉杆过短,则镦粗和形成铆钉头的量不足,铆钉头成形不完整,易出现缺陷,降低铆接的强度和紧密性。

铆钉杆长度应根据被铆接件总厚度、铆钉孔直径与铆钉工艺过程等因素来确定。常用的几种长度选择计算公式如下：

（1）半圆头铆钉　　　　$l = 1.5d + 1.1t$

（2）半沉头铆钉　　　　$l = 1.1d + 1.1t$

（3）沉头铆钉　　　　　$l = 0.8d + 1.1t$

式中　l——铆钉杆长度,mm；

　　　d——铆钉直径,mm；

　　　t——被连接件总厚度,mm。

铆钉杆长度计算确定后,再通过试验,至合适时为止。一般情况下,铆杆直径与钉孔直径之间的关系见表 6.26。

表6.26　铆杆直径与钉孔直径的关系　　　　　　　　　　　　　单位：mm

铆杆直径 d		2	2.5	3	3.5	4	5	6	8	10
钉孔直径 d_0	精装配	2.1	2.6	3.1	3.6	4.1	5.2	6.2	8.2	10.3
	粗装配	2.2	2.7	3.4	3.9	4.5	5.5	6.5	8.5	11
铆杆直径 d		12	14	16	18	22	24	27	30	
钉孔直径 d_0	精装配	12.4	14.5	16.5						
	粗装配	13	15	17	19	23.5	25.5	28.5	32	

6.3.2.3　铆钉排列位置的确定

铆钉在构件连接处的排列形式是以连接件的强度为基础的，其排列形式有单排、双排和多排等三种。每个板件上铆钉排列的位置，在双排或多排铆钉连接时，又可分为平行式排列和交错式排列两种。其排列参数应符合下列规定。

（1）钉距。钉距是指在一排铆钉中，相邻两个铆钉中心距离。铆钉单行或双行排列时，其钉距 $S \geqslant 3d$（d 为铆钉杆直径）。铆钉交错式排列时，其对角距离 $c \geqslant 3.5d$，如图6.17所示。为了使板件相互连接的严密，应使相邻两个铆钉孔中心的最大距离 $S \leqslant 8d$ 或 $S \leqslant 12t$（t 为板件单件厚度）。

（2）排距。是指相邻两排铆钉孔中心的距离，用 a 表示。一般 $a \geqslant 3d$。

（3）边距。是指外排铆钉中心至工件边缘的距离 $l_1 \geqslant 1.5d$，如图6.17(a)所示。

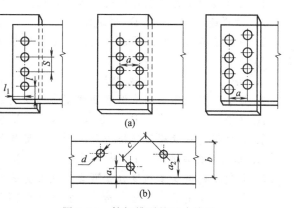

图6.17　铆钉排列的尺寸关系

为使板边在铆接后不翘起来（两块板接触紧密），应使由铆钉中心到板边的最大距离 l 和 l_1 小于或等于 $4d$，l 和 l_1 小于或等于 $8t$。

各种型钢铆接时，若型钢面宽度 b 小于 100mm，可用一排铆钉如图6.17(b)所示。图中应使 $a_1 \geqslant 1.5d + t$；$a_2 = b - 1.5d$。

6.3.3　铆接施工

6.3.3.1　铆接施工

钢结构有冷铆和热铆两种施工方法。

（1）冷铆施工。冷铆是铆钉在常温状态下进行的铆接。在冷铆时，铆钉要有良好的塑性，因此，钢铆钉在冷铆前，首先要进行清除硬化、提高塑性的退火处理。手工冷铆时，首先将铆钉穿入被铆件的孔中，然后用顶把顶住铆钉头，压紧被铆件接头处，用手锤锤击伸出钉孔部分的铆钉杆端头，使其形成钉头，最后将窝头绕铆钉轴线倾斜转动，直至得到理想的铆钉头。在镦粗钉杆形成钉头时，锤击次数不宜过多，否则材质将出现冷作硬化现象，致使钉头产生裂纹。用手工冷铆时，铆钉直径通常小于8mm。用铆钉枪冷铆时，铆钉直径一般不超过13mm。用铆接机冷铆时，铆钉最大直径不能超过25mm。

（2）热铆施工。将铆钉加热后的铆接，称为热铆，铆接时需要的外力与冷铆相比要小得多。铆钉加热后，铆钉材质的硬度降低，塑性提高，铆钉头成形容易。一般在铆钉材质塑性较差或直径较大、铆接力不足的情况下，通常采用热铆。

热铆施工的基本操作工艺过程是：修整钉孔→铆钉加热→接钉与穿钉→顶钉→铆接。这里不再详细介绍，可参阅相关书籍。

6.3.3.2 铆接质量检验

铆钉质量检验采用外观检验和敲打两种方法，外观检查主要检验外观疵病，敲击法检验用 0.3kg 的小锤敲打铆钉的头部，用以检验铆钉的铆合情况。

（1）铆钉头不得有丝毫跳动，铆钉的钉杆应填满钉孔，钉杆和钉孔的平均直径误差不得超过 0.4mm，其同一截面的直径误差不得超过 0.6mm。

（2）对于有缺陷或铆成的铆钉和外形的偏差超过规定时，应予以更换，不得采用捻塞、焊补或加热再铆等方法进行修整。

能力训练题

1. 在直接受动力荷载作用的情况下，采用下列哪种连接方式最为适合？（　　）
A. 角焊缝　　　　　B. 普通螺栓　　　　C. 对接焊缝　　　　D. 高强螺栓

2. 一般按构造和施工要求，钢板上螺栓的最小允许中心间距为（　　），最小允许端距为（　　）。
A. 3d　　　　　　B. 2d　　　　　　C. 1.2d　　　　　D. 1.5d

3. 每个受剪拉作用的摩擦型高强度螺栓所受的拉力应低于其预拉力的（　　）。
A. 1.0 倍　　　　　B. 0.5 倍　　　　　C. 0.8 倍　　　　　D. 0.7 倍

4. 摩擦型高强度螺栓连接与承压型高强度螺栓连接的主要区别是（　　）。
A. 摩擦面处理不同　B. 材料不同　　　　C. 预拉力不同　　　D. 设计计算不同

5. 普通螺栓按制造精度分哪两类？按受力分析分哪两类？

6. 普通螺栓是通过什么来传力的？摩擦型高强螺栓是通过什么来传力的？

7. 高强螺栓根据螺栓受力性能分为哪两种？

8. 在高强螺栓性能等级中，8.8 级高强度螺栓的含义是什么？10.9 级高强度螺栓的含义是什么？

9. 普通螺栓连接受剪时，限制端距 $\geqslant 2d$，是为了避免什么破坏？

10. 采用剪力螺栓连接时，为避免连接板冲剪破坏，构造上采取什么措施？为避免栓杆受弯破坏，构造上采取什么措施？

11. 螺栓连接中，规定螺栓最小容许距离的理由是什么？规定螺栓最大容许距离的理由是什么？

12. 如何保证受动力荷载作用的普通螺栓在使用中不会松动？

13. 如何保证高强螺栓的摩擦力达到设计标准？

14. 根据学校和本地的实际情况，选择性地完成第 13 章第 13.6 节的实训项目。

第7章 钢结构焊缝连接

【知识目标】
- 认识钢结构的基本焊接材料，了解钢结构材料的基本焊接特点
- 了解钢结构焊接方法的工艺过程
- 熟悉钢结构焊接接头形式和焊接缺陷
- 掌握钢结构焊接的质量验收方法和标准

【学习目标】
- 培养学生对钢结构连接的认识，了解钢结构焊接方法的工艺过程；熟悉钢结构焊接接头形式和焊接缺陷；掌握钢结构焊接的质量验收方法和标准

7.1 概述

7.1.1 焊接的定义和焊接结构的特点

焊接是一种金属连接方法，通过焊接可将两个分开的物体（焊件）连接而达到永久性的结合。《焊接术语》（GB/T 3375—1994）中规定了焊接的定义："焊接是通过加热或加压，或两者并用，并且用或不用填充金属，使焊件间达到原子间结合的一种加工方法"。焊接最本质的特点就是通过焊接使焊件之间达到了原子结合，从而将原来分开的物体构成了一个整体，这是任何其他连接方式所不具备的。

焊缝连接是现代钢结构最主要的连接方法。在钢结构中主要采用电弧焊；较少特殊情况下可采用电渣焊和电阻焊等。焊缝连接的优点是对钢材从任何方位、角度和形状相交都能方便适用，一般不需要附加连接板、连接角钢等零件，也不需要在钢材上开孔，不使截面积削弱，因而构造简单，节省钢材，制造方便，并易于采用自动化操作，生产效率高。此外，焊缝连接的刚度较大，密封性较好。焊缝连接的缺点是焊缝附近钢材因焊接的高温作用而形成热影响区，其金相组织和机械性能发生变化，某些部位材质变脆；焊接过程中钢材受到不均匀的高温和冷却，使结构产生焊接残余应力和残余变形，影响结构的承载力、刚度和使用性能，焊缝连接的刚度大和材料连续是优点，但也使局部裂纹一经发生便容易扩展到整体。因此，与高强度螺栓和铆钉连接相比，焊缝连接的塑性和韧性较差，脆性较大，疲劳强度较低。此外，焊缝可能出现气孔、夹渣等缺陷，也是影响焊缝连接质量的不利因素。现场焊接的拼装定位和操作较麻烦，因而构件间的安装连接常尽量采用高强度螺栓连接，或设安装螺栓定位后再焊接。

7.1.2 焊接结构生产工艺过程

焊接结构种类繁多，其制造、用途和要求有所不同，但所有的结构都有着大致相近的生产工艺过程。图 7.1 是焊接结构生产的主要工艺过程。

（1）生产准备。包括审查与熟悉施工图纸，了解技术要求，进行工艺分析，制定生产工艺流程、工艺文件、质量保证文件，进行工艺评定及工艺方法的确认，原材料及辅助材料的订购，焊接工艺装备的准备等。

（2）金属材料的预处理。包括材料的验收、分类、储存、矫正、除锈、表面保护处理、预落料等工序，以便为焊接结构生产提供合格的原材料。

（3）备料及成形加工。包括划线、放样、号料、下料、边缘加工、冷热成形加工、端面加

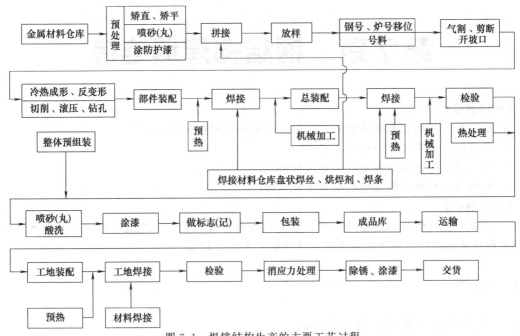

图 7.1　焊接结构生产的主要工艺过程

工及制孔等工序，以便为装配与焊接提供合格的元件。

（4）装配-焊接。包括欲焊部位清理、装配、焊接等工序。装配是将制造好的各个元件，采用适当的工艺方法，按安装施工图的要求组合在一起。焊接是指将组合好的构件，用选定的焊接方法和正确的焊接工艺进行焊接加工，使之连接成为一个整体，以便使金属材料最终变成所要求的金属结构。装配和焊接是整个焊接结构生产过程中两个最重要的工序。

（5）质量检验与安全评定。焊接结构生产过程中，产品质量十分重要，质量检验应贯穿于生产的全过程，全面质量管理必须明确三个基本观点，以此来指导焊接生产的检验工作，即：一是树立下道工序是用户、工作对象是用户、用户第一的观点；二是树立预防为主、防检结合的观点；三是树立质量检验是全企业每个员工本职工作的观点。

7.2　焊接材料

7.2.1　焊条

涂有药皮的供焊条电弧焊用的熔化电极称为焊条。焊条电弧焊时，焊条既作为电极传导电流而产生电弧，为焊接提供所需热量；又在熔化后作为填充金属过渡到熔池，与熔化的焊件金属熔合，凝固后形成焊缝。

7.2.1.1　焊条的组成

焊条是由焊芯与药皮两部分组成的，其构造如图 7.2 所示。焊条前端药皮有 45°左右的倒角，以便于引弧；尾部的夹持端用于焊钳夹持并利于导电。焊条直径指的是焊芯直径，是焊条的重要尺寸，共有 $\phi1.6\sim\phi8$ 八种规格。焊条长度由焊条直径而定，在 $200\sim650mm$ 之间。生产中应用最多的是 $\phi3.2mm$、$\phi4mm$、$\phi5mm$ 三种，长度分别为 $350mm$、$400mm$ 和 $450mm$。

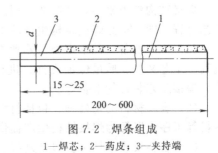

图 7.2　焊条组成
1—焊芯；2—药皮；3—夹持端

（1）焊芯 焊芯的主要作用是传导电流维持电弧燃烧和熔化后作为填充金属进入焊缝。

焊条电弧焊时，焊芯在焊缝金属中约占 50%～70%。可以看出，焊芯的成分直接决定了焊缝的成分与性能。因此，焊芯用钢应是经过特殊冶炼，并单独规定牌号与技术条件的专用钢，通常称之为焊条用钢。

焊条用钢的化学成分与普通钢的主要区别在于严格控制磷、硫杂质的含量，并限制碳含量，以提高焊缝金属的塑性、韧性、防止产生焊接缺陷。《焊接用钢盘条》（GB/T 3429—2002）中规定了焊条用钢的牌号、化学成分等内容；《熔化焊用钢丝》（GB/T 14957—94）中规定了焊丝的品种与技术条件。焊接用钢丝分为碳素结构钢、合金结构钢和不锈钢三类，共 44 个品种，见表 7.1、表 7.2。

表 7.1 常用焊丝的牌号

钢种	牌号	代号	钢种	牌号	代号
合金结构钢	焊 10 锰 2 焊 08 锰 2 硅 焊 10 锰硅 焊 08 锰钼高 焊 08 锰 2 钼钒高 焊 08 铬钼高	H10Mn2 H08Mn2Si H10MnSi H08MnMoA H08Mn2MoVA H08CrMoA	不锈钢	焊 1 铬 5 钼 焊 1 铬 13 焊 0 铬 19 镍 9 焊 0 铬 19 镍 9 钛 焊 1 铬 25 镍 3	H1Cr5Mo H1Cr13 H0Cr19Ni9 H0Cr19Ni9Ti H1Cr25Ni3
碳素结构钢	焊 08 焊 08 高 焊 08 锰 焊 15 高	H08 H08A H08Mn H15A	常用的碳钢与低合金钢焊条一般采用低碳钢焊丝做焊芯，分为 H08、H08A 和 H08E 三个质量等级。牌号中 H（读"焊"）表示焊条用钢，08 表示碳含量 $w(C) \leqslant 0.10\%$，A（高）、E（特）则表示不同的质量等级，三种焊丝的化学成分见表 7.2		

表 7.2 低碳钢焊丝的化学成分（GB/T 3429—2002） 单位：%

牌号	化 学 成 分							
	C	Mn	S	P	Si	Cr	Ni	Cu
H08	≤0.10	0.30～0.55	≤0.040	≤0.040	≤0.030	≤0.20	≤0.30	≤0.20
H08A	≤0.10	0.30～0.55	≤0.030	≤0.030	≤0.030	≤0.20	≤0.30	≤0.20
H08E	≤0.10	0.30～0.55	≤0.025	≤0.030	≤0.030	≤0.20	≤0.30	≤0.20

（2）药皮 焊条药皮是指压涂在焊芯表面上的涂层。其作用如下：

① 保护电弧及熔池。空气中的氮气、氧气等气体，对焊接熔池的冶金反应有害，利用焊条药皮熔化后产生的气体，可以隔离空气。避免有害气体侵入熔池。焊条熔化后形成熔渣，覆盖在焊缝表面，保护还未完全冷却的焊缝。降低焊缝冷却速度，有利于气体逸出，防止产生气孔，改善焊缝组织和性能。

② 改善工艺性能。保证焊接电弧的稳定燃烧，使焊接过程稳定，这是保证焊接质量的必要条件。形成套管增加电弧吹力，集中电弧热量，促进熔滴过渡，有利于完成焊接过程。

③ 冶金处理的作用。药皮参与复杂的冶金反应，通过药皮将所需合金元素渗入焊缝金属当中，可以起到控制焊缝化学成分的作用，以获得所需的焊缝金属性能。在焊条药皮中添加硅、锰等合金化元素，可以起到脱氧、脱硫、脱磷等有害杂质，改善焊缝质量及性能。

根据药皮组成物的作用，主要分为：稳弧剂、脱氧剂、造渣剂、造气剂、合金剂、稀释剂、黏结剂与成形剂八类。

7.2.1.2 焊条型号及牌号

（1）焊条型号 焊条型号是指国家标准中规定的焊条代号。按《非合金钢及细晶粒钢焊条》（GB/T 5117—2012）、《热强钢焊条》（GB/T 5118—2012）规定，碳钢焊条的型号根据熔敷金属的抗拉强度、药皮类型、焊接位置和焊接电流类型划分，以字母 E 后加四位数字表示，即 E××××，见表7.3～表7.5。

表7.3　焊条型号编制方法

第一部分 E	第二部分 ××	第三部分 ××	第四部分 后缀字母	第五部分 焊后状态代号
字母"E"表示焊条	"E"后第一、二两位数字表示熔敷金属抗拉强度代号，即最小值（MPa）	"E"后第三、四两位数字表示药皮类型、焊接位置和电流类型（见表7.4） "0"、"1"适用于全位置焊；"2"适用于平焊及平角焊；"4"适用于立向下焊	为熔敷金属化学成分分类代号，可为"无标记"或短横"-"后的字母、数字或字母和数字的组合，见表7.5	熔敷金属化学成分代号后的焊后状态代号，其中"无标记"表示焊态，"P"表示热处理状态，"AP"表示焊态和焊后热处理两种状态均可。除以上强制分类代号外，可在型号后依次附加可选代号： ①字母 U 表示在规定试验温度下，冲击吸收能量可达到 47J 以上； ②扩散氢代号"HX"，其中 X 代表15、10 或 5，分别表示每100g 熔敷金属中扩散氢含量的最大值（mL）

表7.4　碳钢和合金钢焊条型号的第三、四位数字组合的含义

焊条型号	药皮类型	焊接位置①	电流类型	焊条型号	药皮类型	焊接位置①	电流类型
				E××16 E××18	碱性 碱性＋铁粉	全位置②	交流或直流反接
E××03	钛型	全位置②	交流或直流正、反接	E××19	铁钛矿	全位置②	交流或直流正、反接
				E××20	氧化铁		
E××10	纤维素	全位置	直流反接	E××24	金红石＋铁粉	平焊 PA、平角焊 PB	交流或直流正、反接
E××11	纤维素		交流或直流反接	E××27	氧化铁＋铁粉		
E××12	金红石	全位置②	交流或直流正接	E××28	碱性＋铁粉	平焊 PA、平角焊 PB、PC	交流或直流反接
E××13	金红石		交流或直流正、反接	E××40	不做规定	由制造商确定	
E××14	金红石＋铁粉			E××45	碱性	全位置	直流反接
E××15	碱性		直流反接	E××48	碱性	全位置	交流或直流反接

① 焊接位置见 GB/T 16672，PA＝平焊、PB＝平角焊、PC＝横焊、PG＝向下立焊；
② 此处"全位置"并不一定包含向下立焊，由制造商确定。

表7.5　焊条熔敷金属化学成分的分类

焊条型号	分　类	焊条型号	分　类
E××××-A1	碳钼钢焊条	E××××-NM	镍钼钢焊条
E××××-B1～5	铬钼钢焊条	E××××-D1～3	锰钼钢焊条
E××××-C1～3	镍钢焊条	E××××-G、M、M1、W	所有其他低合金钢焊条

完整的焊条型号示例如下：

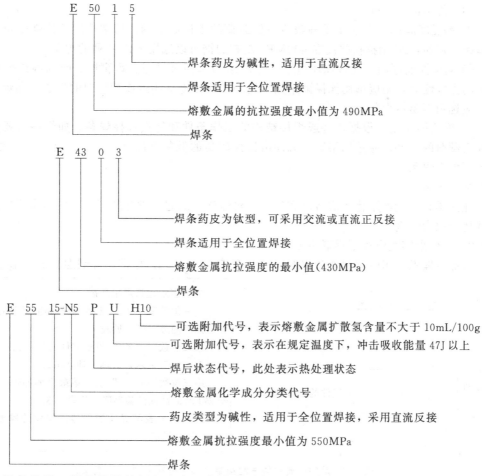

（2）焊条牌号　焊条牌号是焊条生产厂家或有关部门对焊条的命名，因而编排规律不尽相同，但大多数是用在三位数字前面冠以代表厂家或用途的字母（或符号）表示。前面两位数字表示各大类中的若干小类，不同用途焊条的前两位数字表示的内容及编排规律不尽相同。第三位数表示焊条药皮的类型及焊接电流种类，适用于各种焊条，具体内容见表 7.6。

结构钢焊条是品种最多、应用最广的一大类焊条，其牌号编制方法是前两位数字表示焊缝金属抗拉强度等级，从 42kgf/mm² 到 100kgf/mm²（420～980MPa）共有 8 个等级。按照原国家机械委的规定，结构钢焊条在三位数字前冠以汉语拼音字母 J（结）。碳钢焊条即有 J422、J507、J427、J502 等牌号，而强度级别大于等于 55kgf/mm² 的结构钢焊条不属于碳钢焊条。

表 7.6　焊条牌号中第三位数字的含意

焊条牌号	药皮类型	电流种类	焊条牌号	药皮类型	电流种类
□××0	不属已规定类型	不规定	□××5	纤维素型	交直流
□××1	氧化钛型	交直流	□××6	低氢钾型	交直流
□××2	钛钙型	交直流	□××7	低氢钠型	直流
□××3	钛铁矿型	交直流	□××8	石墨型	交直流
□××4	氧化铁型	交直流	□××9	盐基型	直流

焊条牌号举例：

（3）焊条选用原则

① 等强度原则　对于承受静载或一般载荷的工件或结构，通常选用抗拉强度与母材相等的焊条。例如，20钢抗拉强度在400MPa左右的钢可以选用E43系列的焊条。

② 同等性能原则　在特殊环境下工作的结构如要求耐磨、耐腐蚀、耐高温或低温等具有较高的力学性能，则应选用能保证熔敷金属的性能与母材相近或相近似的焊条。如焊接不锈钢时，应选用不锈钢焊条。

③ 等条件原则　根据工件或焊接结构的工作条件和特点选择焊条。如焊件需要受动载荷或冲击载荷的工件，应选用熔敷金属冲击韧性较高的低氢型碱性焊条。反之，焊一般结构时，应选用酸性焊条。

7.2.2　焊剂

埋弧焊时，能够熔化形成熔渣和气体，对熔化金属起保护并进行复杂的冶金反应的一种颗粒状物质称为焊剂。

7.2.2.1　碳素钢埋弧焊用焊剂型号

按照《埋弧焊用碳钢焊丝和焊剂》（GB/T 5293—1999）标准，焊剂型号的表示方法如下：

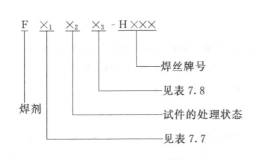

> "F"表示埋弧焊用焊剂。
> 第一位数字"$\times_1$"表示焊丝-焊剂组合的熔敷金属抗拉强度的最小值，见表7.7。
> 第二位数字"$\times_2$"表示试件的处理状态，"A"表示焊态，"P"表示焊后热处理状态。
> 第三位数字"$\times_3$"表示熔敷金属冲击吸收功不小于27J时的最低试验温度，见表7.8。
> H×××表示焊丝的牌号，焊丝的牌号按GB/T 14957—94规定。

表7.7　熔敷金属拉伸试验结果（第一位数字"$\times_1$"含义）

焊剂型号	抗拉强度 σ_b/MPa	屈服点 σ_s/MPa	伸长率 δ/%
F4 $\times_2\times_3$-H×××	415～550	≥330	≥22
F5 $\times_2\times_3$-H×××	480～650	≥400	≥22

表7.8　熔敷金属冲击试验结果（第三位数字"$\times_3$"含义）

焊剂型号	试验温度/℃	焊剂型号	试验温度/℃	冲击吸收功/J
F $\times_1\times_2$0-H×××	0	F $\times_1\times_2$4-H×××	−40	
F $\times_1\times_2$2-H×××	−20	F $\times_1\times_2$5-H×××	−50	≥27
F $\times_1\times_2$3-H×××	−30	F $\times_1\times_2$6-H×××	−60	

例如，F5A4-H08MnA，它表示这种埋弧焊焊剂采用H08MnA焊丝，按本标准所规定的焊接参数焊接试板，其试样状态为焊态时的焊缝金属抗拉强度为480～650MPa，屈服点不小于400MPa，伸长率不小于22%，在−40℃时熔敷金属冲击吸收功不小于27J。

7.2.2.2　低合金钢埋弧焊用焊剂型号

按照《埋弧焊用低合金钢焊丝和焊剂》（GB/T 12470—2003）标准，焊剂的表示方法如下：

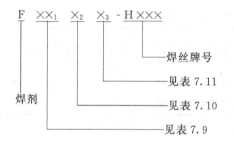

"F"表示埋弧焊用焊剂。

第一位数字"$\times\times_1$"表示焊丝-焊剂组合的熔敷金属抗拉强度的最小值，见表7.9。

第二位数字"$\times_2$"表示试件的处理状态，"A"表示焊态，"P"表示焊后热处理状态，见表7.10。

第三位数字"$\times_3$"表示熔敷金属冲击吸收功不小于27J时的最低试验温度，见表7.11。

表7.9　熔敷金属拉伸试验结果（第一位数字"$\times\times_1$"含义，表中单值均为最小值）

焊剂型号	抗拉强度 σ_b/MPa	屈服强度 $\sigma_{0.2}$ 或屈服点 σ_s/MPa	伸长率 δ/%
F48 $\times_2\times_3$-H$\times\times\times$	480～660	400	22
F55 $\times_2\times_3$-H$\times\times\times$	550～770	470	20
F62 $\times_2\times_3$-H$\times\times\times$	620～760	540	17
F69 $\times_2\times_3$-H$\times\times\times$	690～830	610	16
F76 $\times_2\times_3$-H$\times\times\times$	760～900	680	15
F83 $\times_2\times_3$-H$\times\times\times$	830～970	740	14

表7.10　试样焊后的状态（第二位数字"$\times_2$"的含义）

焊剂型号	试样的状态
F$\times\times_1$A$\times_3$-H$\times\times\times$	焊态下测试的力学性能
F$\times\times_1$P$\times_3$-H$\times\times\times$	经热处理后测试的力学性能

表7.11　熔敷金属冲击试验结果（第三位数字"$\times_3$"的含义）

焊剂型号	试验温度/℃	焊剂型号	试验温度/℃	冲击吸收功/J
F$\times\times_1\times_2$0-H$\times\times\times$	0	F$\times\times_1\times_2$5-H$\times\times\times$	−50	
F$\times\times_1\times_2$2-H$\times\times\times$	−20	F$\times\times_1\times_2$6-H$\times\times\times$	−60	
F$\times\times_1\times_2$3-H$\times\times\times$	−30	F$\times\times_1\times_2$7-H$\times\times\times$	−70	≥27
F$\times\times_1\times_2$4-H$\times\times\times$	−40	F$\times\times_1\times_2$10-H$\times\times\times$	−100	
F$\times\times_1\times_2$Z-H$\times\times\times$			不要求	

7.2.2.3　焊剂的牌号

焊剂牌号是焊剂的商品代号，其编制方法与焊剂型号不同，焊剂牌号所表示的是焊剂中的主要化学成分。由于实际应用中，熔炼焊剂使用较多，因此本节重点介绍熔炼焊剂牌号的表示方法，关于烧结焊剂的牌号请查阅相关资料。

熔炼焊剂牌号表示方法如下：

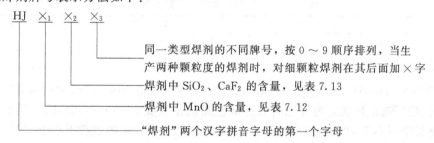

表 7.12　熔炼焊剂牌号第一个字母×₁含义

牌号	焊剂类型	MnO 平均含量	牌号	焊剂类型	MnO 平均含量
HJ1××	无锰	<2%	HJ3××	中锰	15%～30%
HJ2××	低锰	2%～15%	HJ4××	高锰	>30%

表 7.13　熔炼焊剂牌号第二个字母×₂含义

牌　　号	焊剂类型	SiO_2、CaF_2 的平均含量	
HJ×₁1×₃	低硅低氟	$SiO_2<10\%$	$CaF_2<10\%$
HJ×₁2×₃	中硅低氟	$SiO_2\approx10\%\sim30\%$	$CaF_2<10\%$
HJ×₁3×₃	高硅低氟	$SiO_2>30\%$	$CaF_2<10\%$
HJ×₁4×₃	低硅中氟	$SiO_2<10\%$	$CaF_2\approx10\%\sim30\%$
HJ×₁5×₃	中硅中氟	$SiO_2\approx10\%\sim30\%$	$CaF_2\approx10\%\sim30\%$
HJ×₁6×₃	高硅中氟	$SiO_2>30\%$	$CaF_2\approx10\%\sim30\%$
HJ×₁7×₃	低硅高氟	$SiO_2<10\%$	$CaF_2>30\%$
HJ×₁8×₃	中硅高氟	$SiO_2\approx10\%\sim30\%$	$CaF_2>30\%$

熔炼焊剂牌号举例如下：

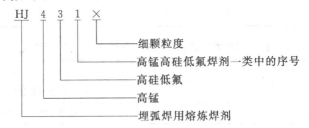

```
HJ  4  3  1  ×
              └── 细颗粒度
           └───── 高锰高硅低氟焊剂一类中的序号
        └──────── 高硅低氟
     └─────────── 高锰
  └────────────── 埋弧焊用熔炼焊剂
```

7.2.3　焊丝

7.2.3.1　焊丝的分类

焊丝的分类方法很多，常用的分类方法如下。

（1）按被焊的材料性质分　有碳钢焊丝、低合金钢焊丝、不锈钢焊丝、铸铁焊丝和有色金属焊丝等。

（2）按使用的焊接工艺方法分　有埋弧焊用焊丝、气体保护焊用焊丝、电渣焊用焊丝、堆焊用焊丝和气焊用焊丝等。

（3）按不同的制造方法分　有实芯焊丝和药芯焊丝两大类。其中药芯焊丝又分为气保护焊丝和自保护焊丝两种。这里主要介绍实芯焊丝的型号、牌号表示方法。

7.2.3.2　焊丝

H×××表示焊丝的牌号，焊丝的牌号按《熔化焊用钢丝》（GB/T 14957—94）和《焊接用钢盘条》（GB/T 3429—2002）的规定。如果需要标注熔敷金属中扩散氢含量时，可用后缀"H×"表示，见表 7.14。

表 7.14　100g 熔敷金属中扩散氢含量

焊剂型号	扩散氢含量/(mL/g)	焊剂型号	扩散氢含量/(mL/g)
F××₁×₂×₃-H×××-H16	16.0	F××₁×₂×₃-H×××-H4	4.0
F××₁×₂×₃-H×××-H8	8.0	F××₁×₂×₃-H×××-H2	2.0

例如，F55A4-H08MnA，它表示这种埋弧焊焊剂采用 H08MnA 焊丝按本标准所规定的焊接参数焊接试板，其试样状态为焊态时的焊缝金属抗拉强度为 550～700MPa，屈服点不小于470MPa，伸长率不小于 20%，在−100～−30℃时熔敷金属冲击吸收功不小于 27J。

7.2.3.3　焊丝牌号表示方法

实芯焊丝的牌号都是以字母"H"开头，后面的符号及数字用来表示该元素的近似含量。具体表示方法如下：

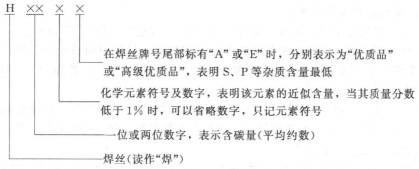

焊丝牌号举例：

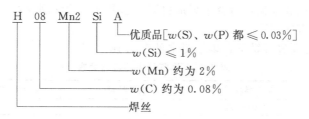

7.2.4　焊接材料的正确使用和保管

7.2.4.1　焊条的正确使用和保管

（1）焊条贮存与保管

1）焊条必须在干燥通风良好的室内仓库中存放，焊条贮存库内不允许放置有害气体和腐蚀性介质。室内应保持整洁，应设有温度计、湿度计和去湿机。库房的温度与相对湿度必须符合表 7.15 的要求。

表 7.15　库房温度与相对湿度的关系

温度	>5～20℃	20～30℃	>30℃
相对湿度	60%以下	50%以下	40%以下

2）库内无地板时，焊条应存放在架子上，架子离地面高度不小于 300mm，离墙壁距离不小于 300mm。架子下应放置干燥剂，严防焊条受潮。

3）焊条堆放时应按种类、牌号、批次、规格、入库时间分类堆放。每垛应有明确标注，避免混乱。

4）焊条在供给使用单位之后至少 6 个月之内可保证使用，入库的焊条应做到先入库的先使用。

5）特种焊条贮存与保管应高于一般性焊条，应堆放在专用仓库或指定的区域，受潮或包装破损的焊条未经处理不许入库。

6）对于受潮、药皮变色、焊芯有锈迹的焊条，须经烘干后进行质量评定，若各项性能指标满足要求时方可入库，否则不准入库。

7）一般焊条出库量不能超过二天用量，已经出库的焊条焊工必须保管好。

（2）焊条的烘干与使用

1）发放使用的焊条必须有质保书和复验合格证。

2）焊条在使用前，如果焊条使用说明书无特殊规定时，一般都应进行烘干。酸性焊条视受潮情况和性能要求，在 75～150℃烘干 1～2h；碱性低氢型结构钢焊条应在 350～400℃烘干 1～2h，烘干的焊条应放在 100～150℃保温箱（筒）内，随取随用，使用时注意保持干燥。

3）根据《焊接材料质量管理规程》（JB 3223—1996）规定，低氢型焊条一般在常温下超过 4h，应重新烘干，重复烘干次数不宜超过三次。

4）烘干焊条时，禁止将焊条突然放进高温炉内，或从高温炉中突然取出冷却，防止焊条骤冷骤热而产生药皮开裂脱皮现象。

5）焊条烘干时应作记录，记录上应有牌号、批号、温度、时间等项内容。

6）焊工领用焊条时，必须根据产品要求填写领用单，其填写项目应包括生产工号、产品图号、被焊工件钢号、领用焊条的牌号、规格、数量及领用时间等，并作为下班时回收剩余焊条的核查依据。

7）防止焊条牌号用错，除建立焊接材料领用制度外，还应相应建立焊条头回收制，以防剩余焊条散失生产现场。剩余焊条数量和回收焊条头数量的总和，应与领用的数量相符。

7.2.4.2　焊剂的正确使用和保管

对贮存库房的条件和存放要求，基本与焊条的要求相似，不过应特别注意防止焊剂在保存中受潮，搬运时防止包装破损，对烧结焊剂更应注意存放中的受潮及颗粒的破碎。

焊剂使用时注意事项如下。

1）焊剂使用前必须进行烘干，烘干要求见表 7.16。

表 7.16　焊剂烘干温度与要求

焊剂类型	烘干温度/℃	烘干时间/h	烘干后在大气中允许放置时间/h
熔炼焊剂（玻璃状）	150～350	1～2	12
熔炼焊剂（薄石状）	200～350	1～2	12
烧结焊剂	200～350	1～2	5

2）烘干时焊剂厚度要均匀且不得大于 30mm。

3）回收焊剂须经筛选、分类，去除渣壳、灰尘等杂质，再经烘干与新焊剂按比例（一般回用焊剂不得超过 40%）混合使用，不得单独使用。

4）回收焊剂中粉末含量不得大于 5%，回收使用次数不得多于三次。

7.2.4.3　焊丝的正确使用和保管

焊丝对贮存库房的条件和存放要求，也基本与焊条相似。

焊丝的贮存，要求保持干燥、清洁和包装完整；焊丝盘、焊丝捆内焊丝不应紊乱、弯折和波浪形；焊丝末端应明显易找。

焊丝使用前必须除去表面的油、锈等污物，领取时进行登记，随用随领，焊接场地不得存放多余焊丝。

7.2.4.4　保护气体的正确使用和保管

作为焊接过程中保护气体使用的气体，主要是氩气和二氧化碳气体，其他尚有氮、氢、氧、氦等。由于贮存这些气体的气瓶，其工作压力可高达 15MPa，属于高压容器，因此对它们的使用、贮存和运输都有严格的规定。

（1）气瓶的贮存与保管

1）贮存气瓶的库房建筑应符合《建筑设计防火规范》（GB 50016—2014）的规定，应为一层建筑，其耐火等级不低于二级，库内温度不得超过 35℃，地面必须平整、耐磨、防滑。

2）气瓶贮存库房应没有腐蚀性气体，应通风、干燥，不受日光曝晒。

3）气瓶贮存时，应旋紧瓶帽，放置整齐，留有通道，妥善固定；立放时应设栏杆固定以防跌倒；卧放时，应防滚动，头部应朝向一方，且堆放高度不得超过 5 层。

4）空瓶与实瓶、不同介质的气体气瓶，必须分开存放，且有明显标志。

5）对于氧气瓶与氢气瓶必须分室贮存，在其附近应设有灭火器材。

（2）气瓶的使用

1）禁止碰撞、敲击，不得用电磁起重机等搬运。

2）气瓶不得靠近热源，离明火距离不得小于 10m，气瓶不得"吃光用尽"，应留有余气，应直立使用，应有防倒固定架。

3）氧气瓶使用时不得接触油脂，开启瓶阀应缓慢，头部不得面对减压阀。

4）夏天要防止日光曝晒。

7.3　常用焊接方法介绍

7.3.1　焊条电弧焊

焊条电弧焊是最常用的熔焊方法之一。焊接过程如图 7.3 所示。在焊条末端和工件之间燃烧的电弧所产生的高温使药皮、焊芯和焊件熔化，药皮熔化过程中产生的气体和熔渣，不仅使熔池与电弧周围的空气隔绝，而且和熔化了的焊芯、母材发生一系列冶金反应，使熔池金属冷却结晶后形成符合要求的焊缝。

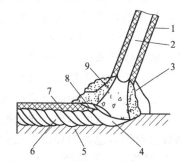

图 7.3　焊条电弧焊构成示意
1—药皮；2—焊芯；3—保护气；4—熔池；
5—母材；6—焊缝；7—渣壳；8—熔渣；
9—熔滴

7.3.1.1　焊条电弧焊的特点

（1）焊条电弧焊的优点

① 设备简单，维护方便　焊条电弧焊可用交流弧焊机或直流弧焊机进行焊接，这些设备都比较简单，购置设备的投资少，而且维护方便，这是它应用广泛的原因之一。

② 操作灵活　在空间任意位置的焊缝，凡焊条能够达到的地方都能进行焊接。

③ 应用范围广　选用合适的焊条可以焊接低碳钢、低合金高强度钢、高合金钢及有色金属。不仅可焊接同种金属，而且可以焊接异种金属，还可以在普通钢上堆焊具有耐磨、耐腐蚀、高硬度等特殊性能的材料，应用范围很广。

（2）焊条电弧焊的缺点

① 对焊工要求高　焊条电弧焊的焊接质量，除靠选用合适的焊条、焊接参数及焊接设备外，主要靠焊工的操作技术和经验保证，在相同的工艺设备条件下，技术水平高、经验丰富的焊工能焊出优良的焊缝。

② 劳动条件差　焊条电弧焊主要靠焊工的手工操作控制焊接的全过程，焊工不仅要完成引弧、运条、收弧等动作，而且要随时观察熔池，根据熔池情况，不断地调整焊条角度、摆动方式和幅度，以及电弧长度等。整个焊接过程中，焊工手脑并用、精神高度集中，在有毒的烟尘及金属和金属氧氮化合物的蒸气、高温环境中工作，劳动条件是比较差的，要加强劳动保护。

③ 生产效率低　焊材利用率不高，熔敷率低，难以实现机械化和自动化，故生产效率低。

7.3.1.2　焊条电弧焊工艺

（1）焊前准备。焊前准备主要包括坡口的制备、欲焊部位的清理、焊条焙烘、预热等。对上述工作必须给予足够的重视，否则会影响焊接质量，严重时还会造成焊后返工或使工件报废。因焊件材料不同等因素，焊前准备工作也不相同。下面仅以碳钢及普通低合金钢为例加以说明。

① 坡口的制备　坡口制备的方法很多，应根据焊件的尺寸、形状与本厂的加工条件综合考虑进行选择。目前工厂中常用剪切、气割、刨边、车削、碳弧气刨等方法制备坡口。

② 欲焊部位的清理　对于焊接部位，焊前要清除水分、铁锈、油污、氧化皮等杂物，以利于获得高质量的焊缝。清理时，可根据被清物的种类及具体条件，分别选用钢丝刷刷、砂轮磨或喷丸处理等手工或机械方法，也可用除油剂（汽油、丙酮）清洗的化学方法，必要时，也可用氧-乙炔焰烘烤清理的部位，以去除焊件表面油污和氧化皮。

③ 焊条焙烘　焊条的焙烘温度因药皮类型不同而异，应按焊条说明书的规定进行。低氢型焊条的焙烘温度为300～350℃，其他焊条大约在70～120℃之间。温度低了，达不到去除水分的目的；温度过高，容易引起药皮开裂，焊接时成块脱落，而且药皮中的组成物会分解或氧化，直接影响焊接质量。焊条焙烘一般采用专用的烘箱，应遵循使用多少烘多少，随烘随用的原则，烘后的焊条不宜在露天放置过久，可放在低温烘箱或专用的焊条保温筒内。

④ 焊前预热　预热是指焊接开始前对焊件的全部或局部进行加热的工艺措施。预热的目的是降低焊接接头的冷却速度，以改善组织，减小应力，防止焊接缺陷。

焊件是否需要预热及预热温度的选择，要根据焊件材料、结构的形状与尺寸而定。整体预热一般在炉内进行；局部预热可用火焰加热、工频感应加热或红外线加热。

（2）焊接参数的选择。焊接时，为保证焊接质量而选定的诸物理量，如焊接电流、电弧电压和焊接速度等总称为焊接工艺参数。

① 焊条直径的选择　为了提高生产效率，应尽可能地选用直径较大的焊条。但用直径过大的焊条焊接，容易造成未焊透或焊缝成形不良等缺陷。选用焊条直径应考虑焊件的位置及厚度，平焊位置或厚度较大的焊件应选用直径较大的焊条，横焊、立焊、仰焊位置焊接时，焊接电流应比平焊位置小10％～20％；较薄焊件应选用直径较小的焊条，见表7.17。另外，在焊接同样厚度的 T 形接头时，选用的焊条直径应比对接接头的焊条直径大些。

表 7.17　焊条直径与焊件厚度的关系

焊件厚度/mm	2	3	4～5	6～12	＞13
焊条直径/mm	2	3.2	3.2～4	4～5	4～6

② 焊接电流的选择　在选择焊接电流时，要考虑的因素很多，如焊条直径、药皮类型、焊件厚度、接头类型、焊接位置、焊道层次等。一般的，焊条直径越粗，熔化焊条所需的热量越大，则必须增大焊接电流，每种直径的焊条都有一个最合适的焊接电流范围。常用焊条焊接电流值见表7.18。

表 7.18　各种直径焊条使用焊接电流的参考值

焊条直径/mm	1.6	2.0	2.5	3.2	4.0	5.0	5.8
焊接电流/A	0～25	40～65	50～80	100～130	160～210	200～270	260～300

还可以根据选定的焊条直径用经验公式计算焊接电流。即

$$I = 10d^2$$

式中　I——焊接电流，A；

　　　d——焊条直径，mm。

通常在焊接打底焊道时，特别是在焊接单面焊双面成形的焊道时，使用的焊接电流较小，才便于操作和保证背面焊道的质量；在焊接填充焊道时，为了提高效率，保证熔合好，通常都使用较大的焊接电流；而在焊接盖面焊道时，为防止咬边和获得较美观的焊道，使用的焊接电流应稍小些。

③ 电弧电压　电弧电压主要影响焊缝的宽窄，电弧电压越高，焊缝越宽，因为焊条电弧焊时，焊缝宽度主要靠焊条的横向摆动幅度来控制，因此电弧电压的影响不明显。

在一般情况下，电弧长度等于焊条直径的1/2～1倍为好，相应的电弧电压为16～25V。

碱性焊条的电弧长度应为焊条直径的 1/2 较好，酸性焊条的电弧长度应等于焊条直径。

④ 焊接速度　焊接速度就是单位时间内完成焊缝的长度。焊条电弧焊时，在保证焊缝具有所要求的尺寸和外形，保证熔合良好的原则下，焊接速度由焊工根据具体情况灵活掌握。

⑤ 焊接层数的选择　在厚板焊接时，必须采用多层焊或多层多道焊。多层焊的前一条焊道对后一条焊道起预热作用，而后一条焊道对前一条焊道起热处理作用（退火和缓冷），有利于提高焊缝金属的塑性和韧性。每层焊道厚度不能大于 4~5mm。

7.3.2　二氧化碳气体保护焊

7.3.2.1　CO_2 气体保护焊基本原理

CO_2 气体保护焊的工作原理如图 7.4 所示。

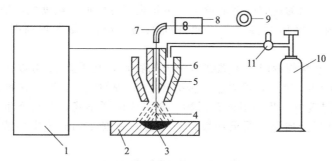

图 7.4　CO_2 气体保护焊工作原理示意

1—焊接电源；2—焊件；3—熔池；4—CO_2 气体；5—气体喷嘴；6—导电嘴；
7—软管；8—送丝机；9—焊丝盘；10—CO_2 气瓶；11—气体流量计

焊接时，在焊丝与焊件之间产生电弧；焊丝自动送进，被电弧熔化形成熔滴，并进入熔池；CO_2 气体经喷嘴喷出，包围电弧和熔池，起着隔离空气和保护焊接金属的作用。同时，CO_2 气还参与冶金反应，在高温下的氧化性有助于减少焊缝中的氢。但是其高温下的氧化性也有不利之处，焊接时，需采用含有一定量脱氧剂的焊丝或采用带有脱氧剂成分的药芯焊丝，使脱氧剂在焊接过程中进行冶金脱氧反应，以消除 CO_2 气体氧化作用的不利影响。CO_2 气体保护焊按操作方式，可分为自动焊和半自动焊。

7.3.2.2　CO_2 气体保护焊的特点

（1）CO_2 气体保护焊的优点

① CO_2 电弧焊电流密度大，热量集中，电弧穿透力强，熔深大而且焊丝的熔化率高，熔敷速度快，焊后焊渣少不需清理，因此生产率可比手工焊提高 1~4 倍。

② CO_2 气体和焊丝的价格比较便宜，对焊前生产准备要求低，焊后清渣和校正所需的工时也少，而且电能消耗少，因此成本比焊条电弧焊和埋弧焊低，通常只有埋弧焊和焊条电弧焊的 40%~50%。

③ CO_2 焊可以用较小的电流实现短路过渡方式。这时电弧对焊件是间断加热，电弧稳定，热量集中，焊接热输入小，焊接变形小，特别适合于焊接薄板。

④ CO_2 焊是一种低氢型焊接方法，抗锈能力较强，焊缝的含氢量少，抗裂性能好，且不易产生氢气孔。CO_2 焊可实现全位置焊接，而且可焊工件的厚度范围较宽。

⑤ CO_2 焊是一种明弧焊接方法，焊接时便于监视和控制电弧和熔池，有利于实现焊接过程的机械化和自动化。

（2）CO_2 气体保护焊的缺点。焊接过程中金属飞溅较多，焊缝外形较为粗糙。不能焊接易氧化的金属材料，且必须采用含有脱氧剂的焊丝。抗风能力差，不适于野外作业。设备比较复杂，需要有专业队伍负责维修。

7.3.2.3 二氧化碳气体保护焊工艺知识

(1) 焊前准备。焊前准备工作包括坡口设计、坡口加工、清理等。

① 坡口设计　CO_2 焊采用细滴过渡时，电弧穿透力较大，熔深较大，容易烧穿焊件，所以对装配质量要求较严格。坡口开得要小一些，钝边适当大些，对接间隙不能超过 2mm。如果用直径 1.5mm 的焊丝，钝边可留 4~6mm，坡口角度可减小到 45°左右。板厚在 12mm 以下时开 I 形坡口；大于 12mm 的板材可以开较小的坡口。但是，坡口角度过小易形成梨形熔深，在焊缝中心可能产生裂缝，尤其在焊接厚板时，由于拘束应力大，使这种倾向进一步增大，必须十分注意。

CO_2 焊采用短路过渡时熔深浅，不能按细滴过渡方法设计坡口。通常允许较小的钝边，甚至可以不留钝边。又因为这时的熔池较小，熔化金属温度低、黏度大，搭桥性能良好，所以间隙大些也不会烧穿。例如对接接头，允许间隙为 3mm。要求较高时，装配间隙应小于 3mm。

采用细滴过渡焊接角焊缝时，考虑到熔深大的特点，其焊脚 K 可以比焊条电弧焊时减小 10%~20%，见表 7.19。因此，可以进一步提高 CO_2 焊的效率，减少材料的消耗。

② 坡口清理　焊接坡口及其附近有污物，会造成电弧不稳，并易产生气孔、夹渣和未焊透等缺陷。为了保证焊接质量，要求在坡口正反面的周围 20mm 范围内清除水、锈、油、漆等污物。

表 7.19　不同板厚焊脚尺寸

焊接方法	焊脚/mm			
	板厚 6mm	板厚 9mm	板厚 12mm	板厚 16mm
CO_2 焊	5	6	7.5	10
焊条电弧焊	6	7	8.5	11

清理坡口的方法有：喷丸清理、钢丝刷清理、砂轮磨削、用有机溶剂脱脂、气体火焰加热。在使用气体火焰加热时，应注意充分地加热清除水分、氧化铁皮和油等，切忌稍微加热就将火焰移去，这样在母材冷却作用下会生成水珠，水珠进入坡口间隙内，将产生相反的效果，造成焊缝有较多的气孔。

(2) 焊接工艺参数的选择原则及对焊接质量的影响。CO_2 气体保护焊的焊接参数主要包括：焊丝直径、焊接电流、电弧电压、焊接速度、焊丝伸出长度、电源极性、回路电感以及气体流量等。

1) 焊丝直径　焊丝直径的选择应以焊件厚度、焊接位置及生产率的要求为依据，同时还必须兼顾到熔滴过渡的形式以及焊接过程的稳定性。一般细焊丝用于焊接薄板，随着焊件厚度的增加，焊丝直径要求增加。焊丝直径的选择可参考表 7.20。

表 7.20　不同焊丝直径的适用范围

焊丝直径/mm	熔滴过渡形式	焊接厚度/mm	焊缝位置
0.8	短路过渡	1.5~2.3	全位置
	细滴过渡	2.5~4	水平
1.0~1.2	短路过渡	2~8	全位置
	细滴过渡	2~12	水平
1.6	短路过渡	3~12	立、横、仰
≥1.6	细滴过渡	>6	水平

2) 焊接电流　焊接电流选择的依据是：母材的板厚、材质、焊丝直径、施焊位置及要求的熔滴过渡形式等。焊丝直径为 1.6mm 且短路过渡的焊接电流在 200A 以下时，能得到飞溅小、成形美观的焊道；细滴过渡的焊接电流在 350A 以上时，能得到熔深较大的焊道，常用于

焊接厚板。焊接电流的选择见表 7.21。

3）电弧电压　电弧电压是焊接参数中很重要的一个参数。电弧电压的大小直接影响着熔滴过渡形式、飞溅及焊缝成形。为获得良好的工艺性能，应该选择最佳的电弧电压值，其与焊接电流、焊丝直径和熔滴过渡形式等因素有关，见表 7.22。

4）焊接速度　选择焊接速度前，应先根据母材板厚、接头和坡口形式、焊缝空间位置对焊接电流和电弧电压进行调整，达到电弧稳定燃烧的要求，然后考虑焊道截面大小，来选择焊接速度。通常半自动 CO_2 焊时，熟练焊工的焊接速度为 $0.3 \sim 0.6 m/min$。

5）焊丝伸出长度　焊丝伸出长度是焊丝进入电弧前的通电长度，这对焊丝起着预热作用。根据生产经验，合适的焊丝伸出长度应为焊丝直径的 $10 \sim 15$ 倍。对于不同直径和不同材料的焊丝，允许使用的焊丝伸出长度是不同的，见表 7.23。

表 7.21　焊接电流的选择

焊丝直径/mm	焊接电流/A	
	细颗粒过渡（电弧电压 30～45V）	短路过渡（电弧电压 16～22V）
0.8	150～250	60～160
1.2	200～300	100～175
1.6	350～500	120～180
2.4	600～750	150～200

表 7.22　常用焊接电流及电弧电压的适用范围

焊丝直径/mm	短路过渡		滴状过渡	
	焊接电流/A	电弧电压/V	焊接电流/A	电弧电压/V
0.6	40～70	17～19		
0.8	60～100	18～19		
1.0	80～120	18～21		
1.2	100～150	19～23	160～400	25～35
1.6	140～200	20～24	200～500	26～40
2.0			200～600	27～40
2.5			300～700	28～42
3.0			500～800	32～44

表 7.23　焊丝伸出长度的选择

焊丝直径/mm	H08Mn2SiA/mm	H06Cr09Ni9Ti/mm
0.8	6～12	5～9
1.0	7～13	6～11
1.2	8～15	7～12

6）焊接回路电感　焊接回路电感主要用于调节电流的动特性，以获得合适的短路电流增长速度 di/dt，从而减少飞溅；并调节短路频率和燃烧时间，以控制电弧热量和熔透深度。焊接回路电感值应根据焊丝直径和焊接位置来选择。

7）电源极性　CO_2 气体保护焊通常都采用直流反接，焊件接负极，焊丝接正极，其焊接过程稳定，焊缝成形较好。直流正接时，焊件接正极，焊丝接负极，主要用于堆焊、铸铁补焊及大电流高速 CO_2 气体保护焊。

8）气体流量　流量过大或过小都对保护效果有影响，易产生气孔等缺陷。CO_2 气体的流量，应根据对焊接区的保护效果来选择。通常细焊丝短路过渡焊接时，CO_2 气体的流量通常为 $5 \sim 15 L/min$，粗丝焊接时约为 $15 \sim 25 L/min$，粗丝大电流 CO_2 焊时约为 $35 \sim 50 L/min$。

9）焊枪倾角　焊枪的倾角也是不容忽视的因素。焊

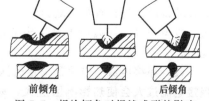

图 7.5　焊枪倾角对焊缝成形的影响

枪倾角对焊缝成形的影响如图 7.5 所示，当焊枪与焊件成后倾角时，焊缝窄，余高大，熔深较大，焊缝成形不好；当焊枪与焊件成前倾角时，焊缝宽，余高小，熔深较浅，焊缝成形好。

7.3.3　埋弧焊

7.3.3.1　埋弧焊基本原理

图 7.6 是埋弧焊焊接过程示意图。焊剂由漏斗流出后，均匀地撒在装配好的焊件上，焊丝由送丝机构经送丝滚轮和导电嘴送入焊接电弧区。焊接电源的输出端分别接在导电嘴和焊件上。送丝机构、焊剂漏斗和控制盘通常装在一台小车上，使焊接电弧匀速地向前移动。通过操作控制盘上的开关，就可以自动控制焊接过程。图 7.7 是埋弧焊焊缝形成示意图。

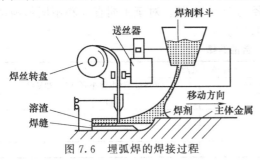

图 7.6　埋弧焊的焊接过程

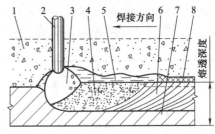

图 7.7　埋弧焊焊缝形成示意
1—焊剂；2—焊丝；3—电弧；4—熔池金属；5—熔渣；
6—焊缝；7—母材；8—渣壳

7.3.3.2　埋弧焊特点

（1）优点

① 生产效率高　埋弧焊可采用比焊条电弧焊较大的焊接电流。埋弧焊使用 $\phi 4 \sim 4.5\mathrm{mm}$ 的焊丝时，通常使用的焊接电流为 $600 \sim 800\mathrm{A}$，甚至可达到 $1000\mathrm{A}$。埋弧焊的焊接速度可达 $50 \sim 80\mathrm{cm/min}$。对板厚在 8mm 以下的板材对接时可不用开坡口，厚度较大的板材所开坡口也比焊条电弧焊所开坡口小，节省了焊接材料，提高了焊接生产效率。

② 焊缝质量好　埋弧焊时，焊接区为气—渣联合保护，保护效果好，使熔池液体金属与熔化的焊剂有较多的时间进行冶金反应，减少了焊缝中产生气孔、夹渣、裂纹等缺陷。

③ 劳动条件好　由于实现了焊接过程机械化，操作比较方便，减轻了焊工的劳动强度，而且电弧是在焊剂层下燃烧，没有弧光的辐射，烟尘也较少，改善了焊工的劳动条件。

（2）缺点。①一般只能在水平或倾斜角度不大的位置上进行焊接。其他位置焊接需采用特殊措施以保证焊剂能覆盖焊接区。②不能直接观察电弧与坡口的相对位置，如果没有采用焊缝自动跟踪装置，焊缝容易焊偏。③由于埋弧焊的电场强度较大，电流小于 100A 时，电弧的稳定性不好，因此薄板焊接较困难。

7.3.3.3　埋弧焊工艺

（1）坡口的基本形式和尺寸。埋弧自动焊由于使用的焊接电流较大，对于厚度在 12mm 以下的板材，可以不开坡口，采用双面焊接，以达到全焊透的要求。厚度大于 $12 \sim 20\mathrm{mm}$ 的板材，为了达到全焊透，在单面焊后，焊件背面应清根，再进行焊接。对于厚度较大的板材，应开坡口后再进行焊接。坡口形式与焊条电弧焊基本相同，由于埋弧焊的特点，采用较厚的钝边，以免焊穿。埋弧焊焊接接头的基本形式与尺寸，应符合国家标准 GB/T 985.2—2008 的规定。

（2）焊接电流。电流是决定熔深的主要因素，增大电流能提高生产率，但在一定焊速下，焊接电流过大会使热影响区过大，易产生焊瘤及焊件被烧穿等缺陷，若电流过小，则熔深不足，产生熔合不好、未焊透、夹渣等缺陷。

（3）焊接电压。焊接电压是决定熔宽的主要因素。焊接电压过大时，焊剂熔化量增加，电弧不稳，严重时会产生咬边和气孔等缺陷。

（4）焊接速度。焊接速度过快时，会产生咬边、未焊透、电弧偏吹和气孔等缺陷，以及焊缝余高大而窄，成形不好。焊接速度太慢，则焊缝余高过高，形成宽而浅的大熔池，焊缝表面粗糙，容易产生满溢、焊瘤或烧穿等缺陷；焊接速度太慢且焊接电压又太高时，焊缝截面呈"蘑菇形"，容易产生裂纹。

（5）焊丝直径与伸出长度。焊接电流不变时，减小焊丝直径，因电流密度增加，熔深增大，焊缝成形系数减小。因此，焊丝直径要与焊接电流相匹配，见表 7.24。焊丝伸出长度增加时，熔敷速度和金属增加。

表 7.24　不同直径焊丝的焊接电流范围

焊丝直径/mm	2	3	4	5	6
电流密度/(A/mm²)	63～125	50～85	40～63	35～50	28～42
焊接电流/A	200～400	350～600	500～800	500～800	800～1200

（6）焊丝倾角。单丝焊时焊件放在水平位置，焊丝与工件垂直，当采用前倾焊时，适用于焊薄板。焊丝后倾时，焊缝成形不良，一般只用于多丝焊的前导焊丝。

（7）焊剂层厚度与粒度。焊剂层厚度增大时，熔宽减小，熔深略有增加，焊剂层太薄时，电弧保护不好，容易产生气孔或裂纹；焊剂层太厚时，焊缝变窄，成形系数减小。焊剂颗粒度增加，熔宽加大，熔深略有减小；但过大，不利于熔池保护，易产生气孔。

7.3.4　常用焊接方法的选择

焊接施工应根据钢结构的种类、焊缝质量要求、焊缝形式、位置和厚度等选定焊接方法、焊接电焊机和电流，焊接方法的选择见表 7.25。

表 7.25　常用焊接方法的选择

焊接类别		使 用 特 点	适 用 场 合
焊条电弧焊	交流焊机	设备简单，操作灵活方便，可进行各种位置的焊接，不减弱构件截面，保证质量，施工成本较低	焊接普通钢结构，为工地广泛应用的焊接方法
	直流焊机	焊接技术与使用交流焊机相同，焊接时电弧稳定，但施工成本比采用交流焊机高	用于焊接质量要求较高的钢结构
埋弧焊		是在焊剂下熔化金属的，焊接热量集中，熔深大，效率高，质量好，没有飞溅现象，热影响区小，焊缝成形均匀美观；操作技术要求低，劳动条件好	在工厂焊接长度较大，板较厚的直线状贴角焊缝和对接焊缝
半自动焊		与埋弧焊机焊接基本相同，操作较灵活，但使用不够方便	焊接较短的或弯曲形状的贴角和对接焊缝
CO_2 气体保护焊		是用 CO_2 或惰性气体代替焊药保护电弧的光面焊丝焊接；可全位置焊接，质量较好，熔速快，效率高，省电，焊后不用清除焊渣，但焊时应避风	薄钢板和其他金属焊接，大厚度钢柱、钢梁的焊接

7.4　焊接接头

7.4.1　焊接接头的组成

焊接接头是组成焊接结构的关键元件，它的性能与焊接结构的性能和安全有着直接的关系。焊接接头是由焊缝金属、熔合区、热影响区组成的，如图 7.8 所示。

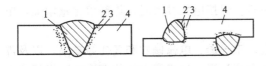

(a)对接接头断面图　　(b)搭接接头断面图

图 7.8　熔焊焊接接头的组成

1—焊缝金属；2—熔合区；3—热影响区；4—母材

焊缝金属是由焊接填充金属及部分母材金属熔化结晶后形成的，其组织和化学成分不同于母材金属。热影响区受焊接热循环的影响，组织和性能都发生变化，特别是熔合区的组织和性能变化更为明显。

影响焊接接头性能的主要因素如图 7.9 所示，这些因素可归纳为力学和材质的两个方面。

力学方面影响焊接接头性能的因素有接头形状不连续性、焊接缺陷（如未焊透和焊接裂纹）、残余应力和残余变形等。接头形状的不连续性，如焊缝的余高和施焊过程中可能造成的接头错边等，都是应力集中的根源。

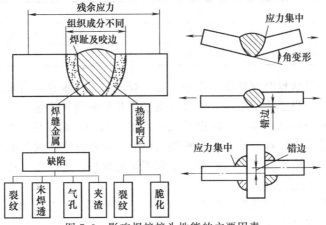

图 7.9　影响焊接接头性能的主要因素

材质方面影响焊接接头性能的因素主要有焊接热循环所引起的组织变化、焊接材料引起的焊缝化学成分的变化、焊后热处理所引起的组织变化以及矫正变形引起的加工硬化等。

7.4.2　焊缝的基本形式

焊缝是构成焊接接头的主体部分，有对接焊缝和角焊缝两种基本形式。

（1）对接焊缝。对接焊缝的焊接接头可采用卷边、平对接或加工成 Y 形、U 形、双 Y 形、K 形等坡口，如图 7.10 所示。坡口是根据设计或工艺需要，在工件的待焊部位加工成一定几何形状并经装配后构成的沟槽。用机械、火焰或电弧加工坡口的过程称为开坡口。各种坡口尺寸可根据国家标准（GB/T 985.1—2008 和 GB/T 985.2—2008）或根据具体情况确定。

开坡口的目的是为保证电弧能深入到焊缝根部使其焊透，并获得良好的焊缝成形以及便于清渣。对于合金钢来说，坡口还能起到调节母材金属和填充金属比例的作用。坡口形式的选择取决于板材厚度、焊接方法和工艺过程。通常必须考虑以下几个方面。

① 可焊到性或便于施焊　这是选择坡口形式的重要依据之一，也是保证焊接质量的前提。一般而言，要根据构件能否翻转，翻转难易，或内外两侧的焊接条件而定。对不能翻转和内径较小的容器、转子及轴类的对接焊缝，为了避免大量的仰焊或不便从内侧施焊，宜采

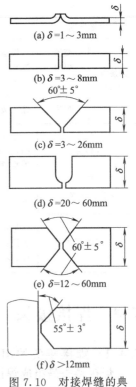

(a) $\delta = 1 \sim 3mm$

(b) $\delta = 3 \sim 8mm$

(c) $\delta = 3 \sim 26mm$

(d) $\delta = 20 \sim 60mm$

(e) $\delta = 12 \sim 60mm$

(f) $\delta > 12mm$

图 7.10　对接焊缝的典型坡口形式

用 Y 形或 U 形坡口。

② 降低焊接材料的消耗量 对于同样厚度的焊接接头，采用双 Y 形坡口比单 Y 形坡口能节省较多的焊接材料、电能和工时。构件越厚，节省得越多，成本越低。

③ 坡口易加工 V 形和 Y 形坡口可用气割或等离子弧切割，亦可用机械切削加工。对于 U 形或双 U 形坡口，一般需用刨边机加工。在圆筒体上应尽量少开 U 形坡口，因其加工困难。

④ 减少或控制焊接变形 采用不适当的坡口形状容易产生较大的变形。如平板对接的 Y 形坡口，其角变形就大于双 Y 形坡口，因此，如果坡口形式合理，工艺正确，可以有效地减少或控制焊接变形。

上面只是列举了选择坡口的一般规则，具体选择时，则需要根据具体情况综合考虑。例如，从节约焊接材料出发，U 形坡口较 Y 形坡口好，但加工费用高；双面坡口明显地优于单面坡口，同时焊接变形小。双面坡口焊接时需要翻转焊件，增加了辅助工时，所以在板厚小于 25mm 时，一般采用 Y 形坡口。受力大而要求焊接变形小的部位应采用 U 形坡口。利用焊条电弧焊接 4mm 以下的钢板时，选用 I 形坡口可得到优质焊缝；用埋弧焊焊接 12mm 以下的钢板，采用 I 形坡口能焊透。

坡口角度的大小与板厚和焊接方法有关，其作用是使电弧能深入根部使根部焊透。坡口角度越大，焊缝金属越多，焊接变形也会增大。

焊前在接头根部之间预留的空隙称为根部间隙，采用根部间隙是为了保证焊缝根部能焊透。一般情况下，坡口角度小，需要同时增加根部间隙；而根部间隙较大时，又容易烧穿，为此，需要采用钝边防止烧穿。根部间隙过大时，还需要加垫板。

(2) 角焊缝。角焊缝按其截面形状可分为平角焊缝、凹角焊缝、凸角焊缝和不等腰角焊缝四种，如图 7.11 所示，应用最多的是截面为直角等腰的角焊缝。

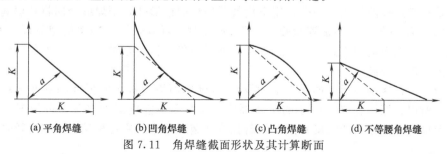

(a)平角焊缝　　(b)凹角焊缝　　(c)凸角焊缝　　(d)不等腰角焊缝

图 7.11　角焊缝截面形状及其计算断面

角焊缝的大小用焊脚尺寸 K 表示。各种截面形状角焊缝的承载能力与荷载性质有关：静载时，如母材金属塑性好，角焊缝的截面形状对其承载能力没有显著影响；动载时，凹角焊缝比平角焊缝的承载能力高，凸角焊缝的最低；不等腰角焊缝，长边平行于荷载方向时，承受动载效果较好。

为了提高焊接效率、节约焊接材料、减小焊接变形，当板厚大于 13mm 时，可以采用开坡口的角焊缝。

7.4.3　焊接接头的基本形式

焊接接头的基本形式有四种：对接接头、搭接接头、T 形接头和角接接头（图 7.12）。选用接头形式时，应该熟悉各种接头的优缺点。

(1) 对接接头。两焊件表面构成大于或等于 135°、小于或等于 180°夹角，即两板件相对端面焊接而形成的接头称为对接接头。

对接接头从强度角度看是比较理想的接头形式，也是广泛应用的接头形式之一。在焊接结构上和焊接生产中，常见的对接接头的焊缝轴线与载荷方向相垂直，也有少数与载荷方向成斜

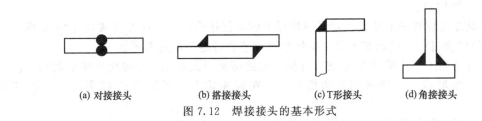

(a) 对接接头   (b) 搭接接头   (c) T形接头   (d) 角接接头

图 7.12　焊接接头的基本形式

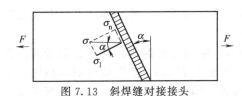

图 7.13　斜焊缝对接接头

角的斜焊缝对接接头（图 7.13），这种接头的焊缝承受较低的正应力。过去由于焊接水平低，为了安全可靠，往往采用这种斜缝对接。但是，随着焊接技术的发展，焊缝金属具有了优良的性能，并不低于母材金属的性能，而斜缝对接因浪费材料的工时，所以一般不再采用。

（2）搭接接头。两板件部分重叠起来进行焊接所形成的接头称为搭接接头。搭接接头的应力分布极不均匀，疲劳强度较低，不是理想的接头形式。但是，搭接接头的焊前准备和装配工作比对接接头简单得多，其横向收缩量也比对接接头小，所以在受力较小的焊接结构中仍能得到广泛的应用。搭接接头中，最常见的是角焊缝组成的搭接接头，一般用于 12mm 以下的钢板焊接。除此之外，还有开槽焊、塞焊、锯齿状搭接等多种形式。

开槽焊搭接接头的结构形式如图 7.14 所示。先将被连接件加工成槽形孔，然后用焊缝金属填满该槽，开槽焊焊缝断面为矩形，其宽度为被连接件厚度的 2 倍，开槽长度应比搭接长度稍短一些。当被连接件的厚度不大时，可采用大功率的埋弧焊或 CO_2 气体保护焊。

塞焊是在被连接的钢板上钻孔，用来代替开槽焊的槽形孔，用焊缝金属将孔填满使两板连接起来，如图 7.15 所示。当被连接板厚小于 5mm 时，可以采用大功率的埋弧焊或 CO_2 气体保护焊直接将钢板熔透而不必钻孔。这种接头施焊简单，特别是对于一薄一厚的两焊件连接最为方便，生产效率较高。

锯齿缝单面搭接接头形式如图 7.16 所示。直缝单面搭接接头的强度和刚度比双面搭接接头低得多，所以只能用在受力很小的次要部位。对背面不能施焊的接头，可用锯齿形焊缝搭接，这样能提高焊接接头的强度和刚度。若在背面施焊困难，用这种接头形式比较合理。

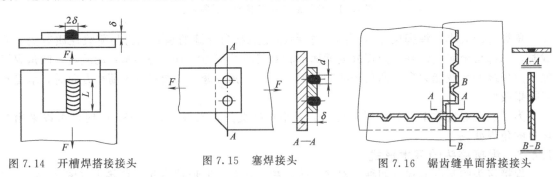

图 7.14　开槽焊搭接接头   图 7.15　塞焊接头   图 7.16　锯齿缝单面搭接接头

（3）T 形接头。T 形接头是将相互垂直的被连接件，用角焊缝连接起来的接头，此接头一个焊件的端面与另一焊件的表面构成直角或近似直角，如图 7.17 所示。这种接头是典型的电弧焊接头，能承受各种方向的力和力矩，如图 7.18 所示。

这类接头应避免采用单面角焊接，因为这种接头的根部有很深的缺口，其承载能力低［图7.17(a)］，对较厚的钢板，可采用 K 形坡口［图 7.17(b)］，根据受力状况决定是否需焊透。

对要求完全焊透的 T 形接头,采用单边 V 形坡口 [图 7.17(c)] 从一面焊,焊后的背面清根焊满,比采用 K 形坡口施焊可靠。

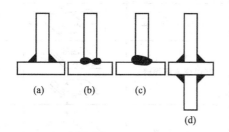

图 7.17　T 形(十字)接头

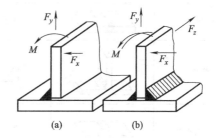

图 7.18　T 形接头的承载能力

(4) 角接接头。两板件端面构成 30°~135° 夹角的接头称为角接接头。

角接接头多用于箱形构件,常用的形式如图 7.19 所示。其中图 7.19(a) 是最简单的角接接头,但承载能力差;图 7.19(b) 采用双面焊缝从内部加强角接接头,承载能力较大,但通常不用;图 7.19(c) 和图 7.19(d) 开坡口易焊透,有较高的强度,而且在外观上具有良好的棱角,但应注意层状撕裂问题;图 7.19(e)、(f) 易装配,省工时,是最经济的角接接头;图 7.19(g) 是保证接头具有准确直角的角接接头,并且刚度高,但角钢厚度应大于板厚;图 7.19(h) 是最不合理的角接接头,焊缝多且不易施焊。

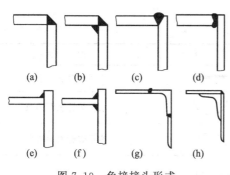

图 7.19　角接接头形式

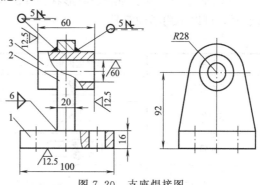

图 7.20　支座焊接图

7.4.4　焊缝符号

焊接图是焊接施工所用的工程图样。要看懂施工图,就必须了解各焊接结构中焊缝符号及其标注方法。如图 7.20 所示是支座的焊接图,其中多处标注有焊缝符号,用来说明焊接结构在加工制作时的基本要求。

焊缝符号是把图样上用技术制图方法表示的焊缝基本形式和尺寸采用一些符号来表示的方法。焊缝符号可以表示出:焊缝的位置;焊缝横截面形状(坡口形状)及坡口尺寸:焊缝表面形状特征;焊缝某些特征或其他要求。

(1) 焊缝符号的组成。焊缝符号一般由基本符号和指引线组成,必要时可以加上辅助符号、补充符号和焊缝尺寸符号及数据。

① 基本符号　表示焊缝端面(坡口)形状的符号,见表 7.26。

表 7.26　基本符号

焊缝名称	焊缝横截面形状	符号	焊缝名称	焊缝横截面形状	符号
I 形焊缝		‖	封底焊缝		⌣

焊缝名称	焊缝横截面形状	符号	焊缝名称	焊缝横截面形状	符号
V 形焊缝		∨	带钝边 V 形焊缝		Y
角焊缝	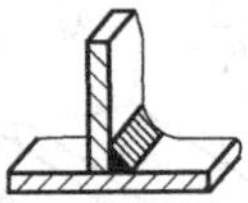	◺	塞焊缝或槽焊缝	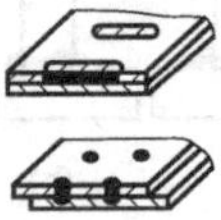	⊓
单边 V 形焊缝		⋎	喇叭形焊缝		⊤
钝边单边 V 形焊缝		 ⋏	带钝边 U 形焊缝		Ⴎ
点焊缝	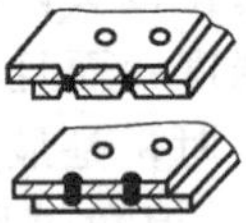	○	缝焊缝	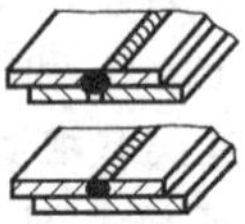	 ⊖

② 辅助符号 表示焊缝表面形状特征的符号，见表 7.27。当不需要确切说明焊缝的表面形状时，可以不用辅助符号。

表 7.27 辅助符号

名称	焊缝辅助形式	符号	说明
平面符号		▬	表示焊缝表面平整
凹面符号		⌣	表示焊缝表面凹面
凸面符号		 ⌢	表示焊缝表面凸出

③ 补充符号 为了补充说明焊缝某些特征而采用的符号，见表 7.28。

表 7.28 焊缝补充符号

名称	形式	符号	说明
带垫板符号	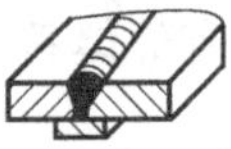	 ▭	表示焊缝底部有垫板
三面焊缝符号	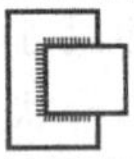	⊏	表示三面焊缝和开口方向
周围焊缝符号	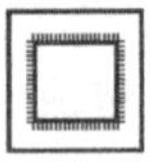	○	表示环绕工件周围焊缝
现场符号		 ⚑	表示在现场或工地上进行焊接
尾部符号		 ＜	指引线尾部符号可参照 GB/T 5185—2005 标注焊接方法

④ 焊缝尺寸符号 用来代表焊缝的尺寸要求，表 7.29 所示为常用的焊缝尺寸符号和标注示例。当需要注明尺寸要求时才标注。如图 7.21 所示为焊缝尺寸符号及数据的标注位置。

表 7.29　常用焊缝尺寸符号和标注示例

名称	符号	示意图	标注示例
工件厚度 坡口角度 坡口深度 根部间隙 钝边高度	δ α H b p		
焊缝段数 焊缝长度 焊缝间隙 焊角尺寸	n l e K		
熔核直径	d		
相同焊缝 数量符号	N		

⑤ 指引线　由箭头线和基准线组成，箭头指向焊缝处，基准线由两条互相平行的细实线和虚线组成，如图 7.22 所示。当需要说明焊接方法时，可以在基准线末端增加尾部符号。常用的焊接方法表示代号见表 7.30。

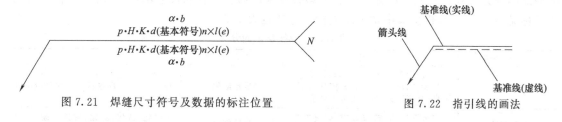

图 7.21　焊缝尺寸符号及数据的标注位置　　　图 7.22　指引线的画法

表 7.30　焊接方法表示代号

焊接方法	代号	焊接方法	代号	焊接方法	代号
电弧焊	1	电阻焊	2	压焊	4
焊条电弧焊	111	点焊	21	超声波焊	41
埋弧焊	12	缝焊	22	摩擦焊	42
熔化极惰性气体保护焊	131	闪光焊	24	扩散焊	45
钨极惰性气体保护焊	141	气焊	3	爆炸焊	441
氧-丙烷焊	12	氧-乙炔焊	311	其他焊接方法	7
激光焊	751	电子束焊	76		

（2）识别焊缝符号的基本方法

① 根据箭头的指引方向了解焊缝在焊件上的位置。

② 看图样上的焊件的结构形式（即组焊焊件的相对位置）识别出接头形式。

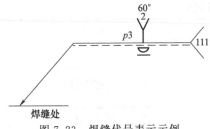

图 7.23　焊缝代号表示示例

③ 通过基本符号可以识别焊缝形式（即坡口形式）、基本符号上下标有坡口角度及装配间隙。

④ 通过基准线的尾部标注可以了解采用的焊接方法、对焊接的质量要求以及无损检验要求。

如图 7.23 所示的焊缝符号表达的含义为：焊缝坡口采用带钝边的 V 形坡口，坡口间隙为 2mm，钝边高为 3mm，坡口角度为 60°，采用焊条电弧焊焊接，反面封底焊，反面焊缝要求打磨平整。

7.5　焊接缺陷

7.5.1　焊接缺陷的定义及分类

从晶体学的角度上来讲，与理想的完整金属点阵相比，实际金属的晶体结构中出现差异的区域称为缺陷。缺陷的存在使金属的显微组织、物理化学性能以及力学性能显示出不连续性。在焊接接头中的不连续性、不均匀性以及其他不健全等欠缺，统称焊接缺陷。把焊接过程中在焊接接头中产生的不符合标准要求的焊接欠缺称为焊接缺陷。

在焊接结构（件）中，评定焊接接头质量优劣的依据是缺陷的种类、大小、数量、形态、分布及危害程度。若接头中存在着焊接缺陷，一般可通过补焊来修复，或者采取铲除焊道后重新进行焊接，有时直接作为判废的依据。焊接缺陷的种类很多，本节主要介绍熔焊缺陷的分类。焊接缺陷从不同的角度分类如下。

（1）按主要成因分　构造缺陷、工艺缺陷和冶金缺陷，见表 7.31。

（2）按表观上分　成形缺陷、性能缺陷和接合缺陷，见表 7.31。

（3）按国家标准分　根据《金属熔化焊焊缝缺陷分类及说明》（GB 6417.1—2005），可将熔焊缺陷分为裂纹、孔穴、固体夹杂、未熔合及未焊透、形状和尺寸不良和其他缺陷六类，具体名称见表 7.32。焊接接头中常见缺陷检验方法见表 7.33。

表 7.31　焊接缺陷的分类

主要成因分类	名　称	主要成因分类	名　称
工艺缺陷	咬边、焊瘤、未熔合、未焊透、烧穿、未焊满、凹坑、夹渣、电弧擦伤、成形不良、余高过大、焊脚尺寸不合适	成形缺陷	咬边、焊瘤、成形不良、余高过大、焊脚不足、未焊透、错边、残余应力及变形
构造缺陷	构造不连续、缺口效应、焊缝布置不良引起的应力与变形、错边	性能缺陷	硬化、软化、脆化、耐蚀性恶化、疲劳强度下降
冶金缺陷	裂纹、气孔、夹杂物、性能恶化	接合缺陷	裂纹、气孔、未熔合

表 7.32　熔焊焊接接头中常见缺陷的名称

分类	名称	备　注	名称	备　注
裂纹	横向裂纹 纵向裂纹 弧坑裂纹 放射状裂纹 枝状裂纹 间断裂纹 （见图 7.24） 图 7.24　各种裂纹的外观形貌	1—热影响区裂纹；2—纵向裂纹；3—间断裂纹；4—弧坑裂纹；5—横向裂纹；6—枝状裂纹；7—放射状裂纹		
	微观裂纹	在显微镜下才能观察到		

分类	名称	备　　注	名称	备　　注
孔穴	球形气孔 均布气孔 （见图 7.25）	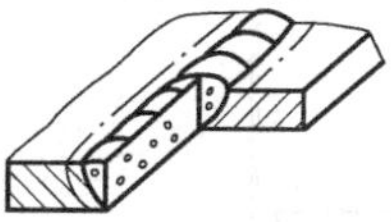 图 7.25　均布气孔	链状气孔 （见图 7.27） 条形气孔 （见图 7.28）	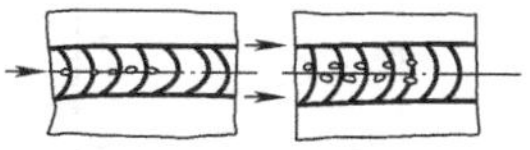 图 7.27　链状气孔
	局部密集气孔 （见图 7.26）	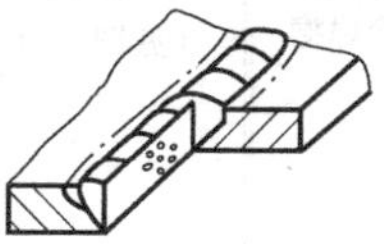 图 7.26　局部密集气孔		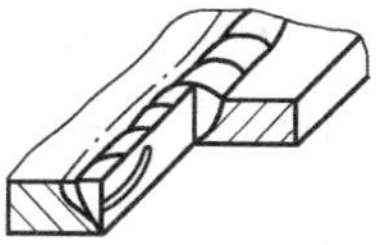 图 7.28　条形气孔
	虫形气孔 （见图 7.29）	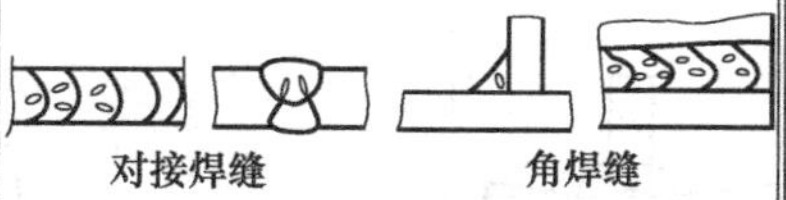 对接焊缝　　　　角焊缝 图 7.29　虫形气孔	表面气孔 （见图 7.30）	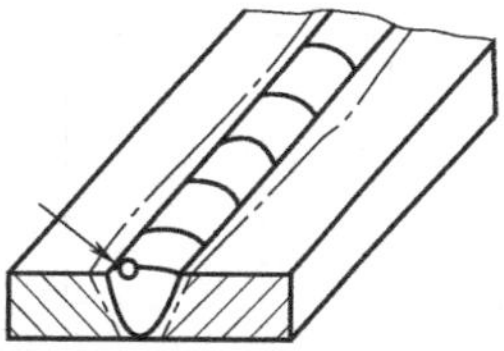 图 7.30　表面气孔
固体 夹杂	焊剂或熔剂夹渣 夹渣、氧化物夹渣 （见图 7.31）	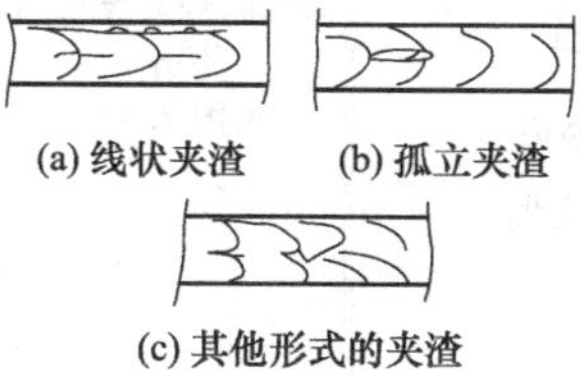 (a) 线状夹渣　　(b) 孤立夹渣 (c) 其他形式的夹渣 图 7.31　焊缝中的夹渣	皱褶、金属夹杂	
未熔合和 未焊透	未熔合 （见图 7.32）	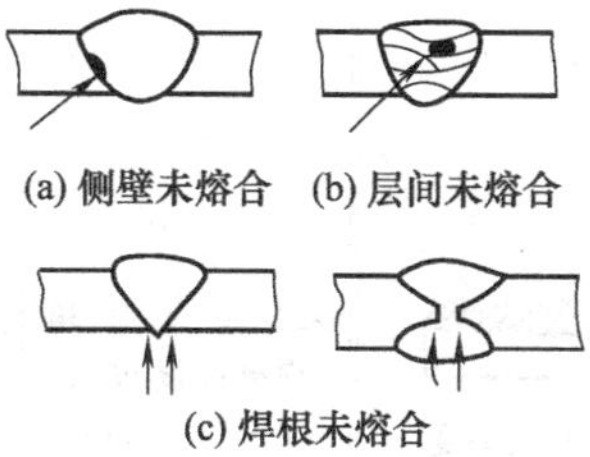 (a) 侧壁未熔合　(b) 层间未熔合 (c) 焊根未熔合 图 7.32　未熔合	未焊透 （见图 7.33）	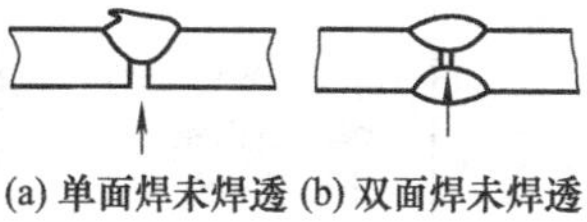 (a) 单面焊未焊透 (b) 双面焊未焊透 图 7.33　未焊缝
形状 缺陷	咬边 （见图 7.34）	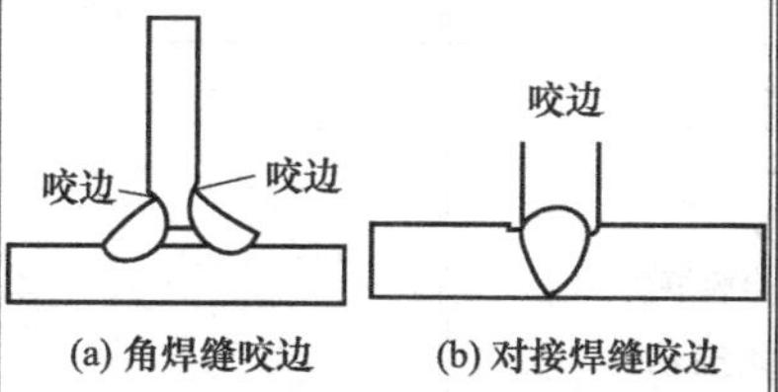 咬边　　　咬边　　咬边 (a) 角焊缝咬边　(b) 对接焊缝咬边 图 7.34　咬边	下塌和烧穿 （见图 7.35）	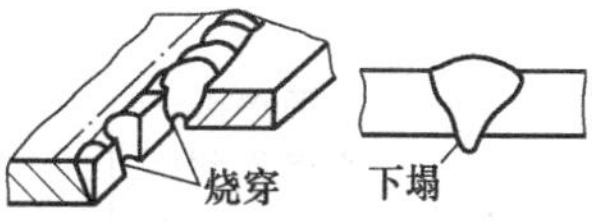 烧穿　下塌 图 7.35　烧穿和下塌

续表

分类	名称	备　注	名称	备　注
形状缺陷	焊瘤 （见图 7.36）	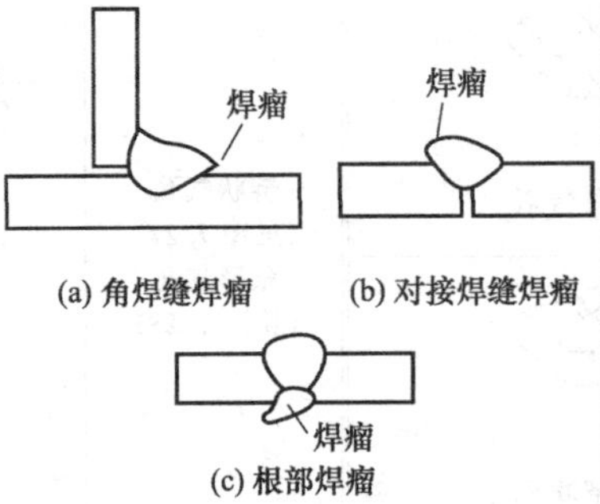焊瘤 焊瘤 (a) 角焊缝焊瘤 (b) 对接焊缝焊瘤 焊瘤 (c) 根部焊瘤 图 7.36　焊瘤	弧坑 （见图 7.37）	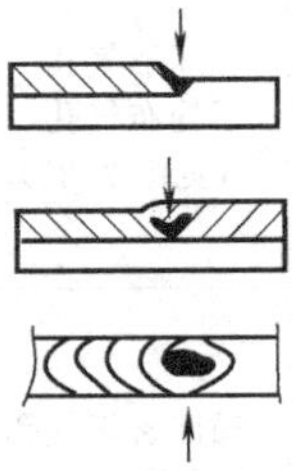 图 7.37　弧坑缩孔
	错边与角变形 （见图 7.38）	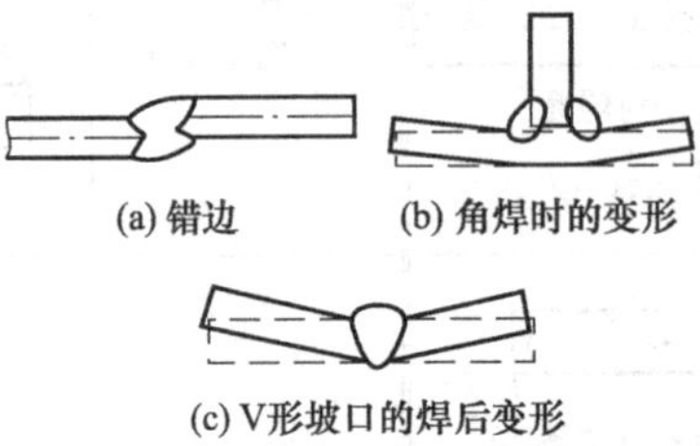(a) 错边 (b) 角焊时的变形 (c) V形坡口的焊后变形 图 7.38　错边与角变形	焊脚不对称、焊缝超高、焊缝宽度不齐 （见图 7.39）	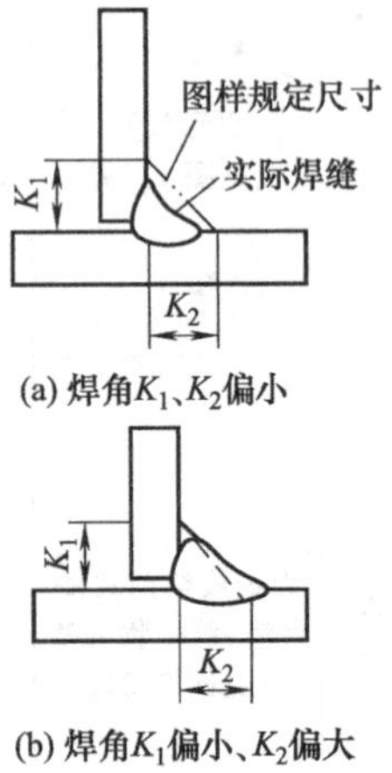图样规定尺寸 实际焊缝 K_1 K_2 (a) 焊角K_1、K_2偏小 K_1 K_2 (b) 焊角K_1偏小、K_2偏大 图 7.39　角焊缝尺寸的缺陷
	焊缝表面粗糙、不平滑 （见图 7.40）	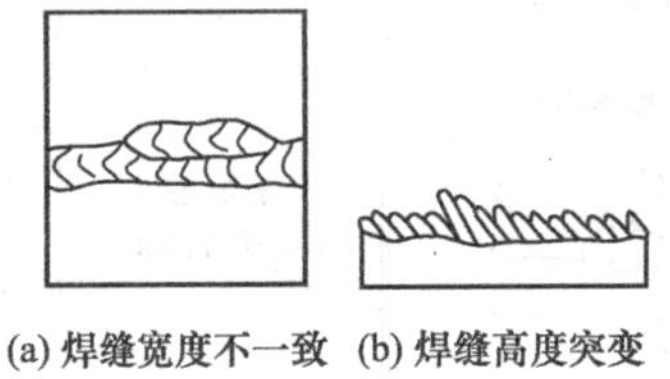(a) 焊缝宽度不一致 (b) 焊缝高度突变 图 7.40　焊缝形状缺陷	未焊满、下垂、角焊缝凸度过大 （见图 7.41）	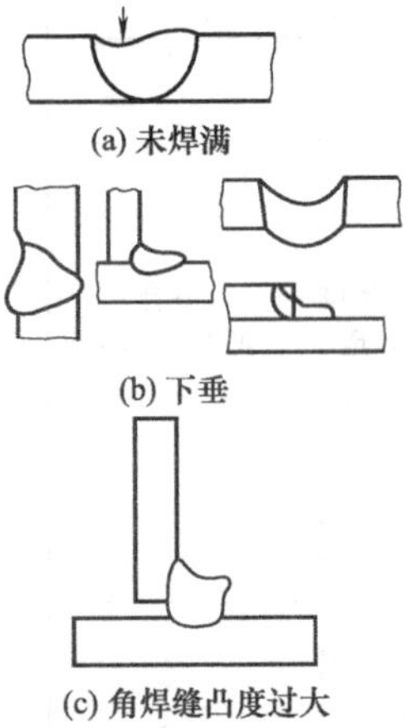(a) 未焊满 (b) 下垂 (c) 角焊缝凸度过大 图 7.41
其他缺陷	电弧擦伤 （见图 7.42）	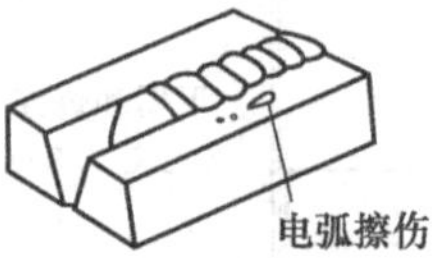电弧擦伤 图 7.42　电弧擦伤	飞溅 （见图 7.43）	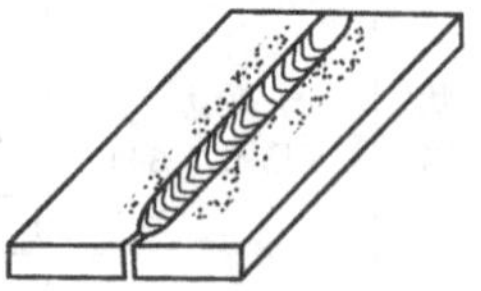 图 7.43　飞溅
	钨飞溅、定位焊缺陷、表面撕裂、层间错位、打磨过量、凿痕、磨痕			

表 7.33　焊接接头中常见缺陷检验方法

常见缺陷		特征	产生原因	检验方法	排除方法
焊缝形状以及尺寸不合要求		焊接变形造成焊缝形状翘曲或尺寸超差	(1)焊接顺序不当;(2)焊接前未留收缩余量	目视检验量具检查	用机械方法或加热方法校正
咬边		沿焊缝的母材部位产生沟槽或凹陷	(1)焊接工艺参数选择不当;(2)焊接角度不当;(3)电弧偏吹;(4)焊接零件位置安放不当	目视检查宏观金相检验	轻微的咬边用机械方法修锉,严重的进行补焊
焊瘤		熔化金属流淌到缝之外,未熔化的母材形成金属瘤	(1)焊接工艺参数选择不当;(2)立焊时运条不当;(3)焊件的位置不当	目视检查宏观金相检验	通过手工或机械的方法除去多余的堆积金属
烧穿		熔化金属从坡口背面流出,形成穿孔	(1)焊件装配不当;(2)焊接电流过大;(3)焊接速度过缓;(4)操作技术不熟练	目视检查X射线探伤	消除烧穿孔洞边的残余金属,补焊填平孔洞
气孔		熔渣池中的气泡在凝固时未能溢出,留焊后残留下空穴	(1)焊件和焊接材料有油污;(2)焊接区域保护不好,焊接电流过小,弧长过长	目视检查X射线探伤金相检验	铲去气孔处的焊缝金属然后补焊
夹渣		焊后残留在焊缝中的熔渣	(1)焊接材料质量不好;(2)焊接电流太小;(3)熔渣密度过大;(4)多层焊时熔渣未清除	X射线探伤金相检验超声探伤	铲去夹渣处的焊缝金属,补焊
未焊透		母材与焊缝金属之间,焊缝金属之间没有完全熔合	(1)焊接电流过小;(2)焊接速度过快;(3)坡口角度间隙过小;(4)操作技术不佳	目视检查X射线探伤超声探伤金相检验	铲去未焊透处的焊缝金属,然后进行补焊
弧坑		焊缝熄弧处的低洼部分	操作时熄弧太快,未反复向熄弧处补充金属	目视检查	在弧坑处补焊
夹钨		钨极进入到焊缝中的钨粒	焊接时钨极与熔池金属接触	目视检查X射线探伤	挖去夹钨处缺陷金属,重新焊接
裂纹	热裂纹	沿晶界面出现,裂纹断口处有氧化色	(1)母材抗裂性能差;(2)焊接材料质量不好;(3)焊缝内应力过大;(4)焊接工艺参数选择不当	目视检查X射线探伤超声探伤金相检验磁粉探伤	在裂纹两端钻工裂孔或铲除裂纹处的焊缝金属,进行补焊
	冷裂纹	断口无氧化色,有金属光泽	(1)焊接结构设计不合理;(2)焊缝布置不当;(3)焊接时未预热		
	再热裂纹	沿晶间且局限在热影响区的过热区中	(1)焊后的热处理不当;(2)母材性能尚未完全掌握		
	层状撕裂	沿平行于板面呈分层分布的非金属夹杂物方向扩展	(1)材质本身存在层状夹杂物;(2)焊接接头含氧量较大	金相检验超声检验	(1)严格控制钢板的硫含量;(2)降低焊缝金属的氢含量
凹坑		焊缝表面或焊缝背面形成的低于母材表面的局部低洼	焊接电流太大且焊接速度太快	目视检查	铲去焊缝金属并重新焊接,T形接头和开敞性较好的对接焊缝,可在背面直接补焊

（4）按影响断裂的机制分为平面缺陷（裂纹、未熔合和线状夹渣等）和体积型缺陷（气孔和圆形夹渣等）两大类。

7.5.2　焊接缺陷对质量的影响

焊接缺陷对质量的影响，主要是对结构负载强度和耐腐蚀性能的影响。由于缺陷的存在减小了结构承载的有效截面积，更主要的是在缺陷周围产生了应力集中。因此，焊接缺陷对结构的静载强度、疲劳强度、脆性断裂以及抗应力腐蚀开裂都有重大的影响。由于各类缺陷的形态不同，所产生的应力集中程度也不同，因而对结构的危害程度也各不一样。

（1）焊接缺陷引起的应力集中。焊缝中的气孔一般呈单个球状或条虫形，因此气孔周围应力集中并不严重。而焊接接头中的裂纹常常呈扁平状，如果加载方向垂直于裂纹的平面，则裂纹两端会引起严重的应力集中。焊缝中的夹杂物具有不同的形状和包含不同的材料，但其周围的应力集中与空穴相似。若焊缝中存在着密集气孔或夹渣时，在负载作用下，如果出现气孔间或夹渣间的联通（即产生豁口），则将导致应力区的扩大和应力值的上升。对于焊缝的形状不良、角焊缝的凸度过大及错边、角变形等焊接接头的外部缺陷，也都会引起应力集中或者产生附加的应力。

（2）焊接缺陷对静载强度的影响。试验表明，圆形缺陷所引起的强度降低与缺陷造成的承载截面的减小成正比。若焊缝中出现成串或密集气孔时，由于气孔的截面较大，同时还可能伴随着焊缝力学性能的下降（如氧化等）使强度明显降低。因此，成串气孔要比单个气孔危险得多。夹渣对强度的影响与其形状和尺寸有关。单个小球状夹渣并不比同样尺寸和形状的气孔危害大，当夹渣呈连续的细条状且排列方向垂直于受力方向时，是比较危险的。裂纹、未熔合和未焊透比气孔和夹渣的危害大，它们不仅降低了结构的有效承载截面积，而且更重要的是产生了应力集中，有诱发脆性断裂的可能。尤其是裂纹，在其尖端存在着缺口效应，容易出现三向应力状态，会导致裂纹的失稳和扩展，以致造成整个结构的断裂，所以裂纹是焊接结构中最危险的缺陷。

（3）焊接缺陷对脆性断裂的影响。脆断是一种低应力下的破坏，而且具有突发性，事先难以发现和加以预防，故危害最大。

一般认为，结构中缺陷造成的应力集中越严重，脆性断裂的危险性越大。裂纹对脆性断裂的影响最大，其影响程度不仅与裂纹的尺寸、形状有关，而且与其所在的位置有关。如果裂纹位于高值拉应力区就容易引起低应力破坏；若位于结构的应力集中区，则更危险。

此外，错边和角变形能引起附加的弯曲应力，对结构的脆性破坏也有影响，并且角变形越大，破坏应力越低。

（4）焊接缺陷对疲劳强度的影响。缺陷对疲劳强度的影响比静载强度大得多。例如，气孔引起的承载截面减小 10% 时，疲劳强度的下降可达 50%。

焊缝内的平面型缺陷（如裂纹、未熔合、未焊透）由于应力集中系数较大，因而对疲劳强度的影响较大。含裂纹的结构与占同样面积的气孔的结构相比，前者的疲劳强度比后者降低 15%。对未焊透来讲，随着其面积的增加疲劳强度明显下降。这类平面型缺陷对疲劳强度的影响与负载的方向有关。

焊缝内部的球状夹渣、气孔，当其面积较小、数量较少时，对疲劳强度的影响不大，但当夹渣形成尖锐的边缘时，则对疲劳强度的影响十分明显。

咬边对疲劳强度影响比气孔、夹渣大得多。带咬边的接头在 10^6 次循环的疲劳强度大约为致密接头的 40%，其影响程度也与负载方向有关。此外，焊缝的成形不良、焊趾区、焊根的未焊透、错边和角变形等外部缺陷都会引起应力集中，很易产生疲劳裂纹而造成疲劳破坏。

通常疲劳裂纹是从表面引发的，因此当缺陷露出表面或接近表面时，其疲劳强度的下降要比缺陷埋藏在内部的明显得多。

（5）焊接缺陷对应力腐蚀开裂的影响。通常应力腐蚀开裂总是从表面开始。如果焊缝表面有缺陷，则裂纹很快在那里形核。因此，焊缝的表面粗糙度、结构上的死角、拐角、缺口、缝隙等都对应力腐蚀有很大影响。

7.6 钢结构焊接质量检验

钢结构焊接工程的质量必须符合设计文件和国家现行标准的要求。从事钢结构工程焊接施工的焊工，应根据所从事钢结构焊接工程的具体类型，按国家现行行业标准《钢结构焊接规范》（GB 50661—2011）等技术规程的要求对施焊焊工进行考试并取得相应该证书。

7.6.1　钢结构焊接常用的检验方法

7.6.1.1　检验方法

钢结构焊接常用的检验方法，有破坏性检验和非破坏性检验两种。应针对钢结构的性质和对焊缝质量的要求，选择合理的检验方法。常用焊缝检验方法见图 7.44。

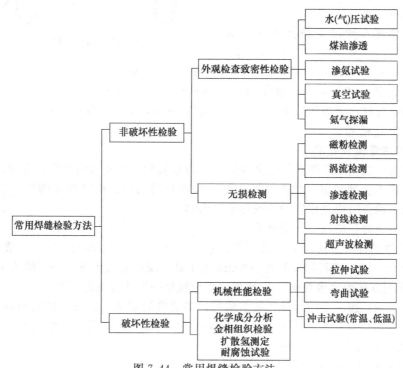

图 7.44　常用焊缝检验方法

对重要结构或要求焊缝金属强度与被焊金属等强度的对接焊接，必须采用精确的检验方法。焊缝的质量等级不同，其检验的方法和数量也不相同，可参见表 7.34 的规定。对于不同类型的焊接接头和不同的材料，可以根据图纸要求或有关规定，选择一种或几种检验方法，以确保质量。

表 7.34　焊缝不同质量级别的检查方法

焊缝质量级别	检查方法	检查数量	备注
一级	外观检查	全部	有疑点时用磁粉复验
	超声波检查	全部	
	X 射线检查	抽查焊缝长度的 2%，至少应有一张底片	缺陷超出规范规定时，应加倍透照，如不合格，应 100% 的透照
二级	外观检查	全部	
	超声波检查	抽查焊缝长度的 50%	有疑点时，用 X 射线透照复验，如发现有超标缺陷，应用超声波全部检查
三级	外观检查	全部	

7.6.1.2　焊接检验工具

钢结构焊接常用的检验工具是焊接检验尺。它具有多种功能，可以作为一般钢尺使用，也可以作检验工具使用，常用它来测量型钢、板材及管道的坡口；测量型钢、板材及管道的坡口角度；测量型钢、板材及管道的对口间隙；测量焊缝高度；测量角焊缝高度；测量焊缝宽度以及焊接后的平直度等。其结构如图 7.45 所示，使用方法详见 13.7.2 节。

主要技术数据：

(1) 钢尺 0～40mm，读数值 1mm，示值误差±0.2mm。

(2) 坡口角度 0°～75°，读数值 5°，示值误差 30′。

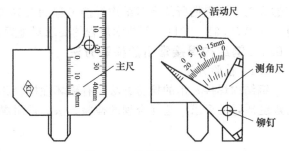

图 7.45　焊接检验尺结构

(3) 焊缝宽 0～30mm，读数值 1mm，示值误差±0.2mm。

(4) 焊缝高度 0～20mm，读数值 1mm，示值误差±0.1mm。

(5) 型钢、板材、管道间隙 1～5mm，读数值 1mm，示值误差±0.0mm。

7.6.2　焊缝外观检查

7.6.2.1　焊缝质量检查要求

(1) 检查前应根据施工图及说明文件规定的焊缝质量等级要求编制检查方案，由技术负责人批准并报监理工程师备案。检查方案应包括检查批的划分、抽样检查的抽样方法、检查项目、检查方法、检查时机及相应的验收标准等内容。

(2) 抽样检查时，应符合下列要求。

① 焊缝处数的计数方法：工厂制作焊缝长度小于或等于 1000mm 时，每条焊缝为 1 处；长度大于 1000mm 时，将其划分为每 300mm 为 1 处；现场安装焊缝每条焊缝为 1 处。

② 可按下列方法确定检查批：a. 按焊接部位或接头形式分别组成批；b. 工厂制作焊缝可以同一工区（车间）按一定的焊缝数量组成批；多层框架结构可以每节柱的所有构件组成批；c. 现场安装焊缝可以区段组成批；多层框架结构可以每层（节）的焊缝组成批。

③ 批的大小宜为 300～600 处。

④ 抽样检查除设计指定焊缝外应采用随机取样方式取样。

(3) 抽样检查的焊缝数如不合格率小于 2%时，该批验收应定为合格；不合格率大于 5%时，该批验收应定为不合格；不合格率为 2%～5%时，应加倍抽检，且必须在原不合格部位两侧的焊缝延长线各增加 1 处，如在所有抽检焊缝中不合格率不大于 3%时，该批验收应定为合格，大于 3%时，该批验收应定为不合格。当批量验收不合格时，应对该批余下焊缝的全数进行检查。当检查出 1 处裂纹缺陷时，应加倍抽查，如在加倍抽检焊缝中未检查出其他裂纹缺陷时，该批验收应定为合格，当检查出多处裂纹缺陷或加倍抽查又发现裂纹缺陷时，应对该批余下焊缝的全数进行检查。

7.6.2.2　焊缝外观检查

焊缝外观检验主要是查看焊缝成形是否良好，焊道与焊道过渡是否平滑，焊渣、飞溅物等是否清理干净。检查时，应先将焊缝上的污垢除净后，凭肉眼目视检验，必要时用 5～20 倍的放大镜，看焊缝是否存在咬边、弧坑、焊瘤、夹渣、裂纹、气孔、未焊透等缺陷。

(1) 在焊接过程中、焊缝冷却过程及以后的相当长的一段时间可能产生裂纹。普通碳素钢产生延迟裂纹的可能性很小，规定在焊缝冷却到环境温度后即可进行外观检查。低合金结构钢焊缝的延迟时间较长，考虑到工厂存放条件、现场安装进度、工序衔接的限制以及随着时间延长，产生延迟裂纹的概率逐渐减小等因素，以焊接完成 24h 后外观检查结果作为验收的依据。

(2) 焊缝金属表面焊波应均匀，不得有裂纹、夹渣、焊瘤、烧穿、弧坑和针状气孔等缺陷，焊接区不得有飞溅物。

（3）对焊缝的裂纹还可用硝酸酒精侵蚀检查，即将可疑处漆膜除净、打光，用丙酮洗净，滴上浓度 5％～10％硝酸酒精（光洁度高时浓度宜低），有裂纹即会有褐色显示，重要的焊缝还可采用红色渗透液着色探伤。

（4）二级、三级焊缝外观质量标准应符合表 7.35 的规定。

表 7.35　二级、三级焊缝外观质量标准

缺陷类型	允 许 偏 差	
	二级	三级
未焊满(指不满足设计要求)	$\leqslant 0.2mm+0.02t$，且 $\leqslant 1.0mm$	$\leqslant 0.2mm+0.04t$，且 $\leqslant 2.0mm$
	每 100.0mm 焊缝内缺陷总长 $\leqslant 25.0mm$	
根部收缩	$\leqslant 0.2mm+0.02t$，且 $\leqslant 1.0mm$，长度不限	$\leqslant 0.2mm+0.04t$，且 $\leqslant 2.0mm$，长度不限
咬边	$\leqslant 0.05t$，且 $\leqslant 0.5mm$；连续长度 $\leqslant 100mm$，且焊缝两侧咬边总长 $\leqslant 10\%$焊缝全长	$\leqslant 0.1t$ 且 $\leqslant 1.0mm$，长度不限
弧坑裂纹	不允许	允许存在个别长度 $\leqslant 5.0mm$ 的弧坑裂纹
电弧擦伤	不允许	允许存在个别电弧擦伤
接头不良	缺口深度 $0.05t$，且 $\leqslant 0.5mm$	缺口深度 $\leqslant 0.1t$，且 $\leqslant 1.0mm$
	每 1000mm 焊缝不应超过 1 处	
表面夹渣	不允许	深 $\leqslant 0.2t$，长 $\leqslant 0.5t$，且 $\leqslant 20.0mm$
表面气孔	不允许	每 50.0mm 焊缝长度内允许直径 $\leqslant 0.4t$，且 $\leqslant 3.0mm$ 的气孔 2 个，孔距 $\geqslant 6$ 倍孔径

注：t 为连接处较薄的板厚。

（5）对接焊缝及完全熔透组合焊缝尺寸允许偏差符合表 7.36 的规定。

（6）部分焊透组合焊缝和角焊缝外形尺寸允许偏差符合表 7.37 的规定。

表 7.36　对接焊缝及完全熔透组合焊缝尺寸允许偏差　　　　单位：mm

序号	项目	图　　例	允 许 偏 差	
			一、二级	三级
1	对接焊缝余高 C（B 为熔宽）		$B<20$ 时 $0\sim 3.0$　$B\geqslant 20$ 时 $0\sim 4.0$	$B<20$ 时 $0\sim 4.0$　$B\geqslant 20$ 时 $0\sim 5.0$
2	对接焊缝错边 d		$d<0.15t$，且 $\leqslant 2.0$	$d<0.15t$，且 $\leqslant 3.0$

表 7.37　部分焊透组合焊缝和角焊缝外形尺寸允许偏差　　　　单位：mm

序号	项目	图　　例	允 许 偏 差
1	焊脚尺寸 h_f		$h_f\leqslant 6$ 时 $0\sim 1.5$　$h_f>6$ 时 $0\sim 3.0$
2	角焊缝余高 C		$h_f\leqslant 6$ 时 $0\sim 1.5$　$h_f>6$ 时 $0\sim 3.0$

注：1. $h_f>8.0mm$ 的角焊缝其局部焊脚尺寸允许低于设计要求值 $1.0mm$，但总长度不得超过焊缝长度 10%；
2. 焊接 H 形梁腹板与翼缘板的焊缝两端在其两倍翼缘板宽度范围内，焊缝的焊脚尺寸不得低于设计值。

7.6.3 焊缝内部缺陷检验

7.6.3.1 焊缝的质量等级

根据结构的承载情况不同，现行国家标准《钢结构焊接规范》（GB 50661—2011）中将焊缝的质量分为三个质量等级，见表 7.38。

表 7.38 一、二级焊缝质量等级标准

焊缝质量等级		一级	二级	焊缝质量等级		一级	二级
超声波检测	评定等级	Ⅱ	Ⅲ	射线检测	评定等级	Ⅱ	Ⅲ
	检验等级	B 级	B 级		检验等级	AB 级	AB 级
	检测比例	100%	20%		检测比例	100%	20%

注：检测比例的计数方法应按以下原则确定。（1）对工厂制作焊缝，应按每条焊缝计算百分比，且检测长度应不小于 200mm，当焊缝长度不足 200mm 时，应对整条焊缝进行检测；（2）对现场安装焊缝，应按同一类型、同一施焊条件的焊缝条数计算百分比，检测长度应不小于 200mm，并应不少于 1 条焊缝。

7.6.3.2 内部缺陷的检测方法

无损检测诊断技术是一门新兴的综合性应用学科。它是在不损伤被检测对象的条件下，利用材料内部结构异常或缺陷存在所引起的对热、声、光、电、磁等反应的变化，来探测各种工程材料、零部件、结构件等内部和表面缺陷，并对缺陷的类型、性质、数量、形状、位置、尺寸、分布及其变化作出判断和评价。

内部缺陷的检测一般可用超声波检测和射线检测，也称焊缝无损检测。射线检测具有直观性、一致性好的优点，过去人们觉得射线检测可靠、客观。但是射线检测成本高、操作程序复杂、检测周期长，尤其是钢结构中大多为 T 形接头和角接头，射线检测的效果差，且射线检测对裂纹、未熔合等危害性缺陷的检出率低。超声波检测则正好相反，操作程序简单、快速，对各种接头形式的适应性好，对裂纹、未熔合的检测灵敏度高，因此世界上很多国家对钢结构内部质量的控制采用超声波检测。

焊接内部缺陷检验方法与要求见表 7.39。

表 7.39 焊接内部缺陷检验方法

	检验方法	要求	应符合现行的国家标准
焊缝内部缺陷	超声波检测法	全焊透的一二级焊缝	《钢焊缝手工超声波探伤方法和探伤结果分级》GB/T 11345—89
		焊接球节点网架焊缝	《钢结构超声波探伤及质量分级法》JG/T 203—2007
		螺栓球节点网架焊缝	《钢结构超声波探伤及质量分级法》JG/T 203—2007
		圆管 T、K、Y 形节点相关线焊缝	《钢结构焊接规范》GB 50661—2011
	射线检测法	超声波检测不能对缺陷作出判断时	《金属熔化焊焊接接头射线照相》GB/T 3323—2005

7.6.3.3 无损检测要求

焊缝无损检测应符合下列规定。

（1）无损检测应在外观检查合格后进行。

（2）焊缝无损检测报告签发人员必须持有相应检测方法的Ⅱ级或Ⅱ级以上资格证书。

（3）设计要求全焊透的焊缝，其内部缺陷的检验应符合下列要求。

① 一级焊缝应进行 100% 的检验，其合格等级应为现行国家标准《钢焊缝手工超声波探伤方法及探伤结果分级》（GB/T 11345—89）B 级检验的Ⅱ级及Ⅱ级以上。

② 二级焊缝应进行抽检，抽检比例应不小于 20%，其合格等级应为现行国家标准《钢焊缝手工超声波探伤方法及探伤结果分级》（GB/T 11345—89）B 级检验的Ⅲ级及Ⅲ级以上。

③ 全焊透的三级焊缝可不进行无损检测。

（4）焊接球节点网架焊缝的超声波检测方法及缺陷分级应符合国家现行标准《钢结构超声波检测及质量分级法》（JG/T 203—2007）的规定。

（5）螺栓球节点网架焊缝的超声波检测方法及缺陷分级应符合国家现行标准《钢结构超声波检测及质量分级法》（JG/T 203—2007）的规定。

（6）圆管 T、K、Y 节点焊缝的超声波检测方法及缺陷分级应符合上述（3）的规定。

（7）设计文件指定进行射线检测或超声波检测不能对缺陷性质作出判断时，可采用射线检测进行检测、验证。

（8）射线检测应符合现行国家标准《金属熔化焊焊接接头射线照相》（GB/T 3323—2005）的规定，射线照相的质量等级应符合 AB 级的要求。一级焊缝评定合格等级应为《金属熔化焊焊接接头射线照相》（GB/T 3323—2005）的Ⅱ级及Ⅱ级以上，二级焊缝评定合格等级应为《金属熔化焊焊接接头射线照相》（GB/T 3323—2005）的Ⅲ级及Ⅲ级以上。

（9）下列情况之一应进行表面检测

① 外观检查发现裂纹时，应对该批中同类焊缝进行 100％的表面检测；

② 外观检查怀疑有裂纹时，应对怀疑的部位进行表面检测；

③ 设计图纸规定进行表面检测时；

④ 检查员认为有必要时。

（10）铁磁性材料应采用磁粉检测进行表面缺陷检测。确因结构原因或材料原因不能使用磁粉检测时，方可采用渗透检测。

（11）磁粉检测应符合国家现行标准《无损检测 焊缝磁粉检测》（JB/T 6061—2007）的规定，渗透检测应符合国家现行标准《无损检测 焊缝渗透检测》（JB/T 6062—2007）的规定。

7.6.4　焊缝破坏性检验

7.6.4.1　力学性能试验

焊接接头的力学性能试验主要包括四种，其试验内容如下。

（1）焊接接头的拉伸试验。拉伸试验不仅可以测定焊接接头的强度和塑性，同时还可以发现焊缝断口处的缺陷，并能验证所用焊材和工艺的正确与否。拉伸试验应按《金属材料 室温拉伸试验方法》（GB/T 228—2002）进行。

（2）焊接接头的弯曲试验。弯曲试验是用来检验焊接接头的塑性，还可以反映出接头各区域的塑性差别，暴露焊接缺陷和考核熔合线的结合质量。弯曲试验应按《焊接接头弯曲试验方法》（GB/T 2653—2008）进行。

（3）焊接接头的冲击试验。冲击试验用以考核焊缝金属和焊接接头的冲击韧性和缺口敏感性。冲击试验应按《焊接接头冲击试验方法》（GB/T 2650—2008）进行。

（4）焊接接头的硬度试验。硬度试验可以测定焊缝和热影响区的硬度，还可以间接估算出材料的强度，用以比较出焊接接头各区域的性能差别及热影响区的淬硬倾向。

7.6.4.2　折断面检验

为了保证焊缝在剖面处断开，可预先在焊缝表面沿焊缝方向刻一条沟槽，槽深约为厚度的 1/3，然后用拉力机或锤子将试样折断。在折断面上能发现各种内部肉眼可见的焊接缺陷，如气孔、夹渣、未焊透和裂缝等，还可判断断口是韧性破坏还是脆性破坏。

焊缝折断面检验具有简单、迅速、易行和不需要特殊仪器和设备的优点，可在生产和安装现场广泛采用。

7.6.4.3　钻孔检验

对焊缝进行局部钻孔检查，是在没有条件进行非破坏性检验条件下才采用，一般可检查焊缝内部的气孔、夹渣、未焊透和裂纹等缺陷。

7.6.4.4　金相组织检验

焊接金相检验主要是研究、观察焊接热过程所造成的金相组织变化和微观缺陷。金相检验可分为宏观金相检验与微观金相检验。

金相检验的方法是在焊接试板（工件）上截取试样，经过打磨、抛光、浸蚀等步骤，然后在金相显微镜下进行观察。必要时可把典型的金相组织摄制成金相照片，以供分析研究。

通过金相检验可以了解焊缝结晶的粗细程度、熔池形状及尺寸、焊接接头各区域的缺陷情况。

7.6.5　焊接检验对不合格焊缝的处理

7.6.5.1　不合格焊缝

在焊接检验过程中，凡发现焊缝有下列情况之一者，视为不合格焊缝。

（1）错用了焊接材料　误用了与图样、标准规定不符的焊接材料制成的焊缝，在产品使用中可能会造成重大质量事故，致使产品报废。

（2）焊缝质量不符合标准要求　是指焊缝的力学性能或物理化学性能未能满足标准要求或焊缝中存在缺陷超标。

（3）违反焊接工艺规程　在焊接生产中，违反焊接工艺规程的施焊容易在焊缝中留下质量隐患，这样的焊缝应被视为不合格焊缝。

（4）无证焊工施焊的焊缝　无证焊工所焊焊缝均视为不合格焊缝。

7.6.5.2　不合格焊缝的处理

（1）报废　性能无法满足要求或焊接缺陷过于严重，使得局部返修不经济或质量不能保证的焊缝应作报废处理。

（2）返修　局部焊缝存在缺陷超标时，可通过返修来修复不合格焊缝。但焊缝上同一部位多次返修时焊接热循环会对接头性能造成影响。对于压力容器，规定焊缝同一部位的返修一般不超过两次。

（3）回用　有些焊缝虽然不满足标准要求，但不影响产品的使用性能和安全，且用户因此不会提出索赔，可作"回用"处理。"回用"处理的焊缝必须办理必要的审批手续。

（4）降低使用条件　在返修可能造成产品报废或造成巨大经济损失的情况下，可以根据检验结果并经用户同意，降低产品的使用条件。一般很少采用此种处理方法。

能力训练题

1. 焊接坡口形式有哪些？用于什么样的情况？
2. 焊接缺陷有哪些？
3. 焊接应力是如何产生的？如何消除？
4. 焊接变形原因有哪些？怎样消除焊接变形？
5. 什么叫无损检测？其用途是什么？
6. 焊接质量验收有哪些内容？
7. 根据学校和本地的实际情况，选择性地完成第13章第13.7节的实训项目。

第 8 章　钢结构涂装工程

【知识目标】
- 了解钢结构的锈蚀原理，熟悉钢结构的除锈等级和除锈方法
- 了解钢结构防腐涂料的优缺点，熟悉钢结构防腐涂装工程材料选用
- 熟悉钢结构涂装工程的施工工艺，掌握结构防腐涂装工程施工工艺和质量控制要点
- 掌握钢结构防腐涂装工程施工验收方法和标准，熟悉钢结构涂装工程的质量检验评定标准

【学习目标】
- 通过理论教学和实地观察，了解钢结构防腐涂装工程材料选用、钢结构的除锈、涂装施工过程，熟悉钢结构涂装工程的施工工艺，掌握钢结构涂装工程的质量检验评定方法

众所周知，钢结构最大的缺点是易于锈蚀和钢结构耐火能力差。钢铁的腐蚀是自发的、不可避免的过程，但却可以控制；在发生火灾时钢结构在高温作用下很快失效倒塌，耐火极限仅15min。所以，钢结构工程必须进行防护设计。钢结构的防腐蚀是结构设计、施工、使用中必须解决的重要问题，它涉及钢结构的耐久性、造价、维护费用、使用性能等诸方面。钢结构涂装就是利用涂料的涂层将被涂物与周围的环境相隔离，从而达到防腐的目的。因此，涂料涂层的质量是影响涂装防护效果的关键因素，而涂层的质量除了与涂料的质量有关外，还与涂装之前钢构件表面的除锈质量、漆膜厚度、涂装的施工工艺条件和其他因素有关。

8.1　钢结构除锈

8.1.1　钢结构的锈蚀原理

锈或锈蚀是金属在纯化学反应，或者是在电化学反应之下而变质破坏的现象。纯化学反应导致的锈蚀多数情况是高温氧化。即在高温时，金属与周围环境中的物质介质直接反应引起的，这种腐蚀成为"干蚀"，而常温时不可能发生化学侵蚀。日常经常见到的锈蚀绝大多数是电化学反应引起的，原因是钢材在大气环境中，表面有水分、氧气的存在，加上溶有其他腐蚀介质就会形成电解质溶液，由于金属表面化学性的不均匀，生成局部微电池，这就发生电化学腐蚀，这种锈蚀称之为"湿蚀"。钢铁锈蚀的程度（侵蚀度）一般用"mm/年"表示。

引起钢材锈蚀的主要因素是水分和氧气的存在。在自然界中，雨、雪、雾、露水等都有水分，大气、土、水中都有氧气存在。此外，有海盐成分、二氧化硫气体、灰尘、发霉等的大气污染物质也是钢材腐蚀的强有力的促进因素。

8.1.2　钢结构构件防锈方法的种类和特点

按钢材侵蚀控制的原理来分，防锈防蚀方法有表 8.1 所列的几种。

表 8.1　侵蚀控制原理

侵蚀控制原理	方　法	侵蚀控制原理	方　法
材料选择	使表面状态稳定化的材料 抑制表面反应	控制环境条件	清除促进侵蚀的成分 增加减缓侵蚀的成分
表面与环境隔绝	用金属层包裹 用非金属层包裹	控制电化学反应	使用置换电极 外部的电位控制

根据表 8.1 所列方法，常用的钢结构的防腐蚀方法有以下四种：

（1）钢材本身抗腐蚀，即采用具有抗腐蚀能力的耐候钢；

（2）长效防腐蚀方法，即用热镀锌、热喷铝（锌）复合涂层进行钢结构表面处理，使钢结构的防腐蚀年限达到 20～30 年，甚至更长；

（3）涂层法，即在钢结构表面涂（喷）油漆或其他防腐蚀材料，其耐久年限一般为 5～10 年；

（4）对地下或土下钢结构采用阴极保护。

在以上四种方法中，以将钢材表面与环境隔断的方法应用最广。

8.1.3　钢结构除锈方法

涂装前钢构件表面的除锈质量是确保漆膜防腐蚀效果和保护寿命的关键。此钢构件表面处理的质量控制是防腐涂层的重要环节。涂装前的钢材表面处理，亦称除锈。

钢材表面除锈前，应清除厚的锈层、油脂和污垢；除锈后应清除钢材表面上的浮灰和碎屑。

8.1.3.1　表面锈蚀分级

钢材表面的锈蚀等级大致可分为 A、B、C、D 四个等级，除文字叙述外，还有四张锈蚀等级的典型照片，以共同确定锈蚀等级。其文字部分叙述如下。

A 级：全面地覆盖着氧化皮而几乎没有铁锈的钢材表面。

B 级：已发生锈蚀，并且部分氧化皮已经剥落的钢材表面。

C 级：氧化皮已因锈蚀而剥落或可以刮除，并有少量点蚀的钢材表面。

D 级：氧化皮已因锈蚀而全面剥离，并且已普遍发生点蚀的钢材表面。

8.1.3.2　除锈方法与除锈等级

（1）手工和动力工具除锈。手工和动力工具除锈，可以采用铲刀、手锤或动力钢丝刷、动力砂纸盘或砂轮等工具除锈。

除锈等级以字母"St"来表示，其文字叙述如下。

St2——彻底的手工和动力工具除锈。钢材表面应无可见的油脂和污垢，并且没有附着不牢的氧化皮、铁锈和油漆涂层等附着物。

St3——非常彻底的手工和动力工具除锈。钢材表面应无可见的油脂和污垢，并且没有附着不牢的氧化皮、铁锈和油漆涂层等附着物。除锈应比 St2 更为彻底，底材显露部分的表面应具有金属光泽。

（2）喷射或抛射除锈。用喷砂机将砂（石英砂、铁砂或铁丸）喷击在金属表面除去铁锈并将表面清除干净；喷砂过程中的机械粉尘应有自动处理，防止粉末飞场，确保环境卫生。

钢材表面除锈前，应清除厚的锈层、油脂和污垢；除锈后应清除钢材表面上的浮灰和碎屑。喷射或抛射除锈分四个等级，除文字叙述外，还有十四张除锈等级标准照片，以共同确定除锈等级；除锈等级以字母"Sa"表示，其文字部分叙述如下。

Sa1：轻度的喷射或抛射除锈。钢材表面应无可见的油脂或污垢的氧化皮、铁锈和油漆涂层等附着物。

Sa2：彻底的喷射或抛射除锈。钢材表面无可见的油脂和污垢，并且氧化皮、铁锈等附着物已基本清除，其残留物应是牢固附着的。

Sa2 $\frac{1}{2}$：非常彻底地喷射或抛射除锈。钢材表面无可见的油脂、污垢、氧化皮、铁锈和油漆涂层等附着物，任何残留的痕迹应仅是点状或条纹状的轻微色斑。

Sa3：使钢材表观洁净的喷射或抛射除锈。钢材表面应无可见的油脂、污垢、氧化皮、铁锈和油漆涂层等附着物，该表面应显示均匀的金属光泽。

（3）火焰除锈等级

① 火焰除锈等级以字母"F1"表示。F1 火焰除锈：钢材表面应无氧化皮、铁锈和油漆涂层等附着物，任何残留的痕迹应仅为表面变色（不同颜色的暗影）。

② 钢材表面除锈前，应清除厚的锈层。火焰除锈应包括在火焰加热作业后，以动力钢丝刷清除加热后附着在钢材表面的附着物。

（4）酸洗除锈。将构件放入酸洗槽内除去构件上的油污和铁锈，并应将酸液清洗干净。酸洗后应进行磷化处理，使其金属表面产生一层具有不溶性的磷酸铁和磷酸锰保护膜，增加涂膜的附着力。

选择除锈方法时，除要根据各种方法的特点和防护效果外，还要根据涂装的对象、目的、钢材表面的原始状态、要求的除锈等级、现有的施工设备和条件以及施工费用等，进行综合比较确定。

钢构件表面除锈方法根据要求不同常采用手工除锈、机械除锈、喷射除锈、酸洗除锈等方法。各种除锈方法的特点见表 8.2。

表 8.2 各种除锈方法的特点

除锈方法	设 备 工 具	优 点	缺 点
手工、机械	砂布、钢丝刷、铲刀、尖锤、平面砂磨机、动力钢丝刷等	工具简单、操作方便、费用低	劳动强度大、效率低，质量差，只能满足一般涂装要求
喷射	空气压缩机、喷射机、油水分离器等	能控制质量，获得不同要求的表面粗糙度	设备复杂，需要一定操作技术，劳动强度较高，费用高，污染环境
酸洗	酸洗槽、化学药品、厂房	效率高，适用大批件，质量较高，费用低	污染环境，废液不易处理，工艺要求较严

不同除锈方法的防护寿命见表 8.3。

表 8.3 不同除锈方法的防护寿命 单位：年

除锈方法	红丹、铁红各两道	两道铁红	除锈方法	红丹、铁红各两道	两道铁红
手工	2.3	1.2	酸洗	>9.7	4.6
A 级即不处理	8.2	3.0	喷射	>10.3	6.3

从钢结构的零部件到结构整体的防腐和涂膜的质量，主要决定于基层的除锈质量。钢结构的防腐与除锈采用的工艺、技术要求及质量控制，均应符合以下要求。

（1）钢结构的除锈是构件在施涂之前的一道关键工序，除锈干净可提高底防锈涂料的附着力，确保构件的防腐质量。

① 除锈及与施涂工序要协调一致。金属表面经除锈处理后应及时施涂防锈涂料。一般应在 6h 以内施涂完毕。如金属表面经磷化处理，须经确认钢材表面生成稳定的磷化膜后，方可施涂防锈涂料。

② 在施工现场拼装的零部件，在下料、切割及矫正之后，均可进行除锈，并应严格控制施涂防锈涂料的涂层。

③ 对于拼装的组合（包括拼合和箱合空间构件）零件，在组装前应对其内面进行防锈并施涂防锈涂料。

④ 拼装后的钢结构构件，经质量检查合格后，除安装连接部位不准涂刷涂料外，其余部位均可进行除锈和施涂。

（2）除锈的工艺和技术应符合以下要求。

① 建筑钢结构工程的油漆涂装应在钢结构制作安装验收合格后进行。

② 油漆涂刷前，应采取适当的方法将需要涂装部位的铁锈、焊缝药皮、焊接飞溅物、油污、尘土等杂物清理干净。

③ 基面清理除锈质量的好坏，直接影响到涂层质量的好坏。因此涂装工艺的基面除锈质量等级应符合设计文件的规定要求。钢结构除锈质量等级分类执行《涂覆涂料前钢材表面处理 表面清洁度的目视评定 第 1 部分：未涂覆过的钢材表面和全面清除原有涂层后的钢材表面

的锈蚀等级和处理等级》（GB/T 8923.1—2011）标准规定。不同的除锈方法，其防护效果也不同，见表8.3。

④ 为了保证涂装质量，根据不同需要可以分别选用以下除锈工艺。

油污的清除方法根据工件的材质、油污的种类等因素来决定，通常采用溶剂清洗或碱液清洗。清洗方法有槽内浸洗法、擦洗法、喷射清洗和蒸汽法等。

8.2　钢结构涂装施工

8.2.1　基础知识
8.2.1.1　涂料的选用与要求

钢结构涂装涂料是一种含油或不含油的胶体溶液，将它涂敷在钢结构构件的表面，可结成涂膜以防钢结构构件被锈蚀。涂料品种繁多，对品种的选择是决定钢结构涂装工程质量好坏的因素之一。

（1）涂料分类。涂料一般分为底涂料和饰面涂料两种。

① 底涂料。含粉料多、基料少、成膜粗糙，与钢材表面黏结力强，并与饰面涂料结合性好。

② 饰面涂料。含粉料少，基料多。成膜后有光泽。主要功能是保护下层的防腐涂料。所以，饰面涂料应对大气和湿气有高度的抗渗透性，并能抵抗由风化引起的物理、化学分解。目前的饰面涂料多采用合成树脂来提高涂层的抗风化性能。

（2）涂料的选用。涂料的选用应按设计要求并考虑以下方面因素。

① 根据钢结构所处环境，选用合适的涂料。根据室内外的温度、湿度、酸雨介质的浓度选用涂料。

② 注意涂料的匹配，使底层涂产与面层涂料之间有良好的黏结力。

③ 根据钢结构构件的重要性和设计要求，调整涂复层数。

④ 根据施涂工艺、结构特点和施涂方法，选用涂料。

⑤ 除考虑结构使用功能，耐久性外，尚应考虑施涂过程中涂料的稳定性和无毒性。

⑥ 选用涂料应考虑饰面涂料的耐热性。

⑦ 注意底层涂料及面层涂料的色泽配套，在保证覆盖力和不产生咬色或色差的条件下，外露场所的饰面涂料还应考虑美观要求。

涂装的钢结构在使用过程中，除受大气腐蚀（温度、湿度的影响）外，更主要受环境空气（含腐蚀介质的影响）和条件（温度、湿度的影响）的腐蚀。但由于涂料的性能不同，适用于各类大气腐蚀的程度也不相同，见表8.4。

表8.4　各类大气腐蚀与相适应的涂料种类

涂料种类	城镇大气	工业大气	化工大气	海洋大气	高温大气
酚醛漆	*				
醇酸漆	√	√			
沥青漆			√		
环氧树脂漆			√	*	*
过氯乙烯漆			√	*	
丙烯酸漆		√	√	√	
聚氨酯漆		√	√	√	*
氯化橡胶漆		√	√	*	
氯磺化聚乙烯漆		√	√	√	
有机硅漆					√

注：√为可用；＊为尚可用。

各类防腐涂料的优缺点见表8.5。

表8.5 各类防腐涂料的优缺点

涂料种类	优点	缺点
油脂漆	耐候性较好,可用于室内外作底漆和面漆,涂刷性好,价廉	干燥较慢,机械性能较差,水膨胀性大,不耐碱,不能打磨
天然树脂漆	干燥比油脂漆快,短油度漆膜坚硬,长油度漆膜柔软,耐候性较好	机械性能差,短油度漆膜耐候性差,长油度漆膜不能打磨
酚醛漆	干燥较快,漆膜坚硬,耐水,纯酚醛漆耐化学腐蚀,并有一定的绝缘性	漆膜较脆,颜色易变深,耐候性较差,易粉化
沥青漆	耐潮、耐水性好,耐化学腐蚀,价廉	耐候性差,不能制造色漆,易渗色,不耐溶剂
醇酸漆	光泽较亮、保光、保色性好,附着力较好,施工性能好,可刷、喷、滚、烘	漆膜较软,耐水、耐碱性差,不能打磨
氨基漆	漆膜坚硬。光泽亮,耐热性、耐候性好,耐水性较好,附着力较好	需加热固化,烘烤过度漆膜发脆
硝基漆	干燥迅速,耐油,漆膜坚韧耐磨,可打磨抛光	易燃,清漆不耐紫外线,不能在60℃以上温度使用
纤维素漆	耐候性、保色性好,可打磨抛光,个别品种耐热、耐碱、绝缘性较好	附着力较差,耐潮性差
过氯乙烯漆	耐候性好,耐化学性优良,耐水、耐油、防延燃性好,三防性(防湿热、防霉、防盐雾)性能好	附着力较差,不能在70℃以上温度使用,固体份低
乙烯基漆	柔韧性好,色泽浅淡,耐化学性较好,耐水性好	耐溶剂性差,固体份低,高温时碳化,清漆不耐晒
丙烯酸漆	漆膜色浅,保色性好,耐候性优良,有一定的耐化学腐蚀性,耐热性较好	耐溶剂性差,固体份低
聚酯漆	耐磨,有较好的绝缘性,耐热性较好	干性不易掌握,施工方法较复杂,对金属附着力差
聚氨酯漆	耐磨、耐潮、耐水、耐热、耐溶剂性好、耐化学腐蚀,有良好的绝缘性,附着力好	漆膜易粉化、泛黄,遇潮起泡,施工条件较高,有一定毒性
环氧漆(胺固化)	漆膜坚硬,附着力好,耐化学腐蚀,绝缘性好	耐候性差,易粉化,保光性差,韧性差
环氧酯漆	耐候性较好,附着力好,韧性较好	耐化学腐蚀性差,不耐溶剂
氯化橡胶漆	漆膜坚韧,耐磨、耐水、耐潮,绝缘性好,有一定的耐化学腐蚀性	耐溶剂性差,耐热性差,耐紫外光性差,易变色
高氯化聚乙烯漆	耐臭氧,耐化学腐蚀,耐油,耐候性好,耐水	耐溶剂性差
氯磺化聚乙烯漆	耐臭氧性能和耐候性较好,韧性好,耐磨性好,耐化学腐蚀,吸水性低,耐油	耐溶剂性较差,漆膜光泽较差
有机硅漆	耐高温,耐候性好,耐潮,耐水,绝缘性好	漆膜坚硬发脆,耐汽油性差,附着力较差,一般需烘烤固化
无机富锌底漆	涂膜坚牢,耐水、耐湿、耐油,防锈性能好	要求钢材表面除锈等级较高,漆膜韧性差,不能在寒、湿条件下施工

对不同的除锈等级选择相适应的防腐涂料见表8.6。

表8.6 各种底漆与相适应的除锈等级

各 种 底 漆	喷射或抛射除锈			手工除锈		酸洗除锈
	Sa3	Sa2$\frac{1}{2}$	Sa2	St3	St2	SP-8
油基漆、酚醛漆、醇酸漆	1	1	1	2	3	1
磷化底漆	1	1	1	2	4	1
沥青漆	1	1	1	2	3	1
聚氨酯漆、氯化橡胶漆、氯磺化聚乙烯漆	1	1	2	3	4	2
环氧漆、环氧煤焦油	1	1	1	2	3	1
有机富锌漆	1	1	2	3	4	3
无机富锌漆	1	1	2	4	4	4
无机硅底漆	1	2	3	4	4	2

注：1—好；2—较好；3—可用；4—不可用。

根据不同的施工方法选择相适应的涂料，见表 8.7。

表 8.7 不同的施工方法选择相适应的涂料种类

涂料种类 / 施工方法	酯胶漆	油性调合漆	醇酸调合漆	酚醛漆	醇酸漆	沥青漆	硝基漆	聚氨酯漆	丙烯酸漆	环氧树脂漆	过氯乙烯漆	氯化橡胶漆	氯磺化聚乙烯漆	聚酯漆	乳胶漆
刷涂	1	1	1	1	2	2	4	4	4	3	4	3	2	2	1
滚涂	2	1	1	2	2	3	5	3	3	3	5	3	3	2	2
浸涂	3	4	3	2	2	3	3	3	3	3	3	3	3	1	2
空气喷涂	2	3	2	2	1	1	1	1	2	1	1	1	1	2	2
无气喷涂	2	3	2	2	1	3	1	1	1	2	1	1	1	2	2

注：1—优；2—良；3—中；4—差；5—劣。

8.2.1.2 涂层厚度的确定

涂层结构形式有：底漆-中间漆-面漆；底漆-面漆。底漆和面漆是同一种漆。钢结构涂装设计的重要内容之一是确定涂层厚度。涂层厚度应根据需要来确定，过厚虽然可增强防腐力，但附着力和机械性能都要降低；过薄易产生肉眼看不到的针孔和其他缺陷，起不到隔离环境的作用。涂层厚度的确定应考虑以下因素：①钢材表面原始状况；②钢材除锈后的表面粗糙度；③选用的涂料品种；④钢结构使用环境对涂料的腐蚀程度；⑤预想的维护周期和涂装维护条件。

涂层厚度，一般是由基本涂层厚度、防护涂层厚度和附加涂层厚度组成。

基本涂层厚度，是指涂料在钢材表面上形成均匀、致密、连续漆膜所需的最薄厚度（包括填平粗糙度波峰所需的厚度）。防护涂层厚度，是指涂层在使用环境中，在维护周期内受腐蚀、粉化、磨损等所需的厚度。附加涂层厚度，是指因以后涂装维修和留有安全系数所需的厚度。

钢结构涂装涂层厚度，可参考表 8.8 确定。

表 8.8 钢结构涂装涂层厚度 单位：μm

涂料品种	基本涂层和防护涂层					附加涂层
	城镇大气	工业大气	化工大气	海洋大气	高温大气	
醇酸漆	100~150	125~175				25~50
沥青漆			150~210	180~240		30~60
环氧漆			150~200	175~225	150~200	25~50
过氯乙烯漆			160~200			20~40
丙烯酸漆		100~140	120~160	140~180		20~40
聚氨酯漆		100~140	120~160	140~180		20~40
氯化橡胶漆		120~160	140~180	160~200		20~40
氯磺化聚乙烯漆		120~160	140~180	160~200	120~160	20~40
有机硅漆					100~140	20~40

8.2.1.3 涂层厚度的测定

（1）测针与测试图。测针（厚度测量仪）是由针杆和可滑动的圆盘组成，圆盘始终保持与针杆垂直，并在其上装有固定装置，圆盘直径不大于 30mm，以保持完全接触被测试件的表面。当厚度测量仪不易插入被插试件中，也可使用其他适宜的方法测试。

测试时，将测厚探针垂直插入防火涂层直至钢材表面上，记录板尺读数，如图 8.1 所示。

（2）测点选定。测点选定须遵守以下规定。

① 楼板和防火墙的防火涂层厚度测定，可选相邻两纵、横轴线相交中的面积为 1 个单元，在其对角线上，按每米长度选一点进行测试。

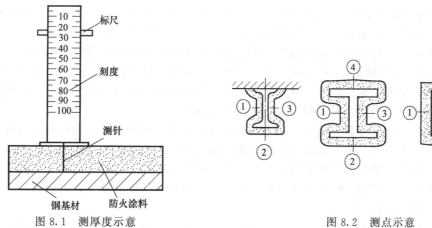

图 8.1 测厚度示意　　　　　　　　图 8.2 测点示意

② 钢框架结构的梁和柱的防火涂层厚度测定，在构件长度内每隔 3m 取一截面按图 8.2 所示位置测试。

③ 桁架结构，上弦和下弦规定每隔 3m 取一截面检测，其他腹杆每一根取一截面检测。

（3）测量结果。对于楼板和墙面，在所选择面积中，至少测出 5 个点；对于梁和柱在所选择的位置中，分别测出 6 个和 8 个点。分别计算出它们的平均值，精确到 0.5mm。

8.2.2 钢结构涂装方法

合理的施工方法，对保证涂装质量、施工进度、节约材料和降低成本有很大的作用。施涂方法主要根据涂料的性质和结构形状、施工现场环境和现有的施工工具（或设备）等因素考虑确定，常用涂料的施工方法见表 8.9，一般采用刷涂法和喷涂法。

表 8.9　常用涂料的施工方法

施工方法	适用涂料的特性			被涂物	使用工具或设备	主要优缺点
	干燥速度	黏度	品种			
刷涂法	干性较慢	塑性小	油性漆酚醛漆醇酸漆等	一般构件及建筑物，各种设备管道等	各种毛刷	投资少，施工方法简单，适于各种形状及大小面积的涂装；缺点是装饰性较差，施工效率低
手工滚涂法	干性较慢	塑性小	油性漆、酚醛漆、醇酸漆等	一般大型平面构件和管道等	滚子	投资少，施工方法简单，适用大面积物的涂装；缺点同刷涂法
浸涂法	干性适当、流平性好、干燥速度适中	触变性好	各种合成树脂涂料	小型零件、设备和机械部件	浸漆槽、离心及真空设备	设备投资较少，施工方法简单，涂料损失少，适用于构造复杂构件；缺点有流挂现象，污染现场，溶剂易挥发
空气喷涂法	挥发快和干燥适中	黏度小	各种硝基漆、橡胶漆、建筑乙烯漆、聚氨酯漆等	各种大型构件及设备和管道	喷枪、空气压缩机、油水分离器等	设备投资较小，施工方法较复杂，施工效率较刷涂法高；缺点是消耗溶剂量大，污染现场，易引起火灾
无气喷涂法	具有高沸点溶剂的涂料	高不挥发分，有触变性	厚浆型涂料和高不挥发分涂料	各种大型钢结构、桥梁、管道、车辆和船舶等	高压无气喷枪、空气压缩机等	设备投资较大，施工方法较复杂，效率比空气喷涂法高，能获得厚涂层；缺点是损失部分涂料，装饰性较差

8.2.2.1 刷涂法操作工艺

刷涂法是用漆刷进行涂装施工的一种方法。

油漆刷的选择：刷涂底漆、调合漆和磁漆时，应选用扁形和歪脖形弹性大的硬毛刷；刷涂油性清漆时，应选用刷毛较薄、弹性较好的猪鬃或羊毛等混合制作的板刷和圆刷；涂刷树脂漆时，应选用弹性好、刷毛前端柔软的软毛板刷或歪脖形刷。使用油漆刷子，应采用直握方法，用腕力进行操作；涂刷时，应蘸少量涂料，刷毛浸入油漆的部分应为毛长的 1/3～1/2。对干燥较慢的涂料，应按涂敷、抹平和修饰三道工序进行；对于干燥较快的涂料，应从被涂物一边按一定的顺序快速、连续地刷平和修饰，不应反复涂刷。

涂刷顺序，一般应按自上而下、从左向右、先里后外、先斜后直、先难后易的原则，使漆膜均匀、致密、光滑和平整；刷涂的走向，刷涂垂直平面时，最后一道应由上向下进行；刷涂水平表面时，最后一道应按光线照射的方向进行；刷涂完毕后，应将油漆刷妥善保管，若长期不用，须用溶剂清洗干净，晾干后用塑料薄膜包好，存放在干燥的地方，以便再用。

8.2.2.2 滚涂法操作工艺

滚涂法是用羊毛或合成纤维做成多孔吸附材料，贴附在空心的圆筒上制成的滚子，进行涂料施工的一种方法。该法施工用具简单，操作方便，施工效率比刷涂法高 1～2 倍，主要用于水性漆、油性漆、酚醛漆和醇酸漆类的涂装。

操作时涂料应倒入装有滚涂板的容器内，将滚子的一半浸入涂料，然后提起在滚涂板上来回滚涂几次，使棍子全部均匀浸透涂料，并把多余的涂料滚压掉；把滚子按 W 形轻轻地滚动，将涂料大致地涂布于被涂物表面上，然后滚子上下密集滚动，将涂料均匀地分布开，最后使滚子按一定的方向滚平表面并修饰；滚动时，初始用力要轻，以防流淌，随后逐渐用力，使涂层均匀；滚子用后，应尽量挤压掉残存的涂料，或使用涂料的稀释剂清洗干净，晾干后保存好，以备后用。

8.2.2.3 浸涂法操作工艺

浸涂法就是将被涂物放入油漆槽中浸渍，经一定时间后取出后吊起，让多余的涂料尽量滴净，自然晾干或烘干的涂漆方法。适用于形状复杂的骨架状被涂物，适用于烘烤型涂料。建筑钢结构工程中应用较少，此处不再详述。

8.2.2.4 空气喷涂法操作工艺

空气喷涂法是利用压缩空气的气流将涂料带入喷枪，经喷嘴吹散成雾状，并喷涂到被涂物表面上的一种涂装方法。进行喷涂时，必须将空气压力、喷出量和喷雾幅度等参数调整到适当程度，以保证喷涂质量。

喷涂距离控制：喷涂距离过大，油漆易落散，造成漆膜过薄而无光；喷涂距离过近，漆膜易产生流淌和橘皮现象。喷涂距离应根据喷涂压力和喷嘴大小来确定，一般使用大口径喷枪的喷涂距离为 200～300mm，使用小口径喷枪的喷涂距离为 150～250mm。喷涂时，喷枪的运行速度应控制在 30～60cm/s 范围内，并应运行稳定。喷枪应垂直于被涂物表面。如喷枪角度倾斜，漆膜易产生条纹和斑痕。喷涂时，喷幅搭接的宽度，一般为有效喷雾幅度的 1/4～1/3，并保持一致。暂停喷涂工作时，应将喷枪端部浸泡在溶剂中，以防涂料干固堵塞喷嘴。喷枪使用完后，应立即用溶剂清洗干净。枪体、喷嘴和空气帽应用毛刷清洗。气孔和喷漆孔遇有堵塞，应用木钎疏通，不准用金属丝或铁钉疏通，以防损伤喷嘴孔。

8.2.2.5 无气喷涂法操作工艺

无气喷涂法是利用特殊形式的气动或其他动力驱动的液压泵，将涂料增至高压，当涂料经由管路通过喷枪的喷嘴喷出后，使喷出的涂料体积骤然膨胀而雾化，高速地分散在被涂物表面上，形成漆膜。

喷枪嘴与被涂物表面的距离，一般应控制在 300～380mm 之间。

喷幅宽度：较大的物件 300～500mm 为宜，较小物件 100～300mm 为宜，一般为 300mm。喷嘴与物件表面的喷射角度为 30°～80°。喷枪运行速度为 10～100cm/s。喷幅的搭接宽度应为喷幅的 1/6～1/4。无气喷涂法施工前，涂料应经过过滤后才能使用。

喷涂过程中，吸入管不得移出涂料液面，应经常注意补充涂料。发生喷嘴堵塞时，应关枪，取下喷嘴，先用刀片在喷嘴口切割数下（不得用刀尖凿），用毛刷在溶剂中清洗，然后再用压缩空气吹通或用木钎捅通。暂停喷涂施工时，应将喷枪端部置于溶剂中。

喷涂结束后，将吸入管从涂料桶中提起，使泵空载运行，将泵内、过滤器、高压软管和喷枪内剩余涂料排出，然后利用溶剂空载循环，将上述各器件清洗干净。高压软管弯曲半径不得小于 50mm，且不允许重物压在上面。高压喷枪严禁对准操作人员或他人。

8.2.3　防腐涂装的施工

8.2.3.1　涂装施工的环境要求

涂装施工应在规定的施工环境条件下进行，它包括温度和湿度。在施工需要有防护措施；在有雨、雾、雪和较大灰尘的环境下，禁止户外施工；涂层可能受到尘埃、油污、盐分和腐蚀性介质污染的环境；施工作业环境光线严重不足时；没有安全措施和防火、防爆工器具的情况下，一般不得施工。

（1）施涂作业宜在钢结构制作或安装的完成、校正及交接验收合格后，在晴天和通风良好的室内环境下进行。注意与土建工程配合，特别是与装饰、涂料工程要编制交叉计划及措施。

（2）严禁在雨、雪、雾、风沙的天气或烈日下的室外施涂。

（3）施涂作业温度：施工环境温度过高，溶剂挥发快，漆膜流平性不好；温度过低，漆膜干燥慢而影响其质量；施工环境湿度过大，漆膜易起鼓、附着不好，严重的会大面积剥落。《钢结构工程施工质量验收规范》（GB 50205—2001）规定，涂装时的温度以 5～38℃为宜。室内宜在 5～38℃之间；室外宜在 15～35℃之间；当气温低于 5℃高于 35℃时一般不宜施涂。

（4）涂装施工环境的湿度，一般应在相对湿度以不大于 85% 的条件下施工为宜。但由于各种涂料的性能不同，所要求的施工环境湿度也不同，如醇酸树脂漆、沥青类漆、硅酸锌漆等可在较高的相对湿度条件下施工，而乙烯树脂漆、聚氨酯漆、硝基漆等则要求在较低的相对湿度条件下施工。

（5）施涂油性涂料 4h 内严禁受雨淋、风吹，或粘上砂粒、尘土、油污等，更不得损坏涂膜。

8.2.3.2　涂料准备

涂料和溶剂一般都属化学易燃危险品，贮存时间过长会发生变质现象；贮存环境条件不适当，易爆炸燃烧。因此，必须做好贮运工作。涂料不允许露天存放；严禁用敞口容器贮存和运输；涂料及辅助材料应贮存在通风良好、温度 5～35℃、干燥、防止日光直照和远离火源的仓库内；产品在运输时，应防止雨淋、日光暴晒，并应符合交通部有关规定。

8.2.3.3　施工工艺

（1）涂料预处理。涂料选定后，通常要进行以下处理操作程序，然后才能施涂。

① 开桶。开桶前应将桶外的灰尘、杂物除尽，以免其混入油漆桶内。同时名称、型号和颜色进行检查，是否与设计规定或选用要求相符合，检查制造日期，是否超过贮存期，凡不符合的应另行研究处理。若发现有结皮现象，应将漆皮全部取出，以免影响涂装质量。

② 搅拌。将桶内的油漆和沉淀物全部搅拌均匀后才可使用。

③ 配比。对于双组分的涂料使用前必须严格按照说明书所规定的比例来混合。双组分涂料一旦配比混合后，就必须在规定的时间内用完。

④ 熟化。两组分涂料混合搅拌均匀后，需要过一定熟化时间才能使用，对此应引起注意，以保证漆膜的性能。

⑤ 稀释。有的涂料因贮存条件、施工方法、作业环境、气温的高低等不同情况的影响，在使用时，有时需用稀释剂来调整黏度。

⑥ 过滤。过滤是将涂料中可能产生的或混入的固体颗粒、漆皮或其他杂物滤掉，以免这些杂物堵塞喷嘴及影响漆膜的性能及外观。通常可以使用 80~120 目的金属网或尼龙丝筛进行过滤，以达到质量控制的目的。

（2）刷防锈漆

① 涂底漆一般应在金属结构表面清理完毕后就施工，否则金属表面又会重新氧化生锈。涂刷方法是油刷上下铺油（开油），横竖交叉地将油刷匀，再把刷迹理平。

② 可用设计要求的防锈漆在金属结构上满刷一遍。如原来已刷过防锈漆，应检查其有无损坏及有无锈斑。凡有损坏及锈斑处，应将原防锈漆层铲除，用钢丝刷和砂布彻底打磨干净后，再补刷防锈漆一遍。

③ 采用油基底漆或环氧底漆时，应均匀地涂或喷在金属表面上，施工时将底漆的黏度调到：喷涂为 18~22S，刷涂为 30~50S。

④ 底漆以自然干燥居多，使用环氧底漆时也可进行烘烤，质量比自然干燥要好。

（3）局部刮腻子

① 待防锈底漆干透后，将金属面的砂眼、缺棱、凹坑等处用石膏腻子刮抹平整。石膏腻子配合比（质量比）是石膏粉∶熟桐油∶油性腻子（或醇酸腻子）∶底漆∶水＝20∶5∶10∶7∶45。

② 可采用油性腻子和快干腻子。用油性腻子一般在 12~24h 才能全部干燥；而用快干腻子干燥较快，并能很好地黏附于所填嵌的表面，因此在部分损坏或凹陷处使用快干腻子可以缩短施工周期。

此外，也可用铁红醇酸底漆 50％加光油 50％混合拌匀，并加适量石膏粉和水调成腻子打底。

③ 一般第一道腻子较厚，因此在拌和时应酌量减少油分，增加石膏粉用量，可一次刮成，不必求得光滑。第二道腻子需要平滑光洁，因而在拌和时可增加油分，腻子调得薄些。

④ 刮涂腻子时，可先用橡皮刮或钢刮刀将局部凹陷处填平。待腻子干燥后应加以砂磨，并抹除表面灰尘，然后再涂刷一层底漆，接着再上一层腻子。刮腻子的层数应视金属结构的不同情况而定。金属结构表面一般可刮 2~3 道。

⑤ 每刮完一道腻子待干后要进行砂磨，头道腻子比较粗糙可用粗铁砂布垫木块砂磨；第二道腻子可用细铁砂或 240 号水砂纸砂磨；最后两道腻子可用 400 号水砂纸仔细地打磨光滑。

（4）涂刷操作。涂刷必须按设计和规定的层数进行。主要目的是保护金属结构的表面经久耐用，必须保证涂刷层次及厚度，才能消除涂层中的孔隙，抵抗外来的侵蚀，达到防腐和保养的目的。

1）涂第一遍油漆应符合下列规定。

① 分别选用带色铅油或带色调和漆、磁漆涂刷，但此遍漆应适当掺加配套的稀释剂或稀料，以达到盖底、不流淌、不显刷迹。冬季施工宜适当加些催干剂（铅油用铅锰催干剂），掺量为 2％~5％（质量比）；磁漆等可用钴催干剂，掺量一般小于 0.5％。涂刷时厚度应一致，不得漏刷。

② 复补腻子：如果设计要求有此工序时，将前数遍腻子干缩裂缝或残缺不足处，再用带色腻子局部补一次，复补腻子与第一遍漆色相同。

③ 磨光：如设计有此工序（属中、高级油漆），宜用 1 号以下细砂布打磨，用力应轻而匀，注意不要磨穿漆膜。

2）刷第二遍油漆应符合下列规定。

①如为普通油漆，为最后一层面漆。应用原装油漆（铅油或调和漆）涂刷，但不宜掺催干剂；②磨光：设计要求此工序（中、高级油漆）时，与上相同；③潮布擦净：将干净潮布反复在已磨光的油漆面上揩擦干净，注意擦布上的细小纤维不要被粘上。

（5）喷漆操作

1）喷漆施工时，应先喷头道底漆，黏度控制在 20～30S、气压 0.4～0.5MPa，喷枪距物面 20～30cm，喷嘴直径以 0.25～0.3cm 为宜。先喷次要面，后喷主要面。干后用快干腻子将缺陷及细眼找补填平；腻子干透后，用水砂纸将刮过腻子的部分和涂层全部打磨一遍。擦净灰迹待干后再喷面漆，黏度控制在 18～22S。喷涂底漆和面漆的层数要根据产品的要求而定，面漆一般可喷 2～3 道；要求高的物件（如轿车）可喷 4～5 道。每次都用水砂打磨，越到面层要求水砂越细，质量越高。如需增加面漆的亮度，可在漆料中加入硝基清漆（加入量不超过 20%），调到适当黏度（15S）后喷 1～2 遍。

2）喷漆施工时，应注意以下事项。

① 在喷漆施工时应注意通风、防潮、防火。工作环境及喷漆工具应保持清洁，气泵压力控制在 0.6MPa 以内，并应检查安全阀是否失灵。

② 在喷大型工件时可采用电动喷漆枪或用静电喷漆。

③ 使用氨基醇酸烘漆时要进行烘烤，物件在工作室内喷好后应先放在室温中流平 15～30min，然后再放入烘箱。先用低温 60℃ 烘烤半小时后，再按烘漆预定的烘烤温度（一般在 120℃ 左右）进行恒温烘烤 1.5h，最后降温至工件干燥出箱。

3）凡用于喷漆的一切油漆，使用时必须掺加相应的稀释剂或相应的稀料，掺量以能顺利喷出成雾状为准（一般为漆重的 1 倍左右），并通过 0.125mm 孔径筛清除杂质。一个工作物面层或一项工程上所用的喷漆量宜一次配够。

涂装完成后，经自检和专业检并记录。涂层有缺陷时，应分析并确定缺陷原因，并及时修补。修补的方法和要求与正式涂层部分相同。整个工程安装完后，除需要进行修补漆外，还应对以下部位进行补漆：接合部的外露部位和紧固件等；安装时焊接及烧损的部位；组装符号和漏涂的部位；运输和组装时损伤的部位。

一般钢结构涂装工程中禁止涂装部位通常有：①地脚螺栓和底板；②高强度螺栓摩擦接合面；③与混凝土紧贴或埋入混凝土的部位；④机械安装所需的加工面；⑤密封的表面；⑥现场待焊接的部位、相邻两侧各 100mm 的热影响区以及超声波探伤区域；⑦通过组装紧密接合的表面；⑧设计上注明不涂漆的部位。

对施工时可能会影响到禁止涂装的部位，在施工前应进行遮蔽保护。面积较大的部位，可贴纸并用胶带贴牢；面积较小的部位，可全部用胶带贴上。

8.2.3.4　质量标准

钢结构涂装工程的质量检验评定标准见表 8.10。

表 8.10　钢结构涂装工程的质量检验评定表

项目类别	项目内容	质量标准	检验方法	检查数量
主控项目	防腐涂料、稀释剂和固化剂等材料的品种、规格、性能和质量等	应符合现行国家产品标准和设计要求	检查产品质量合格证明文件、中文标志及检验报告等	逐批检查
	涂装前钢构件表面除锈等级和外观质量	应符合设计要求和国家现行有关标准的规定。处理后的钢材表面不应有焊渣、焊疤、灰尘、油污、水和毛刺等	用铲刀检查和用现行国家标准《涂覆涂料前钢材表面处理　表面清洁度的目视评定　第 1 部分：未涂覆过的钢材表面和全面清除原有涂层后的钢材表面的锈蚀等级和处理等级》（GB/T 8923.1—2011）规定的图片对照观察检查	按构件数抽查 10%，且同类构件不应少于 3 件

项目类别	项目内容	质量标准	检验方法	检查数量
主控项目	涂料、涂装遍数、涂层厚度	应根据《钢结构工程施工质量验收规范》（GB 50205—2001）的规定，钢结构涂层干漆膜总厚度应为：室外应为150μm，室内应为125μm，其允许偏差为—25μm。一般宜涂装4～5遍，每遍涂层干漆膜厚度的允许偏差为—5μm	采用干漆膜测厚仪检查	按构件数抽查10%，且同类构件不应少于3件，每个构件检测5处，每处的数值为3个相距50mm测点涂层干漆膜厚度的平均值
一般项目	钢结构防腐涂料的型号、名称、颜色、有效期及包装外观	应与其产品质量证明文件相符。不应存在结皮、结块、凝胶等现象	观察检查	按桶数抽查5%，且不应少于3桶
	不得误涂、漏涂，涂层应无脱皮和返锈	涂层应均匀，无明显皱皮、流坠、针眼和气泡等缺陷	目视、观察检查	全数检查
	涂装完成后，构件的标志、标记和编号	涂装完成后，构件的标志、标记和编号应清晰完整	观察检查	全数检查
	构件补刷涂层质量	应符合规定要求，补刷涂层漆膜应完整	观察检查	全数检查
	当钢结构处于有腐蚀介质环境或外露且设计有要求	进行涂层附着力测试，在检测处范围内，当涂层完整程度达到70%以上时，涂层附着力达到合格质量标准要求	按照现行国家标准《漆膜附着力测定法》（GB/T 1720—79）或《色漆和清漆漆膜的划格试验》（GB/T 9286—1998）执行	按照构件数抽查1%，且不应少于3件，每件测3处

8.2.3.5 成品保护

（1）钢构件涂装后，应加以临时围护隔离，防止踏踩，损伤涂层。

（2）钢构件涂装后，在4h内如遇大风或下雨时，应加以覆盖，防止沾染灰尘或水汽，避免影响涂层的附着力。

（3）涂装后的钢构件需要运输时，应注意防止磕碰，防止在地面拖拉，防止涂层损坏。

（4）涂装后的钢构件勿接触酸类液体，防止咬伤涂层。

8.2.3.6 安全环保措施

防腐涂装施工所用的材料大多数为易燃物品，大部分溶剂有不同程度的毒性。为此，防腐涂装施工中防火、防爆、防毒是至关重要的，应予以相当的关注和重视。

（1）防火措施

① 防腐涂料施工现场或车间不允许堆放易燃物品，并应远离易燃物品仓库。严禁烟火，并有明显的禁止烟火的宣传标志。必须备有消防水源或消防器材。

② 防腐涂料施工中使用擦过溶剂和涂料的棉纱、棉布等物品应存放在带盖的铁桶内，并定期处理掉。严禁向下水道倾倒涂料和溶剂。

（2）防爆措施。防腐涂料使用前需要加热时，采用热载体、电感加热等方法，并远离涂装施工现场。防腐涂料涂装施工时，严禁使用铁棒等金属物品敲击金属物体和漆桶，如需敲击应使用木制工具，防止因此产生摩擦或撞击火花。在涂料仓库和涂装施工现场使用的照明灯应有防爆装置，临时电气设备应使用防爆型的，并定期检查电路及设备的绝缘情况。在使用溶剂的场所，应禁止使用闸刀开关。

8.3　钢结构防火涂料

目前钢结构常用的防火措施主要有防火涂料和构造防火两种类型，本节主要讲述防火涂料。防火涂料是用于钢材表面，来提高钢材耐火极限的一种涂料。防火涂料涂覆在钢材表面，除具有阻燃、隔热作用以外，还具有防锈、防水、防腐、耐磨等性能。

建筑物的防火等级对各不同的构件所要求的耐火极限进行设计。防火涂料的性能、涂层厚度和质量要求应符合现行国家标准《钢结构防火涂料》（GB 14907—2002）和《钢结构防火涂料应用技术规范》（CECS 24—90）的规定。

8.3.1　防火涂料的分类

防火涂料种类很多，在实际应用过程中，主要有两种分类方法。一是根据漆膜厚度不同划分，有超薄型、薄型和厚型防火涂料。目前超薄型的用量最大，约占钢结构防火涂料的 70%，其次是厚涂型涂料，约占 20%。二是按应用场合的适用对象来划分，有木结构防火涂料、钢结构防火涂料、电线电缆防火涂料、隧道防火涂料等。

薄型、超薄型膨胀涂料主要以有机材料为主，厚涂型非膨胀涂料以无机材料为主。

薄型、超薄型膨胀涂料分为底层（主涂层）和面层（装饰层）涂料，其基本组成是：黏结剂（有机树脂中有机与无机复合物），膨胀阻燃剂，绝热增强材料，颜料和化学助剂，溶剂和稀释剂。主要品种有：LB、SG-1、SB-2、SS-1 钢结构膨胀防火涂料等。

薄涂型钢结构涂料层厚度一般为 1～10mm，有一定装饰效果，高温时涂层膨胀增厚，具有耐火隔热作用，耐火极限可达 0.5～2.0h。因此某些结构需要暴露，荷载量要求苛刻的钢结构建筑常采用薄型、超薄型防火涂料。但薄型、超薄型防火涂料的耐火极限不长，对于耐火极限要求超过 2.0h 的钢构件，其使用受到限制。此外由于有机材料的老化而导致涂料防火性能的降低也是一个不容忽视的问题。

厚涂型非膨胀涂料分为硅石水泥系，矿纤维水泥系，氯氧化镁水泥系和其他无机轻体系，其基本组成是：胶结料（硅酸盐水泥，氯氧化镁或无机高温黏结剂等），骨料（膨胀硅石，膨胀珍珠岩，矿棉等），化学助剂（改性剂，硬化剂，防水剂等），水。主要品种有：LG 钢结构防火隔热涂料，STI-A，JG276，ST-86，SB-1，SG-2 钢结构防火涂料等。厚涂型钢结构防火涂料厚度一般为 8～50mm，耐火极限可达 2.5h，甚至更长时间。由于厚型防火涂料的成分多为无机材料，因此其防火性能稳定，长期使用效果较好，但其单位重量较大，涂料组分的颗粒较大，涂层外观不平整，影响建筑的整体美观，因此大多用于结构隐蔽工程。

各类防火涂料的特性及适应范围见表 8.11。选用厚型防火涂料时，外表面需要做装饰面隔护。装饰要求较高的部位可以选用超薄型防火涂料。

表 8.11　防火涂料的特性及适应范围

防火涂料类别	特　　性	厚度/mm	耐火极限/h	适 用 范 围
超薄型防火涂料	附着力强、干燥快、可以配色、有装饰效果、一般不需外保护层	2～7	0.5～1 1.5	工业与民用建筑梁、柱等
薄型防火涂料（B 类）	附着力强、可以配色，一般不需要外保护层，有一定的装饰效果	3～5	2.0～2.5	工业与民用建筑楼盖与屋盖钢结构

防火涂料类别	特　性	厚度/mm	耐火极限/h	适用范围
厚涂型防火涂料（H 类）	喷涂施工,密度小,热导率低、物理强度和附着力低,需要装饰层隔护	8～50	1.5～3.0	有装饰面层的建筑钢结构柱、梁
露天防火涂料	喷漆施工,有良好的耐候性	薄涂 3～10 厚涂 25～40	0.1～2.0 3.0	露天环境中的桁架、框架等钢结构

8.3.2　钢结构防火涂料的选用

8.3.2.1　涂料的选择原则

（1）钢结构防火涂料必须有国家检测机构的耐火性能检测报告和理化性能检测报告,有消防监督机关颁发的生产许可证,方可选用。选用的防火涂料质量应符合国家有关标准规定。有生产厂方的合格证,并应附有涂料品名、技术性能、制造批号、贮存期限和使用说明等。

（2）室内裸露钢结构、轻型屋盖钢结构及有装饰要求的钢结构,当规定耐火极限在 1.5h 及以下时,宜选用薄涂型钢结构防火涂料。

（3）室内隐蔽钢结构,高层全钢结构及多层厂房钢结构,当规定其耐火极限在 2h 及以上时,应选用厚涂型钢结构防火涂料。

（4）露天钢结构,如石油化工企业,油（汽）罐支撑,石油钻井平台等钢结构,应选用符合室外钢结构防火涂料产品规定的厚涂型或薄型钢结构防火涂料。

（5）对不同厂家的同类产品进行比较选择时,宜查看近两年内产品的耐火性能和理化性能检测报告。产品定期鉴定意见,产品在工程中应用情况和典型实例。并了解厂方技术力量、生产能力及质量保证条件等。

8.3.2.2　涂料选用时的注意事项

（1）要把饰面型防火涂料用于钢结构,饰面型防火涂料是保护木结构等可燃基材的阻燃涂料,薄薄的涂膜达不到提高钢结构耐火极限的目的。

（2）应把薄涂型钢结构膨胀防火涂料用于保护 2h 以上的钢结构。薄涂型膨胀防火涂料之所以耐火极限不太长,是由自身的原材料和防火原理决定的。这类涂料含较多的有机成分,涂层在高温下发生物理、化学变化,形成炭质泡膜后起隔热作用的。膨胀泡的膜强度有限,易开裂、脱落,炭质在 1000℃ 高温下会逐渐灰化掉。要求耐火极限 2h 以上的钢结构,必须选用厚涂型钢结构防火隔热涂料。

（3）不得将室内钢结构防火涂料,未加改进和采取有效的防水措施,直接用于喷涂保护室外的钢结构。露天钢结构必须选用耐水、耐冻融循环、耐老化,并能经受酸、碱、盐等化学腐蚀的室外钢结构防火涂料进行喷涂保护。

（4）在一般情况下,室内钢结构防火保护不要选择室外钢结构防火涂料,为了确保室外钢结构防火涂料优异的性能,其原材料要求严格。并需应用一些特殊材料,因而其价格要比室内用钢结构防火涂料贵得多。但对于半露天或某些潮湿环境的钢结构,则宜选用室外钢结构防火涂料保护。

（5）厚涂型防火涂料基本上由无机质材料构成。涂层稳定,老化速度慢,只要涂层不脱落,防火性能就有保障。从耐久性和防火性考虑。宜选用厚涂型防火涂料。

8.3.2.3　防火涂层厚度的确定

将防火涂料涂敷于材料表面,除具有装饰和保护作用外,由于涂料本身的不燃性和难燃性,能阻止火灾发生时火焰的蔓延和延缓火势的扩展,较好地保护了基材,也就是说,防火涂料是依靠涂层的厚度来保证规定的耐火时间的。所以钢结构进行防火涂装设计时,必须选择涂料的厚度。防火涂层厚度的确定,可参照以下原则之一确定。

（1）按照有关规范对钢结构耐火极限的要求，并根据标准耐火试验数据设计规定相应的涂层厚度。

（2）根据标准耐火试验数据，即耐火极限与相应的保护层厚度，计算确定不同规格钢构件达到相同耐火极限所需的同种防火涂料的保护层厚度，按下式计算：

$$T_1 = \frac{\dfrac{W_m}{D_m}}{\dfrac{W_1}{D_1}} \times T_m \times K$$

式中　T_1——待喷防火涂层厚度，mm；

　　　T_m——标准试验时的涂层厚度，mm；

　　　W_1——待喷涂的钢构件质量，kg/m；

　　　W_m——标准试验时的钢构件质量，kg/m；

　　　D_1——待喷涂的钢构件防火涂层接触面周长，m；

　　　D_m——标准试验时的钢构件防火涂层接触面周长，m；

　　　K——系数，对钢梁 $K=1$，对钢柱 $K=1.25$。

8.3.3　薄涂型钢结构防火涂料施工

8.3.3.1　一般规定

（1）薄涂型钢结构防火涂料的底涂层（或主涂层）宜采用重力式喷枪喷涂，其压力约为 0.4MPa。局部修补和小面积施工，可用手工抹涂。面层装饰涂料可刷涂、喷涂或滚涂。

（2）双组分装的涂料，应按说明书规定在现场调配；单组分装的涂料也应充分搅拌。喷涂后，不应发生流淌和下坠。

（3）底涂层施工应满足下列要求。

① 当钢基材表面除锈和防锈处理符合要求，尘土等杂物清除干净后方可施工。

② 底层一般喷 2～3 遍，每遍喷涂厚度不应超过 2.5mm，必须在前一遍干燥后，再喷涂后一遍；喷涂时应确保涂层完全闭合，轮廓清晰；操作者要携带测厚针检测涂层厚度，并确保喷涂达到设计规定的厚度。当设计要求涂层表面要平整光滑时，应对最后一遍涂层作抹平处理，确保外表面均匀平整。

（4）面涂层施工应满足：当底层厚度符合设计规定，并基本干燥后方可施工面层；面层一般涂饰 1～2 次，并应全部覆盖底层。涂料用量为 0.5～1kg/m²；面层应颜色均匀，接槎平整。

8.3.3.2　施工工具与方法

（1）喷涂底层（包括主涂层，以下相同）涂料，宜采用重力（或喷斗）式喷枪，配能够自动调压的 0.6～0.9m³/min 的空压机。喷嘴直径为 4～6mm，空气压力为 0.4～0.6MPa。

（2）面层装饰涂料，可以刷涂、喷涂或滚涂，一般采用喷涂施工。喷底层涂料的喷枪，将喷嘴直径换为 1～2mm，空气压力调为 0.4MPa 左右，即可用于喷面层装饰涂料。

（3）局部修补或小面积施工，或者机器设备已安装好的厂房，不具备喷涂条件时，可用抹灰刀等工具进行手工抹涂。

8.3.3.3　涂料的搅拌与调配

（1）运送到施工现场的钢结构防火涂料，应采用便携式电动搅拌器予以适当搅拌，使其均匀一致，方可用于喷涂。搅拌和调配好的涂料，应稠度适宜，喷涂后不发生流淌和下坠现象。

（2）双组分包装的涂料，应按说明书规定的配比进行现场调配，边配边用。

8.3.3.4　底层施工操作与质量

（1）底涂层一般应喷 2～3 遍，每遍 4～24h，待前遍基本干燥后再喷后一遍。头遍喷涂以盖住基底面 70% 即可，二、三遍喷涂每遍厚度不超过 2.5mm 为宜。每喷 1mm 厚的涂层，约耗涂料的 1.2～1.5kg/m²。

（2）喷涂时手握喷枪要稳，喷嘴与钢基材面垂直或成 70°角，喷口到喷面距离为 40～60cm。要求回旋转喷涂，注意搭接处颜色一致，厚薄均匀，要防止漏喷、流淌。确保涂层完全闭合，轮廓清晰。

（3）喷涂过程中，操作人员要携带测厚针随时检测涂层厚度，确保各部位涂层达到设计规定的厚度要求。

（4）喷涂形成的涂层是粒状表面，当设计要求涂层表面平整光滑时，待喷完最后一遍应采用抹灰刀或其他适用的工具作抹平处理，使外表面均匀平整。

8.3.3.5 面层施工操作与质量

当底层厚度符合设计规定，并基本干燥后，方可施工面层喷涂料。面层涂料一般涂饰 1～2 遍，如头遍是从左至右喷，二遍则应从右至左喷，以确保全部覆盖住底涂层。面涂用料为 0.5～1.0kg/m²。对于露天钢结构的防火保护，喷好防火的底涂层后，也可选用适合建筑外墙用的面层涂料作为防水装饰层，用量为 1.0kg/m² 即可。面层施工应确保各部分颜色均匀一致，接茬平整。

8.3.4 厚涂型防火涂料施工

8.3.4.1 一般规定

（1）厚涂型钢结构防火涂料宜采用压送式喷涂机喷涂，空气压力为 0.4～0.6MPa，喷枪口直径宜为 6～10mm。

（2）配料时应严格按配合比加料或加稀释剂，并使稠度适宜，边配边用。

（3）喷涂施工应分遍完成，每遍喷涂厚度宜为 5～10mm，必须在前一遍基本干燥或固化后，再喷涂后一遍。喷涂保护方式、喷涂遍数与涂层厚度应根据施工设计要求确定。

（4）施工过程中，操作者应采用测厚针检测涂层厚度，直到符合设计规定的厚度，方可停止喷涂。

（5）喷涂后的涂层，应剔除乳突，确保均匀平整。

（6）当防火涂层出现下列情况之一时，应重喷。

①涂层干燥固化不好，黏结不牢或粉化、空鼓、脱落时；②钢结构的接头、转角处的涂层有明显凹陷时；③涂层表面有浮浆或裂缝宽度大于 1.0mm 时；④涂层厚度小于设计规定厚度的 85% 时，或涂层厚度虽大于设计规定厚度的 85%，但厚度不足部位的涂层之连续面积的长度超过 1m 时。

8.3.4.2 施工方法与机具

一般是采用喷涂施工，机具可为压送式喷涂机或挤压泵，配能自动调压的 0.6～0.9m³/min 空压机，喷枪口径为 6～12mm，空气压力为 0.4～0.6MPa。局部修补可采用抹灰刀等工具手工抹涂。

8.3.4.3 涂料的搅拌与配置

（1）由工厂制造好的单组分湿涂料，现场应采用便携式搅拌器搅拌均匀。由工厂提供的干粉料，现场加水或其他稀释剂调配，应按涂料说明书规定配比混合搅拌，边配边用。

（2）由工厂提供的双组分涂料，按配制涂料说明书规定的配比混合搅拌，边配边用。特别是化学固化干燥的涂料，配制的涂料必须在规定的时间内用完。

（3）搅拌和调配涂料，使稠度适宜，能在输送管道中畅通流动，喷涂后不会流淌和下坠。

8.3.4.4 施工操作要点

（1）喷涂应分若干次完成，第一次喷涂以基本盖住钢基材面即可，以后每次喷涂厚度为 5～10mm，一般为 7mm 左右为宜。必须在前一次喷层基本干燥或固化后再接着喷，通常情况下，每天喷一遍即可。

（2）喷涂保护方式，喷涂次数与涂层厚度应根据防火设计要求确定。耐火极限1～3h，涂层厚度10～40mm，一般需喷2～5次。

（3）喷涂时，持枪手紧握喷枪，注意移动速度，不能在同一位置久留，造成涂料堆积流淌；输送涂料的管道长而笨重，应配一助手帮助移动和托起管道；配料及往挤压泵加料均要连续进行，不得停顿。

（4）施工过程中，操作者应采用测厚针检测涂层厚度，直到符合设计规定的厚度，方可停止喷涂。喷涂后的涂层要适当维修，对明显的乳突，应要用抹灰刀等工具剔除，以确保涂层表面均匀。

8.3.5 钢结构防火施工验收

钢结构防火涂料的施工验收大致可分为两步：①防火涂料刷涂前的构件表面处理是否干净、符合要求，这影响防火涂料的内在质量；②刷涂后的外观检查和厚度检查。

（1）钢结构防火施工验收时，施工单位应具备下列文件。

① 国家质量监督检测机构对所用产品的耐火极限和理化力学性能检测报告。

② 大中型工程中对所用产品抽检的黏结强度、抗压强度等检测报告。

③ 工程中所使用的产品的合格证。

④ 施工过程中，现场检查记录和重大问题处理意见与结果。

⑤ 工程变更记录和材料代用通知单。

⑥ 隐蔽工程中间验收记录。

⑦ 工程竣工后的现场记录。

（2）薄涂型钢结构防火涂层应符合下列要求。

① 涂层厚度符合设计要求。

② 无漏涂、脱粉、明显裂缝等。如有个别裂缝，其宽度不大于0.5mm。

③ 涂层与钢基材之间和各涂层之间，应黏结牢固，无脱层、空鼓等情况。

④ 颜色与外观符合设计规定，轮廓清晰，接槎平整。

（3）厚涂型钢结构防火涂层应符合下列要求。

① 涂层厚度符合设计要求。如厚度低于原定标准，但必须大于原定标准的85%，且厚度不足部位的连续面积的长度不大于1m，并在5m范围内不再出现类似情况。

② 涂层应完全闭合，不应露底、漏涂。

③ 涂层不宜出现裂缝。如有个别裂缝，其宽度不应大于1mm。

④ 涂层与钢基材之间和各涂层之间，应黏结牢固，无空鼓、脱层和松散等情况。

⑤ 涂层表面应无乳突。有外观要求的部位，母线不直度和失圆度允许偏差不应大于8mm。

（4）薄涂型防火涂料的涂层厚度应符合有关耐火极限的设计要求。厚涂型防火涂料涂层的厚度，80%及以上面积应符合有关耐火极限的设计要求，且最薄处厚度不应低于设计要求的85%。

（5）涂层厚度可采用漆膜测厚仪测定，总厚度必须达到设计规定的标准。

① 测定厚度抽查量：桁架、梁等主要构件抽检20%，次要构件抽检10%，每件应检测3处；板、梁及箱形梁等构件，每10m² 检测3处。

② 检测点的规定：宽度在150mm以下的梁或构件，每处检测3点，点位垂直于边长，点距为结构构件宽度的1/4。宽度在150mm以上的梁或构件，每处测5点，取点中心位置不限，但边点应距构件边缘20mm以上，5个检测点应分别为100mm见方正方形的四个角和正方形对角线的交点。

（6）涂层检测的总平均厚度，应达到规定厚度的90%为合格。计算平均值时，超过规定厚度 20％的测点，按规定厚度的 120％计算。

（7）钢结构防火涂料的黏结强度、抗压强度应符合国家现行标准《钢结构防火涂料应用技术规程》（CECS 24：90）的规定，应进行防火涂料的抽样检验。每使用 100t 薄型钢结构防火涂料，应抽样检测一次黏结强度；每使用 500t 厚涂型防火涂料，应抽样检测一次黏结强度和抗压强度。

能力训练题

1. 钢结构防火涂料的黏结强度及（ ）应符合国家现行标准规定。

A. 抗拉压强度 　　 B. 抗拉强度 　　 C. 抗弯剪强度 　　 D. 拉伸长度

2. 对钢结构构件进行涂饰时，（ ）适用于快干性和挥发性强的涂料。

A. 弹涂法 　　 B. 刷涂法 　　 C. 擦拭法 　　 D. 喷涂法

3. 钢结构刷完涂料至少在（ ）内应保护免受雨淋。

A. 6h 　　 B. 2h 　　 C. 8h 　　 D. 4h

4. 钢结构的涂装环境温度应符合涂料产品说明书的规定，若无规定时，环境温度应在（ ）之间。

A. 6～38℃ 　　 B. 2～40℃ 　　 C. 5～38℃ 　　 D. 8～40℃

5. 钢结构构件的防腐施涂的刷涂法的施涂顺序一般是什么？

6. 对钢结构构件进行涂装时，刷涂法适用于什么样的涂料？

7. 根据学校和本地的实际情况，选择性地完成第 13 章第 13.8 节的实训项目。

第9章　建筑钢结构安装

【知识目标】
- 了解钢结构安装吊装前准备工作的内容；能编制、审核安装施工组织设计
- 掌握钢结构吊装机械的原则和吊装参数的选择
- 熟悉建筑钢结构主要构件柱、屋架、吊车梁的安装和校正方法
- 熟悉钢结构安装质量验收标准，掌握钢结构主要构件安装的质量检验方法

【学习目标】
- 学习钢结构安装前的准备工作内容；熟悉建筑钢结构主要构件钢柱、屋架、吊车梁的安装、校正方法及钢结构安装各构件质量验收标准的知识；学习压型金属板安装质量验收标准；训练解决钢结构安装质量验收的实际问题的能力

9.1　建筑钢结构安装基础知识

9.1.1　吊装准备

钢结构安装吊装前准备工作的内容包括：技术准备、构件准备、吊装接头准备、安装的吊装机具、材料准备、道路、人员、临时设施准备等。

9.1.1.1　吊装技术准备

（1）认真熟悉掌握施工图纸、设计变更，组织图纸审查和会审；核对构件的空间就位尺寸和相互之间的关系。

（2）计算并掌握吊装构件的数量、单体重量和安装就位高度以及连接板、螺栓等吊装铁件数量；熟悉构件间的连接方法。

（3）组织编制吊装工程施工组织设计或作业设计（内容包括工程概况、选择吊装机械设备、确定吊装程序、方法、进度、构件制作、堆放平面布置、构件运输方法、劳动组织、构件和物资机具供应计划、保证质量安全技术措施等）。

（4）了解已选定的起重、运输及其他辅助机械设备的性能及使用要求。

（5）进行技术交底，包括任务、施工组织设计或作业设计，技术要求，施工保证措施，现场环境（如原有建筑物、构筑物、障碍物、高压线、电缆线路、水道、道路等）情况，内外协作配合关系等。

9.1.1.2　构件准备

（1）清点构件的型号、数量，并按设计和规范要求对构件复验合格，包括构件强度与完整性（有无严重裂缝、扭曲、侧弯、损伤及其他严重缺陷）；外形和几何尺寸、平整度；埋设件、预留孔位置、尺寸、标识、精度和数量；接头钢筋吊环、埋设件的稳固程度和构件的轴线等是否准确，有无出厂合格证等。如有超出设计或规范规定偏差，应在吊装前纠正。

（2）在构件上根据就位、校正的需要弹好轴线。柱应弹出三面中心线；牛腿面与柱顶面中心线；±0.00线（或标高准线），吊点位置；基础杯口应弹出纵横轴线；吊车梁、屋架等构件应在端头与顶面及支撑处弹出中心线及标高线；在屋架（屋面梁）上弹出天窗架、屋面板或檩条的安装就位控制线，两端及顶面弹出安装中心线。

（3）现场构件进行脱模，排放；场外构件进场及排放。按图纸对构件进行编号。不易辨别上下、左右、正反的构件，应在构件上用记号注明，以免吊装时搞错。

（4）检查厂房柱基轴线和跨度，基础地脚螺栓位置和伸出是否符合设计要求，找好柱基标高。

9.1.1.3 吊装接头准备

（1）准备和分类清理好各种金属支撑件及安装接头用连接板、螺栓、铁件和安装垫铁；施焊必要的连接件（如屋架、吊车梁垫板、柱支撑连接件及其余与柱连接相关的连接件），以减少高空作业。清除构件接头部位及埋设件上的污物、铁锈。

（2）对需组装拼装及临时加固的构件，按规定要求使其达到具备吊装条件。

（3）在基础杯口底部，根据柱子制作的实际长度（从牛腿至柱脚尺寸）误差，调整杯底标高，用1:2水泥砂浆找平，标高允许差为±5mm，以保持吊车梁的标高在同一水平面上；当预制柱采用垫板安装或重型钢柱采用杯口安装时，应在杯底设垫板处局部抹平，并加设小钢垫板。

（4）柱脚或杯口侧壁未划毛的，要在柱脚表面及杯口内稍加凿毛处理。

（5）钢柱基础，要根据钢柱实际长度牛腿间距离，钢板底板平整度检查结果，在柱基础表面浇筑标高块（块成十字式或四点式），标高块强度不小于30MPa，表面埋设16～20mm厚钢板，基础上表面亦应凿毛。

9.1.1.4 构件吊装稳定性的检查

（1）根据起吊吊点位置，验算柱、屋架等构件吊装时的抗裂度和稳定性，防止出现裂缝和构件失稳。

（2）对屋架、天窗架、组合式屋架、屋面梁等侧向刚度差的构件，在横向用1～2道杉木脚手杆或竹竿进行加固。

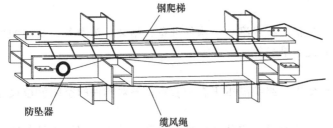

图9.1 装有防坠器、缆风绳、钢爬梯的柱子

（3）按吊装方法要求，将构件按吊装平面布置图就位。直立排放的构件，如屋架天窗架等，应用支撑稳固。高空就位构件应绑扎好牵引溜绳、缆风绳（图9.1）。

9.1.1.5 吊装机具、材料准备

（1）检查吊装用的起重设备、配套机具、工具等是否齐全、完好，运输是否灵活，并进行试运转。准备好并检查吊索、卡环、绳卡、横吊梁、倒链、千斤顶、滑车等吊具的强度和数量是否满足吊装需要。

（2）准备吊装用工具，如高空用吊挂脚手架、操作台、爬梯、溜绳、缆风绳、撬杠、大锤、钢（木）楔、垫木、铁垫片、线锤、钢尺、水平尺，测量标记以及水准仪、经纬仪、全站仪等。做好埋设地锚等工作。

（3）准备施工用料，如加固脚手杆、电焊、气焊设备、材料等的供应准备。

① 焊接材料的准备。钢结构焊接施工之前应对焊接材料的品种、规格、性能进行检查，各项指标应符合现行国家标准和设计要求。检查焊接材料的质量合格证明文件、检验报告及中文标志等。对重要钢结构采用的焊接材料应进行抽样复验。

② 高强度螺栓的准备。钢结构设计用高强度螺栓连接时应根据图纸要求分规格统计所需高强度螺栓的数量并配套供应至现场。应检查其出厂合格证、扭矩系数或紧固轴力（预拉力）的检验报告是否齐全，并按规定作紧固轴力或扭矩系数复验。对钢结构连接件摩擦面的抗滑移系数进行复验。

9.1.1.6 临时设施、人员的准备

整平场地、修筑构件运输和起重吊装开行的临时道路，并做好现场排水设施。清除工程吊装范围内的障碍物，如旧建筑物、地下电缆管线等。铺设吊装用供水、供电、供气及通信线路。修建临时建筑物，如工地办公室、材料仓库、机具仓库、工具房、电焊机房、工人休息

室、开水房等。按吊装顺序组织施工人员进厂，并进行有关技术交底、培训、安全教育。

9.1.2　钢结构安装工程程序

9.1.2.1　钢结构安装工程质量控制程序

钢结构安装工程质量控制程序，如图 9.2 所示。

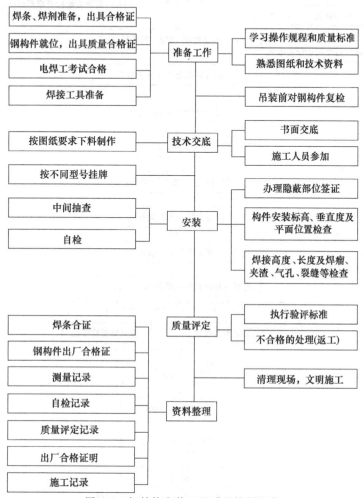

图 9.2　钢结构安装工程质量控制程序

9.1.2.2　单层钢结构安装工艺流程

单层钢结构安装工艺流程，如图 9.3 所示。

9.1.3　吊装方法选择

厂房结构吊装方法有分件吊装法、节间吊装法和综合吊装法。各吊装方法的优缺点详见表 9.1。

9.1.4　吊装起重机的选择

起重机是钢结构吊装施工中的关键设备，为使钢结构吊装施工顺利进行，并取得良好的经济效益，必须合理选择起重机。起重机的使用，必须符合《建筑机械使用安全技术规程》（JGJ 33—2012）的规定。

9.1.4.1　选择依据

（1）构件最大重量（单个）、数量、外形尺寸、结构特点、安装高度及吊装方法等；

（2）各类型构件的吊装要求，施工现场条件（道路、地形、邻近建筑物、障碍物等）；

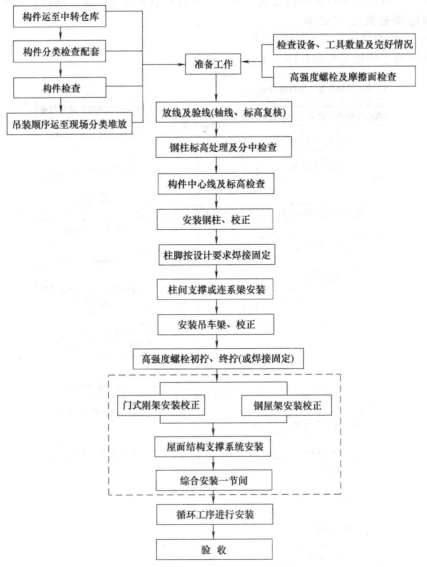

图 9.3 单层钢结构安装工艺流程

表 9.1 吊装方法优缺点

吊装方法	优缺点
节间吊装法	起重机在厂房内一次开行中，一个(或几个)节间的构件全部吊装完后，起重机再向前移至下一个(或几个)节间，再吊装下一个(或几个)节间全部构件，直至吊装完成。即先吊完节间柱，并立即校正、固定、灌浆，然后接着吊装地梁、柱间支撑、墙梁(连续梁)、吊车梁、走道板、柱头系杆、托架(托梁)、屋架、天窗架、屋面支撑系统、屋面板和墙板等构件。 在一般情况下，不宜采用这种吊装方法。只有使用移动困难的回转式桅杆进行吊装，或特殊要求的结构(如门式框架)或某种原因局部特殊需要(如急需施工地下设施)时采用	优点：起重机开行路线短，停机一次至少吊完一个节间，不影响其他工序，可进行交叉平行流水作业，缩短工期；构件制作和吊装误差能及时发现并纠正；吊完一节间，校正固定一节间，结构整体稳定性好，有利于保证工程质量。 缺点：需用起重量大的起重机同时吊各类构件，不能充分发挥起重机效率，无法组织单一构件连续作业；各类构件必需交叉配合，场地构件堆放过密，吊具、索具更换频繁，准备工作复杂；校正工作零碎、困难；柱子固定需一定时间，难以组织连续作业，吊装时间拖长，吊装效率较低；操作面窄，较易发生安全事故

吊装方法	优 缺 点
分件吊装法	将构件按其结构特点、几何形状及其相互联系进行分类。同类构件按顺序一次吊装完后，再进行另一类构件的安装。如起重机第一次开行中先吊装厂房内所有柱子，待校正、固定灌浆后，依次按顺序吊装地梁、柱间支撑、墙梁、吊车梁、托架（托梁）、屋架、天窗架、屋面支撑和墙板等构件，直至整个建筑物吊装完成。屋面板的吊装有时在屋面上单独用 1～2 台桅杆或屋面小吊车来进行。 适用于一般中、小型厂房的吊装	优点：起重机在一次开行中仅吊装一类构件，吊装内容单一，准备工作简单，索具不需要经常更换，吊装速度快，吊装效率高，校正方便。柱子有较长的固定时间施工较安全；与节间法相比，可选用起重量小一些的起重机吊装，可利用改变起重臂杆长度的方法，分别满足各类构件吊装起重量和起升高度的要求，能有效发挥起重机的效率；构件可分类在现场顺序预制、排放，场外构件可按先后顺序组织供应；构件预制吊装、运输、排放条件好，易于平面布置。 缺点：起重机开行频繁，增加机械台班费用；起重臂长度改换需一定时间，不能按节间及早为下道工序创造工作面，阻碍了工序的交叉作业，相对地吊装工期较长；屋面板吊装需有辅助机械设备
综合吊装法	系将全部或一个区段的柱头以下部分的构件用分件法吊装，即柱子吊装完毕并校正固定，待柱杯口二次灌浆混凝土达到 70% 强度后，再按顺序吊装地梁、柱间支撑、吊车梁走道板、墙梁、托架（托梁）接着一个节间一个节间综合吊装。屋面结构构件包括屋架、天窗架、屋面支撑系统和屋面板等构件整个吊装过程按三次流水进行，根据不同的结构特点有时采用两次流水，即先吊柱子，后分节间吊装其他构件，吊装通常采用 2 台起重机，一台起重量大的承担柱子、吊车梁、托架和屋面结构系统的吊装，一台吊柱间支撑、走道板、地梁、墙梁等构件并承担构件卸车和就位排放	本法保持节间吊装法和分件吊装法的优点，最大限度地发挥起重机的能力和效率，缩短工期，是广泛采用的一种方法

（3）选用吊装机械的技术性能（起重量、起重臂杆长、起重高度、回转半径、行走方式）；

（4）吊装工程量的大小、工程进度要求等；

（5）现有或能租赁到的起重设备；

（6）施工力量和技术水平；

（7）构件吊装的安全和质量要求及经济合理性。

9.1.4.2　选择原则

（1）选用时，应考虑起重机的性能（工作能力），使用方便，吊装效率，吊装工程量和工期等要求；

（2）能适应现场道路、吊装平面布置和设备、机具等条件，能充分发挥其技术性能；

（3）能保证吊装工程质量、安全施工和有一定的经济效益；

（4）避免使用大起重能力的起重机吊小构件，起重能力小的起重机超负荷吊装大的构件，或选用改装的未经过实际负荷试验的起重机进行吊装，或使用台班费高的设备。

9.1.4.3　起重机型式的选择

（1）一般吊装多按履带式、轮胎式、汽车式、塔式的顺序选用，一般是：对高度不大的中、小型厂房，应先考虑使用起重量大、可全回转使用，移动方便的 100～150kN 履带式起重机和轮胎式起重机吊装主体结构；大型工业厂房主体结构的高度和跨度较大、构件较重，宜采用 500～750kN 履带式起重机和 350～1000kN 汽车式起重机吊装；大跨度又很高的重型工业厂房的主体结构吊装，宜选用塔式起重机吊装。

（2）对厂房大型构件，可采用重型塔式起重机和塔桅起重机吊装。

（3）缺乏起重设备或吊装工作量不大、厂房不高，可考虑采用独脚桅杆、人字桅杆、悬臂椵杆及回转式椵杆（椵杆式起重机吊装）等吊装，其中回转式椵杆最适于单层钢结构厂房进行综合吊装；对重型厂房亦可采用塔椵式起重机进行吊装。

（4）若厂房位于狭窄地段，或厂房采取敞开式施工方案（厂房内设备基础先施工），宜采用双机抬吊吊装厂房屋面结构，或单机在设备基础上铺设枕木垫道吊装。

（5）对起重臂杆的选用，一般柱吊车梁吊装宜选用较短的起重臂杆；屋面构件吊装宜选用较长的起重臂杆，且应以屋架、天窗架的吊装为主选择。

（6）在选择时，如起重机的起重量不能满足要求，可采取以下措施：

① 增加支腿或增长支腿，以增大倾覆边缘距离，减少倾覆力矩来提高起重能力；

② 后移或增加起重机的配重，以增加抗倾覆力矩，提高起重能力；

③ 对于不变幅、不旋转的臂杆，在其上端增设拖拉绳或增设一钢管或格构式脚手架或人字支撑椵杆，以增强稳定性和提高起重性能。

9.1.4.4 吊装参数的确定

起重机的起重量 Q（kN）、起重高度 H（m）和起重半径 R（m）是吊装参数的主体。

（1）起重量。选择的起重机起重量必须大于所吊装构件的重量与加起重滑车组的重量或索具重量之和。

$$Q \geqslant Q_1 + Q_2 \qquad (9.1)$$

式中　Q——起重机的起重量，kN；

　　　Q_1——构件的重量，kN；

　　　Q_2——索具的重量，kN。

（2）起重高度。起重机的起重高度必须满足所吊装构件的吊装高度要求。

$$H \geqslant H_1 + H_2 + H_3 + H_4 \qquad (9.2)$$

式中　H——起重机的起重高度，m，从停机面算起至吊钩钩口；

　　　H_1——安装支座表面高度，m，从停机面算起；

　　　H_2——安装间隙，应不小于 0.3m；

　　　H_3——绑扎点至构件吊起后底面的距离，m；

　　　H_4——索具高度，m，绑扎点至吊钩钩口的距离，视具体情况而定。

（3）起重半径。当起重机可以不受限制地开到所安装构件附近去吊装构件时，可不验算起重半径。但当起重机受限制不能靠近吊装位置去吊装构件时，起重半径应满足在起重量与起重高度一定时，能保持一定距离吊装该构件的要求。起重半径可按下式计算求得：

$$R = F + L\cos\alpha \qquad (9.3)$$

式中　R——起重机的起重半径；

　　　F——起重臂下铰点中心至起重机回转中心的水平距离，其数值由起重机技术参数表查得；

　　　L——起重臂长度；

　　　α——起重臂的中心线与水平夹角。

（4）确定最小起重臂长度。当起重机的起重臂跨过已安装好的结构去安装构件时，应考虑起重臂与已安装好的构件有 0.3m 的距离，按此要求确定起重杆的长度、起重杆仰角、停机位置等。例如跨过屋架安装屋面板时，为了不与屋架相碰，必须求出起重机的最小起重臂长度。确定最小起重臂长度的方法有两种：计算法和图解法。

1）结构吊装起重机起重臂杆长度的计算

设起重机以伸距 s，吊装高度为 h_1 的构件屋面板 1 时，如图 9.4 所示，则所需臂杆的最小长度按下式计算：

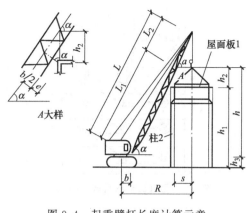

$$L = L_1 + L_2 = \frac{h}{\sin\alpha} + \frac{s}{\cos\alpha}$$

式中 L——起重机起重臂杆的长度，m；

L_1——起重机臂支点到起重机臂杆中心线的距离，m；

L_2——起重机臂杆中心线至起重机臂杆顶端的距离，m；

α——起重臂的仰角；

s——起重机吊钩伸距，m；

h——起重臂 L_1 部分在垂直轴上的投影，$h = h_1 + h_2 - h_3$；

h_1——构件的吊装高度，m；

h_3——起重臂支点离地面高度，m；

图 9.4 起重臂杆长度计算示意

h_2——起重臂杆中心线至安装构件顶面的垂直距离，m，$h_2 = \dfrac{b/2 + e}{\cos\alpha}$；

b——起重臂宽度，m，一般取 $0.6\sim1.0$m；

e——起重臂杆与安装构件的间隙，一般取 $0.3\sim0.5$m，求 h_2 时可近似取：

$$\alpha = \arctan\sqrt[3]{\frac{h_1}{s}}$$

$$h_2 \approx \frac{b/2 + e}{\cos\left(\arctan\sqrt[3]{\dfrac{h_1}{s}}\right)}$$

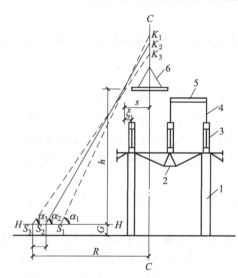

图 9.5 图解法求起重机臂杆最小长度
1—柱；2—托架；3—屋架；4—天窗架；
5—屋面板；6—吊索；
α_1、α_2、α_3—起重机臂杆的仰角

2）图解法求最小起重臂长度，其步骤如图 9.5 所示。

① 按比例绘出欲吊装厂房最高一个节间的纵剖面图及节间中心线 C—C。

② 根据选用拟起重机臂杆底部设支点距地面距离 G，通过 G 点划水平线。

③ 自天窗架或屋架（无天窗架厂房用）顶点向起重机的水平方向量出 1.0m 的水平距离 ξ，可得 A 点。

④ 通过 A 点画若干条与水平线近似 $60°$ 角的斜线，被 C—C 及 H—H 两线所截得线段 S_1K_1、S_2K_2、S_3K_3、…取其中最短的一根，即为吊装屋面板时的起重臂的最小长度，量出 α 角，即为所求的起重臂杆仰角，量出 R 即为起重半径。

⑤ 按此参数复核能否满足吊装最边缘一块屋面板或屋面支撑要求时。若不能满足要求时，可采取以下措施：

a. 改用较长的起重臂杆及起重仰角。

b. 使起重机由直线行走改为折线行走，如图 9.6 所示。

c. 采取在起重臂杆头部（顶部）加一鸭嘴（图 9.7）以增加外伸距离，吊装屋面板（适当增加配重）。

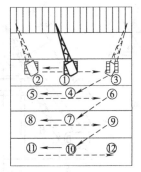

图 9.6 起重机采取折线形行走示意

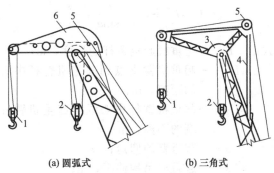

(a) 圆弧式　　　　(b) 三角式

图 9.7 起重臂杆顶部加一鸭嘴形式

1—副吊钩；2—主吊钩；3—支撑钢板；4—角钢拉杆；
5—副吊钩导向滑车；6—钢板制鸭嘴

9.2 钢结构安装施工

建筑钢结构安装主要是主要结构构件钢柱、屋架、吊车梁、屋面板和钢梯栏杆等附属构件的安装，其内容主要是定位复线、吊装方案和校正等工作。

9.2.1 钢柱基础

构件安装前，必须取得基础验收的合格资料。基础施工单位分批或一次交给，但每批所交的合格资料应是一个安装单元的全部柱基基础。

9.2.1.1 复核定位

复核定位应使用轴线控制点和测量标高的基准点。即柱及基础弹线、杯底抄平工作。

(1) 弹线。柱应在柱身的三个面弹出安装中心线、基础顶面线、地坪标高线。矩形截面柱安装中心线按几何中心线；工字形截面柱除在矩形部分弹出中心线外，为便于观测和避免视差，还应在翼缘部位弹一条与中心线平行的线。此外，在柱顶和牛腿顶面还要弹出屋架及吊车梁的安装中心线。

基础杯口顶面弹线要根据厂房的定位轴线测出，并应与柱的安装中心线相对应，作为柱安装、对位和校正时的依据。

(2) 杯底抄平。杯底抄平是对杯底标高进行的一次检查和调整，以保证柱吊装后牛腿顶面标高的准确。调整方法是：首先，测出杯底的实际标高 h_1，量出柱底至牛腿顶面的实际长度 h_2；然后，根据牛腿顶面的设计标高 h 与杯底实际标高 h_1 之差，可得柱底至牛腿顶面应有的长度 h_3（$h_3 = h - h_1$）；其次，将其（h_3）与量得的实际长度（h_2）相比，得到施工误差即杯底标高应有的调整值 Δh（$\Delta h = h_3 - h_2 = h - h_1 - h_2$），并在杯口内标出；最后，施工时，用 1:2 水泥砂浆或细石混凝土将杯底抹平至标志处。为使杯底标高调整值（Δh）为正值，柱基施工时，杯底标高控制值一般均要低于设计值 50mm。例如，柱牛腿顶面设计标高 +7.800，杯底设计标高 -1.200，柱基施工时，杯底标高控制值取 -1.250，施工后，实测杯底标高为 -1.230，量得柱底至牛腿面的实际长度为 9.01m，则杯底标高调整值为 $\Delta h = h - h_1 - h_2 = 7.80 + 1.23 - 9.01 = +0.02m$。

(3) 地脚预埋。地脚预埋是整个工程施工的第一步，也是非常关键的一步，是整个工程的基础。

① 熟悉图纸，了解图纸的意图和施工规范要求，并严格执行。

② 对土建的轴线和标高进行校对和复测并做好记录。根据记录分析存在的问题，汇同监理和土建人员对存在的问题做出处理意见，并处理，做好处理后记录。

③ 按照设计图纸，对地脚螺栓进行外观、直径、整体长度和丝扣长度、丝扣检查，并做好记录。对存在的问题进行处理或向制作部门书面反应，并要求解决时间。

④ 对地脚丝扣进行防腐处理和保护丝扣的包扎处理。

⑤ 检查地脚安装模板的中心线和孔径孔距尺寸存在的问题并做好记录。对存在的问题及时处理。

⑥ 用木工墨盒放出模板的中心线，作为测量点。

（4）钢结构的柱脚。钢结构的柱脚亦即钢柱与钢筋混凝土基础或基础梁的连接节点。柱脚节点作为结构的整体，不仅在设计阶段，而且在工厂制作、现场安装等环节都必须保证质量。根据对柱脚的受力分为以下几种形式：

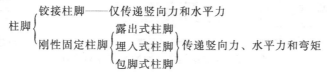

刚架柱脚主要分为铰接柱脚和刚接柱脚，一般构造如图 9.8 所示。铰接柱脚采用低锚栓直接锚固于柱底板，可承受柱底剪力，同时也具有一定的抗弯能力以保证柱在安装过程中的稳定；当刚接柱脚为带有一定高度柱靴高锚栓构造时，锚栓不能承受剪力，应由板底与混凝土之间的摩擦力承受，当剪力大于静摩擦力时，应设置专门的抗剪件。当埋置深度受限制时，锚栓应牢固地固定在锚板或锚梁上，以传递全部拉力，此时锚栓与混凝土之间黏结力不予考虑。

高层钢结构中，一般采用刚性固定柱脚，常见的柱脚形式如图 9.9 所示。

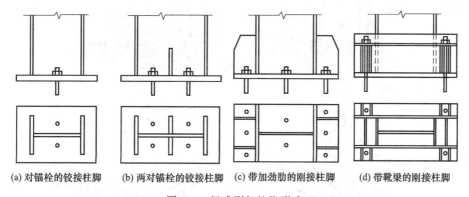

(a) 对锚栓的铰接柱脚　　(b) 两对锚栓的铰接柱脚　　(c) 带加劲肋的刚接柱脚　　(d) 带靴梁的刚接柱脚

图 9.8　门式刚架柱脚形式

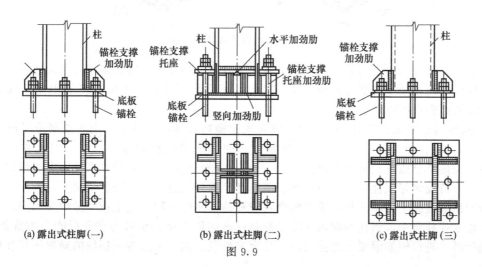

(a) 露出式柱脚(一)　　　　(b) 露出式柱脚(二)　　　　(c) 露出式柱脚(三)

图 9.9

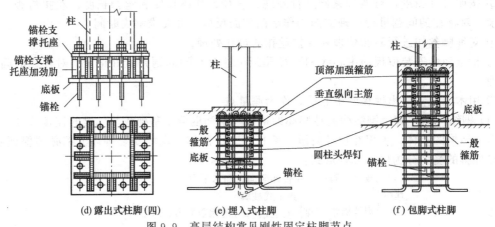

（d）露出式柱脚（四）　　（e）埋入式柱脚　　（f）包脚式柱脚

图 9.9　高层结构常见刚性固定柱脚节点

　　① 固定露出式柱脚。刚性固定露出式柱脚主要由底板、加劲肋（加劲板）、锚栓及锚栓支撑托座等组成，各部分的部件都应具有足够的强度和刚度，且相互间应有可靠的连接。当荷载较大时，为提高柱脚底板的刚度和减小底板的厚度，施工中采用增设加劲肋和锚栓支撑托座等补强措施，如图 9.10 所示。

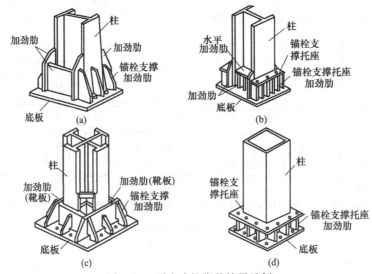

图 9.10　露出式柱脚的补强示例

　　柱脚底板下部二次浇筑的细石混凝土或水泥砂浆，将给予柱脚初期刚度很大的影响，应灌高强度等级细石混凝土或膨胀水泥砂浆。通常是采用强度等级为 C40 的细石混凝土或强度等级为 M5 的膨胀水泥砂浆。

　　② 刚性固定埋入式柱脚。刚性固定埋入式柱脚是直接将钢柱埋入钢筋混凝土基础或基础梁的柱脚，如图 9.9（e）所示。其施工方法：一是预先将钢柱脚按要求组装固定在设计标高上，然后浇灌基础或基础梁的混凝土；另一种是在浇灌混凝土时，按要求预留安装钢柱脚用的插入杯口，待安装好钢柱脚后，再按要求填充杯口部分的混凝土。通常情况下，为提高和确保钢柱脚和钢筋混凝土基础或基础梁的组合效应和整体刚度有利，在工程实际中多采用第一种。

　　在埋入式柱脚中，钢柱的埋入深度是影响柱脚的固定度、承载力和变形能力的重要因素，需要选择易于进行钢筋混凝土补强的埋入深度来处置。施工中为防止钢柱的局部压屈和局部变形，在钢柱向钢筋混凝土基础或基础梁传递水平力处压应力最大值的附近，设置水平加劲肋是一个有效的补强措施；对箱形截面柱和圆管形截面柱除设置水平加劲的环形横隔外，在箱内和管内浇筑混凝土也能获得良好的效果，如图 9.11 所示。

埋入式柱脚的锚栓一般仅作安装过程固定之用。锚栓的直径，通常是根据其与钢柱板件厚度和底板厚度相协调的原则来确定，一般可在 20～42mm 的范围内采用，且不宜小于 20mm。锚栓的数目常采用 2 个或 4 个，同时应与钢柱的截面形式、截

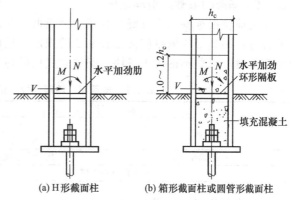

(a)H形截面柱　　(b)箱形截面柱或圆管形截面柱

图 9.11　埋入式柱脚的钢柱加劲补强

面大小，以及安装要求相协调。锚栓应设置弯钩、或锚板、或锚梁，其锚固长度不宜小于 25 倍的锚栓直径。柱脚底板的锚栓孔径，宜取锚栓直径加 5～10mm；锚栓垫板的锚栓孔径，取锚栓直径加 2mm。垫板的厚度取与柱脚底板厚度相同。在柱安装校正完毕后，应将锚栓垫板与底板焊牢，其焊脚尺寸不宜小于 10mm，应采用双螺母紧固；为防止螺母松动，螺母与锚栓垫板宜进行点焊；在埋设锚栓时，一般宜采用锚栓固定架，以确保锚栓位置的正确。

③ 刚性固定包脚式柱脚。固定包脚式柱脚就是按一定的要求将钢柱脚采用钢筋混凝土包起来的柱脚，如图 9.9(f) 所示。包脚式柱脚的设定位置应视具体情况而定，有在楼面、地面之上的，也有在楼面、地面之下的，包脚式柱脚的钢筋混凝土包脚高度、截面尺寸和箍筋配置（特别是顶部加强箍筋），对柱脚的内力传递和恢复力特性起着重要的作用。设计中应使混凝土的包脚有足够的高度和保护层厚度，并要适当配置补强箍筋，且其细部尺寸尚应满足构造上的要求。对于钢柱翼缘外侧面的钢筋混凝土保护层厚度一般不应小于 19mm，尚应满足配筋的构造要求。

包脚钢筋混凝土部分垂直纵向主筋的配置，可按柱脚受力要求确定，应符合最小配筋率 0.2% 的要求，且不宜小于 $\phi22$，并应在上端设置弯钩；垂直纵向主筋的锚固长度即钢柱脚底板底面以下部分的埋置深度，不应小于 35 倍钢筋直径；当垂直纵向主筋的中心距大于 200mm 时，应增设直径为 $\phi16$ 的垂直纵向架立钢筋；另外，在包脚的顶部应配置不少于 3Φ12@50 的加强箍筋，一般箍筋为Φ10@100，配筋如图 9.12 所示。

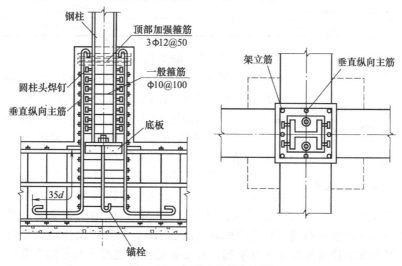

图 9.12　包脚式柱脚的配筋

9.2.1.2　基础验收数据资料复核

安装前应根据基础验收资料复核各项数据，并标注在基础表面上。支撑面、支座和地脚螺栓的位置和标高等的偏差应符合表9.2的规定。钢柱脚下面的支撑构造应符合设计要求。需要填垫钢板时，每叠不得多于三块。钢柱脚底板面与基础间的空隙，应用细石混凝土浇筑密实。

表9.2　支承面、地脚螺栓（锚栓）位置的允许偏差

项　目		允许偏差/mm
支承面	标高	±3.0
	水平度	$l/1000$
地脚螺栓	螺栓中心偏移	5.0
预留孔中心偏移		10.0

采用座浆垫板时，用水准仪、全站仪、水平尺和钢尺现场实测。资料全数检查，按柱基数抽查10%，且不应少于3个，座浆垫板的允许偏差应符合表9.3的规定。

表9.3　座浆垫板的允许偏差

项　目	允许偏差/mm
顶面标高	0.0，−3.0
水平度（L 为垫板的长度）	$L/1000$
位置	20.0

当采用杯口基础时，杯口尺寸的允许偏差要符合表9.4规定。

表9.4　杯口尺寸的允许偏差

项　目	允许偏差/mm
底面标高	0.0，−5.0
杯口深度 H	±5.0
杯口垂直度	$H/100$，且不应大于10.0
位置	10.0

地脚螺栓尺寸的偏差应符合表9.5规定，地脚螺栓的螺纹应受到保护。

表9.5　地脚螺栓尺寸的允许偏差

项　目	允许偏差/mm
螺栓(锚栓)露出长度	+30.0，0.0
螺纹长度	+30.0，0.0

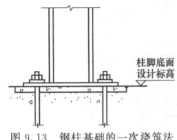

图9.13　钢柱基础的一次浇筑法

9.2.1.3　钢柱基础浇筑

为了保证地脚螺栓位置准确，施工时可用钢做固定架，将地脚螺栓安置在与基础模板分开的固定架上，然后浇筑混凝土。为保证地脚螺纹不受损伤，应涂黄油并用套子套住。

为了保证基础顶面标高符合设计要求，可根据柱脚形式和施工条件，采用下面两种方法。

（1）一次浇筑法。即将柱脚基础支撑面混凝土一次浇筑到设计标高。为了保证支撑面标高准确，首先将混凝土浇筑到比设计标高约低20～30mm处，然后在设计标高处设角钢或槽钢制导架，测准其标高，再以导架为依据用水泥砂浆精确找平到设计标高（图9.13）。采用一次浇筑法，可免除柱脚二次浇筑的工作，但要求钢柱制作尺寸十分准确，且要保证细石混凝土与下层混凝土的紧密黏结。

（2）二次浇筑法。即柱脚支撑面混凝土分两次浇筑到设计标高。

①　基准标高实测　在柱基中心表面和钢柱底面之间，考虑到施工因素，设计时都考虑有一定的间隙作为钢柱安装时的柱高调整，该间隙一般规定为 50～70mm，我国的规范规定为 50mm。基准标高点一般设置在柱基底板的适当位置，四周加以保护，作为整个高层钢结构工程施工阶段标高的依据。以基准标高点为依据，对钢柱柱基表面进行标高实测，将测得的标高偏差用平面图表示，作为临时支撑标高块调整的依据。

②　标高块设置　柱基表面采取设置临时支撑标高块的方法来保证钢柱安装控制标高。要根据荷载大小和标高块材料强度来计算标高块的支撑面积。标高块一般用砂浆、钢垫板和无收缩砂浆制作。一般砂浆强度低，只用于装配钢筋混凝土柱杯形基础找平；钢垫块耗钢多，加工复杂；无收缩砂浆是高层钢结构标高块的常用材料，因它有一定的强度，而且柱底灌浆也用无收缩砂浆，传力均匀。临时支撑标高块的埋设方法，如图 9.14 所示。

柱基边长＜1m 时，设一块；柱基＞1m，边长＜2m 时，设"十"字形块；柱基边长＞2m 时，设多块。标高块的形状，圆、方、长方、"十"字形都可以。为了保证表面平整，标高块表面可增设预埋钢板。标高块用无收缩砂浆时，其材料强度应＞30N/mm²。

③　柱底灌浆　第一次将混凝土浇筑到比设计标高约低 40～60mm，待混凝土达到一定强度后，放置钢垫板并精确校准钢垫板的标高，然后吊装钢柱。待钢柱吊装、校正和锚固螺栓固定后，要进行柱脚底板下浇筑细石混凝土（图 9.15）。二次浇筑法虽然多了一道工序，但钢柱容易校正，故重型钢柱多采用此法。

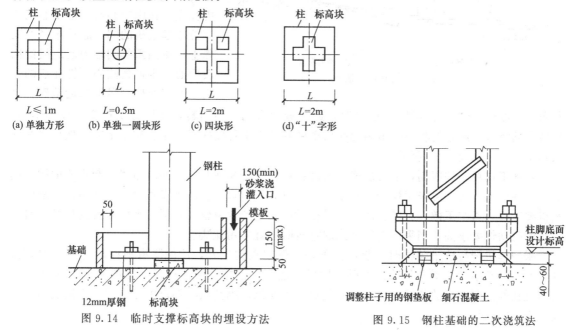

图 9.14　临时支撑标高块的埋设方法　　　　图 9.15　钢柱基础的二次浇筑法

9.2.2　单层钢柱安装

钢柱安装方法有旋转吊装法和滑行吊装法两种。单层轻钢结构钢柱宜采用旋转法吊升。吊升时，宜在柱脚底部拴好拉绳并垫以垫木，防止钢柱起吊时，柱脚拖地和碰坏地脚螺栓。

钢柱吊装施工步骤如下。

（1）绑扎。钢柱的绑扎方法、绑扎点数目和位置，要根据柱的形状、断面、长度及起重机的起重性能确定。

1）绑扎点数目与位置。柱的绑扎点数目与位置应按起吊时由自重产生的正负弯矩绝对值基本相等且不超过柱允许值的原则确定，以保证柱在吊装过程中不折断、不产生过大的变形。中、小型柱大多可绑扎一点，对于有牛腿的柱，吊点一般在牛腿下 200mm 处。重型柱或配筋少而细长的柱（如抗风柱），为防止起吊过程中柱身断裂，需绑扎两点，且吊索的合力点应偏向柱重心上部。必要时，需验算吊装应力和裂缝宽度后确定绑扎点数目与位置。工字形截面柱和双肢柱的绑扎点应选在实心处，否则应在绑扎位置用方木垫平。对于重型或配筋少的细长柱，则需两点甚至三点绑扎。

2）绑扎方法

① 斜吊绑扎法。如果柱的宽面起吊后抗弯强度满足要求时，可采用斜吊绑扎法。柱子在平卧状态下绑扎，不需翻身直接从底模上起吊；起吊后，柱呈倾斜状态，吊索在柱子宽面一侧，起重钩可低于柱顶，起重高度可较小；但对位不方便，宽面要有足够的抗弯能力。

② 直吊绑扎法。当柱的宽面起吊后抗弯能力不足，吊装前需先将柱子翻身再绑扎起吊；起吊后，柱呈直立状态，起重机吊钩要超过柱顶，吊索分别在柱两侧，故需要铁扁担，需要的起重高度比斜吊法大；柱翻身后刚度较大，抗弯能力增强，吊装时柱与杯口垂直，对位容易。

（2）吊升。柱的吊升方法应根据柱的重量、长度、起重机的性能和现场条件确定。根据柱在吊升过程中运动的特点，吊升方法可分为旋转法和滑行法两种。重型柱子有时还可用两台起重机抬吊。

采用旋转法吊装柱时，为了操作方便和起重臂不变幅，钢柱在排放时，应使柱脚宜靠近基础，柱的绑扎点、柱脚中心与基础中心三者宜位于起重机的同一起重半径的圆弧上，该圆弧的圆心为起重机的回转中心，半径为圆心到绑扎点的距离，并应使柱脚尽量靠近基础。这

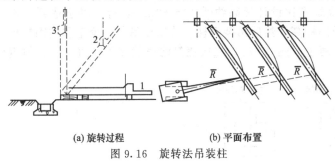

(a) 旋转过程　　　　(b) 平面布置

图 9.16　旋转法吊装柱

种布置方法称为"三点共弧"。起吊时，起重臂边升钩、边回转，使柱身绕柱脚（柱脚不动）旋转直到竖直，起重机将柱子吊离地面后稍微旋转起重臂使柱子处于基础正上方，然后将其插入基础杯口，如图 9.16 所示。

若施工现场条件限制，不可能将柱的绑扎点、柱脚和柱基三者同时布置在起重机的同一起重半径的圆弧上时，可采用柱脚与基础中心两点共弧布置，但这种布置时，柱在吊升过程中起重机要变幅，影响工效。旋转法吊升柱受振动小，生产效率较高，但对平面布置要求高，对起重机的机动性要求高。当采用自行杆式起重机时，宜采用此法。

采用单机滑行法吊装柱时，起重臂不动，仅起重钩上升，使柱脚沿地面滑行柱子逐渐直立，而柱脚则沿地面滑向基础，直至将柱提离地面，把柱子插入杯口，见图 9.17。采用滑行法布置柱的预制或排放位置时，应使绑扎点靠近基础，绑扎点与杯口中心均位于起重机的同一起重半径的圆弧上。

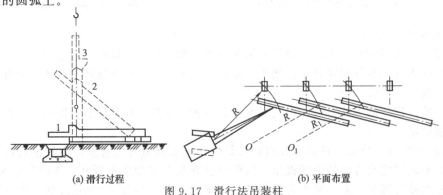

(a) 滑行过程　　　　　　　(b) 平面布置

图 9.17　滑行法吊装柱

滑行法吊升柱受振动大，但对平面布置要求低，对起重机的机动性要求低。滑行法一般用于：柱较重、较长而起重机在安全荷载下回转半径不够时；或现场狭窄无法按旋转法排放布置时；以及采用桅杆式起重机吊装柱时等情况。为了减小柱脚与地面的摩擦阻力，宜在柱脚处设置托木、滚筒等。

如果用双机抬吊重型柱，仍可采用旋转法（两点抬吊）和滑行法（一点抬吊）。滑行法中，为了使柱身不受振动，又要避免在柱脚加设防护措施的繁琐，可在柱下端增设一台起重机，将柱脚递送到杯口上方，成为三机抬吊递送法。

（3）对位和临时固定。钢柱插入杯口后应迅速对准纵横轴线，并使地脚螺栓对孔，注意钢柱垂直度，在基本达到要求后，方可落下就位，并在杯底处用钢楔把柱脚卡牢，在柱子倾斜一面敲打楔子，对面楔子只能松动，不得拔出，以防柱子倾倒。

如柱采用直吊法时，柱脚插入杯口后应悬离杯底 30～50mm 距离进行对位。

如用斜吊法，可在柱脚接近杯底时，于吊索一侧的杯口中插入两个楔子，再通过起重机回转进行对位。对位时应从柱四周向杯口放入 8 个楔块，并用撬棍拨动柱脚，使柱的吊装中心线对准杯口上的吊装准线，并使柱基本保持垂直。柱对位后，应先把楔块略为打紧（图 9.18），再放松吊钩，检查柱沉至杯底后的对中情况，若符合要求，即可将楔块打紧或拧上四角地脚螺栓作柱的临时固定，然后起重钩便可脱钩。钢柱垂直度偏差宜控制在 20mm 以内。吊装重型柱或细长柱除采用楔块临时固定外，必要时增设缆风绳拉锚。

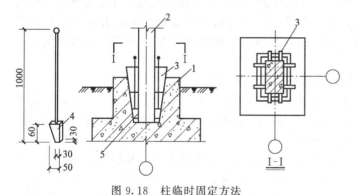

图 9.18 柱临时固定方法
1—杯形基础；2—柱；3—钢或木楔；4—钢塞；5—嵌小钢塞或卵石

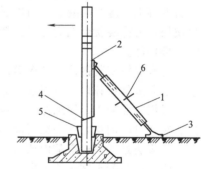

图 9.19 钢管撑杆斜顶法
1—丝杆撑杆；2—垫块；3—底座；4—柱子；
5—木或钢楔；6—转动手柄

（4）校正。柱的校正包括平面定位、标高及垂直度的校正。柱标高、平面位置的校正已在基础杯底抄平、柱对位时完成。钢柱就位后，主要是垂直度校正。柱的垂直度检查要用两台经纬仪从柱的相邻两面观察柱的安装中心线是否垂直。

柱的校正方法，当垂直偏差值较小时，可用敲打楔块的方法或用钢钎来纠正；当垂直偏差值较大时，如超过允许偏差，可用钢管撑杆斜顶法（图 9.19）、千斤顶校正法及缆风绳校正法等。用螺旋千斤顶或油压千斤顶进行校正（图 9.20），在校正过程中，随时观察柱底部和标高控制块之间是否脱空，以防校正过程中造成水平标高的误差。

对于重型钢柱可用螺旋千斤顶加链条套环托座（图 9.21），沿水平方向顶校钢柱。此法效果较理想，校正后的位移精度在 1mm 以内。校正后为防止钢柱位移，在柱四边用 10mm 厚的钢板定位，并用电焊固定。钢柱复校后，再紧固锚固螺栓，并将承重块上下点焊固定，防止走动。

钢柱安装校正时注意以下事项。

① 钢柱校正应先校正偏差大的一面，后校正偏差小的一面，如两个面偏差数字相近，则应先校正小面，后校正大面。

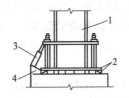
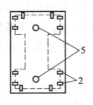

图 9.20　钢柱垂直度校正及承重块布置（一）
1—钢柱；2—控制块；3—油压千斤顶；
4—底座；5—灌浆孔

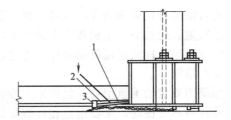

图 9.21　钢柱垂直度校正及承重块布置（二）
1—链条；2—螺旋千斤顶；3—托座

② 钢柱在两个方向垂直度校正好后，应再复查一次平面轴线和标高，如符合要求，则打紧柱四周八个楔子，使其松紧一致，以免在风力作用下向松的一面倾斜。

③ 钢柱垂直度校正须用两台精密经纬仪观测，观测的上测点应设在柱顶，仪器架设位置应使其望远镜的旋转面与观测面尽量垂直（夹角应大于 75°），以避免产生测量差误。

④ 风力影响。风力对柱面产生压力，柱面的宽度越宽，柱子高度越高，受风力影响也就越大，影响柱子的侧向弯曲也就越大。因此，柱子校正操作时，当柱子高度在 9m 以上，风力超过 5 级时不能进行。

（5）最后固定。钢柱校正完毕后，应立即进行最后固定。

对无垫板安装钢柱的固定方法是在柱脚与杯口的空隙中浇筑比柱混凝土强度等级高一级的细石混凝土。灌筑混凝土分两次进行，第一次灌至楔块底面，待混凝土强度达到 25% 后，拔出楔块，再将混凝土浇满杯口。待第二次浇筑的混凝土强度达 70% 后，方可拆除缆风绳，吊装上部构件。

对有垫板安装钢柱的二次灌注方法，通常采用赶浆法或压浆法。

赶浆法是在杯口一侧灌强度等级高一级的无收缩砂浆（掺水泥用量 0.03‰～0.05‰ 的铝粉）或细石混凝土，用细振动棒振捣使砂浆从柱底另一侧挤出，待填满柱底周围约 10mm 高，接着在杯口四周均匀地灌细石混凝土至与杯口平，如图 9.22（a）所示。

压浆法是于杯口空隙内插入压浆管与排气管，先灌 20cm 高混凝土，并插捣密实，然后开始压浆，待混凝土被挤压上拱，停止顶压；再灌 20cm 高混凝土顶压一次即可拔出压浆管和排气管，继续灌注混凝土至与杯口平，如图 9.22（b）所示。本法适用于截面很大、垫板高度较薄的杯底灌浆。

对采用地脚螺栓方式连接的钢柱，当钢柱安装最后校正后，拧紧螺母进行最后固定，如图 9.23 所示。

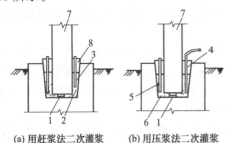

(a) 用赶浆法二次灌浆　(b) 用压浆法二次灌浆

图 9.22　有垫板安装柱子灌浆方法
1—钢垫板；2—细石混凝土；3—插入式振动器；
4—压浆管；5—排气管；6—水泥砂浆；
7—柱；8—钢楔

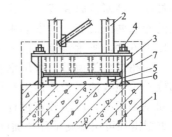

图 9.23　用预埋地脚螺栓固定
1—柱基础；2—钢柱；3—钢柱脚；
4—地脚螺栓；5—钢垫板；6—二次灌
浆细石混凝土；7—柱脚外包混凝土

9.2.3 多层与高层钢柱安装

建筑钢结构的安装，必须按照建筑物的平面形状、结构形式、安装机械的数量和位置等，合理划分安装施工流水区段。

9.2.3.1 施工流水段的划分和安装顺序图表的编制

（1）流水段划分原则及安装顺序

① 平面流水段的划分应考虑钢结构在安装过程中的对称性和整体稳定性。其安装顺序，一般应由中央向四周扩展，以利焊接误差的减少和消除。钢结构吊装按划分的区域，平行顺序同时进行。当一片区吊装完毕后，即进行测量、校正、高强度螺栓初拧等工序，待几个片区安装完毕后，对整体再进行测量、校正、高强度螺栓终拧、焊接。焊后复测完，接着进行下一节钢柱的吊装。柱与柱的接头宜设在弯矩较小位置或梁柱节点位置，同时要照顾到施工方便。每层楼的柱接头宜布置在同一高度，便于统一构件规格，减少构件型号。

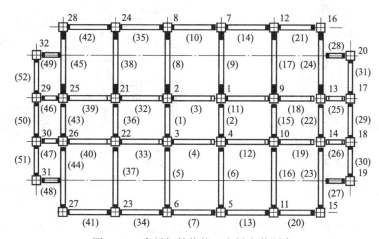

图 9.24　高层钢结构柱、主梁安装顺序
1、2、3、…—钢柱安装顺序；(1)、(2)、(3)、…—钢梁安装顺序

② 立面流水以一节钢柱（各节所含层数不一）为单元。每个单元以主梁或钢支撑、带状桁架安装成框架为原则；其次是次梁、楼板及非结构构件的安装。塔式起重机的提升、顶升与锚固，均应满足组成框架的需要。多层与高层钢结构吊装一般需划分吊装作业区域，柱长度一般 1～2 层楼高为一节，也可 3～4 层为一节，视起重机性能而定。当采用塔身起重机进行吊装时，以 1～2 层楼高为宜；对 4～5 层框架结构，采用履带式起重机进行吊装时，柱长可采用一节到顶的方案。图 9.24 为高层钢结构安装工程安装顺序举例图。

（2）安装顺序表的编制和要求。多层或高层建筑钢结构安装前，应根据安装流水段和构件安装顺序，编制构件安装顺序表。表中应注明每一构件的节点型号、连接件的规格数量、高强度螺栓规格、栓焊数量及焊接量、焊接形式等。构件从成品检验、运输、现场核对、安装、校正到安装后的质量检查及在地面进行构件组拼扩大安装单元时都使用该图表。

9.2.3.2 柱的吊装

（1）吊点设置。吊点位置及吊点数，根据钢柱形状、断面、长度、起重机性能等具体情况确定。多层与高层钢结构框架柱，由于长细比较大，吊装时必须合理选择吊点位置和吊装方法，必要时应对吊点进行吊装应力和抗裂度验算。一般情况下，钢柱弹性和刚性都很好，吊点采用一点正吊。吊点设置在柱顶处，柱身竖直，吊点通过柱重心位置，易于起吊、对线、校正。对柱长 14～20m 的长柱则应采用两点绑扎起吊，应尽量避免采用多点绑扎，以防止在吊装过程中构件受力不均而产生裂缝或断裂。

（2）耳板设置。当柱与柱焊接时，为了保证施工时能抗弯和便于校正上下翼缘的错位，需预先在柱端上安装耳板作临时的固定。为了保证吊装时索具安全，吊装钢柱时，应设置吊耳，吊耳应基本通过钢柱重心的铅垂线，吊耳设置如图 9.25 所示。对于 H 型钢柱，耳板应焊接在翼缘两侧的边缘上，以提高稳定性和便于施焊。考虑阵风和其他施工荷载的影响，耳板用厚度不小于 10mm 的普通钢板做成；对于工字形柱，耳板设置于柱翼缘两侧，以便发挥较大作用；对于方管柱的耳板仅设置一个方向，这对工地焊接比较方便。耳板在节点焊接完后应割除磨平。

（3）起吊方法

1）多层与高层钢结构工程中，钢柱一般采用单机起吊，对于特殊或超重的构件，也可采取双机抬吊，如图 9.26 所示。

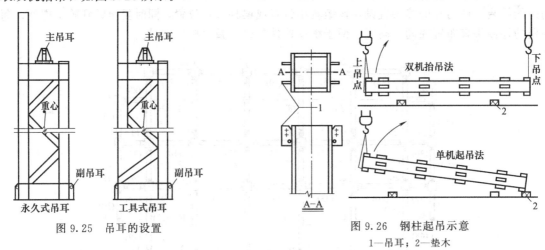

图 9.25　吊耳的设置

图 9.26　钢柱起吊示意
1—吊耳；2—垫木

双机抬吊应注意的事项：①尽量选用同类型起重机；②根据起重机能力，对起吊点进行荷载分配；③各起重机的荷载不宜超过其相应起重能力的 90%；④在操作过程中，要互相配合，动作协调，如采用铁扁担起吊，尽量使铁扁担保持平衡，倾斜角度小，以防一台起重机失重而使另一台起重机超载，造成安全事故；⑤信号指挥，分指挥必须听从总指挥。

2）钢柱起吊前，应从柱底板向上 500～1000mm 处，划一水平线，以便安装固定前后作复查平面标高基准用。

钢柱吊装施工中为了防止钢柱根部在起吊过程中变形，钢柱吊装一般采用双机抬吊，主机吊在钢柱上部，辅机吊在钢柱根部，待柱子根部离地一定距离（约 2m）后，辅机停止起钩，主机继续起钩和回转，直至把柱子吊直后，将辅机松钩。

钢柱安装属于竖向垂直吊装，为使吊起的钢柱保持下垂，便于就位，需根据钢柱的种类和高度确定绑扎点。具有牛腿的钢柱，绑扎点应靠牛腿下部，无牛腿的钢柱按其高度比例，绑扎点设在钢柱全长 2/3 的上方位置处，防止钢柱边缘的锐利棱角，在吊装时损伤吊绳，应用适宜规格的钢管割开一条缝，套在棱角吊绳处，或用方形木条垫护。注意绑扎牢固，并易拆除。钢柱柱脚套入地脚螺栓，防止其损伤螺纹，应用铁皮卷成筒套到螺栓上，钢柱就位后，取去套筒。

为避免吊起的钢柱自由摆动，应在柱底上部用麻绳绑好，作为牵制溜绳的调整方向。吊装前的准备工作就绪后，首先进行试吊，吊起一端高度为 100～200mm 时应停吊，检查索具牢固和吊车稳定板位于安装基础时，可指挥吊车缓慢下降，当柱底距离基础位置 40～100mm 时，调整柱底与基础两基准线达到准确位置，指挥吊车下降就位，并拧紧全部基础螺栓螺母，临时将柱子加固，达到安全方可摘除吊钩。

如果进行多排钢柱安装，可继续按此做法吊装其余所有的柱子。钢柱吊装调整与就位如图

9.27 所示。起吊时钢柱必须垂直，尽量做到回转扶直，根部不拖。起吊回转过程中应注意避免同其他已吊好的构件相碰撞，吊索应有一定的有效高度。

9.2.3.3　钢柱的固定

（1）第一节钢柱是安装在柱基上的，多为插入式基础杯口，吊装和固定方法与单层工业厂房柱相同，见本章第 9.2.2 节。钢柱安装前应将登高爬梯和挂篮等挂设在钢柱预定位置并绑扎牢固，起吊就位后临时固定地脚螺栓，校正垂直度。

（2）上下柱与柱连接。在高层钢结构中，钢框架一般采用工字形、H 形柱或箱形截面柱，一般柱子从上到下是贯通的。柱与柱连接是把预制柱段（为了便于制

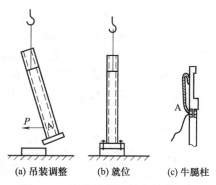

图 9.27　钢柱吊装调整与就位示意
A—溜绳绑扎位置

造和安装，减少柱的拼接连接节点数目，一般情况下柱的安装单元以 2～4 个楼层高度为一根，特大或特重的柱，其安装单元应根据起重、运输、吊装等机械设备的能力来确定）在工地垂直对接。柱与柱的拼接连接节点，理想的情况应是设置在内力较小的位置。但是，在现场从施工的难易和提高安装效率方面考虑，通常柱的拼接连接节点设置在距楼板顶面大约 1.1～1.3m 的位置处。

当为 H 型钢，可用高强度螺栓连接也可以采用焊缝连接，或高强度螺栓与焊接共同使用的混合连接，如图 9.28 所示；如为箱形截面，应采用完全焊透的 V 形坡口焊缝，如图 9.29 所示。

坡口电焊连接应先做好准备（包括焊条烘焙，坡口检查，设电弧引入、引出板和钢垫板并点焊固定，清除焊接坡口、周边的防锈漆和杂物，焊接口预热）。柱与柱的对接焊接，采用二人同时对称焊接，柱与梁的焊接亦应在柱的两侧对称同时焊接，以减少焊接变形和残余应力。

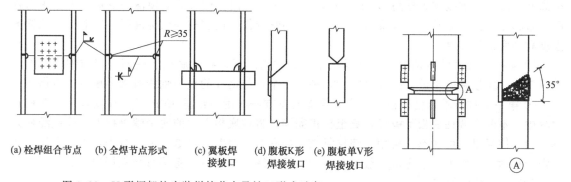

(a) 栓焊组合节点　(b) 全焊节点形式　(c) 翼板焊接坡口　(d) 腹板K形焊接坡口　(e) 腹板单V形焊接坡口

图 9.28　H 形框架柱安装拼接节点及坡口形式示意

图 9.29　上柱与下柱连接构造

对于厚板的坡口焊，打底层多用直径 4mm 焊条焊接，中间层可用直径 5mm 或 6mm 焊条，盖面层多用直径 5mm 焊条。三层应连续施焊，每一层焊完后及时清理。盖面层焊缝搭坡口两边各 2mm，焊缝余高不超过对接焊件中较薄钢板厚的 1/10，但也不应大于 3.2mm。焊后，当气温低于 0°以下，用石棉布保温使焊缝缓慢冷却，焊缝质量检验均按二级检验。

当柱需要改变截面时，一般应尽可能地保持截面高度不变，而采用改变翼缘厚度（或板件厚度）的办法。若需改变柱截面高度时，一般常将变截面段设于梁与柱连接节点，使柱在层间保持等截面。这样，柱外带悬臂梁段的不规则连接在工厂完成以保证制作和安装质量。变截面段的坡度，一般可在 1∶6～1∶4 的范围内采用，通常取 1∶5 或 1∶6。图 9.30 是箱形变截面柱的接头形式举例。

（3）钢柱安装到位，对准轴线，必须等地脚螺栓固定后才能松开吊索。

（4）重型柱或较长柱的临时固定，在柱与柱之间需加设水平管式支撑或设缆风绳。多层框架长柱，由于阳光照射的温差对垂直度有影响，使柱产生弯曲变形，因此，在校正中须采取适当措施。例如，可在无强烈阳光（阴天、早晨、晚间）进行校正；同一轴线上的柱可选择第一根柱在无温差影响下校正，其余柱均以此柱为标准；柱校正时预留偏差。

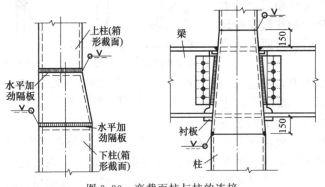

图 9.30 变截面柱与柱的连接

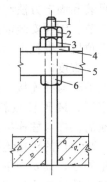

图 9.31 柱基标高调整示意

1—地脚螺栓；2—止退螺母；3—紧固螺母；
4—螺母垫板；5—柱子底板；6—调整螺母

9.2.3.4 钢柱校正

钢柱校正主要做三件工作：柱基标高调整，柱基轴线调整，柱身垂直度校正。

（1）第一节柱的校正

① 柱基标高调整　放上钢柱后，利用柱底板下的螺母（图 9.31）或标高调整块（图 9.14）控制钢柱的标高（因为有些钢柱过重，螺栓和螺母无法承受其重量，故柱底板下需加设标高调整块——钢板调整标高），精度可达到±1mm 以内。柱底板下预留的空隙，可以用高强度、微膨胀、无收缩砂浆以捻浆法填实。当使用螺母作为调整柱底板标高时，应对地脚螺栓的强度和刚度进行计算。

② 第一节柱底轴线调整　在起重机不松钩的情况下，将柱底板上的四个点与钢柱的控制轴线对齐，缓慢降落至设计标高位置。如果这四个点与钢柱的控制轴线有微小偏差，可借线。

③ 第一节柱身垂直度校正　采用缆风绳校正方法或用两台呈 90°的经纬仪找垂直。在校正过程中，不断微调柱底板下螺母，直至校正完毕，将柱底板上面的两个螺母拧上，缆风绳松开不受力，柱身呈自由状态，再用经纬仪复核，如有微小偏差，再重复上述过程，直至无误，将上螺母拧紧。地脚螺栓上螺母一般用双螺母，可在螺母拧紧后，将螺母与螺杆焊实。

（2）上下节柱的校正

① 上下两节柱的柱轴线调整　为使上下柱不出现错口，尽量做到上下柱中心线重合。如有偏差，钢柱中心线偏差调整每次 3mm 以内，如偏差过大，分 2～3 次调整。注意每一节钢柱的定位轴线决不允许使用下一节钢柱的定位轴线，应从地面控制线引至高空，以保证每节钢柱安装正确无误，避免产生过大的积累误差。上节钢柱安装就位后，按照先调整标高，再调整扭转，最后调整垂直度的顺序校正。

② 柱顶标高调整和其他节框架钢柱标高控制　柱顶标高调整和其他节框架钢柱标高控制可以用两种方法：一是按相对标高安装，建筑物标高的累积偏差不得大于各节柱制作允许偏差的总和；另一种是按设计标高安装，按设计标高安装时，应以每节柱为单位进行柱标高的调整工作，将每节柱接头焊缝的收缩变形和在荷载作用下的压缩变形值，加到制作长度中。通常情况下采用相对标高安装、设计标高复核的方法，将每节柱的标高控制的同一水平面上（在柱

顶设置水平仪测控）。钢柱吊装就位后，合上连接板，用大六角高强度螺栓固定连接上下钢柱的连接耳板，但不能拧得太紧，通过起重机起吊，撬棍可微调上下柱间间隙。量取上柱柱根标高线与下柱柱头标高线之间的距离，符合要求后在上下耳板间隙中打入钢楔，点焊限制钢柱下落，考虑到焊缝及压缩变形，标高偏差调整至 4mm 以内。正常情况下，标高偏差调整至 ±0.000。若钢柱制造误差超过 5mm，则应分次调整，不宜一次调整到位。

③ 扭转调整　钢柱的扭转偏差是在制造与安装过程中产生的，可在上柱和下柱耳板的不同侧面夹入一定厚度的垫板加以调整，然后微微夹紧柱头临时接头的连接板。钢柱的扭转每次只能调整 3mm，若偏差过大只能分次调整。塔式起重机至此可松钩。

④ 上下两节钢柱垂直度校正　钢柱垂直度校正的重点是对钢柱有关尺寸预检，即对影响钢柱垂直度因素的预先控制。如梁与柱一般焊缝收缩值小于 2mm；柱与柱焊缝收缩值一般在 3.5mm。

为确保钢结构整体安装质量精度，在每层都要选择一个标准框架结构体（或剪力筒），依次向外发展安装。安装标准化框架的原则：指建筑物核心部分，几根标准柱能组成不可变的框架结构，便于其他柱安装及流水段的划分。

标准柱的垂直度校正：采用两台经纬仪对钢柱及钢梁安装跟踪观测，钢柱垂直度校正可分两步。

第一步，采用无缆风绳校正。在钢柱偏斜方向的一侧打入钢楔或顶升千斤顶，在保证单节柱垂直度不超标的前提下，将柱顶偏轴线位移校正至 ±0.000，然后拧紧上下柱临时接头的大六角高强度螺栓至额定扭矩。注意临时连接耳板的螺栓孔应比螺栓直径大 4mm，利用螺栓孔扩大足够余量调节钢柱制作误差 -1～+5mm，螺栓孔扩大后能有够的余量将钢柱校正准确。

第二步，将标准框架体的梁安装上。先安装上层梁，再安装中、下层梁，安装过程会对柱垂直度有影响，可采用钢丝绳缆索（只适宜跨内柱）、千斤顶、钢楔和手拉葫芦进行（图9.32），其他框架柱依标准框架体向四周发展，其做法与上同。在安装柱与柱之间的主梁构件时，应对柱的垂直度进行监测，除监测一根梁两端柱子的垂直度变化外，还应监测相邻各柱因梁连接而产生的垂直度变化。可采用 4 台经纬仪对相应钢柱进行跟踪观测。若钢柱垂直度不超标，只记录下数据；若钢柱垂直度超标，应复核构件制作误差及轴线放样误差，针对不同情况进行处理。

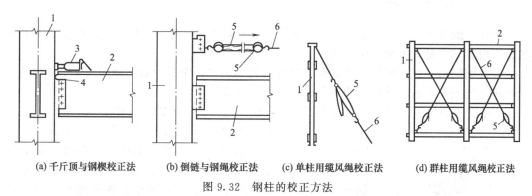

图 9.32　钢柱的校正方法

(a) 千斤顶与钢楔校正法　　(b) 倒链与钢绳校正法　　(c) 单柱用缆风绳校正法　　(d) 群柱用缆风绳校正法

1—钢柱；2—钢梁；3—1000kN 液压千斤顶；4—钢楔；5—20kN 倒链葫芦；6—钢丝绳

（3）柱子校正时的注意事项

① 对每根柱子需重复多次校正和观测垂直偏差值，先在起重机脱钩后电焊前进行初校，由于电焊后钢筋接头冷却收缩会使柱偏移，电焊完后应再做二次校正，梁、板安装后需再次校正。对数层一节的长柱，在每层梁安装前后均需校正，以免产生误差累积，校正方法同单层工业厂房柱。

② 当下节柱经最后校正后，偏差在允许范围以内时便不再进行调整。在这种情况下吊装

上节柱时，中心线如果根据标准中心线，则在柱子接头处的钢筋往往对不齐，若按照下节柱的中心线则会产生积累误差。一般解决的方法是：上节柱的底部在柱就位时，可对准下节柱中心线和标准中心线的中点各借一半，如图9.33所示；而上节柱的顶部，在校正时仍应根据标准中心线为准，以此类推。

在柱校正过程中，当垂直度和水平位移均有偏差时，如垂直度偏差较大，则应先校正垂直度，然后校正水平位移，以减少柱倾覆的可能性。柱的垂直度偏差容许值为 $H/1000$（H 为柱高），且不大于10mm。水平位移容许偏差值应控制在±5mm以内。上、下柱接口中心线位移不得超过3mm。详见表9.7、表9.8。

9.2.3.5 框架钢梁的安装与校正

（1）吊装前对梁的型号、长度、截面尺寸和牛腿位置、标高进行检查。钢梁安装采用两点起吊。安装前，根据规定装好扶手杆和扶手绳，就位后拴在两端柱上。钢梁吊装宜采用专用卡具，而且必须保证钢梁在起吊后为水平状态。主梁采用专用卡具，如图9.34（a）所示，卡具放在钢梁端部500mm的两侧。

框架梁安装原则上是一根一吊，次梁和小梁可采用多头吊索一次吊装数根，以充分发挥吊车起重能力。梁间距离应考虑操作安全。水平桁架的安装基本同框架梁，但吊点位置选择应根据桁架的形状而定，须保证起吊后平直，便于安装连接，主要做法如图9.34（b）所示。

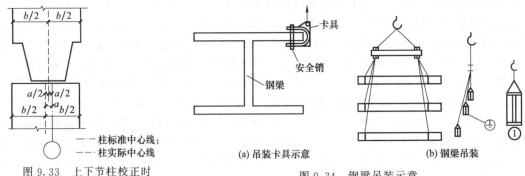

图9.33　上下节柱校正时中心线偏差调整简图

图9.34　钢梁吊装示意

一节柱一般有2层、3层或4层梁，原则上竖向构件由上向下逐件安装，由于上部和周边都处于自由状态，易于安装且保证质量。

一般在钢结构安装实际操作中，同一列柱的钢梁从中间跨开始对称地向两端扩展安装，同一跨钢梁，先安装上层梁再安装中下层梁，参见图9.24。

（2）在安装和校正柱与柱之间的主梁时，会使柱与柱之间的轴线尺寸发生变化。可先把柱子撑开，测量必须跟踪校正，预留偏差值，预留出节点焊接收缩量，柱产生的内力在焊接完毕焊缝收缩后也就消失了。梁校正完毕，用高强螺栓临时固定，再进行柱校正，紧固连接高强螺栓，焊接柱节点和梁节点，进行超声波检验。

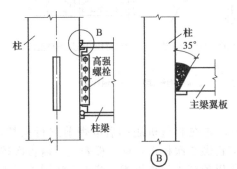

图9.35　柱与梁的连接构造

（3）主梁与钢柱的连接一般上、下翼缘用坡口电焊连接，而腹板用高强螺栓连接。次梁与主梁的连接基本上是在腹板处用高强螺栓连接，少量再在上、下翼缘处用坡口电焊连接，如图9.35所示。

柱与柱节点和梁与柱节点的焊接应互相协调，一般可以先焊接顶部柱梁节点，再焊接底部柱梁节点，最后焊接中间部分的柱梁节点。柱与柱的节点可以先焊,也可以后焊。

对整个框架而言,柱梁刚性接头焊接顺序应从整个结构的中间开始,先形成框架,然后再纵向继续施焊。同时梁应采取间隔焊接固定的方法,避免两端同时焊接,而使梁中产生过大的温度收缩应力。柱与梁接头钢筋焊接,全部采用 V 形块口焊,也应采用分层轮流施焊,以减少焊接应力。

(4) 各层次梁根据实际施工情况,确定吊装顺序,一层一层安装完成。同一根梁两端的水平度,允许偏差 ($l/1000$);最大不超过 10mm;如果钢梁水平度超标,主要原因是连接板位置或螺栓位置有误差,可采取更换连接板或塞焊原孔重新制孔处理。次梁可三层串吊安装,与主梁表面允许偏差为 ±2mm。详见表 9.8。

(5) 当一节钢框架吊装完毕,即需对已吊装的柱、梁进行误差检查和校正。对于控制柱网的基准柱用线锤或激光仪观测,其他柱根据基准柱用钢卷尺量测。安装连接螺栓时严禁在情况不明的情况下任意扩孔,连接板必须平整。一节柱的各层梁安装校正后,应立即安装本节柱范围内的各层楼梯,并铺好各层楼面的压型钢板,进行叠合楼板施工。每一流水段的全部构件安装、焊接、栓接完成并验收合格后,方可进行下一流水段钢结构的安装工作。

9.2.3.6　剪力墙板的安装

装配式剪力墙板安装在钢柱和楼层框架梁之间,剪力墙板有钢制墙板和钢筋混凝土墙板两种。安装方法多采用下述两种。

(1) 先安装好框架,然后再装墙板。进行墙板安装时,先用索具吊到就位部位附近临时搁置,然后调换索具,在分离器两侧同时下放对称索具绑扎墙板,再起吊安装到位。此法安装效率不高,临时搁置尚须采取一定的措施,如图 9.36 所示。

(2) 先同上部框架梁组合,然后再安装。剪力墙板是四周与钢柱和框架梁用螺栓连接,再用焊接固定的,安装前在地面先将墙板与上部框架梁组合,然后一并安装,定位后再连接其他部位。组合安装效率高,是个较合理的安装方法,如图 9.37 所示。

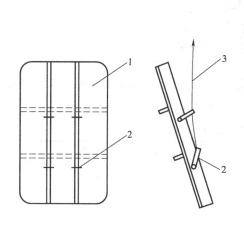

图 9.36　剪力墙板吊装
1—墙板;2—吊点;3—吊索

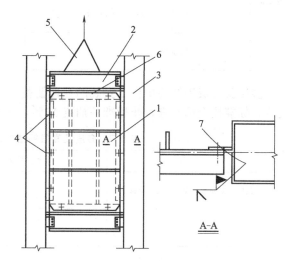

图 9.37　剪力墙吊装方法
1—墙板;2—框架梁;3—钢柱;4—安装螺栓;5—吊索;
6—框架梁与墙板连接处(在地面先组合成一体);
7—墙板安装时与钢柱连接部位

剪力支撑安装部位与剪力墙板吻合,安装时也应采用剪力墙板的安装方法,尽量组合后再进行安装。

9.2.4 钢结构中柱梁安装的质量检验

根据 GB 50205—2001 的规定，钢结构中柱和梁安装的质量应符合设计要求，如有偏差必须校正。单层钢结构安装中柱子安装的允许偏差，见表 9.6。检查数量按钢柱数量抽查 10%，且不应少于 3 件。

表 9.6　单层钢结构中柱子安装的允许偏差

项　目			允许偏差/mm	图　例	检验方法
柱脚底座中心线对定位轴线的偏移			5.0	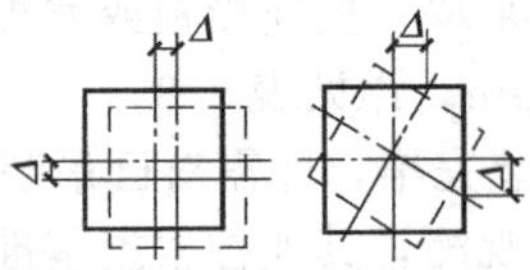	用吊线和钢尺检查
柱基准点标高	有吊车梁的柱		$+3.0$ -5.0	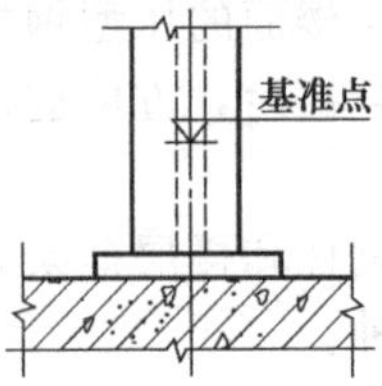	用水准仪检查
	无吊车梁的柱		$+5.0$ -9.0		
弯曲矢高			$H/1200$，且不应大于 15.0		用经纬仪或拉线和钢尺检查
柱轴线垂直度	单层柱	$H \leqslant 10\text{m}$	$H/1000$	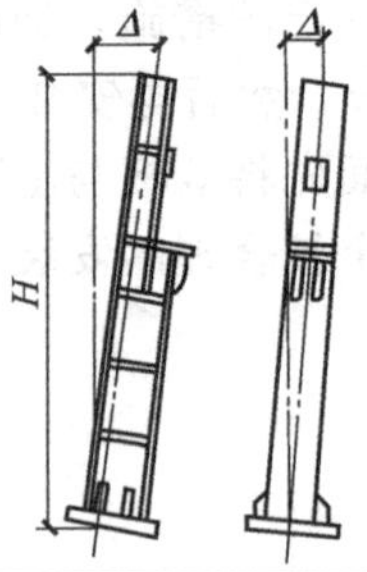	用经纬仪或吊线和钢尺检查
		$H > 10\text{m}$	$H/1000$，且不应大于 25.0		
	多节柱	单节柱	$H/1000$，且不应大于 10.0		
		柱全高	35.0		

多层及高层钢结构中柱子安装的允许偏差，分别见表 9.7。用全站仪或激光经纬仪和钢尺实测，标准柱全部检查，非标准柱抽查 10%，且不应少于 3 根。

表 9.7　多层及高层钢结构中柱子安装的允许偏差

项　目	允许偏差/mm	图　例
底层柱柱底轴线对定位轴线偏移	3.0	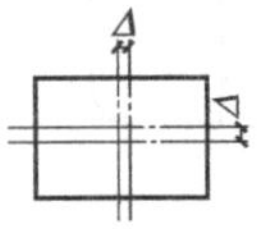
柱子定位轴线	1.0	
单节柱的垂直度	$h/1000$，且不应大于 10.0 （h 为单节柱柱高）	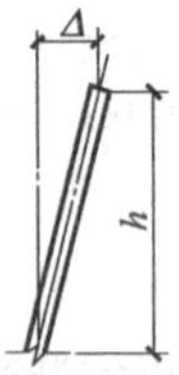

多层及高层钢结构中构件安装的允许偏差应符合表 9.8 的规定。

表 9.8　多层及高层钢结构中构件安装的允许偏差

项　目	允许偏差/mm	图　例	检验方法
上、下柱连接处的错口 Δ	3.0		用钢尺检查
同一层柱的各柱顶高度差 Δ	5.0		用水准仪检查
同一根梁两端顶面的高差	$l/1000$，且不应大于 10.0		用水准仪检查
主梁与次梁表面的高差 Δ	±2.0		用直尺和钢尺检查
压型金属板在钢梁上相邻列的错位 Δ	15.00		用直尺和钢尺检查

9.2.5　屋架的吊装

屋盖结构一般是以节间为单位进行综合吊装，即每安装好一榀屋架，随即将这一节间的其他构件全部安装上去，再进行下一节间的安装。

屋架吊装的施工顺序是：绑扎、扶直就位、吊升、对位、临时固定、校正和最后固定。

9.2.5.1　一般规定

（1）钢屋架可用自行起重机（尤其是履带式起重机）、塔式起重机和桅杆式起重机等进行吊装。由于屋架的跨度、重量和安装高度不同，宜选用不同的起重机械和吊装方法。

（2）屋架多作悬空吊装，为使屋架在吊起后不致发生摇摆和其他构件碰撞，起吊前在屋架两端应绑扎溜绳，随吊随放松，以此保持其正确位置。

（3）钢屋架的侧向刚度较差，对翻身扶直与吊装作业，必要时应绑扎几道杉杆，作为临时加固措施（图9.38）。

（4）钢屋架的侧向稳定性较差，如果起重机械的起重量和起重臂长度允许时，最好经扩大拼装后进行组合

图 9.38　屋架的临时加固

吊装，即在地面上将两榀屋架及其上的天窗架、檩条、支撑等拼装成整体，一次进行吊装。

（5）钢屋架要检查校正其垂直度和弦杆的平直度。屋架的垂直度可用垂球检验，弦杆的平直度则可用拉紧的测绳进行检验。

（6）屋架临时固定用临时螺栓和冲钉；最后固定宜用电焊或高强度螺栓。

9.2.5.2　钢屋架绑扎

屋架在扶直就位和吊升两个施工过程中，绑扎点均应选在上弦节点处，左右对称。绑扎吊索内力的合力作用点（绑扎中心）应高于屋架重心，这样屋架起吊后不宜转动或倾翻。绑扎吊索与构件水平面所成夹角，扶直时不宜小于 60°，吊升时不宜小于 45°，具体的绑扎点数目及位置与屋架的跨度及型式有关，其选择方式应符合设计要求。当屋架跨度小于或等于 19m 时，

采用两点绑扎，如图 9.39(a) 所示；当跨度大于 19m 时需采用四点绑扎，如图 9.39(b) 所示；当跨度大于 30m 时，为了减少屋架的起吊高度，应考虑采用横吊梁，以减小绑扎高度，如图 9.39(c) 所示；三角形组合屋架如图 9.39(d) 所示。

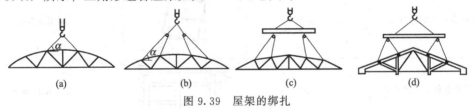

图 9.39　屋架的绑扎

9.2.5.3　钢筋混凝土屋架扶直与就位

如果设计中选用钢筋混凝土屋架或预应力混凝土屋架，一般屋架均在施工现场平卧叠浇。因此，这类屋架在吊装前需要扶直就位，即将平卧制作的屋架扶成竖立状态，然后吊放在预先设计好的地面位置上，准备起吊。

（1）扶直。根据起重机与屋架相对位置不同，屋架扶直有两种方式：正向扶直和反向扶直。

正向扶直是起重机位于屋架下弦一侧，扶直时屋架以下弦为轴缓缓转直，如图 9.40(a) 所示。反向扶直是起重机位于屋架上弦一侧，扶直时屋架以下弦缓缓转直，如图 9.40(b) 所示。

扶直时先将吊钩对准屋架平面中心，收紧吊钩后，起重臂稍抬起使屋架脱模。若叠浇的屋架间有严重粘接时，应先用撬杠撬或钢钎凿等方法，使其上下分开，不能硬拉，以免造成屋架损破，因为屋架的侧向刚度很差。另外，为防止屋架在扶直过程中突然下滑而损坏，需在屋架两端搭井字架或枕木垛，以便在屋架由平卧转为竖立后将屋架搁置其上。

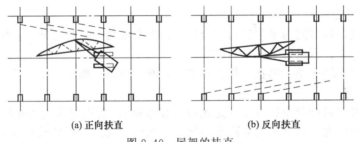

(a) 正向扶直　　　　　　　(b) 反向扶直

图 9.40　屋架的扶直

（2）屋架就位。无论钢屋架还是钢筋混凝土屋架，屋架就位分以下两种方式。

① 按就位的位置不同，可分为同侧就位和异侧就位两种（图 9.41）。同侧就位时，屋架的预制（钢筋混凝土屋架）或排放（钢屋架）位置与就位位置均在起重机开行路线的同一边。异侧就位时，需将屋架由预制或排放的一边转至起重机开行路线的另一边就位。此时，屋架两端的朝向已有变动。因此，在预制或排放屋架前，对屋架就位位置应加以考虑，以便确定屋架两端的朝向及预埋件的位置问题。

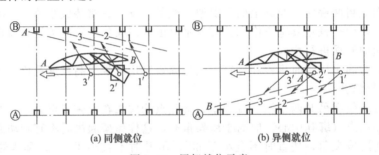

(a) 同侧就位　　　　　　　(b) 异侧就位

图 9.41　屋架就位示意

② 按屋架就位的方式，可分为靠柱边斜向就位（图 9.42）和靠柱边成组纵向就位。屋架成组纵向就位时，一般在 4～5 榀为一组靠柱边顺轴线纵向就位。屋架与柱之间、屋架与屋架之间的净距大于 20cm，相互之间用铅丝及支撑拉紧撑牢。每组屋架之间应留 3m 左右的间距作为横向通道，如图 9.43 所示。

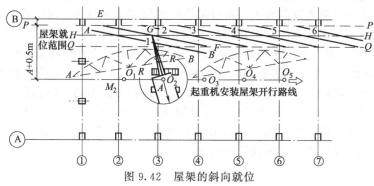

图 9.42　屋架的斜向就位

9.2.5.4　屋架吊升与对位

屋架的吊升方法有单机吊装和双机抬吊，双机抬吊仅在屋架重量较大，一台起重机的吊装能力不能满足吊装要求的情况下采用。

单机吊装屋架时，先将屋架吊离地面 500mm，然后将屋架吊至吊装位置的下方，升钩将屋架吊至超过柱顶 300mm，然后将屋架缓降至柱顶，进行对位。屋架

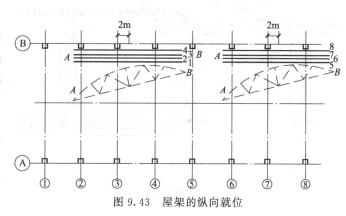

图 9.43　屋架的纵向就位

对位应以建筑物的定位轴线为准，因此在屋架吊装前，应用经纬仪或其他工具在柱顶放出建筑物的定位轴线。如柱顶截面中线与定位轴线偏差过大时，应调整纠正。对位前应事先将建筑物轴线用经纬仪投放在柱顶面上。对位以后，立即临时固定，然后起重机脱钩。

9.2.5.5　屋架临时固定

屋架对位后，立即进行临时固定。临时固定稳妥后，起重机方可摘去吊钩。应十分重视屋架的临时固定，因为屋架对位后是单片结构，侧向刚度较差。第一榀屋架就位后，可用四根缆风绳从两边拉牢作临时固定，并用缆风绳来校正垂直度（图 9.44 和图 9.45）。当厂房有抗风

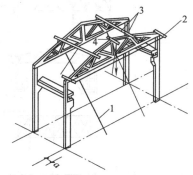

图 9.44　屋架的临时固定（一）
1—缆风绳；2—横杆；3—校正器；4—吊锤

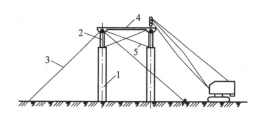

图 9.45　屋架的临时固定（二）
1—柱子；2—屋架；3—缆风绳；
4—工具式支撑；5—屋架垂直支撑

柱并已吊装就位时，也可将屋架与抗风柱连接作为临时固定。第二榀屋架以及其后各榀屋架可用屋架校正器（工具式支撑）临时固定在前一榀屋架上，作临时固定（图9.46）。15m跨以内的屋架用一根校正器，19m跨以上的屋架用两根校正器。

9.2.5.6 屋架校正与最后固定

屋架的校正主要是垂直度的校正。可以采用经纬仪或垂球检查，用屋架校正器或缆风绳校正。采用经纬仪检查屋架垂直度时，在屋架上弦安装三个卡尺（一个安装在屋架中央，两个安装在屋架两端），自屋架上弦几何中心线量出500mm，在卡尺上作出标志。然后，在距屋架中线500mm处的地面上，设一台经纬仪，用其检查三个卡尺上的标志是否在同一垂直面上。采用垂球检查屋架垂直度时，卡尺标志的设置与经纬仪检查方法相同，标志距屋架几何中心线的距离取300mm。在两端卡尺标志之间连一通长钢丝，从中央卡尺的标志处向下挂垂球，检查三个卡尺的标志是否在同一垂直面上，如图9.47所示。如有误差，可通过调整工具式支撑或绳索，并在屋架端部支撑面垫入薄铁片进行调整。

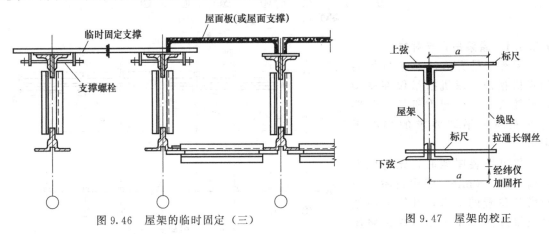

图9.46 屋架的临时固定（三）　　　　图9.47 屋架的校正

9.2.5.7 安装验收

根据GB 50205—2001的规定，钢屋（托）架、桁架、梁及受压件垂直度和侧向弯曲矢高的允许偏差，见表9.9。

表9.9 钢屋（托）架、桁架、梁及受压件垂直度和侧向弯曲矢高的允许偏差

项目		允许偏差/mm	图例
跨中的垂直度		$h/250$,且不应大于15.0	
侧向弯曲矢高 f	$L \leqslant 30\text{m}$	$L/1000$,且不应大于10.0	
	$30\text{m} < L \leqslant 60\text{m}$	$L/1000$,且不应大于30.0	
	$L > 60\text{m}$	$L/1000$,且不应大于50.0	

注：L为桁架最外端两个孔或两端支承面最外侧距离。

9.2.6　吊车梁安装

吊装吊车梁应在钢柱吊装完成经最后固定后进行。一般采用与柱子吊装相同的起重机或桅杆，用单机起吊；对 24m、36m 重型吊车梁，可采用双机抬吊的方法。

9.2.6.1　施工准备

（1）检查定位轴线。吊车梁吊装前应严格控制定位轴线，认真做好钢柱底部临时标高垫块的设备工作，密切注意钢柱吊装后的位移和垂直度偏差数值，实测吊车梁搁置端部梁高的制作误差值。

（2）复测吊车梁纵横轴线。安装前，应对吊车梁的纵横轴线进行复测和调整。钢柱的校正应把有柱间支撑的作为标准排架认真对待，从而控制其他柱子纵向的垂直偏差和竖向构件吊装时的累计误差；在已吊装完的柱间支撑和竖向构件的钢柱上复测吊车梁的纵横轴线，并应进行调整。

（3）调整牛腿面的水平标高。安装前，调整搁置钢吊车梁牛腿面的水平标高时，应先用水准仪（精度为 ±3mm/km）测出每根钢柱上原先弹出的 ±0.000 基准线在柱子校正后的实际变化值。一般实测钢柱横向近牛腿处的两侧，同时做好实测标记。

根据各钢柱搁置吊车梁牛腿面的实测标高值，定出全部钢柱搁置吊车梁牛腿面的统一标高值，以统一标高值为基准，得出各搁置吊车梁牛腿面的标高差值。

根据各个标高差值和吊车梁的实际高差来加工不同厚度的钢垫板。同一搁置吊车梁牛腿面上的钢垫板一般应分成两块加工，以利于两根吊车梁端头高度值不同的调整。在吊装吊车梁前，应先将精加工过的垫板点焊在牛腿面上。

（4）吊车梁绑扎。钢吊车梁一般采用两点绑扎，对称起吊。吊钩应对称于梁的重心，以便使梁起吊后保持水平，梁的两端用溜绳控制，以防吊升就位时左右摆动，碰撞柱子。

对梁上设有预埋吊环的钢吊车梁，可采用带钢钩的吊索直接钩住吊环起吊；对自重较大的钢吊车梁，应用卡环与吊环吊索相互连接起吊。

梁上未设置吊环的钢吊车梁，可在梁端靠近支点处用轻便吊索配合卡环绕吊车梁（或梁）下部左右对称绑扎吊装（图 9.48），注意绑扎时吊索应等长，梁棱角边缘应衬以麻袋片、汽车废轮胎块、半边钢管或短方木护角，在梁一端需拴好溜绳（拉绳）；以防就位时左右摆动，碰撞柱子。用工具式吊耳吊装，如图 9.49 所示。当起重能力允许时，也可采用将吊车梁与制动梁（或桁架）及支撑等组成一个大部件进行整体吊装，如图 9.50 所示。

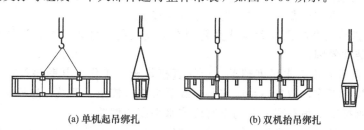

(a) 单机起吊绑扎　　　　　(b) 双机抬吊绑扎

图 9.48　钢吊车梁的吊装绑扎

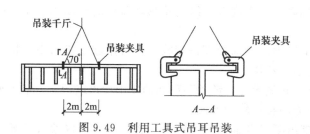

图 9.49　利用工具式吊耳吊装

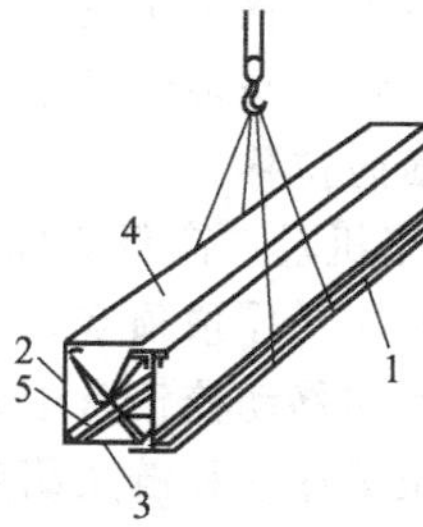

图 9.50　钢吊车梁的组合吊装

1—钢吊车梁；2—侧面桁架；3—底面桁架；

4—上平面桁架；5—斜撑

9.2.6.2 施工操作

（1）一般规定

① 安装吊车梁时应按设计规定进行安装，首先应控制钢柱底板到牛腿面的标高和水平度，如产生偏差时应用垫铁调整到所规定的垂直度。吊车梁安装前后不许存在弯曲、扭曲等变形。

② 固定后的吊车梁调整程序应合理：一般是先就位做临时固定，调整工作要待钢屋架及其他构件完全调整固定好之后进行。否则其他构件安装调整将会使钢柱（牛腿）位移，直接影响吊车梁的安装质量。

③ 吊车梁的安装质量，要受吊车轨道的约束，同时吊车梁的设计起拱上挠值的大小与轨道的水平度有一定的影响。

（2）起吊就位

① 吊车梁吊装须在柱子最后固定，柱间支撑安装后进行。在屋盖吊装前安装吊车梁，可使用各种起重机进行。如屋盖已吊装完成，则应用短臂履带式起重机或独脚桅杆吊装，起重臂杆高度应比屋架下弦低 0.5m 以上。如无起重机，亦可在屋架端头、柱顶拴倒链安装。

② 吊车梁应布置接近安装位置，使梁重心对准安装中心，安装可由一端向另一端，或从中间向两端顺序进行。当梁吊至设计位置离支座面 20cm 时，用人力扶正，使梁中心线与支撑面中心线（或已安相邻梁中心线）对准，并使两端搁置长度相等，然后缓慢落下，如有偏差，稍吊起用撬杠引导正位，如支座不平，用斜铁片垫平。

③ 当梁高度与宽度之比大于 4 时，或遇 5 级以上大风时，脱钩前，应用 9 号钢丝将梁捆于柱上临时固定，以防倾倒。

（3）垂直度及水平度控制

① 预先测量吊车梁在支撑处的高度和牛腿距柱底的高度，如产生偏差时，可用垫铁在基础上平面或牛腿支撑面上予以调整。

② 吊装吊车梁前，防止垂直度、水平度超差，应认真检查其变形情况，如发生扭曲等变形时应予以矫正，并采取刚性加固措施防止吊装再变形；吊装时应根据梁的长度，可采用单机或双机进行吊装。

③ 安装时应按梁的上翼缘平面事先划的中心线，进行水平移位、梁端间隙的调整，达到规定的标准要求后，再进行梁端部与柱的斜撑等连接。

④ 吊车梁各部位置基本固定后应认真复测有关安装的尺寸，按要求达到质量标准后，再进行制动架的安装和紧固。

⑤ 防止吊车梁垂直度、水平度超差，应认真搞好校正工作。其顺序是首先校正标高，其他项目的调整、校正工作，待屋盖系统安装完成后再进行校正、调整，这样可防止因屋盖安装引起钢柱变形而直接影响吊车梁安装的垂直度或水平度的偏差。

（4）定位校正。钢吊车梁校正一般在梁全部安装完毕，屋面构件校正并最后固定后进行。但对重量较大的钢吊车梁，因脱钩后撬动比较困难，宜采取边吊边校正的方法。校正内容包括中心线（位移）与轴线间距（跨距）、标高、垂直度等。纵向位移在就位时已基本校正，故校正主要为横向位移。

① 校正机具。高低方向校正主要是对梁的端部标高进行校正，可用起重机吊空、特殊工具抬空、油压千斤顶顶空，然后在梁底填设垫块。

水平方向移动校正常用橇棒、钢楔、花篮螺栓、链条葫芦和油压千斤顶进行。一般重型行车梁用油压千斤顶和链条葫芦解决水平方向移动较为方便。

② 吊车梁标高校正。当一跨即两排吊车梁全部吊装完毕后，将一台水准仪架设在某一钢吊车梁上或专门搭设的平台上，进行每梁两端的高程测量，计算各点所需垫板厚度。或在柱上测出一定高度的水准点，再用钢尺或样杆量出水准点至梁面铺轨需要的高度。每根梁观测两端

及跨中三点，根据测定标高进行校正，校正时用撬杠撬起或在柱头屋架上弦端头节点上挂倒链，将吊车梁需垫垫板的一端吊起。

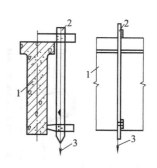

重型柱在梁一端下部用千斤顶顶起，填塞铁片。在校正标高的同时，用靠尺或线锤在吊车梁的两端（鱼腹式吊车梁在跨中）测垂直度如图 9.51 所示。当偏差超过规范允许偏差（一般为 5mm）时，用楔形钢板在一侧填塞纠正。

③ 吊车梁中心线与轴线间距校正。先在吊车轨道两端的地面上，根据柱轴线放出吊车轨道轴线，用钢尺校正两轴线的距离，再用经纬仪放线、钢丝挂线锤或在两端拉钢丝等方法校正，如图 9.52 所示。如有偏差，用撬杠拨正，或在柱头挂倒链将吊

图 9.51　吊车梁垂直度的校正
1—吊车梁；2—靠尺；3—线锤

车梁吊起或用杠杆将吊车梁抬起，再用撬杠配合移动拨正（图 9.53）或在梁端设螺栓、液压千斤顶侧向顶正（图 9.54）。

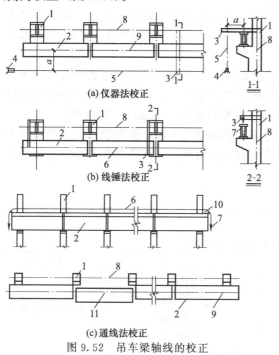

(a) 仪器法校正

(b) 线锤法校正

(c) 通线法校正

图 9.52　吊车梁轴线的校正

1—柱；2—吊车梁；3—短木尺；4—经纬仪；5—经纬仪与梁轴线平行视线；6—钢丝；7—线锤；8—柱轴线；9—吊车梁轴线；10—钢管或圆钢；11—偏离中心线的吊车梁

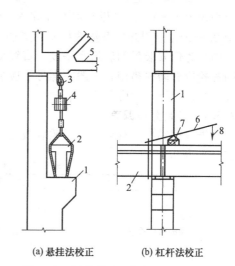

(a) 悬挂法校正　　(b) 杠杆法校正

图 9.53　用悬挂法和杠杆法校正吊车梁

1—柱；2—吊车梁；3—吊索；4—倒链；5—屋架；6—杠杆；7—支点；8—着力点

④ 吊车梁校正完毕应立即将吊车梁与柱牛腿上的埋设件焊接固定，在梁柱接头处支侧模，浇筑细石混凝土并养护。

9.2.6.3　吊车轨道安装

吊车轨道在安装前应严格复测吊车梁的安装质量，使其上平面的中心线、垂直度和水平度的偏差数值，控制在设计或施工规范的允许范围之内；同时对轨道的总长和分段（接头）位置尺寸分别测量，以保证全长尺寸、接头间隙的正确。

（1）轨道的中心线与吊车梁的中心线应控制在允许偏差的范围内，使轨道受力重心与吊车梁腹板中心的偏移量不得大于腹板厚度的 1/2。调整时，为达到这一要求，应使两者（吊车梁

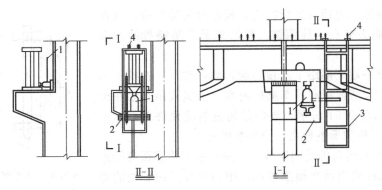

(a) 千斤顶校正侧向位移   (b) 千斤顶校正垂直度

图 9.54 用千斤顶校正吊车梁

1—液压（或螺栓）千斤顶；2—钢托架；3—钢爬梯；4—螺栓

及轨道）同时移动，否则不能达到这一数值标准。

（2）安装调整水平度或直线度用的斜、平垫铁与轨道和吊车梁应接触紧密，每组垫铁不应超过 2 块；长度应小于 100mm；宽度应比轨道底宽 10～20mm；两组垫铁间的距离应不小于200mm；垫铁应与吊车梁焊接牢固。

（3）如果轨道在混凝土吊车梁上安装时，垫放的垫铁应平整，且与轨道底面接触紧密，接触面积应大于 60%；垫板与混凝土吊车梁的间隙应大于 25mm，并用无收缩水泥砂浆填实；小于 25mm 时应用开口型垫铁垫实；垫铁一边伸出桥形垫板外约 10mm，并焊牢固。

（4）为使安装后的轨道水平度、直线度符合设计或规范的要求，固定轨道、矩形或桥形的紧固螺栓应有防松措施，一般在螺母下应加弹簧垫圈或用副螺母，以防吊车工作时在荷载及振动等外力作用下，使螺母松脱。

9.2.6.4 安装允许偏差

根据《钢结构工程施工质量验收规范》（GB 50205—2001）的规定，钢吊车梁安装的允许偏差，见表 9.10。

表 9.10 钢吊车梁安装的允许偏差

项　目		允许偏差/mm	图　例	检验方法
梁的跨中垂直度 Δ		$h/500$		用吊线和钢尺检查
侧向弯曲矢高（l 为钢吊车梁长）		$l/1500$ 且应不大于 10.0		用拉线和钢尺检查
垂直上拱矢高		10.0		
两端支座中心位移 Δ	安装在钢柱上时，对牛腿中心的偏移	5.0		
	安装在混凝土柱上时，对定位轴线的偏移	5.0		
吊车梁支座加劲板中心与柱子承压加劲板中心的偏移 Δ_1（t 为加劲板厚度）		$t/2$		用吊线和钢尺检查
同跨间内同一横截面吊车梁顶面高差 Δ	支座处	10.0		用经纬仪、水准仪和钢尺检查
	其他处	15.0		
同跨间内同一横截面下挂式吊车梁底面高差 Δ		10.0		

续表

项　　目	允许偏差/mm	图　　例	检验方法
同列相邻两柱间吊车梁顶面高差 Δ	l/1500，且不应大于 10.0		用水准仪和钢尺检查
相邻两吊车梁接头部位 Δ　中心错位	3.0		用钢尺检查
上承式顶面高差	1.0		
下承式顶面高差	1.0		
同跨间任一截面的吊车梁中心跨距 Δ	±10.0		用经纬仪和光电测距仪检查；跨度小时，可用钢尺检查
轨道中心对吊车梁腹板轴线的偏移 Δ（t 为吊车梁腹板厚度）	t/2		用吊线和钢尺检查

9.2.7　屋面构件安装

9.2.7.1　屋面梁安装

（1）屋面梁在地面拼装并用高强螺栓连接紧固。高强螺栓紧固、检测应按规范规定进行。

（2）屋面梁宜采用两点对称绑扎吊装，绑扎点亦设软垫，以免损伤构件表面。

（3）屋面梁吊装前应设好安全绳，以方便施工人员高空操作；屋面梁吊升宜缓慢进行，吊升过柱顶后由操作工人扶正对位，用螺栓穿过连接板与钢柱临时固定，并进行校正。

（4）屋面梁的校正主要是垂直度检查，屋面梁跨中垂直度偏差不大于 H/250（H 为屋面梁高），并不得大于 20mm。

（5）屋架校正后应及时进行高强螺栓紧固，做好永久固定。

9.2.7.2　天窗架和屋面板的吊装

屋面板一般有预埋吊环，用带钩的吊索钩住吊环即可吊装。大型屋面板有四个吊环，起吊时，应使四根吊索拉力相等，屋面板保持水平。为充分利用起重机的起重能力，提高工效，也可采用一次吊升若干块屋面板的方法。

屋面板的安装顺序，应自两边檐口左右对称地逐块铺向屋脊，避免屋架受荷不均匀。屋面板对位后，应立即电焊固定。

天窗架的吊装应在天窗架两侧的屋面板吊装后进行。其吊装方法与屋架基本相同。

9.2.7.3　屋面（墙面）檩条安装

（1）檩条安装前，对构件进行检查，构件变形、缺陷超出允许偏差时，进行处理。构件表面的油污、泥沙等杂物清理干净。

（2）屋面和墙面檩条统一吊装，空中分散进行安装。同一跨安装完后，检测檩条坡度，须与设计的屋面坡度相符。檩条的直线度须控制在允许偏差范围内，超差的要加以调整。墙架、檩条、支撑系统钢构件外形尺寸的允许偏差应符合表 9.11 的规定。墙架、檩条等次要构件安装的允许偏差应符合表 9.12 的规定。

表 9.11 墙架、檩条、支撑系统钢构件外形尺寸的允许偏差

项　目	允许偏差/mm	检 验 方 法
构件长度 l	±4.0	用钢尺检查
构件两端最外侧安装孔距离 l_1	±3.0	
构件弯曲矢高	$l/1000$，且不应大于 10.0	用拉线和钢尺检查
截面尺寸	+5.0 −2.0	用钢尺检查

表 9.12　墙架、檩条等次要构件安装的允许偏差

	项　目	允许偏差/mm	检 验 方 法
墙架立柱	中心线对定位轴线的偏移	10.0	用钢尺方法
	垂直度	$H/1000$，且不应大于 10.0	用经纬仪或吊线和钢尺检查
	弯曲矢高	$H/1000$，且不应大于 15.0	用经纬仪或吊线和钢尺检查
	抗风桁架的垂直度	$h/250$，且不应大于 15.0	用吊线和钢尺检查
	檩条、墙梁的间距	±5.0	用钢尺检查
	檩条的弯曲矢高	$L/750$，且不应大于 12.0	用拉线和钢尺检查
	墙梁弯曲矢高	$L/750$，且不应大于 10.0	用拉线和钢尺检查

注：H 为墙架立柱的高度；h 为抗风桁架的高度；L 为檩条或墙梁的长度。

9.3　平台、钢梯和防护栏安装

9.3.1　钢直梯安装

钢直梯的安装有如下规定。

(1) 钢直梯应采用性能不低于 Q235A·F 的钢材。梯梁应采用不小于∟50mm×50mm×5mm 角钢或-60mm×9mm 扁钢。踏棍宜采用不小于 ϕ20mm 的圆钢，间距宜为 300mm 等距离分布。钢直梯每级踏棍的中心线与建筑物或设备外表面之间的净距离不得小于 150mm。支撑应采用角钢、钢板或钢板组焊成 T 形钢，埋设或焊接时必须牢固可靠。

(2) 无基础的钢直梯，至少焊两对支撑，支撑竖向间距，不宜大于 3000mm，最下端的踏棍距基准面距离不宜大于 450mm。

(3) 侧进式钢直梯中心线至平台或屋面的距离为 390～500mm，梯梁与平台或屋面之间的净距离为 190～300mm。

(4) 钢直梯最佳宽度为 500mm。由于工作面所限，攀登高度在 5.0m 以下时，梯宽可适当缩小，但不得小于 300mm。

(5) 梯段高度超过 3.0m 时应设护笼，护笼下端距基准面为 2.0～2.4m，护笼上端高出基准面应与《固定式工业防护栏杆安全技术条件》(GB 4053.3—2009) 中规定的栏杆高一致。护笼直径为 700mm，其圆心距踏棍中心线为 350mm。水平圈采用不小于-40mm×4mm 扁钢，间距为 450～750mm，在水平圈内侧均布焊接 5 根不小于-25mm×4mm 扁钢垂直条。

(6) 梯段高不宜大于 9m。超过 9m 时宜设梯间平台，以分段交错设梯。攀登高度在 15m 以下时，梯间平台的间距为 5～9m；超过 15m 时，每 5 段设一个梯间平台。平台应设安全防护栏杆。

(7) 钢直梯上端的踏板应与平台或屋面平齐，其间隙不得大于 300mm，并在直梯上端设置高度不低于 1050mm 的扶手。

(8) 钢直梯全部采用焊缝连接，焊接要求应符合《钢结构工程施工质量验收规范》(GB 50205—2001) 的规定。所有构件表面应光滑无毛刺。安装后的钢直梯不应有歪斜、扭曲、变

形及其他缺陷。

（9）固定在平台上的钢直梯，应下部固定，其上部的支撑与平台梁固定，在梯梁上开设长圆孔，采用螺栓连接。钢直梯安装后必须认真除锈并做防腐涂装。

9.3.2　固定钢斜梯安装

依据《固定式钢斜梯安全技术条件》（GB 4053.2—2009）和《钢结构工程施工质量验收规范》（GB 50205—2001），固定钢斜梯的安装规定如下。

（1）不同坡度的钢斜梯，其踏步高 R、踏步宽 t 的尺寸见表 9.13，其他坡度按直线插入法取值。

表 9.13　钢斜梯踏步尺寸

α	30°	35°	40°	45°	50°	55°	60°	65°	70°	75°
R/mm	160	175	195	200	210	225	235	245	255	265
t/mm	290	250	230	200	190	150	135	115	95	75

（2）常用的坡度和高跨比（$H : L$），见表 9.14。

表 9.14　钢斜梯常用坡度和高跨比

坡度 α	45°	51°	55°	59°	73°
高跨比 $H : L$	1 : 1	1 : 0.9	1 : 0.7	1 : 0.6	1 : 0.3

（3）梯梁钢材采用性能不低于 Q235A·F 钢材。其截面尺寸应通过计算确定。踏板采用厚度不得小于 4mm 的花纹钢板，或经防滑处理的普通钢板，或采用由 $-25mm \times 4mm$ 扁钢和小角钢组焊成的格子板。

（4）立柱宜采用截面不小于 L40mm×40mm×4mm 角钢或外径为 30～50mm 的管材，从第一级踏板开始设置，间距不宜大于 1000mm，横杆采用直径不小于 16mm 圆钢或 30mm×4mm 扁钢，固定在立柱中部。

（5）梯宽宜为 700mm，最大不宜大于 1100mm，最小不得小于 600mm。梯高不宜大于5m，大于 5m 时，宜设梯间平台，分段设梯。

（6）扶手高应为 900mm，或与《固定式工业防护栏杆安全技术条件》（GB 4053.3—2009）中规定的栏杆高度一致，采用外径为 30～50mm，壁厚不小于 2.5mm 的管材。

（7）钢斜梯应全部采用焊缝连接。焊接要求符合《钢结构工程施工质量验收规范》（GB 50205—2001）的规定。所有构件表面应光滑无毛刺，安装后的钢斜梯不应有歪斜、扭曲、变形及其他缺陷。钢斜梯安装后，必须认真除锈并做防腐涂装。

9.3.3　平台、栏杆安装

平台钢板应铺设平整，与承台梁或框架密贴、连接牢固，表面有防滑措施。栏杆安装连接应牢固可靠，扶手转角应光滑，梯子、平台和栏杆宜与主要构件同步安装。依据《钢结构工程施工质量验收规范》（GB 50205—2001）的规定，平台、梯子和栏杆安装的允许偏差应符合表9.15 的规定。

表 9.15　钢平台、钢梯和防护栏杆安装的允许偏差

项　目	允许偏差/mm	检验方法
平台高度	±15.0	用水准仪检查
平台梁水平度（l 为平台梁长）	$l/1000$，且不应大于 20.0	用水准仪检查
平台支柱垂直度（H 为平台支柱高度）	$H/1000$，且不应大于 15.0	用经纬仪或吊线和钢尺检查
承重平台梁侧向弯曲（l 为承重平台梁长）	$l/1000$，且不应大于 10.0	用拉线和钢尺检查
承重平台梁侧垂直度（h 为承重平台梁高）	$h/1000$，且不应大于 15.0	用吊线和钢尺检查
直梯垂直度（l 为直梯长）	$l/250$，且不应大于 15.0	用吊线和钢尺检查
栏杆高度、栏杆立柱间距	±15.0	用钢尺检查

9.4　安全措施

钢结构安装施工时，重点从个人安全防护、安全交底、结构安全生产技术措施、安全用电等方面做好安全措施防范工作。详见13.10.3节内容。

能力训练题

1. 钢结构安装吊装前准备工作有哪些内容？
2. 简述单层钢结构安装程序。
3. 简述钢柱安装工艺。钢柱校正要做的三件工作是什么？
4. 简述钢屋架安装工艺。简述吊车梁安装工艺。
5. 简述框架梁、刚架柱安装工艺。
6. 钢结构测量验线主要工作内容是什么？
7. 简述多层与高层钢结构吊装顺序。高层钢结构施工的工艺要求有哪些？
8. 通过网上查阅近期有关钢结构方面的信息，了解目前国内钢结构生产厂家的情况，选出其中两家，分别写出其情况的简要介绍。
9. 根据学校和当地的实际情况，选择性地完成第13章第13.9节的实训项目。

第10章 压型金属板工程

【知识目标】

- 了解压型金属板的材料和节点构造
- 熟悉压型金属板安装工程的安装方法
- 熟悉压型金属板安装工程质量验收标准和质量检验方法

【学习目标】

- 熟悉压型金属板的材料，压型金属板的安装、校正方法及质量验收标准；训练压型金属板安装质量验收的能力

10.1 压型钢板

近年来，随着钢结构的快速发展，压型金属板已广泛应用于工业与民用建筑的围护结构（屋面、墙面）与组合楼板部分。压型金属板是以冷轧薄钢板为基板，经镀锌或镀锌后覆以彩色涂层再经辊弯成型的波纹钢材，具有质量轻（板厚 0.5～1.2mm）、纹平直坚挺、色彩鲜艳丰富、造型美观大方、耐久性强（涂敷耐腐涂层）、抗震性好、加工简单、施工方便、易于工业化、商品化生产等特点，广泛用于工业与民用建筑及公共建筑的内外墙面、屋面、吊顶等的装饰、轻质夹芯板材的面板以及组合楼板部分等，其截面形式如图 10.1所示。

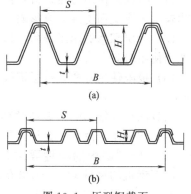

图 10.1 压型钢截面

压型板有多种不同的型号，压型板波距的模数为 50mm、100mm、150mm、200mm、250mm、300mm（但也有例外）；波高为 21mm、29mm、35mm、39mm、51mm、70mm、75mm、130mm、173mm；压型板的有效覆盖宽度的尺寸系列为 300mm、450mm、600mm、750mm、900mm、1000mm（但也有例外）。压型板（YX）的型号顺序以波高、波距、有效覆盖宽度来表示，如 YX39～175～700 表示波高 39mm，波距 175mm，有效覆盖宽度为 700mm 的压型板。

10.1.1 压型钢板分类

（1）按波高分类，可分为低波板、中波板、高波板。

低波板波高为 12～35mm，用于墙板、室内装饰板（墙面及顶板）。

中波板波高为 30～50mm，适用于作楼面板及中小跨度的屋面板。

高波板波高大于 50mm，由于单坡较长的屋面，通常配有专用固定支架，适用于作屋面板。

（2）按连接形式分类，可分为外露式连接（穿透式连接）和隐藏式连接。

外露式连接（穿透式连接）：主要指使用紧固体穿透压型钢板将其固定于檩条或墙梁上的方式，紧固件固定位置为屋面板固定于压型板波峰，墙面板固定于波谷。

隐藏式连接：主要指用于将压型钢板固定于檩条或墙梁上的专有连接支架，以及紧固件通过相应手法不暴露在室外的连接方式，它的防水性能以及压型钢板防腐蚀能力均优于外露式连接。

（3）按压型钢板纵向搭接方式分类，可分为自然扣合式、咬边连接式、扣盖连接式。

自然扣合式：采用外露式连接方式完成压型钢板纵向连接，属于压型钢板（压型钢板端波口合后）早期的连接方式。用于屋面产生渗漏概率大，用于墙面尚能满足基本要求。

咬边连接式：压型钢板端边通过专用机具进行190°或360°咬口方式完成压型钢板纵向连接，属于隐藏式连接范围，190°咬边是一种非紧密式咬合，360°咬边是一种紧密式咬合，咬边连接的板型比自然扣合连接的板型防水安全度明显增高，是值得推荐使用的板型。

扣盖连接式：压型钢板板端对称设置卡口构造边，专用通长扣盖与卡口构造边扣压型成倒钩构造，完成压型钢板纵向搭接，亦属于隐藏式连接范围，防水性能较好，此连接方式有赖于倒钩构造的坚固，因此对彩板本身的刚度要求高于其他构造。

10.1.2 压型钢板的物理性能

（1）燃烧性能：单层压型钢板耐火极限15min。

（2）防水性能：单独使用的单层压型钢板其构造防水等级为三级。压型钢板可作为一、二级防水等级屋面中的一层使用。

10.1.3 彩色涂层钢板的使用寿命

彩色涂层钢板的用途和使用环境条件不同，影响其使用寿命的因素比较多，根据使用功能，彩色涂层钢板的使用寿命可分为以下几种。

（1）装饰性使用寿命，指彩钢板表面表现主观褪色、粉化、龟裂，涂层局部脱落等缺陷。对建筑物的形象和美观造成影响，但尚未达到涂层大片失去保护作用的程度。

（2）涂层翻修的使用寿命，指彩钢板表面出现大部分脱层、锈斑等缺陷，造成基板进一步腐蚀的使用时间。

（3）极限使用寿命，指彩钢板不经翻修长期使用，直到出现严重的腐蚀，已不能再使用的时间。

从我国目前常用的彩板种类和正常使用环境角度，建筑用彩色涂层钢板的使用寿命大体为：装饰性使用寿命8~12年，翻修使用寿命12~20年，极限使用寿命20年以上。

10.1.4 压型钢板的材性要求与引用标准

压型钢板的钢材（优先选用卷板），应满足基材与涂层两部分的要求，基板一般采用现行国家标准《碳素结构钢》（GB/T 700—2006）中规定的Q235钢，当由挠度控制截面时，也可选用强度稍低的Q215钢，其力学性能见表10.1。

镀锌钢板和彩色涂层钢板还应分别符合现行国家标准《连续热镀锌薄钢板及钢带》（GB/T 2518—2008）和《彩色涂层钢板及钢带》（GB/T 12754—2006）中各项规定。镀锌钢板的公称尺寸见表10.2。镀锌钢板厚度允许偏差，见表10.3。

表 10.1 钢板的力学性能

牌号	等级	屈服点 σ_{eH}/(N/mm²)≥	抗拉强度 σ_m/(N/mm²)	伸长率 δ_5/%≥	冷弯试验180°(弯心直径d)
Q215	B	215	335~450	31(厚度≤40mm))	$d=a$
Q235	B	235	370~500	26	$d=a$

注：a为钢材厚度。

表 10.2 镀锌钢板的公称尺寸

名称		公称尺寸/mm	
厚度		0.25~0.50	0.5~2.50
宽度		700~1500	
长度	钢板	1000~6000	
	钢带	卷内径450	卷内径610

表 10.3　镀锌钢板厚度允许偏差

公称厚度/mm	PT(普通用途)普通精度 B 公称宽度/mm	
	≤1200	1200~1500
≤0.40	±0.07	—
0.50	±0.09	±0.09
0.60	±0.09	±0.09
0.70	±0.09	±0.10
0.90	±0.09	±0.10
0.90	±0.10	±0.11
1.00	±0.10	±0.11
1.20	±0.11	±0.12
1.50	±0.13	±0.14
2.00	±0.15	±0.16
2.50	±0.17	±0.18

注：1. 厚度测量部位距边缘不小于 20mm。

2. 钢带（卷板）头部和尾部 30m 内的厚度允许偏差最大不得超过上述规定值的 50%。

3. 钢带焊缝区 20m 内的厚度允许偏差最大不得超过上述规定值的 100%。

10.1.5　压型金属板的选用

压型金属板用作建筑物的围护板材及屋面与楼面的承重板材时，镀锌压型钢板宜用于无侵蚀和弱侵蚀环境；彩色涂层压型钢板可用于无侵蚀、弱侵蚀及中等侵蚀环境，并应根据侵蚀条件选用相应的涂层系列。

（1）环境对压型金属板的侵蚀作用。见表 10.4。

表 10.4　环境对压型金属板的侵蚀作用

地区	相对湿度/%	对压型金属板的侵蚀作用		
		室内采暖房屋	室内无采暖房屋	露天
农村、一般城市的商业区及住宅区	干燥<60	无侵蚀性	无侵蚀性	弱侵蚀性
	普通 60~75		弱侵蚀性	
	潮湿>75			
工业区、沿海地区	干燥<60	弱侵蚀性	中等侵蚀性	中等侵蚀性
	普通 60~75	中等侵蚀性		
	潮湿>75	中等侵蚀性		

注：1. 表中的相对湿度系指当地的年平均相对湿度。对于恒温恒湿或有相对湿度指标的建筑物，则采用室内的相对湿度。

2. 一般城市的商业区及住宅区泛指无侵蚀性介质的地区；工业区则包括受侵蚀性介质影响及散发轻微侵蚀性介质的地区。

（2）压型金属板的选用原则

① 当有保温隔热要求时，可采用压型钢板内加设矿棉等轻质保温层的做法形成保温隔热屋（墙）面。

② 压型钢板的屋面坡度可在 1/20~1/6 之间选用，当屋面排水面积较大或地处大雨量区及板型为中波板时，宜选用 1/12~1/10 的坡度；当选用长尺高波板时，可采用 1/90~1/15 的屋面坡度；当为扣压式或咬合式压型板（无穿透板面紧固件）时，可用 1/20 的屋面坡度；对暴雨或大雨量地区的压型板屋面应进行排水验算。

③ 一般永久性大型建筑选用的屋面承重压型钢板宽度与基板宽度（一般为 1000mm）之比为覆盖系数，应用时在满足承载力及刚度的条件下宜尽量选用覆盖系数大的板型。

10.2 夹芯板

夹芯板是指将彩色涂层钢板面板及底板与保温芯材通过黏结（或发泡）剂复合而成的保温复合围护板材。

10.2.1 夹芯板分类

（1）按芯材分类，可分为聚氨酯夹芯板、聚苯乙烯夹芯板和岩棉夹芯板。作为建筑板材，聚氨酯泡沫塑料的燃烧性能应符合《建筑材料及制品燃烧性能分级》（GB 8624—2006）的规定。行业标准《金属面硬质聚氨酯夹芯板》（JC/T 969—2000）规定：其厚度小于 50mm 时，其偏差为 ±2mm；厚度为 50～100mm 时，偏差为 ±3mm。

聚氨酯夹芯板又称"PU 夹芯板"，可分为屋面板和墙板，墙板按墙面的排列方式分为竖向墙板和横向墙板，竖向墙板的连接方式一般为承插口式连接；横向墙板一般为上下搭接和隐藏式两种。常用规格：厚度 30mm，40mm，50mm，60mm，70mm，90mm，100mm；有效宽度 1m，长度 <12m。聚氨酯泡沫塑料密度 30kg/m³，热导率 0.022～0.027W/(m·K)。

聚氨酯彩色夹芯板具有重量轻、保温隔热性能好、防火性能好等特点，被广泛用于厂房、大型公共建筑，例如体育馆、会展中心、机场等建筑。

聚苯乙烯夹芯板又称"EPS 夹芯板"，是以彩色钢板为面层，以阻燃聚苯乙烯泡沫塑料为芯材，用双组分聚氨酯作为胶黏剂，经连续加热加压复合成型，定尺同步切割而成的夹芯板。

聚苯乙烯夹芯板的表面密度分为三级：第一类为不承受负荷的；第二类承受负荷；第三类承受较大荷载。夹芯板需要采用接近第二类的，即表面密度在 20kg/m³ 左右。我国建材标准《金属面聚苯乙烯夹芯板》（JC 699—1998）规定不小于 19kg/m³。聚苯板在夹芯板中起着保温隔热作用，因此热导率值应不大于 0.0411W/(m·K)，阻燃性离火后 2s 内自熄。

聚苯夹芯板表面比较平整，装饰性好，但防火性能较低，应用逐渐受到限制，一般应用于冷库、临时建筑和防火要求较低的厂房等。

岩棉夹芯板是钢板作面层，以非燃材料岩棉、矿渣棉板为芯材，用双组分聚氨酯为胶黏剂，经连续加压复合成型，定尺同步切割制成的夹芯板。其自重、导热、压缩强度、吸水性等比聚氨酯和聚苯泡沫塑料的物理性能差，但它具有可达 600℃ 的使用温度，不燃性 A 级的突出特点，因而扩大了适用范围，用于防火等级要求高的建筑物的轻型板材。岩棉耐火时间按厚度而定，厚度 50mm 可耐火 1h，厚度 100mm 可耐火 2h 达到同样隔热、保温效果的三种材料厚度，岩棉夹芯板厚 50mm；加气混凝土厚 152mm，挤压成型空心混凝土厚 456mm。岩棉、矿渣棉夹芯板的密度不小于 100^{+10}_{-20} kg/m³。

岩棉夹芯板重量很轻，与具有相同隔热、保温性能的黏土砖相比，其重量只有黏土砖的 1/20～1/9。岩棉夹芯板可使用 20 年以上，具有良好的吸音系数，可防噪声。

（2）按使用部位分类，可分为屋面用夹芯板和墙面用夹芯板。

（3）按外形样式分类，可分为平板式夹芯板和波纹式夹芯板。

平板式夹芯板主要用于建筑物墙板，波纹式夹芯板主要用于屋面。

（4）按连接形式分类，可分为外露式连接和隐藏式连接。

平板式夹芯板通常采用隐藏式连接，波纹式夹芯板通常采用外露式连接。

10.2.2 夹芯板物理性能

夹芯板物理性能见表 10.5。

10.2.3 夹芯板板材

夹芯板板厚范围为 30～250mm，建筑围护常用夹芯板板厚范围为 50～100mm，其中彩色

表 10.5　夹芯板物理性能

性能 \ 芯材	聚氨酯夹芯板	聚苯乙烯夹芯板	岩棉夹芯板
燃烧性能	B1 级建筑材料（按《建筑材料及制品燃烧性能分级》GB 8624—2006 确定）	阻燃型 ZR 建筑材料，氧指数≥30%	厚度≥90mm，耐火极限≥60min 厚度<90mm，耐火极限≥30min
热导率 λ/[W/(m·K)]	≤0.033	0.041	0.039
体积质量 ρ/(kg/m³)	≥30	≥19	100

钢板厚度宜为 0.5～0.6mm，如有特殊要求，经计算屋面板内侧板、墙面板可采用 0.4mm 厚彩色涂层钢板。夹芯板屋面其防水等级为三级，可作为一、二级防水等级屋面中的一层使用。

彩色钢板夹芯板的原材料检验标准有：

《金属面聚苯乙烯夹芯板》JC 689—1998；

《金属面硬质聚氨酯夹芯板》JC/T 868—2000；

《金属面岩棉、矿渣棉夹芯板》JC/T 869—2000。

10.3　彩色钢板配件

泛水板、包角板一般采用与压型金属板相同的材料，用弯板机加工，由于泛水板、包角板等配件（包括落水管、天沟等）都是根据工程对象、具体条件单独设计，故除外形尺寸偏差外，不能有统一的要求和标准。国内常用的主要连接件及性能见表 10.6 和图 10.2。

表 10.6　压型金属板常用的主要连接件

名称	性能	用途
铝合金拉铆钉	拉剪力 0.2t 抗拉力 0.3t	屋面低波压型金属板、墙面压型金属板侧向搭接部位的连接，泛水板之间，包角板之间或泛水板、包角板与压型金属板之间搭接部位的连接
自攻螺丝（二次用）	表面硬度：HRC50～59	墙面压型金属板与墙梁的连接
钩螺栓		屋面低波压型金属板与檩条的连接，墙面压型金属板与墙梁的连接
单向固定螺栓	抗剪力 2.7t 抗拉力 1.5t	屋面高波压型金属板与固定支架的连接
单向连接螺栓	抗剪力 1.34t 抗拉力 0.9t	屋面高波压型金属板侧向搭接部位的连接
连接螺栓		屋面高波压型金属板与屋面檐口挡水板、封檐板的连接

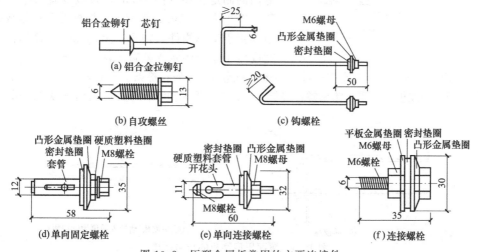

图 10.2　压型金属板常用的主要连接件

（1）拉铆钉。主要用于压型钢板之间，异型板之间以及压型钢板与异型板之间的连接固定，分为开孔型与闭孔型。开孔型用于室内装修工程，闭孔型用于室外工程。

（2）自攻螺钉。主要用于压型钢板、夹芯板、异型板等与檩条、墙梁或固定支架的连接固定，分为自攻自钻螺钉和打孔自攻螺钉。自攻自钻螺钉，前面有钻头，后面有丝扣，在专用电钻卡固定下操作，孔洞与螺杆匹配，紧固质量好，目前工程上较多采用。打孔后再攻丝扣的自攻螺丝，施工程序多，紧固质量不如前一种。

（3）固定支架。主要用于将压型钢板固定于檩条上，一般应用于中波及高波屋面板，固定支架与檩条的连接采用焊接或自攻螺钉连接，固定支架与压型钢板连接采用自攻螺钉，开花螺栓或专业咬边机咬口连接。

（4）膨胀螺栓。主要用于彩色钢板、异型板、连接构件与砌体或混凝土构件的连接固定。

（5）开花螺栓。主要用于高波压型钢板屋面板与檩条的连接固定。

10.4　压型金属板安装

压型金属板在工业与民用建筑的屋面、墙面等维护结构与组合楼板等工程中的应用越来越广泛，具有成型灵活、施工简便、美观耐用、重量轻、抗震防火的特点。目前它的加工和安装都已做了标准化、工厂化和装配化。

10.4.1　压型金属板连接构造

10.4.1.1　连接要求

压型金属板在支撑构件上的可靠搭接是指压型金属板通过一定的长度与支撑构件接触，且在该接触范围内有足够紧固件将压型金属板与支撑构件连接成为一体。压型钢板按波高分为高波板、中波板和低波板三种板型。屋面宜采用波高和波距较大的压型钢板；墙面宜选用波高和波距较小的压型钢板。压型金属板应在支撑构件上可靠搭接，搭接长度应符合下列设计要求。

（1）屋面压型钢板的长向连接一般采用搭接，搭接处应在支撑构件上。其搭接长度应不小于下列限值，同时在搭接区段的板间尚应设置防水密封带。

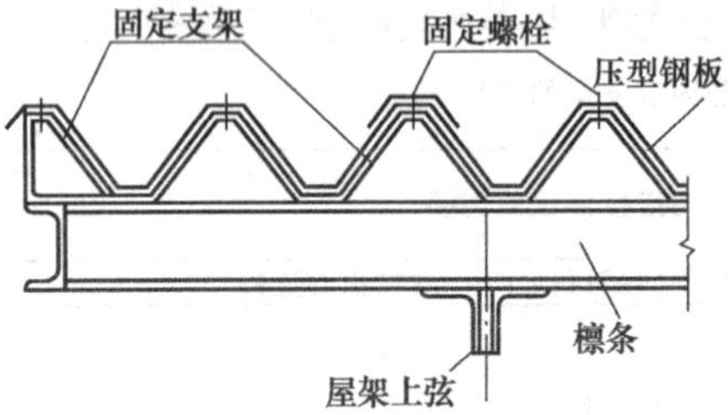

图 10.3　固定支架的连接

屋面高波板（波高≥75mm）：375mm

屋面中波及低波板：250mm（屋面坡度 $i<1/10$ 时）；200mm（屋面坡度 $i≥1/10$ 时）。

（2）屋面高波压型钢板在檩条上固定时，应设置专门的固定支架（图 10.3），每波设置一个，固定支架一般采用 2～3mm 厚钢带，按标准配件制成并在工地焊接于支撑构件（檩条）上，此时支撑构件上翼缘宽度应不小于固定支架宽度加 10mm。

（3）屋面中波压型钢板与支撑构件（檩条）的连接，一般在檩条上预焊栓钉，在安装后紧固连接（图 10.4）。中波板也可采用钩头螺栓连接，但因连接紧密度、耐候差，目前已极少应用。

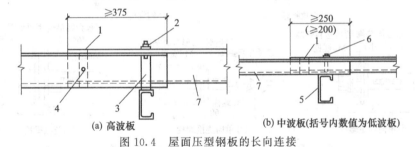

(a) 高波板　　(b) 中波板(括号内数值为低波板)

图 10.4　屋面压型钢板的长向连接

1—密封胶条；2—单向紧固件；3—固定支架；4—板间紧固件；5—檩条；6—栓钉；7—压型板

（4）高波压型金属板的侧向搭接部位必须设置连接件，间距为 700～900mm。有关防腐涂料的规定除设计中应根据建筑环境的腐蚀作用选择相应涂料系列外，当采用压型铝板时，应在其与钢构件接触面上至少涂刷一道铬酸锌底漆或设置其他绝缘隔离层，在其与混凝土、砂浆、砖石、木材接触面上至少涂刷一道沥青漆。

（5）对屋面中波或低波板可每波或隔波与檩条或墙梁连接，但搭接波处必须设置连接件。为了保证防水可靠性，屋面板的连接仍多设置在波峰上。

10.4.1.2 上下屋面板的搭接连接

在屋面设计时，应尽量减少上下屋面板的搭接数量，加大屋面板的长度。我国目前采用的连接法有两种方法：直接连接法和压板挤紧法。

（1）直接连接法是将上下两块板间设置两道防水密封条，在防水密封条处用自攻螺钉或拉铆钉将其紧固在一起，如图 10.5(a) 所示。

图 10.5 压型板上下板连接方法示意

（2）压板挤紧法是我国最新的上下板搭接连接方法，是将两块彩板的上面和下面设置两块与彩板板型相同厚度的镀锌钢板，其下设防水胶条，用紧固螺栓将其紧密挤压连接在一起，这种方法零配件较多，施工工序多，但是防水可靠，如图 10.5(b) 所示。

10.4.1.3 压型钢板连接构造

（1）屋面板的连接构造。单层彩色压型钢板与檩条（墙梁）的连接有外露连接和隐蔽连接两类。外露连接应优先采用自攻自钻的螺钉，该种连接为单面施工，操作方便，简单易行，如图 10.6(a) 所示。隐蔽连接方法是通过特制的连接件与专有板型相配合的一种连接形式，这种形式连接件不外露，彩色钢板表面不打孔，彩板不受损伤，不因打孔而漏雨，表面美观，但是更换维修某一块板时困难，如图 10.6(b) 所示。

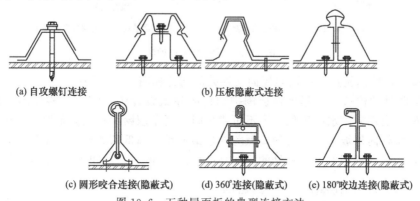

(a) 自攻螺钉连接　　(b) 压板隐蔽式连接

(c) 圆形咬合连接(隐蔽式)　(d) 360°连接(隐蔽式)　(e) 180°咬边连接(隐蔽式)

图 10.6 五种屋面板的典型连接方法

（2）檐口的构造。檐口的构造是彩板围护结构中较复杂的部位。檐口可分外排水天沟檐口、内排水天沟檐口和自由落水檐口三种形式。对于这种围护结构而言，在条件允许时，应优先采用自由落水和外排水天沟的檐口形式。

1）自由落水檐口。该种形式多在北方少雨地区且檐口不高的情况下采用。

① 无封檐的自由落水檐口：外观简单，建筑艺术效果不好。这种檐口自墙面向外挑出，按板型不同其伸出长度也不同，但是不应少于 300mm。墙板与屋面板间产生的锯齿型空隙应由专用板型的挡水件封堵。当屋面坡度小于 1/10 时，屋面板的波谷处板边应用夹钳向下弯折 5～10mm 作为滴水。

② 带封檐的自由落水檐口：封檐挑出长度可自由选择，建议封檐板置于屋面板以下，屋

面板挑出檐口板不小于 30mm。封檐板可用压型板长向使用或竖向使用，有特殊要求的可采用其他材料和形式。需要封檐板高出屋面的檐口时，要按地方降雨要求拉开足够的排水空间，且不宜采用檐口下封底板。檐口处的屋面板边滴水处理与前述相同。

2）外排水天沟檐口。外排水天沟，有不带封檐的和带封檐的两类，如图 10.7 所示。

图 10.7 外排水天沟檐口示意

（3）屋脊的构造。采用彩色压型钢板时，在屋脊处盖上屋脊盖板，根据屋面的坡度大小有两种不同做法：当屋面坡度≥10°时，可按图 10.8(a) 做法施工；屋面坡度＜10°时，应按图 10.8(b) 施工。

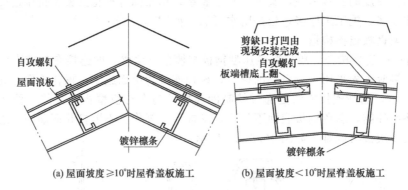

(a) 屋面坡度≥10°时屋脊盖板施工　　(b) 屋面坡度＜10°时屋脊盖板施工

图 10.8 屋脊处节点做法

（4）山墙与屋面的构造。山墙与屋面交接处的构造如图 10.9 所示。

（5）高低跨处的构造。在彩色钢板围护结构的建筑设计中，宜尽量避免出现高低跨的做法，处理不好会出现漏雨水的现象。当不可避免时，对于双跨平行的高低跨，宜将低跨设计成单坡，且从高跨处向外坡下，这时的高低跨处理最简单，高低跨之间用泛水连接，低跨处的构造要求与屋脊构造处理相似，高跨处的泛水高度应大于 300mm。如图 10.10 所示。

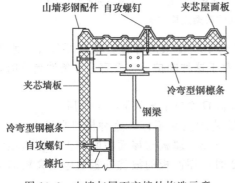

图 10.9 山墙与屋面交接处构造示意

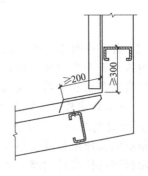

图 10.10 高低跨处构造示意

（6）外墙门窗的构造。彩板建筑的门窗构件与连接它们的钢构件是紧密型配合，因此订购门窗时应注意门窗的实际加工尺寸，应与其周边的钢构件留有≤5mm 的空隙。安装完毕的门窗周边应用密封胶密封。

窗下口泛水应在窗口处做局部上翻，并应注意气密性和水密性密封。窗下口泛水件与侧口泛水件交接处与墙面板的交接复杂，应根据板型和排板情况，细致研究处理，如图 10.11（a）、（b）所示。窗上口的做法种类较多，常用的两种如图 10.11(c)、（d）所示，窗侧口做法如图 10.12 所示。

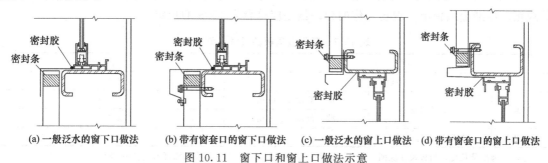

(a) 一般泛水的窗下口做法　(b) 带有窗套口的窗下口做法　(c) 一般泛水的窗上口做法　(d) 带有窗套口的窗上口做法

图 10.11　窗下口和窗上口做法示意

（7）外墙底部的构造。彩钢外墙底部在地坪或矮墙交接处会形成一道装配的构造缝，为避免墙面上流下的雨水渗流到室内，交接处的地坪或矮墙应高出彩板墙的底端 60~120mm，如图 10.13 所示。当遇到图 10.13(a)、（b）两种做法时，彩板底端与砖混围护墙两种材料间应留出 20mm 以上的净空，避免底部浸入雨水中，造成对彩板根部的腐蚀环境。

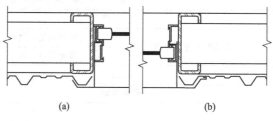

图 10.12　窗侧口做法示意

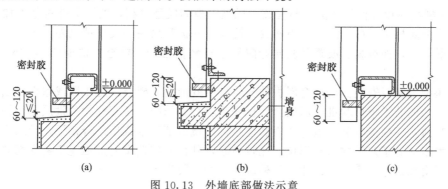

图 10.13　外墙底部做法示意

彩板墙面底部与砖混围护结构相贴近处，它们间的锯齿形空隙应用密封条密封。

（8）外墙转角的构造。彩板建筑的外墙内外转角的内外面应用专用包件封包，封包泛水件尺寸宜在安装完毕后按实际尺寸制作，如图 10.14所示。

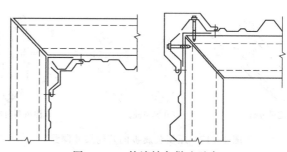

图 10.14　外墙转角做法示意

10.4.2 压型金属板的安装质量验收

（1）压型金属板制作。压型金属板的制作是采用金属板压型机，将彩涂钢卷进行连续的开卷、剪切、辊压成型等过程，制作过程中要注意以下几点。

① 压型金属板成型后，其基板不应有裂纹，表面应干净，不应有明显凹凸和皱褶。

② 有涂层、镀层压型金属板成型后，涂、镀层不应有肉眼可见的裂纹、剥落和擦痕等缺陷。

③ 压型金属板的尺寸按计件数抽查5%，且不应少于10件。尺寸允许偏差应符合表10.7的规定。压型金属板施工现场制作的允许偏差应符合表10.8的规定。

表 10.7　压型金属板的尺寸允许偏差

项　　目			允许偏差/mm
波距			±2.0
波高	压型钢板	截面高度≤70mm	±1.5
		截面高度>70mm	±2.0
侧向弯曲	在测量长度 l_1 范围内		20.0

注：l_1 为测量长度，指板长扣除两端各0.5m后的实际长度（小于10m）或扣除任选的10m长度。

表 10.8　压型金属板施工现场制作的允许偏差

项　　目		允许偏差/mm
压型金属板的覆盖宽度	截面高度≤70mm	+10.0，−2.0
	截面高度>70mm	+6.0，−2.0
板长		±9.0
横向剪切		6.0
泛水板、包角板尺寸	板长	±6.0
	折弯曲宽度	±3.0
	折弯曲夹角	2°

（2）压型金属板几何尺寸测量与检查。压型钢板的成型过程，实际上是对基板加工性能的检验。压型金属板成型后，除用肉眼和放大镜检查基板和涂层的裂纹情况外，还应对压型钢板的主要外形尺寸，如波高、波距及侧向弯曲等进行测量检查，检查方法如图10.15、图10.16所示。

（3）压型金属板安装。压型金属板的安装可按变形缝、楼层、施工段或屋面、墙面、楼面等划分为一个或若干个检验批。压型金属板安装应在钢结构安装工程检验批质量合格后进行。

在安装前，应检查各类压型金属板和连接件的质量证明卡或出厂合格证。泛水板、包角板等配件，大多数处于建筑物边角部位，比较显眼，其良好的造型将加强建筑物立面效果，检查其折弯面宽度和折弯角度是保证建筑物外观质量的重要指标。

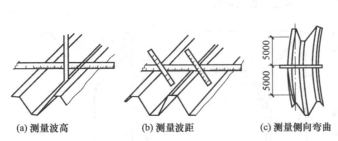

(a) 测量波高　　(b) 测量波距　　(c) 测量侧向弯曲

图 10.15　压型金属板的几何尺寸测量

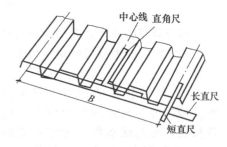

图 10.16　切口的测量方法

① 压型金属板、泛水板和包角板等应固定可靠、牢固、防腐涂料涂刷和密封材料敷设应完好，连接件数量、间距应符合设计要求和国家现行有关标准规定。

② 压型金属板安装应平整、顺直、板面不应有施工残留和污物。檐口和墙下端应吊直线，不应有未经处理的错钻孔洞。

③ 压型金属板安装的允许偏差应符合表 10.9 的规定。檐口与屋脊的平行度：按长度抽查 10%，且不应少于 10m。其他项目：每 20m 长度应抽查 1 处，不应少于 2 处。

④ 组合楼盖中的压型钢板是楼板的基层，组合楼板中压型钢板与主体结构（梁）的锚固支撑长度应符合设计要求，且不应小于 50mm，端部锚固件连接可靠，设置位置应符合设计要求。在高层钢结构设计与施工规程中明确规定了支撑长度和端部锚固连接要求。

（4）压型金属板工程质量控制。压型金属板工程质量控制要点见表 10.10。

表 10.9 压型金属板安装的允许偏差

项　目		允许偏差/mm
屋面	檐口与屋脊的平行度	12.0
	压型金属板波纹线对屋脊的垂直度	$L/800$，且不应大于 25.0
	檐口相邻两块压型金属板端部错位	6.0
	压型金属板卷边板件最大波浪高	4.0
墙面	墙板波纹线的垂直度	$H/800$，且不应大于 25.0
	墙板包角板的垂直度	$H/800$，且不应大于 25.0
	相邻两块压型金属板的下端错位	6.0

注：L 为屋面半坡或单坡长度；H 为墙面高度。

表 10.10 压型金属板工程质量控制要点

项次	项目	质量控制要点
1	压型金属板材质和成材质量	(1)板材必须有出厂合格证及质量证明书，对钢材有疑义时，应进行必要的检查，当有可靠依据时，也可使用具有材质相似的其他钢材。 (2)组合压型金属板应采用镀锌卷板，镀锌层两面总计 275g/m²，基板厚度 0.5～2.0mm。 (3)抗剪措施：无痕开口式压型金属板上翼焊剪力钢筋；无痕闭合式压型金属板，带压痕、加劲肋、冲孔的压型金属板。 (4)规格和参数必须达到要求，出厂前应进行抽检
2	组合用压型金属板厚度	(1)压型金属板已用于工程上的，如果是单纯用作模板，厚度不够可采取支顶措施解决；如果用于模板并受拉力，则应通过设计进行核算。如超过设计应力，必须采取加固措施。 (2)用于组合板的压型金属板净厚度(不包括镀锌层或饰面层厚度)不应小于 0.75mm，仅作模板用的压型金属板厚度不小于 0.5mm。压型金属板尺寸的允许偏差应符合表 10.7 规定
3	栓钉直径及间距	(1)必须具有栓钉施工专业培训的人员按有关单位会审的施工图纸进行施工。 (2)监理人员应查审栓钉材质及尺寸，必要时开始打栓钉进行跟踪质量检查，检查工艺是否正确。 (3)对已焊好的栓钉，如有直径不一、间距位置不准，应打掉重新按设计焊好，具体做法如下： ①栓钉焊于钢梁受拉翼缘时，其直径不得大于翼缘厚度的 1.5 倍；当栓钉焊于无拉应力部位时，其直径不得大于翼缘板厚度的 2.5 倍；②钉沿梁轴线方向布置，其间距不得小于 $5d$(d 为栓钉的直径)；栓钉垂直于轴线布置，其间距不得小于 $4d$，边距不得小于 35mm；③当栓钉穿透钢板焊于钢梁时，其直径不得小于 19mm，焊后栓钉高度应大于压型钢板波高加 30mm。 (4)栓钉顶面的混凝土保护层厚度不应小于 15mm。 (5)对穿透压型钢板跨度小于 3m 的板，栓钉直径宜为 13mm 或 16mm；跨度为 3.6m 时，栓钉直径宜为 16mm 或 19mm；跨度大于 6m 的板，栓钉直径宜为 19mm

项次	项目	质量控制要点
4	栓钉焊接	（1）栓焊工必须经过平焊、立焊、仰焊位置专业培训取得合格证者，做相应技术施焊。 （2）栓钉应采用自动定时的栓焊设备进行施焊，栓焊机必须连接在单独的电源上，电源变压器的容量应在100～250kV·A，容量应随焊钉直径的增大而增大，各项工作指数、灵敏度及精度要可靠。 （3）栓钉材质应合格，无锈蚀、氧化皮、油污、受潮、端部无涂漆、镀锌或镀镉等。焊钉焊接药座施焊前必须严格检查，不得使用焊接药座破裂或缺损的栓钉。被焊母材必须清理表面氧化皮、锈、受潮、油污等，被焊母材低于−19℃或遇雨雪天气不得施焊，必须焊接时要采取有效的技术措施。 （4）对穿透压型钢板焊于母材上时，焊接施焊前应认真检查压型钢板是否与母材点固焊牢，其间隙控制在1mm以内。被焊压型钢板在栓钉位置有锈或镀锌层，应采用角向砂轮打磨干净。 瓷环几何尺寸要符合设计要求，破裂和缺损瓷环不能用，如瓷环已受潮，要经过250℃烘焙1h后再用。 （5）外观检查判定标准，见表10.11及图10.17。焊接时应保持焊枪与工件垂直，直至焊接金属凝固。 （6）栓钉焊后弯曲处理：①栓钉焊于工件上，经外观检查合格后，应在主要构件上逐批抽1%打弯15°检验，若焊钉根部无裂纹则认为通过弯曲检验，否则抽2%检验，若其中1%不合格，则对此批焊钉逐个检验，打弯栓钉可不调直；②对不合格焊钉打掉重焊，被打掉栓钉底部不平处要磨平，母材损伤凹坑补焊好；③如焊脚不足360°可用合适的焊条用手工焊修，并做30°弯曲试验

表 10.11　外观检查的判定标准、允许偏差和检验方法

序号	外观检验项目	判定标准与允许偏差	检验方法
1	焊肉形状	360°范围内：焊肉高＞1mm，焊肉宽＞0.5mm	目测
2	焊肉质量	无气泡和夹渣	目测
3	焊肉咬肉	咬肉深度＜0.5mm或咬肉宽度≤0.5mm，并已打磨去掉咬肉处的锋锐部位	目测
4	焊钉焊后高度	焊后高度偏差小于±2mm	用钢尺量测

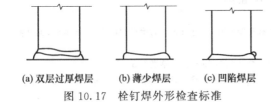

(a) 双层过厚焊层　(b) 薄少焊层　(c) 凹陷焊层

图 10.17　栓钉焊外形检查标准

10.4.3　单层彩钢板安装

10.4.3.1　单层屋面彩钢板的安装

（1）单层屋面彩钢板的基本安装原则

① 第一块板安装时，必须校核与结构轴线的平行度。安装过程中严格控制彩钢板在檐口和屋脊处的直线度，以及坡面两侧彩钢板的波峰直线度。

② 屋面彩钢板单坡如有搭接缝，则其搭接点必须设置在檩条处，且搭接长度要≥250mm。屋脊外、内盖板的搭接长度应≥200mm；外盖板要求在搭接区域的内层涂透明中性密封硅酮胶。严禁在彩钢板的表面涂胶。

③ 安装屋脊内盖板时，先用双面胶带与檩条初步固定，最终通过屋面板的自攻螺钉固定。屋脊外盖板用防水铝铆钉与屋面彩钢板直接固定。

（2）单层屋面彩钢板的安装方法

① 屋面板安装时，首先确定安装起始点，该点的确定根据现场情况确定，一般选择从一侧山墙往另一侧山墙安装。安装时还应用拉线拉出檐口控制基准线，并每隔15m设一控制网线。

② 屋面彩钢板的安装：直接在彩钢板的外表面用防水自攻螺钉固定，螺钉横向固定在两块彩钢板的搭接波峰上和板宽的中间波峰上。在檐口处必须在每个波峰上安装防水自攻螺钉，起到加强抗风能力的作用。

③ 在安装过程中，应随时校正彩钢板的直线度。

10.4.3.2　单层墙面彩钢板的安装

基本工序：墙脚泛水板→正、背立面的墙面彩钢板→山墙面彩钢板→墙角包角板、山墙泛水板和门、窗包角板。

① 墙面板安装时，首先确定安装起始点，一般选择从墙侧的一端往另一端安装。

② 第一块板安装时，必须控制水平的直线度和竖向的垂直度，并应先行安装好墙脚的泛水板。

③ 在安装过程中，可先用拉线拉出控制基准线，并每隔 15m 左右设一控制网线来调整水平的直线度；垂直度则可通过磁力线锤等工具来完成。

④ 墙面彩钢板如有搭接缝，其搭接处必须设置在檩条处，搭接长度应≥100mm。

⑤ 进行山墙面彩钢板、墙角、墙脚和门窗包角板的施工时，对有缝隙或搭接处要涂透明中性密封硅酮胶密封。

⑥ 外墙面板的固定螺钉应使用拉线进行定位，保证横平竖直、外观整齐。紧固后随手带上与板材外表面颜色相匹配的装饰帽。

10.4.4　双层彩钢板安装

10.4.4.1　双层压型彩钢板的安装

双层彩钢板安装工艺流程和基本原则如下。

① 双层彩钢板安装的主要工艺流程，如图 10.18 所示。

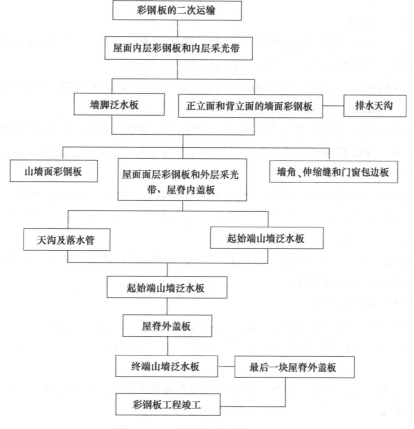

图 10.18　双层彩钢板安装工艺流程

② 在安装过程中，必须保证彩钢板的横平竖直，尤其是屋脊处和檐口处的直线度。墙面彩钢板安装必须考虑到门窗的外形轮廓尺寸，并按图纸位置设置伸缩缝。

③ 采光带安装时必须保证与彩钢板的衔接性和密封性。

④ 屋面彩钢板在开孔处的开孔尺寸应严格按照实物尺寸予以控制，做好屋面面板的泛水收边，同时保证双层彩钢板开孔切断面的封闭性，不得外露保温棉。

10.4.4.2 双层复合型彩钢板的安装

（1）双层复合型墙面彩钢板安装。双层墙面彩钢板与单层彩钢板的安装工艺基本相同。须控制水平的直线度和竖向的垂直度，并先行安装好墙脚的泛水板。墙面彩钢板如有搭接缝，其应搭接处必须设置在檩条处，搭接长度应≥100mm。山墙面彩钢板、墙角、墙脚和门窗包角板的施工时，对有缝隙或搭接处要涂中性密封硅酮胶密封。控制墙面的门、窗和洞口的尺寸。对有疑问处，及时报告给项目部协商处理。面板的固定螺钉应使用拉线进行定位，保证横平竖直、外观整齐。紧固后随手带上与板材外表面颜色相匹配的装饰帽。

（2）复合型屋面彩钢板安装。施工方法与单层彩钢板基本相同。

1）屋面内层彩钢板。固定在屋面檩条的下表面，为反吊结构形式。

① 彩钢板搭接时，其搭接长度应≥100mm，固定螺钉应保证横平竖直、外观整齐。

② 选择合适的辅助工具在彩钢板上进行角钢隔撑安装的开孔。对开孔角度不正的隔撑，还必须使用自攻螺丝将其与檩条固定。

③ 控制开孔尺寸，并做好孔断面的包角，不得外露保温棉。控制屋脊内盖板的安装质量，保证外观整齐、美观。

2）屋面外层彩钢板

① 板安装时，首先确定安装起始点，一般选择从一侧山墙往另一侧山墙安装。安装时还应用拉线拉出檐口控制基准线，并每隔15m左右设一控制网线。

第一块板安装时，必须校核与结构轴线的平行度。安装过程中严格控制彩钢板在檐口和屋脊处的直线度，以及坡面两侧彩钢板的波峰直线度。

② 彩钢板的安装：直接在彩钢板的外表面用防水自攻螺钉固定，螺钉横向固定在两块彩钢板的搭接波峰上和板宽的中间波峰上。在檐口处必须在每个波峰上安装防水自攻螺钉，起到加强抗风能力的作用。

③ 彩钢板单坡如有搭接缝，则其搭接点必须设置在檩条处，且搭接长度应≥250mm。屋脊外、内盖板的搭接长度应≥200mm；外盖板要求在搭接区域的内层涂透明中性密封硅酮胶。严禁在彩钢板的表面涂胶。

④ 控制开孔尺寸，并做好洞口的泛水收边。安装完毕后，将未安装的屋面彩板及时固定，防止夜间风吹动彩板，造成事故。

10.4.4.3 其他附属构件安装

（1）天沟一侧与屋面边檩条固定，另一侧通过天沟挂件与屋面彩钢板固定。

（2）屋脊内盖板通过自攻螺钉固定与檩条固定。屋脊外盖板用防水铝铆钉与屋面面板直接固定。

（3）进行山墙面泛水收边、墙角、墙脚和门窗包角板的施工时，对有缝隙或搭接处要涂透明中性密封硅酮胶密封。

10.4.4.4 成品保护

（1）在现场的堆料场，用枕木垫起，上面用塑料布铺垫，将运到现场的彩板按规格分开堆放、标识。严禁在压型彩钢板的表面堆放或拖、拉任何物件。对已安装好的彩钢板，非工作需要，人员不得在彩钢板上来回走动，严禁人员负重物在屋面上行走。

（2）采取严格的保护措施，防止已堆放在屋顶但尚未安装的彩钢板被风刮动或者划落。在下班之前，将屋面上所有的工器具和材料运至地面。

能力训练题

1. 压型金属板有什么特点？压型金属板有哪几种类型？一般可应用在什么部位？

2. 压型金属板的选用原则是什么？压型金属板制作有什么要求？

3. 压型金属板连接件有哪些？压型金属板连接有哪些要求？

4. 压型金属板安装工程质量控制要点有哪些？

5. 通过网上查阅近期有关彩钢结构方面的信息，了解目前国内彩钢生产厂家的情况，选出其中两家，分别写出其情况的简要介绍。

6. 根据学校和当地的实际情况，完成第 13 章第 13.9 节表 13.18 中第 8 项的实训项目。

第11章　大跨结构安装施工

【知识目标】
- 了解网架的节点构造；熟悉网架的安装方法
- 了解悬索结构、膜结构材料和施工方法
- 熟悉网架安装施工工程质量验收标准和质量检验方法

【学习目标】
- 了解网架的节点构造；熟悉网架的安装方法及安装质量验收标准；了解悬索结构、膜结构材料和安装施工方法；训练网架安装质量验收的能力

11.1　钢网架结构安装施工

网架是现代钢结构中广泛应用的一种空间钢结构形式，具有跨度大、结构轻、经济和良好的稳定性、安全性等特点。它广泛用于跨度较大的体育建筑、公共建筑和多层及高层建筑中需要大空间的屋面以及单层工业厂房的屋盖等。

网架结构的形式多样，如双向正交斜放网架，三向网架和蜂窝形四角锥网架等，网架的选型可视工程平面形状和尺寸、支撑情况、跨度、荷载大小、制作和安装情况等因素进行综合分析确定。

网架的施工过程主要包括网架的制作、拼装及安装。这里重点介绍钢网架结构的节点，并逐步介绍其施工方法。

11.1.1　网架的节点

网架的制作在工厂进行，主要是节点和杆件的零部件加工及质量检验。节点在网架结构中起着连接汇交杆件、传递杆件内力的作用，因此，节点是网架的重要组成部分。根据节点的构造形式划分，网架的节点包括：板节点、半球节点、球节点、钢管圆筒节点、钢管鼓节点等。我国最常用的是螺栓球节点、焊接空心球节点和钢板节点。

（1）螺栓球节点。螺栓球节点是在设有螺纹孔的钢球体上，通过高强螺栓将汇交于节点处的焊有锥头或封板的圆钢管杆件连接起来的节点（图11.1）。

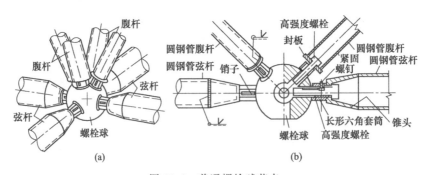

图11.1　普通螺栓球节点

螺栓球节点对汇交空间杆件适用性强，杆件对中方便，连接不产生偏心，并且可避免大量的现场焊接，易于保证质量，运输和安装方便，它可适用于任何形式的网架。

　　螺栓球节点的连接构造是先将置有螺栓的锥头或封板焊在钢管杆件的两端，在伸出锥头或封板的螺杆上套有长形六角套筒，并以销子或紧固螺钉将螺栓与套筒连在一起，拼装时直接拧动长形六角套筒，通过销子或紧固螺钉带螺栓转动，从而使螺栓旋入球体，直至螺栓头与封板或锥头贴紧为止，各汇交杆均按此连接后即形成节点。

　　螺栓球节点的钢球近于实体，直径的增大将使用钢量增加，因此，减少球体直径，改进球体形式，对降低节点用钢量有很大影响。

　　（2）焊接空心球节点。焊接空心球节点是我国采用最早也是目前应用较广的一种节点。它是由两个半球对焊而成，如图 11.2 所示，分成加肋与不加肋两种，剖视图见图 11.3。

　　焊接空心球节点适用于圆钢管连接，构造简单，传力明确，连接方便。对于圆钢管，只要切割面垂直杆件轴线，杆件就能在空心球上自然对中而不产生偏心。由于球体无方向性，可与任意方向的杆件相连，当汇交杆件较多时，其优点更为突出。因为它的适应性强，可用于各种形式的网架结构。图 11.3 表示焊接空心球节点连接大样。

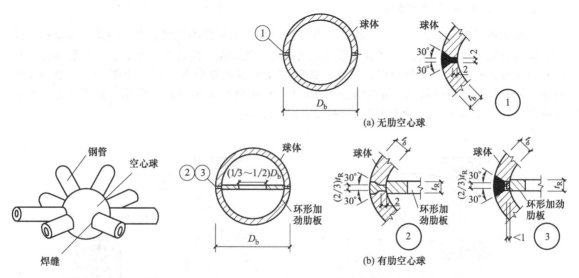

图 11.2　焊接空心球节点示意　　　　　　图 11.3　焊接空心球节点连接大样

　　（3）钢板节点。焊接钢板节点是在平面桁架节点的基础上发展起来的一种节点形式。适用于弦杆呈两向布置的各类网架，见图 11.4。

　　（4）其他形式连接节点。随着网架结构形式的变化及施工技术的发展，出现了新的杆件间的连接节点形式，如柱形节点、嵌入式节点、毂型节点等，分别如图 11.5～图 11.7 所示。

　　（5）支座节点。网架结构一般搁置在柱顶、圈梁等下部支撑结构上。支座节点就是指支撑结构上的网架节点。它是网架与支撑结构之间联系的纽带，也是整个结构的重要部位。

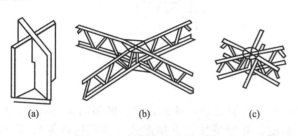

(a)　　　　　　　　(b)　　　　　　　　(c)

图 11.4　钢板节点连接示意

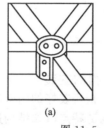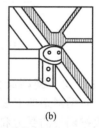

(a)　　　　　　　　(b)

图 11.5　柱形节点

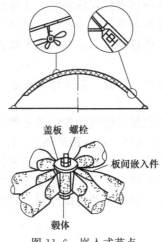

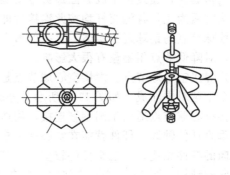

图 11.6 嵌入式节点　　　　　　　　　　　　图 11.7 毂型节点

　　支座节点一般采用铰支座，在构造上允许转动，应做到传力简单，受力明确，连接构造简单，安装方便，经济合理。支座节点形式应根据网架的类型、跨度的大小、作用荷载情况、杆件和节点形式而定，一般包括板式支座、弧形支座和板式橡胶支座等，如图 11.8～图 11.10 所示。网架杆件的最小截面尺寸应根据网架的跨度及网格大小确定，角钢不宜小于 L50×3，圆钢管不宜小于 $\phi48×2$，薄壁型钢的壁厚不小于 2mm。

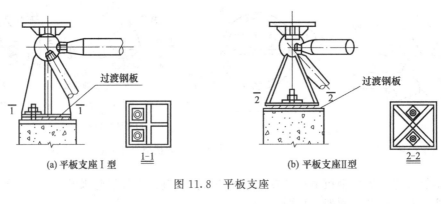

图 11.8　平板支座

图 11.9　弧形支座

图 11.10　板式橡胶支座

11.1.2　钢网架结构的安装

　　钢网架的安装是指拼装好的网架用各种施工方法搁置在设计位置上。网架的安装方法，应根据网架的受力和构造特点（如结构造型、刚度、外形特征、支撑形式、支座构造等），在满足质量、安全、进度和经济效益的要求下，结合当地的施工技术条件和设备资源等因素综合确定。网架结构的安装施工，应符合《空间网格结构技术规程》（JGJ 7—2010）和《钢结构工程施工质量验收规范》（GB 50205—2001）的规定。

11.1.2.1 一般规定

网架支承面、预埋螺栓（锚栓）的允许偏差应符合《钢结构工程施工质量验收规范》（GB 50205—2001）及表 11.1 的规定。网架小、中拼单元的允许偏差应符合表 11.2 和表 11.3 的规定。

表 11.1 支承面、预埋螺栓（锚栓）的允许偏差

项　目		允 许 偏 差/mm
支承面顶板	位置	15.0
	顶面标高	0，−0.3
	顶面水平度（L 为顶板长度）	$L/1000$
预埋螺栓（锚栓）	中心偏移	±5.0

注：按柱基数检查 10%，按支座数抽查 10%，且不应少于 4 处。用经纬仪、水准仪、水平尺和钢尺实测。

表 11.2 小拼单元的允许偏差

项　目		允 许 偏 差/mm
节点中心偏移		2.0
焊接球节点与钢管中心的偏移		1.0
杆件轴线的弯曲矢高		$L_1/1000$，且不应大于 5.0
锥体型小拼单元	弦杆长度	±2.0
	锥体高度	±2.0
	上弦杆对角线长度	±3.0
平面桁架型小拼单元	跨长　≤24mm	+3.0，−7.0
	跨长　>24mm	+5.0，−10.0
	跨中高度	±3.0
	跨中拱度　设计要求起拱	±$L/5000$
	跨中拱度　设计未要求起拱	+10.0

注：1. L_1 为杆件长度；L 为跨长。

2. 按单元数抽查 5%，且不应少于 5 个，用钢尺和拉线等辅助量具实测。

表 11.3 中拼单元的允许偏差

项目	允 许 偏 差/mm	
	单元长度≤20m，拼接长度	单元长度>20m，拼接长度
单跨	±10.0	±20.0
多跨连续	±5.0	±10.0

注：全数检查，用钢尺和辅助量具实测。

11.1.2.2 钢网架绑扎

根据钢网架吊装方式的不同，钢网架的绑扎可分为单机吊装绑扎和双机抬吊绑扎两种。

（1）单机吊装绑扎。对于大跨度钢立体桁架（钢网架片，下同）多采用单机吊装。吊装时，一般采用六点绑扎，并加设横吊梁，以降低起吊高度和对桁架网片产生较大的轴向压力，避免桁架、网片出现较大的侧向弯曲，如图 11.11(a)、(b) 所示。

（2）双机抬吊绑扎。采用双机抬吊时，可采取在支座处两点起吊或四点起吊，另加两副辅助吊索如图 11.11(c)、(d) 所示。

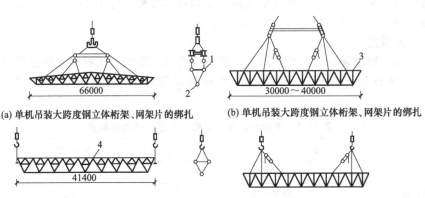

(a) 单机吊装大跨度钢立体桁架、网架片的绑扎　　　(b) 单机吊装大跨度钢立体桁架、网架片的绑扎

(c) 双机抬吊大跨度钢立体桁架网架片的绑扎　　　(d) 双机抬吊大跨度钢立体桁架网架片的绑扎

图 11.11　大跨度钢立体桁架、网架片的绑扎
1—上弦；2—下弦；3—分段网架（30×9）；4—立体钢管桁架

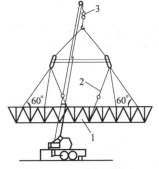

图 11.12　单机吊装法
1—大跨度钢立体桁架或网架片；
2—吊索；3—30kN 倒链

11.1.2.3　钢网架片吊装

钢网架片的吊装方式有两种，一种是单机吊装，另一种是双机抬吊，其施工方法如下。

（1）单机吊装。单机吊装较为简单，当桁架在跨内斜向布置时，可采用 150kN 履带起重机或 400kN 轮胎式起重机垂直起吊，吊至比柱顶高 50cm 时，可将机身就地在空中旋转，然后落于柱头上就位，见图 11.12。其施工方法同一般钢屋架吊装相同，可参照执行。

（2）双机抬吊。当采用双机抬吊时，桁架有跨内和跨外两种布置和吊装方式。

① 当桁架略斜向布置在房屋内时，可用两台履带式起重机或塔式起重机抬吊，吊起到一定高度后即可旋转就位，如图 11.13 所示。其施工方法同一般屋架双机抬吊法相同，可予以参照。

② 当桁架在跨外时，可在房屋一端设拼装台进行组装，一般拼一榀吊一榀。施工时，可在房屋两侧铺上轨道，安装两台 600/900kN 塔式起重机，吊点可直接绑扎在屋架上弦支座处，每端用两根吊索。吊装时，由两台起重机抬吊，伸臂与水平保持大于 60℃。起吊时统一指挥两台起重机同步上升，将屋架缓慢吊起至高于柱顶 500mm 后，同时行走到屋架安装地点落下就位，如图 11.14 所示，并立即找正固定，待第二榀吊上后，接着吊装支撑系统及檩条，及时校正形成几何稳定单元。此后每吊一榀，可用上一节间檩条临时固定，整个屋盖吊完后，再将檩条统一找平加以固定，以保证屋面平整。

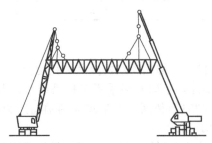

图 11.13　双机抬吊法

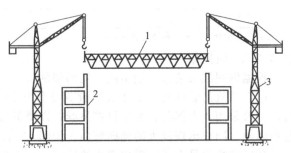

图 11.14　双机跨外抬吊大跨度钢立体桁架
1—钢管立体桁架；2—框架柱；3—TQ600/800kN·m

11.1.2.4 网架常用的工地安装方法

网架常用的工地安装方法有七种，各种安装方法及其适用范围见表 11.4。无论采用何种施工方法，在正式施工前均应进行试拼及试安装，当确有把握时，方可进行正式施工。

表 11.4　网架典型安装方法

安装方法	内　　　容	适用范围
高空散装法	单杆件拼装	螺栓连接的各类型网架与网壳
	小拼单元拼装	
分条或分块安装法	条状单元组装	两向正交网架或正放四角锥网架与网壳
	块状单元组装	
高空滑移法	单条滑移法	
	逐条积累滑移法	
移动支架安装法	支架移动进行网架或网壳安装	支撑点平行的结构
整体吊装法	单机、多机吊装	各种类型网架与网壳
	单根、多根拔杆吊装	
整体提升法	利用拔杆提升	周边支撑及多点支撑的网架与网壳
	利用结构提升	
整体顶升法	利用支撑柱作为顶升时的支撑结构	支点较少的多点支撑网架与网壳
	在原支点处或其附近设置临时顶升支架	

（1）高空散装法　将网架的杆件和节点（或小拼单元）直接在高空设计位置总拼成整体的方法称高空散装法。这种安装方法只需要有一般的起重机械和扣件式钢管脚手架即可进行安装，对设计、施工无特殊要求，是一种较为合理的网架安装方法。其缺点是现场及高空作业量大，需要大量的支架材料。高空散装法适用于非焊缝连接（螺栓球节点或高强螺栓连接）的各种类型网架结构。

高空散装法有全支架法（即搭设满堂脚手架）和悬挑法两种。全支架法可将一根杆件、一个节点的散件在支架上总拼或以一个网格为小拼单元在高空总拼。悬挑法是为了节省支架，将部分网架悬挑。当网架结构为三角形网格时，宜采用少支架的悬挑施工方法。为控制悬挑部分的标高，可相隔一定距离设一支点。

高空散装法主要包括支撑架搭设、网架结构的安装和支撑架的拆除三个施工工序。

1）拼装支架搭设　拼装支架是保证拼装精度、减少累积误差、防止结构下沉，实现安全生产的重要技术措施。因此，拼装支架的设计、选材、搭设、使用和维护等技术环节要严格把关。分拼装支架宜采用扣件式脚手架搭设，其施工层作业面用脚手板铺设，也可用大型活动操作平台代替脚手板，图 11.15 为某活动操作平台施工实例。

支架既是网架拼装成型的承力架，又是操作平台支架，所以支架搭设位置必须对准网架下弦节点处或支座处。支架顶部用钢板或型钢作柱帽，钢板或型钢直接与立杆焊接牢固（应在支架顶标高调整好后焊接牢固）形成临时支座（图 11.16）。

用于高空散装法的拼装支架一般用扣件和钢管搭设，必须牢固，不宜采用竹、木材料，设计时应对单肢稳定、整体稳定进行验算，并估算其沉降量。

支架的整体沉降量包括钢管接头的空隙压缩、钢管的弹性压缩、地基的沉陷，总沉降值控制在 5mm 以下。如果地基情况不良，为了调整沉降值和卸荷方便，可在网架下弦节点与支架之间设置调整标高用的千斤顶，并且要用木板铺地以分散支柱传来的集中荷载。

2）基准轴线、标高及垂直偏差控制　网架安装过程中应对网架的支座轴线、支承面标高

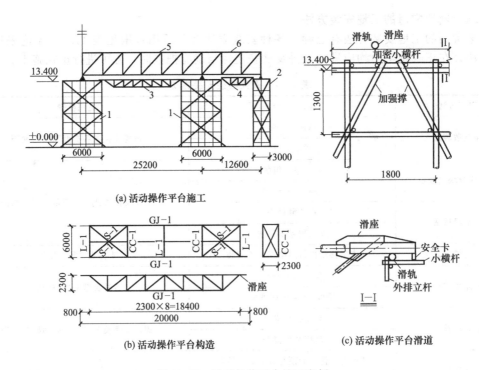

图 11.15 活动操作平台施工实例

1—条状主承重架；2—条状檐口承重架；3—20m 活动架；4—9m 活动架；5—25.2m 网片；6—12.6m 网片

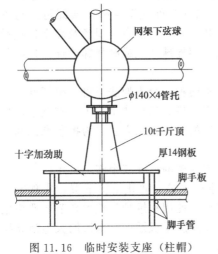

图 11.16 临时安装支座（柱帽）

（或网架的下弦标高）、屋脊线、檐口线位置和标高进行跟踪控制，发现误差累积应及时纠偏并作好检查记录。纠偏方法可用千斤顶、倒链、钢丝绳、经纬仪、水准仪、钢尺等工具进行。网架安装前应对安装基准轴线（即建筑物的定位轴线）、支座轴线和支撑面标高，预埋螺栓（锚栓）位置等进行检查。

网架安装的基准轴线（即建筑物的定位轴线），要求用精确的角度交汇法放线定位，并用长度交汇法进行复测，其允许偏差不超过 $L/10000$（L 为短边长度，单位为 mm）。网架安装轴线标志（包括安装辅助轴线标志）和标高基准点标志应准确、齐全、醒目、牢固。

3）拼装操作 钢网架拼装施工时，其拼装顺序如下：

① 总的拼装顺序是从建筑物一端开始向另一端以两个三角形同时推进，待两个三角形相交后，则按人字形逐榀向前推进，最后在另一端的正中合拢。每榀块体的安装顺序，在开始两个三角形部分是由脊部分开始分别向两边拼装，两三角形相交后，则由交点开始同时两边拼装，见图 11.17。

② 吊装分块（分件）时，可用 2 台履带式或塔式起重机进行，拼装支架用钢制，可局部搭设作成活动式，亦可满堂搭设。分块拼装后，在支架上分别用方木和千斤顶顶住网架中央竖杆下方进行标高调整，其他分块则随拼装随拧紧高强螺栓，与已拼好的分块连接即可。

当采取分件拼装，一般采取分条进行，顺序为：支架抄平、放线→放置下弦节点垫板→按格依次组装下弦、腹杆、上弦支座（由中间向两端，一端向另一端扩展）→连接水平系杆→撤

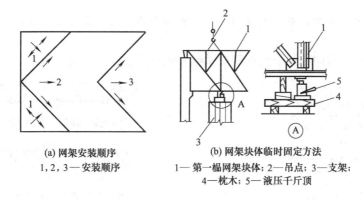

(a) 网架安装顺序　　　　　　　　(b) 网架块体临时固定方法
1, 2, 3—安装顺序　　　　　　1—第一榀网架块体；2—吊点；3—支架；
　　　　　　　　　　　　　　　　4—枕木；5—液压千斤顶

图 11.17　高空散装法安装网架

出下弦节点垫板→总拼装精度校验→油漆。

每条网架组装完，经校验无误后，按总拼装顺序进行下条网架的组装，直至全部完成。

4）支架的拆除　网架拼装成整体并检查合格后，即拆除支架。拆除时应从中央逐圈向外分批进行，每圈下降速度必须一致，应避免个别支点集中受力，造成拆除困难。对于大型网架，每次拆除的高度可根据自重挠度值分成若干批进行。

（2）分条或分块安装法　分条分块法是高空散装的组合扩大。为适应起重机械的起重能力和减少高空拼装工作量，将屋盖划分为若干个单元，在地面拼装成条状或块状扩大组合单元体后，用起重机械或设在双肢柱顶的起重设备（钢带提升机、升板机等），垂直吊升或提升到设计位置上，拼装成整体网架结构的安装方法。

本法高空作业较高空散装法减少，同时只需搭设局部拼装平台，拼装支架量大大减少，并可充分利用现有起重设备，比较经济。但施工应注意保证条（块）状单元制作精度和起拱，以免造成总拼困难。适用于分割后刚度和受力状况改变较小的各种中小型网架，尤其是起重场地狭小或跨越其他结构，起重机无法进入网架安装区域时尤为适宜。其施工示意图如图 11.18 所示。分条或分块安装时首先是掌握网架条（块）状单元划分方法。

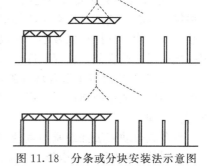

图 11.18　分条或分块安装法示意图

1）分割要求　所谓分条，是指网架沿长跨方向分割为若干区段，而每个区段的宽度是 1～3 个网格。其长度即为网架的短跨或 1/2 短跨。分块是指网架沿纵横方向分割后的单元形状为矩形或正方形。

分割后的条状（块状）单元体在自重作用下应能形成一个稳定体系，同时还应有足够的刚度，否则应加固。对于正放类网架而言，在分割成条（块）状单元后，自身在自重作用下能形成几何不变体系，同时也有一定的刚度，一般不需要加固。但对于斜放类网架，在分割成条（块）状单元后，由于上弦为菱形结构可变体系，因而必须加固后才能吊装，如图 11.19 所示为斜放四角锥网架上弦加固方法。无论是条状单元体还是块状单元体，每个单元体的重量应以现有起重机能力胜任为准。

2）网架条（块）单元划分方法　条状单元组合体的划分，是沿着屋盖长方向切割。对桁架结构是将一个节间或两个节间的两榀或三榀桁架组成条状单元体；对网架结构，则将一个或两个网格组装成条状单元体。切割组装后的网架条状单元体往往是单向受力的两端支撑结构。

① 网架单元相互靠紧，把下弦双角钢分在两个单元上 ［图 11.20(a)］，此法可用于正放

四角锥网架。

② 网架单元相互靠紧，单元上弦用剖分式安装节点连接［图11.20(b)］，可用于斜放四角锥网架。

③ 单元之间空一节间，该节间在网架单元安装后再在高空拼装［图11.20(c)］。

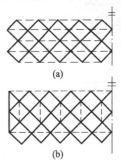

图 11.19　斜放四角锥网架上弦加固示意

（虚线表示临时加固杆件）

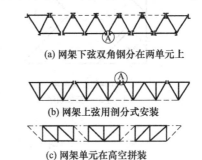

(a) 网架下弦双角钢分在两单元上

(b) 网架上弦用剖分式安装

(c) 网架单元在高空拼装

图 11.20　网架条（块）状单元划分方法

注：A 表示剖分式安装节点

切割后的块状单元体大多是两邻边或一边有支撑，一角点或两角点要增设临时顶撑予以支撑。也有将边网格切除的块状单元体，在现场地面对准设计轴线组装，边网格留在垂直吊升后再拼装成整体网架。

3）安装顺序和施焊顺序　吊装有单机跨内吊装和双机跨外抬吊两种方法，吊上后即可将半圆球节点焊接和安设下弦杆件，待全部作业完成后，拧紧支座螺栓拆除网架下立柱，即告完成。

① 分条或分块安装顺序应由中间向两端安装，或从中间向四周发展，因为单元网架在向前拼接时，有一端是可以自由收缩的，可以调整累积误差。同时，吊装单元时，不需要超过已安装的条或块，这样可以减小吊装高度，有利于吊装设备的选取。如施工场地限制，也可以采用一端向另一端安装，施焊顺序仍由中间向四周进行。

② 高空总拼时应采取合理的施焊顺序，减少焊接应力和焊接变形。总拼时的施焊顺序应从中间向两端或中间向四周发展。焊接完后要按规定进行焊接质量检查，焊接质量合格后才能进行支座固定。

分条或分块安装法经常与其他方法配合使用，如高空散装法、高空滑移法等。

4）拼装方法和技术措施　分条或分块法涉及地面制作、小拼单元网架和高空总拼成整体结构。为确保地面小拼单元质量和高空整体质量，必须遵守下列规定：

① 网架尺寸控制。小拼应在专门的拼装模架上进行，条（块）状单元尺寸必须准确，一般可采取预拼装或现场临时配杆等措施解决。小拼单元的允许偏差应符合表11.2的要求。

② 高空总拼前，可在地面采用预拼装或其他保证措施（如测量复核措施），以确保总拼后的网架的质量。

③ 网架用高强螺栓连接时，按有关规定拧紧螺栓后并按钢结构防腐要求处理。当采用螺栓球节点连接时，在拧紧螺栓后，应将多余的螺孔封口，并用油腻子将所有接缝处填嵌严密，补刷防腐漆两道或按设计要求进行涂装。

④ 将网架分成条状单元或块状单元在高空连成整体时，单元应具有足够刚度并能保证自身的几何不变性，否则，应采取临时加固措施。各种加固杆件必须在结构形成整体后才能拆除，拆除部位必须进行二次表面处理和补涂装。

⑤ 为保证网架顺利拼装，在条与条或块与块合拢处，可采用安装螺栓等装配措施。合拢时可用千斤顶将单元顶到设计标高，然后连接。

⑥ 小拼单元应尽量减少中间过程，如中间运输、翻身起吊、重复堆放等。如确需中间过程，应采取措施防止单元变形。

5）网架挠度顶高调整　网架条状单元在吊装就位过程中，其受力状态属平面结构体系，而网架结构是按空间结构设计的，因而条状单元在总拼装前的挠度要比网架形成整体后该处的挠度大，故在总拼装前必须在合拢处用支撑顶起，调整挠度使与整体网架挠度符合。块状单元在地面制作后，应模拟高空支撑条件，拆除全部地面支墩后观察施工挠度，必要时也应调整其挠度。

（3）高空滑移法。高空滑移法是指分条的网架或网壳单元在事先设置的滑轨上单条滑移到设计位置拼接成整体的安装方法。通常，在地面或支架上扩大条状单元拼装，在将网架条状单元提升到预定高度后，利用安装在支架或圈梁上的专用滑行轨道，水平滑移对位拼装成整体网架。主要适用于网架支撑结构为周边承重墙或柱上有现浇钢筋混凝土圈梁等情况。

高空滑移是在土建完成框架、圈梁以后进行，而且网架是架空作业，可以与下部土建施工平行立体作业，大大加快了工期。此外，高空滑移法对起重设备、牵引设备要求不高，可用小型起重机或卷扬机，甚至不用。所以，我国许多大跨度网架和网壳结构都采用此法施工。但高空滑移法必须具备拼装平台、滑移轨道和牵引设备，也存在网架的落位问题，如图 11.21 所示。

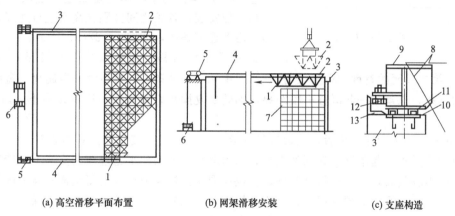

（a）高空滑移平面布置　　　　（b）网架滑移安装　　　　（c）支座构造

图 11.21　高空滑移法安装网架

1—网架；2—网架分块单元；3—天沟梁；4—牵引线；5—滑车组；6—卷扬机；7—拼装平台；
8—网架杆件中心线；9—网架支座；10—预埋铁件；11—型钢轨道；12—导轮；13—导轨

1）高空拼装平台　高空拼装平台位置选择是决定滑移方向和滑移重量的关键，应视场地条件、支撑结构特征、起重机械性能等因素而定。高空平台一般搭设在网架端部（滑移方向由一端向另一端），也可搭设在中部（由中间向两端滑移，在网架两侧有起重设备时采用），或者搭设在侧部（由外侧向内侧滑移，三边支撑的网架可在无支撑的外侧搭设）。

拼装平台用钢管脚手架搭设，应满足相关规范的要求。高空拼装平台标高由滑轨顶面标高确定。滑道架子与拼装平台架子要固定连接，要确保整体稳定性。

2）滑移轨道设置　滑移轨道一般在网架结构两边支柱上或框架上，设在支撑柱上的轨道，应尽量利用柱顶钢筋混凝土连系梁作为滑道，当联系梁强度不足时可加强其断面或设置中间支撑。对于跨度较大（一般大于 60m）或在施工过程中不能利用两侧连系梁作为滑道时，滑轨可在跨度内设置，设置位置根据结构力学计算得到，一般可使单元两边各悬挑 $L/6$，即滑轨间距 $L/3$。对于跨度特别大的，跨中还需增加滑轨。

滑轨用材应根据网架或网壳跨度、重量和滑移方式选用。对于小跨度可选用扁钢、圆钢和角钢构成，对于中跨度常采用槽钢、工字钢等，对于大跨度的须采用钢轨构成。

滑移轨道的铺设其允许误差必须符合下列规定：滑轨顶面标高 1mm，且滑移方向无阻挡的正偏差；滑轨中心线错位 3mm（指滑轨接头处）；同列相邻滑轨间顶面高差 $L/500$（L 为滑轨长度），且不大于 10mm，同跨任一截面的滑轨中心线距离 +10mm；同列轨道直线性偏差不大于 10mm。

滑轨应焊于钢筋混凝土梁面的预埋件上，预埋件应经过计算确定，轨道面标高应高于或等于网架或网壳支座设计标高。设中间轨道时，其轨道面标高应低于两边轨道面标高 20～30mm，滑轨接头处应垫实，若用电焊连接，应锉平高出轨道面的焊缝。当支座板直接在滑轨上滑移时，其两端应做成圆倒角，滑轨两侧应无障碍。摩擦表面应涂润滑油，以减少摩擦阻力。

滑轨两侧应设置宽度不小于 1.5m 的安全通道，确保滑移操作人员高空安全作业。当围护栏杆高度影响滑移时，可随滑随拆，滑移过后立即补装栏杆。

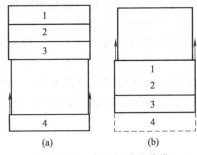

图 11.22　高空滑移法分类

3）牵引设备　常用的牵引设备有手拉葫芦、环链电动葫芦和电动卷扬机。

4）高空滑移法的分类　高空滑移法按滑移方式可分为单条滑移法和逐条累计滑移法。

① 单条滑移：将条状单元逐条地分别从一端滑移到另一端就位安装，各条之间分别在高空进行连接，即逐条滑移，逐条连成整体，如图 11.22(a) 所示。

② 逐条累计滑移：先将条状单元滑移一段距离后（能拼装上第二单元的宽度即可），连接好第二单元后，两条一起再滑移一段距离（宽度同上），再连接第三条，三条又一起滑移一段距离，如此反复操作直至最后一段单元为止，如图 11.22(b) 所示。

5）落位　网架滑移到位后，经检查各部分尺寸、标高、支座位置符合设计要求后，即可落位。可用千斤顶或起落器抬起网架支点，抽出滑轨，使网架平稳过渡到支座上，待其下挠稳定，装配应力释放后，即可进行支座固定。设在混凝土框架或柱顶混凝土连系梁上的滑轨拆除后，预留在混凝土梁面的预埋板（件）应除锈涂装或用砂浆、细石混凝土覆盖保护。

（4）整体吊装法。整体吊装法是指网架在地面总拼后，采用单根或多根拔杆、一台或多台起重机进行吊装就位的安装方法。这种施工方法易于保证焊接质量和几何尺寸的准确性，但需要起重能力大的设备，吊装技术也复杂，适用于各种形式的网架。

整体起吊法分起重机吊装和拔杆吊装两大类。

1）起重机吊装　采用一台或两台起重机单机或双机抬吊时，安装前先在地面上对网架进行错位拼装，然后用多台起重机将拼装好的网架整体提升到柱顶以上，在空中移位后落下就位固定。适用于跨度 40m 左右，高度 2.5m 左右的中、小型网架屋盖的吊装。

如果起重机性能可满足结构吊装要求，现场条件能满足施工条件需要时，网架就位拼装可在结构跨内或结构跨外，采用三台起重机抬吊时，如结构本身和现场施工条件允许，另一台起重机可在高空接吊；此时网架可拼装在结构跨外。多机抬吊的方式一般有四侧抬吊和两侧抬吊两种，见图 11.23。采用多台起重机联合抬吊时，网架应就位在结构跨内，拼装就位的轴线与安装就位的轴线的距离，应按各台起重机作业性能确定。

网架吊点位置，索具规格，起重机的起重高度、回转半径、起重量和结构在吊装过程中的应力和变形值均应详细计算。吊装前，应先进行试吊，确保安全可靠时才能正式起吊。

整体吊装时必须保证各吊点同步提升及下降，提升高差不大于吊点距离的 1/400，且不大于 100mm。网架抬吊到高出柱顶标高 30cm 左右时，进行空中移位。网架移至柱顶上空时，

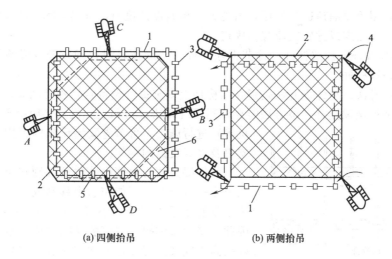

(a) 四侧抬吊　　　　　　　　(b) 两侧抬吊

图 11.23　多机抬吊钢网架

1—网架安装位置；2—网架拼装位置；3—柱子；4—履带起重机；5—吊点；6—吊索

利用在网架四角栓的钢丝绳，通过倒链进行对线就位。

2）拔杆吊装法　网架在地面上错位拼装，可用多根独脚拔杆将网架整体吊升到柱顶以上空中移位，落位安装，这种方法称拔杆吊装法。桅杆可自行制造，起重量大可达 1000～2000kN，桅杆高可达 50～60m，但所需设备数量大，准备工作和操作均较复杂，费工费时。适用于安装高重大（跨度 90～110m）的大型网架屋盖安装。

拔杆的选择取决于其所承受的荷载和吊点布置。拔杆的缆风绳布置，应使多根拔杆相互连成整体，以增加整体稳定性。每根拔杆至少要求有 6 根缆风绳。缆风绳要根据风荷载来调整拔杆偏斜，缆风绳初应力等荷载按最不利情况组合后计算选择。地锚、滑轮组、卷扬机要根据荷载计算选择。采用单根或多根拔杆整体起吊时，网架或网壳必须就位拼装在结构跨内，其位置根据拔杆的设置、吊点、柱子断面和形状尺寸等确定。

① 施工布置。单根拔杆俗称独脚拔杆，其位置要正确地竖立在事先设计的位置上，底座为球形万向接头，且应支撑在牢固基础上。拔杆缆风须有五组滑轮组组成，其中两组后缆风，两组侧缆风，一组前缆风。

网架吊点设置应根据计算确定，每个吊点设在相应的节点板（球节点）上并和节点同时制作。

② 试吊。是全面落实和检验整个吊装方案完整性的重要保证，一是检验起重设备安全可靠性，二是检查吊点对结构刚度的影响同时还可起到演习的作用。

③ 整体起吊。利用数台电动卷扬机同时起吊结构，关键是如何保证做到起速"同步"。办法是在正式起吊前，为控制四角高差不超过 100mm，在网架或网壳四角分别挂上一把长钢尺。在提升柱顶安装标高以下一段高程中，采取每起吊 1m 进行一次检查，根据四角测量结果，以就高不就低的办法，分别逐"跑头"提升到同一标高，然后同时逐步提升；到柱顶标高以上一段高程时，则采取每 0.5m 进行一次调整。采用以上办法提升时，每测量四角高差值一般都应在 100mm 左右，否则，要重新考虑。

④ 结构横移就位。当网架结构提升越过柱顶安装标高 0.5m 时，应停止提升，此时，就靠调整缆风滑轮组和溜绳配合，将网架横移到柱顶，然后每次下降 0.05m，或每次下降 100mm 进行降差调整，直至把网架就位到柱顶设计位置。

⑤ 支座固定。结构就位各支座总有偏差，可用千斤顶调整，然后进行支座固定；四角若

有上翘现象，可用手拉葫芦进行拉压，由拉力计控制设计拉力，量出实际空隙尺寸，用钢板一次填垫，进行施焊固定或拧紧支座螺栓固定。

⑥ 拔杆拆除及外装预留杆件。逐节拆除拔杆，然后补装因独脚拔杆位置预留的未组装的杆件和该处檩条等杆件。

（5）整体提升法。整体提升法是指在结构柱上安装提升设备直接提升网架，或利用滑模浇筑柱子的同时进行网架提升。该方法能充分利用现有的结构和小型机具（如液压千斤、顶升板机等）进行施工，可节省安装设施的费用，适用于周边支撑及多点支撑的网架。

整体提升法与整体吊装法的区别在于：整体提升法只能作垂直起升，不能作水平移动或转动；而整体吊装法不仅能作垂直起升，还可在高空作水平移动或转动。因此，采用整体提升法安装网架时应注意：一是网架必须按高空安装位置在地面就位拼装，即高空安装位置和地面拼装位置必须在同一投影面上；二是周边与柱子（或连系梁）相碰的杆件必须预留，待网架提升到位后再进行补装。图 11.24 为整体提升法示意图。

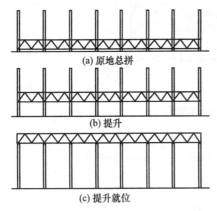

(a) 原地总拼

(b) 提升

(c) 提升就位

图 11.24　整体提升法示意

当采用整体提升法施工时，应尽量将下部支撑柱设计为稳定的框架体系，否则应进行稳定性验算，如稳定性不足时应采取措施加强。提升设备的使用负荷能力，为额定负荷能力乘以折减系数：穿心式液压千斤顶为 0.5～0.6；电动螺杆升板机为 0.7～0.9。网架提升时，应采取措施尽量做到同步，一般情况下应符合下列要求：相邻两个提升点，当用穿心式液压千斤顶时，为相邻点距离的 1/250，且不大于 25mm，当用升板机时，为相邻点距离的 1/400，且不大于 15mm；最高与最低点，当用穿心式液压千斤顶时为 50mm，当用升板机时为 30mm。

（6）整体顶升法。整体顶升法是指网架在设计位置就地拼装成整体后，利用网架支撑柱作为顶升支架，也可在原有支点处或其附近设置临时顶升支架，用千斤顶将网架顶升到设计标高的方法。本法设备简单，不用大型吊装设备，顶升支承结构可利用结构永久性支撑柱，拼装网架不需搭设拼装支架，可节省大量机具和脚手架、支墩费用，降低施工成本；操作简便、安全，但顶升速度较慢，再对结构顶升的误差控制要求严格，以防失稳。适于安装多支点支撑的各种四角锥网架屋盖安装。

1）顶升准备。顶升用的支承结构一般多利用网架的永久性支撑柱、或在原支点处或其附近设备临时顶升支架。顶升千斤顶可采用普通液压千斤顶或螺栓千斤顶，要求各千斤顶的行程和起重速度一致。

网架多采用伞形柱帽的方式，在地面按原位整体拼装。由四根角钢组成的支撑柱（临时支架）从腹杆间隙中穿过，在柱上设置缀板作为搁置横梁、千斤顶和球支座用。上下临时缀板的间距根据千斤顶的尺寸、冲程、横梁等尺寸确定，应恰为千斤顶使用行程的整数倍，其标高偏差不得大于 5mm，如用 320kN 普通液压千斤顶，缀板的间距为 420mm，即顶一个循环的总高度为 420mm，千斤顶分 3 次（150mm＋150mm＋120mm）顶升到该标高。

2）顶升操作。顶升时，每一顶升循环工艺过程，如图 11.25(a)～(f) 所示。

3）升差控制。顶升施工中同步控制主要是为了减少网架的偏移，其次才是为了避免引起过大的附加杆力。而提升法施工时，升差虽然也会造成网架的偏移，但其危害程度要比顶升法小。

顶升时，网架的偏移值当达到需要纠正时，可采用千斤顶垫斜或人为造成反向升差逐步纠正，切不可操之过急，以免发生安全质量事故。由于网架的偏移是一种随机过程，纠偏时柱的柔度、弹性变形又给纠偏以干扰，因而纠偏的方向及尺寸并不完全符合主观要求，不能精确地纠偏。故顶升施工时应以预防网架偏移为主，顶升时必须严格控制升差并设置导轨。

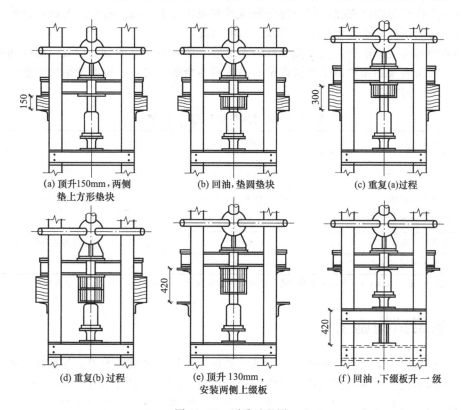

(a)顶升150mm，两侧　　　　(b)回油，垫圆垫块　　　　(c)重复(a)过程
　　垫上方形垫块

(d)重复(b)过程　　　　(e)顶升130mm，　　　　(f)回油，下级板升一级
　　　　　　　　　安装两侧上级板

图 11.25　顶升过程图

4）顶升时应做到同步，各顶升点的升差不得大于相邻两个顶升用的支撑结构间距的 $L/1000$，且不大于 30mm，在一个支撑结构上设两个或两个以上千斤顶时，取千斤顶间距的 $L/200$，且不应大于 10mm。千斤顶或千斤顶合力的中心应与柱轴线对准，其允许偏移值应为 5mm；千斤顶应保持垂直。当发现网架偏移过大，可采用在千斤顶垫斜垫或有意造成反向升差逐步纠正。同时，顶升过程中，网架支座中心对柱基轴线的水平偏移值不得大于柱截面短边尺寸的 $1/50$ 及柱高的 $1/500$，以免导致支撑结构失稳。

5）对顶升用的支撑结构应进行稳定性验算，验算时除应考虑网架和支撑结构自重、其他静载和施工荷载外，还应考虑上述荷载偏心和风荷载所产生的影响。如稳定性不足，应采取施工措施予以解决。

（7）移动支架安装法。高空散装法需要搭设满堂支撑架，而移动支架安装法无固定的支撑脚手架。网架或结构在可移动的支撑架上进行安装，对于已安装好的结构部分有必要设置若干固定的临时支撑，以分散内力和控制变位，在结构安装完毕再撤去这些临时支撑。移动支架安装法的顺序如图 11.26 所示。

移动支架安装法的主要特点是支撑架的稳定性比固

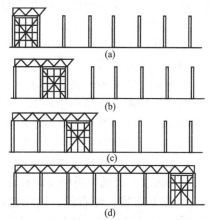

图 11.26　移动支架安装顺序示意

定支架差；脚手架的使用量少，节约了劳动力，加快了施工进度；施工不需要大型起重机，施工方法简单，施工费用较低。一般用于支撑点平行的结构。

安装应注意：安装移动支撑架的场地或轨道应足够平整；支架移动后，安装好的结构部分应设置一些立柱作为临时支撑，以合理分散荷载和控制变形。对这些问题的设计计算，既要考虑施工安装时的情况，也要考虑在支撑撤去时的情况。

钢网架结构安装完成后，其节点及杆件表面应干净，不应有明显的疤痕、泥沙和污垢。螺栓球节点应将所有接缝用油腻子填嵌严密，并应将多余螺孔封口。钢网架结构安装的允许偏差应符合表 11.5 的规定。

表 11.5　钢网架结构安装的允许偏差

项　　目	允许偏差/mm	检验方法
纵向、横向长度	$L/2000$，且不应大于 30.0 $-L/2000$，且不应小于 -30.0	用钢尺实测
支座中心偏移	$L/3000$，且不应大于 30.0	用钢尺和经纬仪实测
周边支撑网架相邻支座高差	$L/400$，且不应大于 15.0	用钢尺和水准仪实测
支座最大高差	30.0	
多点支撑网架相邻支座高差	$L_1/800$，且不应大于 30.0	

注：L 为纵向、横向长度；L_1 为相邻支座间距；除杆件弯曲矢高按杆件数抽查 5%外，其余全数检查。

11.2　悬索结构施工

悬索结构是以一系列受拉钢索为主要承重构件，按照一定规律布置，并悬挂在边缘构件或支承结构上而形成的一种空间结构。悬索结构的形状和刚度在施工和工作阶段不断发生变化，悬索结构的施工过程即是其结构成形过程。悬索结构的施工方法是与网架的施工方法完全不同的。本节将从悬索结构的材料、节点入手，逐步介绍其施工方法。

11.2.1　钢索

悬索结构用的钢索，一般是指由高强钢丝组合而成的钢缆绳、钢绞线、平行钢丝束等缆索，也可采用圆钢筋或带状的薄钢板。本节主要指钢缆绳、钢绞线和平行钢丝束。

11.2.1.1　钢索的要求

高强钢丝也称碳素钢丝，是用优质碳钢盘条经索氏体化处理、酸洗、镀铜或磷化后冷拔而成。由若干根高强钢丝按一定方式组合即为钢索。悬索结构中使用的钢索应满足如下性能要求：①抗拉强度大；②断面密度大；③延伸特性明显；④弹性模量大；⑤断面收缩率小；⑥架设施工便利，工期短；⑦防锈处理方便；⑧易弯曲；⑨疲劳性能好。

11.2.1.2　钢索种类

从钢索材料的构成要素上分类，钢索大致可分为钢缆绳、钢绞线、平行钢丝束三类。

（1）钢缆绳　钢缆绳指用数 10 根直径 1mm 至数毫米的高强度碳素钢丝股捻合的索缆。其中部芯材不是纤维质而是钢股绞线，主要是为了防止芯材吸潮引起内部腐蚀和外层股绞钢丝的混乱，也可提高横向力作用下的强度和抵抗变形的能力。

一般说的股绞钢丝是用同一直径的钢丝束组成，是由 1 根芯线为基线自内层向外层各增加 6 根组成的。钢缆绳中绳的绞向和股的绞向可以相反，也可以相同，有如下四种做法：

① 交互右捻：绳右绞、股左捻；②交互左捻：绳左绞、股右捻；③同向右捻：绳右绞、股右捻；④同向左捻：绳左绞、股左捻。

前两种做法中，绳和股的绞向相反，外观上，外表面的钢丝与钢缆绳的纵轴方向平行；后两种做法中绳和股的绞向相同，外表面的钢丝与钢缆绳的纵轴方向倾斜。为了减少施加张力时的扭矩，钢丝不易发生扭折，结构中常采用前两种做法，且更常用的是第一种。图 11.27 为几种形式的钢缆绳示意图。

（2）钢绞线 钢绞线是用多根高强钢丝在绞线机上成螺纹形绞合，并经回火处理而成，它实际是由多根钢丝捻制成的单股钢丝绳。常用的有镀锌钢绞线和预应力钢绞线两种。

镀锌钢绞线是用镀锌钢丝捻制。用于吊架、悬挂、通讯电缆、架空电力线以及固定物件、栓系等。用直径 1.00～4.00mm 含碳较高的优质碳结构钢丝捻制。镀锌钢绞线一般为右捻，常见结构为 1×3、1×7、1×19 三种。

预应力钢绞线是用作预应力混凝土结构、岩土锚固等用途，按捻制结构分为 1×2、1×3、1×7 三类。按其应力松弛性能分 I 级松弛和 II 级松弛两个级别。1×7 钢绞线也按 ISO 分成标准型和模拔型，见图 11.28。目前用得最多的钢绞线为 7 丝钢绞线，它是由 6 根外层钢丝围绕 1 根中心钢丝按同一方向绞合而成，标记为 1×7 或（1+6），钢绞线以盘卷状态交货。

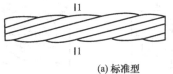

(a) 标准型 (b) 模拔型钢缆绳断面

图 11.27 钢缆绳断面示意　　　　　　　　图 11.28 1×7 钢绞线的形状

（3）平行钢丝束 平行钢丝束是由多根钢丝平行集束或外包防腐护套制成钢索，它受力均匀，能充分发挥高强钢丝材料的轴向抗拉强度，其弹性模量也与单根钢丝相近。一般是用圆钢丝在工厂将它们平行的排列，按蜂巢形压制集束成六面形断面的钢索。图 11.29 表示的即为几种钢丝束断面示意图，其钢丝根数分别为 61 根、91 根和 127 根，六角形的对角高度分别为 45mm、55mm 和 65mm。

近年来国内生产了一种半平行钢丝拉索，用于城市道路及斜拉桥的拉索，如图 11.30 所示。它是将若干根直径相同的钢丝平行集束，同轴同向加以适当扭绞，由此使各根钢丝相互形成一种特殊的平行状态，称为半平行，并在集束钢丝外包裹一层塑料保护套，成为塑料保护套半平行钢丝索。

钢丝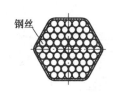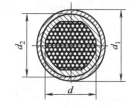

图 11.29 平行钢丝束断面　　　　　　　图 11.30 塑料护套半平行钢丝索

11.2.2 索的节点

索的节点是悬索结构的重要组成部分，索的节点应符合结构分析时的基本假定，传力必须简捷，制作和安装要方便。索的连接节点多种多样，包括承重索与承重索的连接、承重索与桅杆的连接、承重索与稳定索的连接、承重索与支撑构件的连接等，这些连接一般是通过锚具或夹具完成。

11.2.2.1 锚具

锚具是将钢索锚固于支撑结构或边缘构件上的重要部件，钢索中的张力通过锚具传递到其他构件上去。常用的锚具有夹片式、支撑式、锥塞式、握裹式和铸锚式等形式。

（1）夹片式锚具　一般有单孔夹片式锚具与多孔夹片锚具，还有扁形夹片式锚具，如图11.31所示。

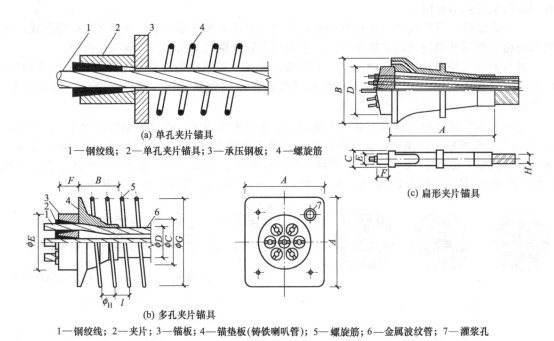

(a) 单孔夹片锚具

1—钢绞线；2—单孔夹片锚具；3—承压钢板；4—螺旋筋

(c) 扁形夹片锚具

(b) 多孔夹片锚具

1—钢绞线；2—夹片；3—锚板；4—锚垫板(铸铁喇叭管)；5—螺旋筋；6—金属波纹管；7—灌浆孔

图 11.31　夹片式锚具

（2）支撑式锚具　有镦头锚具和螺母锚具等形式，如图11.32所示。镦头锚具的形式与规格，可根据需要自行设计，常用的钢丝束镦头锚具分A型和B型。A型由锚环与螺母组成，可用于张拉端；B型为锚板，用于固定端。

（3）锥塞式锚具　有钢质锥形锚具和槽销锚具等形式，如图11.33所示。钢质锥形锚具，由锚环和锚塞组成，用于锚固以锥锚式双作用千斤顶张拉的钢丝束。锚环内孔的锥度应与锚塞的锥度一致。锚塞上刻有细齿槽，夹紧钢丝防止滑动。锥形锚具的主要缺点是当钢丝直径误差较大时，易产生单根滑丝现象，且滑丝后很难补救。

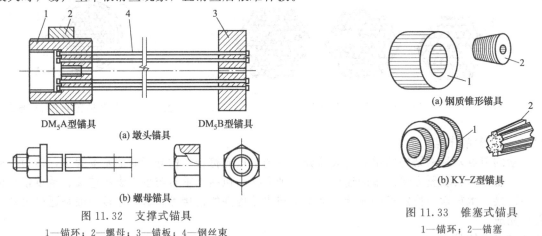

DM₅A型锚具

(a) 墩头锚具

DM₅B型锚具

(a) 钢质锥形锚具

(b) 螺母锚具

(b) KY-Z型锚具

图 11.32　支撑式锚具

1—锚环；2—螺母；3—锚板；4—钢丝束

图 11.33　锥塞式锚具

1—锚环；2—锚塞

槽销锚具中典型的是KY-Z型锚具，该锚具为半埋式，使用时先将锚环小头嵌入承压钢板中，并用断续焊缝焊牢，然后共同预埋在构件端部。

（4）握裹式锚具　主要有挤压锚具和压花锚具等形式。挤压锚具［图 11.34（a）］由挤压头、固定端 P 形锚板、约束圈、螺旋筋、金属波纹管组成。压花锚具［图 11.34(b)］是用压花机将钢绞线端头压制成梨形花头的一种粘接型锚具。钢绞线从机架的凹口处放入并用夹具夹紧然后用千斤顶加力，即可形成梨形散花头［图 11.34(c)］。

（5）铸锚式锚具　主要有冷铸锚具和热铸锚具两种。冷铸锚具是将钢屑和环氧树脂搅拌后浇铸入锚杯，与钢丝凝固后形成锚塞。其特点是钢屑和环氧树脂的温度不高，并不会对钢索的材性产生影响，但它必须搅拌密实。热铸锚具是采用低熔点合金进行浇铸，早期采用的是铅锌合金，现在通常采用巴氏合金，合金熔点不高，也不会影响钢索的材性，流动性好故浇铸密实，冷却后强度也很高，所以，它是近期常采用的一种浇铸锚具，种类也较多。

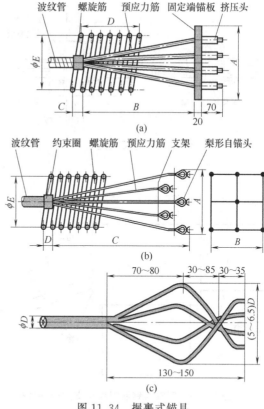

图 11.34　握裹式锚具

11.2.2.2　夹具

夹具是节点中用以固定钢索位置的主要零件。夹具主要通过高强螺栓等用上下两块夹板将钢索夹紧，使钢索不能打滑。夹具主要有压板式夹具、骑马式夹具、拳握式夹具以及梨形环等，采用何种形式的夹具，主要取决于钢索的固定位置。

11.2.2.3　钢索的连接

（1）钢索与钢索的连接主要采用夹具进行连接，图 11.35 表示其中的两种连接方式。

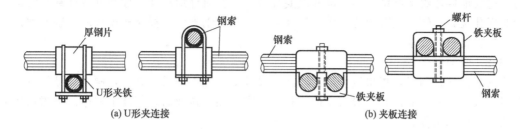

(a) U形夹连接　　　　　　　　　　　　　　(b) 夹板连接

图 11.35　钢索与钢索连接

（2）钢索与屋面板的连接可采用图 11.36 所示的连接板连接方式，也可采用屋面板内伸出钢筋的连接方式。

（3）钢索与支撑节点的连接主要通过锚具，按照连接的形式选用相应的锚具。

① 钢索与钢支撑构件的连接，如图 11.37 所示。在构件上预留索孔和灌浆孔，索孔截面积一般为索面积的 2～3 倍，以便于穿索，并保证张拉后灌浆密实，连接方式如图 11.38 所示。

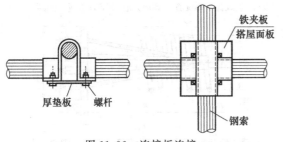

图 11.36　连接板连接

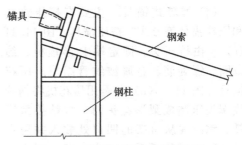

图 11.37　钢索与钢支撑构件连接

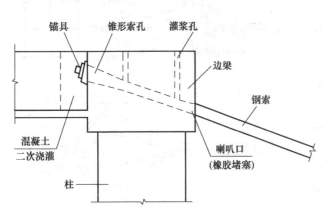

图 11.38　钢索与钢筋混凝土支撑构件连接

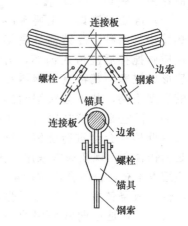

图 11.39　钢索与柔性边索的连接

② 钢索与柔性边索的连接，如图 11.39 所示。拉索的锚固可根据拉力的大小、倾角和地基土等条件用相应的方法，如重力式、板式、挡土墙式和桩式。

11.2.3　悬索结构施工

悬索结构因其种类繁多，所以施工方法也不一样，但总的说来，一般包括边缘支撑构件的施工、索的制作与安装、预应力施加及钢索张拉。

11.2.3.1　边缘支撑构件的施工

边缘构件通常包括钢筋混凝土结构或钢结构圆环、曲梁、拱或水平梁等，它是将悬索系统的内力有效地传递给下部结构和基础的重要环节。严格对外形尺寸、标高进行计算和测量，严格控制索孔位置、倾斜度形状等，满足设计精度要求。钢索和支撑结构连接的支座预埋件的位置和方向也要符合要求。

11.2.3.2　索的制作

索的制作简称制索，指将钢丝或钢丝绳按设计要求配上锚具、夹具，制成成品钢索。制索是悬索结构中的一个关键，一般需经过下料、编束、预张拉及防护等几个程序。制索前应对制索工艺编制技术条件。

（1）一般要求

① 成品索除应符合索的强度标准外，尚需满足索的均匀受力的要求。

② 精确控制索的下料长度。对于在悬索结构中的主、副索应根据设计要求，精确定出夹具的位置；对于曲线索或折线索，如索穿顶中的脊索和环索、索桁架中的主索和副索等，决定下料长度时，应考虑自重引起的影响。估计因自重产生的垂度，从而确定出索的精确长度。下料长度必须用精密的仪器测定，下料应在张紧状态下测量距离。

③ 索的长度是指无应力的原始长度。因此，必须估计初始几何态和预应力态的预应力值，

通过分析和试验方法确定索的无应力长度。

④ 对于曲线索或折线索，尚应设计专门的夹具，控制索在转角处的曲率半径。当转角较大时，节点构造上无法保证曲率半径，这时不宜采用连续索，建议采用分段索。

⑤ 钢索由直径不大的高强钢丝组成，一般都暴露在室外工作，所以必须重视钢索的防腐。主要方法有：采用镀锌钢丝、外围钢丝包裹、黄油裹布、塑料护层、塑料套管内灌液体橡胶、环氧树脂覆盖等。不管采用什么方法，都要做好基层处理工作。

⑥ 索的垂直度误差不大于±5mm。

（2）索制作工艺

① 预张拉。钢索下料前必须进行预张拉，预张拉是为了消除索的非弹性变形，张拉值可取索抗拉强度标准值的 50%～65%，持续 1～2h。

② 下料。为了使钢索受力后各根钢丝或各股钢绞线受力均匀，钢索下料时其长度应准确、等长。

钢丝或钢绞线的号料应严格进行。制作通长、水平且与索等长的槽道，平行放入钢丝或钢绞线，使其不相互交叉、扭曲，在槽道定位板处控制索的下料长度。

钢索的下料长度为

$$L = l_1 + l_2$$

式中　l_1——索在两端锚具间的净距；

　　　 l_2——锚具长度、垫板厚度和索外露长度。

钢丝、钢绞线下料后长度允许偏差为 5mm。

③ 切割。钢索的切割应用砂轮切割机，严禁用电弧切割或气割，以防损伤钢丝。

④ 编束。编束时，每根钢丝或钢绞线应相互保持平行，不得互相搭压、扭曲，宜用梳孔板向一个方向梳理。编扎成束后，每隔 1m 左右要用钢丝缠绕扎紧。

⑤ 钢索的防护。已制好的索应进行防腐处理，并经编号后平直堆放，防止雨淋、油污。

⑥ 装锚具。又称挂锚，一般有两种方法：地面挂锚和高空挂锚。国内一般较多在工地做地面挂锚工作，但随着钢索和锚具配套及体系化，在工厂完成这一工序的将逐渐增加。

11.2.3.3　索的安装

（1）钢索两端支撑构件预应力孔的间距允许偏差为 $L/3000$（L 为跨距），并不大于 20mm。

（2）穿索时应先穿承重索，后穿稳定索，并根据设计的初始几何状态曲面和预应力值进行调整，其偏差宜控制在 10% 以内。

（3）各种屋面构件必须对称地进行安装。

11.2.3.4　预应力施加及钢索张拉

（1）千斤顶在张拉前应进行率定，率定时应由千斤顶主动顶试验机，绘出曲线供现场使用。千斤顶在张拉过程中宜每周率定一次。

（2）对索施加预应力时，应按设计提供的分阶段张拉预应力值进行，每个阶段尚应根据结构情况分成若干级，并对称张拉。每个张拉级差不得使边缘构件和屋面构件的变形过大。各阶段张拉后，张拉力允许偏差不得大于 5%，垂直及拱度的允许偏差不得大于 10%。

（3）几种悬索结构钢索张拉简介

① 单向单层悬索结构需使用大型钢筋混凝土屋面板才能保证其在使用中的刚度和稳定性。施工时，先施工钢筋混凝土或钢结构的边缘支撑构件。索的制作一般在工厂完成，在现场穿索、挂索，在钢索的最大垂度处布置测点。张拉按设计要求分阶段进行。待全部钢索完成张拉后，需检查和调整索的垂度使其满足要求。然后吊装钢筋混凝土屋面板，其顺序是从钢索的最低点开始向两侧对称地进行。吊装后在屋面板上加荷（可用一些压重块），混凝土灌缝，待混凝土强度达到要求后卸荷。施工各阶段都要检查钢索垂度。

② 单向双层悬索结构也称索桁架，其主索（承重索）和副索（稳定索）一般在工厂内制作，在索上装好夹具，夹具的位置需精确定位。一般的安装顺序是：主索挂上后，锚具先临时固定，然后安装刚性腹杆。对于平面单向双层悬索，刚性腹杆安装后需临时支撑。刚性杆安装后再挂上副索，副索上的夹具也需要安装定位。考虑到钢索的自重影响及回弹所造成的钢索长度的回缩，在索桁架施工中，刚性杆与索的连接节点的精确定位是关键。

③ 双向单层悬索结构。是先施工支撑结构，再安装索。在穿索和挂索时，先穿承重索后穿稳定索。将预先编好号的钢索逐一穿入设计索道并初步固定，然后对索进行张拉使其成形。索的张拉也应根据设计值分阶段进行，每个阶段内整个索网应达到均匀的预应力状态。可先拉承重索，也可先张拉稳定索。

④ 双层辐射状悬索结构施工主要是施工结构外环及安装中央内环，要求精确定位，然后均匀对称地挂索和张拉。其一般顺序为：先施工好外环，在结构中央从地面搭设支架，吊内环搁置于支架上，精确定位后，均匀对称地穿索和挂索。先在四个方向安装下索，以保持支架和内环的稳定，再间隔对称安装其他索。索的张拉也应先建立初应力，初应力应均匀一致，以使内环平衡。然后利用千斤顶将内环从支架上顶起，对钢索进行张拉。张拉也应分组、分阶段进行，直到达到设计值。

11.3 膜结构施工

膜结构是 20 世纪中期发展起来的一种全新的建筑形式，以其艺术性、大跨度、新颖性等在世界各地广泛应用。膜结构又叫张拉膜结构，是以建筑织物，即膜材料为张拉主体，与支撑构件或拉索共同组成的结构体系，它以其新颖独特的建筑造型，良好的受力特点，成为大跨度空间结构的主要形式之一。

11.3.1 膜材

膜材是保证膜结构使用功能的一个很重要的因素，其最基本要求是：满足功能要求、耐久性好与经济。目前，用于膜结构中的主要有涂敷聚四氟乙烯（PTFE）的玻璃纤维织物和涂敷聚乙烯（PVC）的聚酯织物二种建筑织物。

膜结构采用的薄膜材料，大多采用涂层织物薄膜，分为两部分，内部为基材织物，主要决定膜材的力学性质，提供材料的抗拉强度、抗撕裂强度等；外层为涂层，起到密实、保护基层的作用，还提供材料的耐火性、耐久性及防水、自洁性等。有时为了改进膜材性能，可在面层外面再涂一层涂层，如 PVDF。这种面层不但能保护织物抵抗紫外线，而且能大大改善膜材的自洁性。

11.3.1.1 膜材种类

组成膜材的基材织物和涂层种类较多，但总的来看，根据材质的不同膜材可分为 PTFE 类和 PVC 类两大类。

（1）PTFE 类膜材。PTFE 膜材品名叫特氟隆（Teflon），是在玻璃纤维布基上敷聚四氟乙烯树脂（polytetmfluoroethylene，简写 PTFE），这种树脂的含量大于 90%，并满足玻璃纤维布基自重不小于 $150g/m^2$；树脂涂层的重量应大于 $400g/m^2$，小于 $1100g/m^2$；膜材料厚度大于 $0.5mm$ 的条件。

（2）PVC 类膜材。PVC 类膜材布基织物为聚酯或聚氨酯等，涂层为 PVC 树脂，或氯丁橡胶类物质，一般另加有聚氟乙烯（PVF）或聚二氟乙烯（PVDF）类面层，且满足合成纤维织物自重大于 $100g/m^2$，涂层材料重量大于 $400g/m^2$，小于 $1100g/m^2$；膜材料厚度大于 $0.5mm$，膜材料须通过阻燃 2 级试验的条件。

这两种膜材都满足前面讲述的膜结构所用材料的要求，但这两种膜材由于组成不同，其性能方面也有差异，见表 11.6。

表 11.6　两种膜材性能比较

膜材种类	优　点	缺　点	适用范围
PTFE 膜材	抗拉强度很高,抗化学侵蚀性能好,耐温差,抗老化,自洁性能好,使用寿命长	抗折性能较差,运输、安装要求严格,剪裁加工精度要求高,价格昂贵	适合永久性建筑
PVC 膜材	造价相对较低,抗折性能好,运输方便,颜色多样,可修补或更新	耐腐蚀性能较差,易老化,使用寿命短,自洁能力较差	适用一般性投资不高的建筑

（3）膜结构对膜材的要求见表 11.7。

表 11.7　膜结构对膜材的要求

性能	要　求	原因分析
高强度	膜材应具有较高的抗张拉强度和抗撕裂强度。中等强度的 PVC 膜其厚度仅 0.61mm,但它的拉伸强度相当于钢材的一半	对于膜结构而言,在高应力状态下,膜材料的抗拉强度越高,越不易发生徐变和老化;在大跨度膜结构中,膜中应力往往较大,对膜的安全度要求较高
隔声性	单层膜隔声仅有 10dB 左右,单层膜结构建筑往往用于对隔声要求不是太高的活动场所,或者通常用巧妙的设计、构造等手段来提高其隔声性能	通常膜结构建筑建造在最繁华的闹市区,特别是用于音乐、娱乐等大型文化活动场所,人们既不希望外部噪声传入室内,干扰室内活动,也不希望室内声音扩散出去,对建筑的隔声提出较高的要求
自洁性	膜材本身的防污自洁性能。PTFE 膜材料自身则具有很好的防污自洁性能,不需要添加任何面层材料。经过特殊表面处理的 PVC 膜材具有很好的自洁性能,对一般尘埃有拒亲和性,雨水会在其表面聚成水珠,与浮尘同时流下,使膜材表面得到自然清洗	一般建筑用 PVC 膜材料,在 PVC 涂层外,再加一层 PVF(聚氟乙烯)或 PVDF(聚二氟乙烯)或有机硅面层,能有效地改善其自洁性。由于 PVC 材料对紫外线的化学不稳定性,尤其在夏日里阳光下,PVC 涂层易离析发黏,黏附尘埃,且不易被雨水冲掉,影响观瞻,减少使用寿命
耐久性	一般来说,膜材质保期 PTFE 材料在 25 年以上,PVC 材料在 10～15 年。膜材耐久性与其布基所用材料本身的性质有关,不同的涂层种类,对布基的保护程度各不相同,影响着膜材的使用寿命	膜材老化的主要因素有:紫外线照射下,聚合物自身的化学不稳定;从膜的边缘或划伤处由于毛细虹吸水存在微生物的滋生而引起的发霉变质导致材料性质的退化
防火性	一般认为 PTFE 材料是不可燃材料,PVC 材料是阻燃材料	膜结构作为永久性或半永久性建筑,膜材本身必须应完全满足有关建筑材料防火指标的要求
保温隔热	使膜材的保温性和透光性都能满足要求。一般来说,就同类膜材料而言,其透光性越高,强度就越低	单层膜材料的保温性能大致相当于夹层玻璃,如果某建筑物对保温性能要求较高,就要考虑采用双层或多层膜,但双层或多层膜又损害了建筑物的透光性能,通常双层膜的透光率在 4%～9%左右
可加工性	膜材需要良好的可加工性	膜结构一般具有新颖的曲面外形,不能直接由大块平面膜材构成,就需要进行裁剪后拼接
抗弯折性	膜材要求有一定的柔软度	

11.3.1.2　膜材选择

膜材选择的原则为：

（1）膜结构中用到的膜材必须根据建筑形式、结构特点、制作安装方法、使用要求、气象气候条件等因素综合进行选择。

（2）膜结构中用到的膜材必须达到设计要求。对每一种膜材都必须根据相应的规定提交产品质量证明和试验数据，保证其能达到有关要求。

（3）膜结构用的膜材是由高强织物与涂层材料构成的复合料，是一种正交各向异性材料，在设计和施工前，应对膜材进行必要的材性试验。

膜材材性试验主要包括力学性能试验和非力学性能试验。前者包括膜材弹性模量、两个方向的抗拉强度、撕裂强度和面内切刚性，还包括结合部位的蠕裂强度和涂料层材料剥离强度；后者主要包括膜材的阻燃性、耐揉搓性、耐候性等。

11.3.2　膜的连接

在膜结构中，膜材通过承重索、平衡索、边索的张拉作用成形，并与索共同受力。膜材只能承受拉力而不能承受压力和弯矩，也就是在任何荷载下不能出现松弛现象，因此，其连接构造很重要。膜结构的连接包括膜节点、膜边界、膜角点、膜脊和膜谷。膜节点指膜裁剪片之间的连接，膜边界是指膜材与支撑结构之间的连接，膜角点是指膜边界交汇的点，膜脊、膜谷是指支撑结构最高和最低处膜的连接。膜节点和膜材的强度和延性应尽可能相等，膜节点还应具有良好的防水性能。膜节点可分为缝合节点、焊接节点、粘接节点、螺栓节点、束带节点、拉链接点等类型。其中，缝合或焊接节点一般由工厂制作，为永久节点；其他节点可工厂预制或现场拼接，为永久节点或临时节点。影响膜接点性能和耐久性的因素主要有加工过程、连接材料（缝线、焊接温度、黏结剂）、找形和裁剪精度等。

膜结构的连接节点主要涉及三个方面：膜—膜连接、膜—索连接和膜—刚性构件连接。

（1）膜—膜连接

1）一般要求

① 膜与膜之间的接缝位置应依据建筑要求、与其他结构构件的关系、膜布主应力方向等因素综合确定。

② 膜的拼接纹路应根据膜材主要受力经纬方向合理拼接，一般采用纬向拼接、经向拼接和树状拼接三种方法，拼接纹路应清晰、不零乱。

③ 接缝数量应尽量减少。接缝附近和可能产生应力集中的部位可用斜向增强片进行加强。应尽量避免接缝的交叉和叠合。

④ 膜之间可用热融合、黏结、缝合或机械连接等方法连接，应根据具体情况确定连接方法。接缝宽度应满足强度要求，应保证在正常使用条件下织物能经受住可能的荷载作用。

⑤ 膜材接缝强度应满足以下要求：

a. 用缝补方法进行连接时，接缝处张拉强度应不小于膜材母材强度的 70%。

b. 常温下，用其他形式的接缝，其强度应不小于膜材母材强度的 90%；在 60℃ 下接缝处张拉强度应不小于膜材母材强度的 60%。

2）连接方式。膜—膜之间的连接方式主要有两种：一是膜材的拼接；二是裁剪缝处膜材的连接。

① 膜材拼接　受膜幅的限制，在制膜时膜材与膜材之间不可避免要拼接，这种拼缝搭接可采用缝制、融合、黏结、机械夹合等方法。

缝制：用缝纫机直接缝制两层膜材且加膜条封口，膜材的重合幅宽为 40mm 以上，缝纫密度为每 100mm 10～19 针，缝纫线为 4 根以上合成。缝制部位无断线、开缝、错位等现象。缝合节点有三种形式：平缝、单层折缝和双层折缝，见图 11.40。

热板融合：两张膜之间夹热板，熔敷热板，融合幅宽为 75mm 以上，融合部位无褶皱、剥落、破损、裂缝等现象。

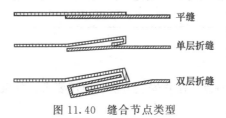

平缝

单层折缝

双层折缝

图 11.40　缝合节点类型

热风融合或高频热熔：通过热风或高频热熔敷结合，结合幅宽为 40mm 以上，融合部位无褶皱、剥落、破损、裂缝等现象。

黏结：两膜之间用胶黏剂黏结结合，结合幅宽 40mm 以上，结合面积尽可能大，结合面内不能夹杂有气泡和脏物等，不能出现剥落、褶皱、破损及错位等现象。

机械夹合：对于不宜采用黏结或缝制、热熔方法的部位，可采用机械夹合的方法，即通过连续的金属夹板夹紧膜材的绳边，夹板与膜材间辅以橡胶衬垫，夹紧螺栓沿金属夹板布置，如图 11.41 所示。

② 裁剪缝处膜材连接　裁剪缝是主要的受力缝，是膜结构找形、裁剪后再进行连接的部位。裁剪缝处膜材连接不宜采用黏结等方法连接，多数采用机械夹合的方法。在一些帐篷结构中，为满足膜面随形体变化的需要，可采用束带紧密编织的连接方法，如图 11.42 所示。

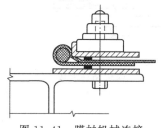

图 11.41　膜材机械连接

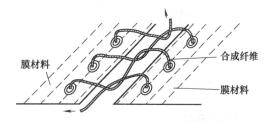

图 11.42　膜材束带连接

（2）膜—索连接

1）一般要求

① 膜布与拉索的连接常用两种方法：

单边连接：在拉索的一边有膜布，另一边没有，也称边节点。

双边连接：在拉索的两边都有膜布，也称中间节点。

② 在需要进行膜布的分段式安装以及与拉索连接时，可将膜布分割成较小的部分，采用绳边和夹具来完成。

2）连接方式。膜—索单边连接可分为刚性连接和柔性连接。

柔性连接即直接将膜与索连接，其代表性做法有：膜边缘制成袋套状，边索从中穿过，如图 11.43（a）所示；膜边缘安装金属孔环，用束带紧密编织连接，如图 11.43（b）所示；膜边缘部分卷入绳索，用金属连接板挤压固定，再通过金属构件和夹具与边索连接，如图 11.43（c）所示。刚性连接见膜—刚性构件连接。

膜—索双边连接，可利用索的夹具连接膜的基板和夹板，在夹板上带有防水橡胶条和金属压条，在铺展膜材后金属压条压住膜面及橡胶防水罩并贴紧膜边绳加粗头，膜面张紧后按一定间距拧紧固定螺栓，最后封闭橡胶防水罩（图 11.44、图 11.45）。

（3）膜—刚性构件连接

1）一般要求

① 膜布边缘与刚性构件边缘之间的连接可采用绳边和夹具，绳边夹在夹具之间，夹具一般用铝合金材料制成，表面应进行防腐蚀处理，紧固件宜用不锈钢材料。

② 夹具应能连续安全地夹住膜布边缘，与膜布之间需辅以衬垫。在膜材张力作用下夹合系统不能产生扭曲变形。

2）连接方式。膜与刚性构件连接也有中间和边缘连接方式，中间连接方式与图 11.41 所示的机械夹合方法相似，只不过膜材的绳边被夹合在夹板内，边缘连接方式如图 11.46 所示。

（4）索—索连接、索—刚性构件连接与悬索结构的构造及要求相同。

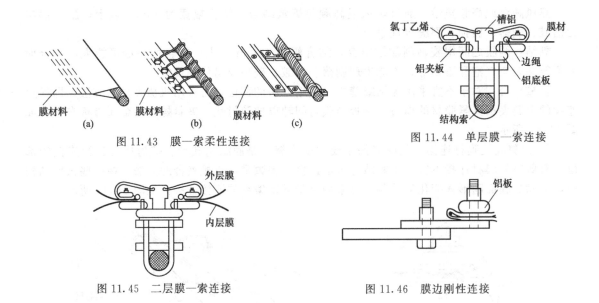

图 11.43 膜—索柔性连接

图 11.44 单层膜—索连接

图 11.45 二层膜—索连接

图 11.46 膜边刚性连接

11.3.3 膜的安装

11.3.3.1 膜结构的安装施工准备

（1）安装前膜结构的支撑结构应该已施工完成并符合有关结构施工及验收规范的要求。

（2）应按膜结构设计图和安装工艺流程，编制施工组织设计文件，安装应符合工艺流程。

（3）安装前，应对膜材料的检测报告等进行验收，检查膜结构构件及零配件的材料品种、规格、色泽、性能和数量等。

（4）膜体安装前应完成支撑结构的防锈、防火涂层的施工，以免污染膜面。在施工防锈面漆、防火涂层前，必须将支撑骨架与膜材的连接部位打磨光滑，以圆角处理，确保连接处无毛刺、棱角、焊接表面凸点等。

（5）在工程现场，膜材应安放在搭设的辅助架子上，在室外堆放时，应采取保护措施。安装前应在主体结构上架设临时的网格拉索；以支撑展开的膜材。

（6）所有与膜体接触的金属件安装前必须打磨平整，不应有锐角、锐边。膜面与骨架之间按规定设置隔离塑胶条；膜面展开时，应采取有效的保护措施使膜材不受损伤。

11.3.3.2 膜的安装

膜结构的安装方法因结构类型和场地情况的不同而有所区别。对于刚性边界的膜结构，可采用就近地面张拉，连同边界构件一起吊装的方法；也可采用现场空中拼装、空中张拉的方法。柔性边界的膜结构，一般都采用现场吊装就位后再逐步张拉的安装方法。

一般而言，安装包括膜体展开、连接固定和张拉成形三部分。

（1）安装工艺流程。一般的安装工艺流程为：施工前准备工作→搭设膜面搁置平台→就位谷索、脊索→安装绳网→膜面就位→膜面展开→周边固定，安装边索、膜面与脊索、谷索等连接→调节可调套筒→调紧脊索、谷索→密封条粘接→清洗膜体。

（2）膜面搁置平台搭设。膜面须在桁架中间打开，而桁架中间无任何结构。因此，确定在每跨膜面施工前搭设搁置平台，在桁架之间搭设绳网，让膜面在绳网上打开。

（3）谷索、脊索就位。将谷索、脊索就位至安装点下端并将其打开，根据施工图纸要求以正确的方向起吊钢索，起吊钢索至安装位置上空，操作人员将索锚具与谷索、脊索连接板耳板连接，即可松钩，将钢索张拉端牵引至看台最顶端，并用钢丝绳将索抬高临时固定在钢立柱上。

（4）膜面吊装。吊装或提升膜面时，要特别注意膜面不要被尖锐物体刮破或划伤，对膜面提升过程中有可能接触到的突出部位要用柔软物体包住作为保护。并且要注意膜面的应力分布均匀，必要时可在膜上焊接连续的"吊装搭扣"，用两片钢板夹紧搭扣来吊装。应尽可能用机械设备吊装，人工提升时要注意尽量少让膜面折叠、挤揉，以免在膜面上留下折痕。

吊装就位后，要及时固定膜边角；当天不能完成张拉的，应采取相应的安全措施，防止因夜间大风或降雨积水造成膜面撕裂。

（5）膜的固定与张拉。该阶段的任务是使膜布张紧不再松弛以承受载荷，操作上特别要注意避免由于张拉不均造成膜面皱褶。预应力的大小由设计师根据材料、形状和结构的使用荷载而定，要求其最低值不能使膜面在基本的荷载工况组合（风压、雪荷载）下出现局部松弛，一般常见的膜结构预应力水平在 $2\sim10kN/m$，施工中通过张拉定位索或顶升支撑杆实现。对帐篷膜单元，一般先在底部周边张拉到位，然后升起支撑杆在膜面内形成预应力。鞍形单元则要对角方向同步或依次调整，逐步加至落定值；而对于由一列平行拱架支撑的膜结构，惯常作法是当膜布在各拱架两侧初步固定（轻轻系住但不加力）的情况下，首先沿膜的纬线方向将膜布张拉到设计位置。在施工过程中应注意无论张拉是否能顺利到位，均不应轻易改变预先设定的张拉位置；若确实怀疑是设计问题，则应向设计方报告，经结构工程师研究同意后，方可作出修正。

固定并顺利完成张拉以后，膜面内应产生预期的应力场。极少数情况下，由于材料的蠕变或膜结构内某些构件的连接不可靠（膜结构内含有的连接方式特别多，如索—膜、索—索、索—桅、膜—桅等的连接方式皆不同）以至于建成后需重新张拉。所以，对材料的特性以及各种连接构造的特点和要求（例如连接强度、偏心限制等）应用心掌握。

（6）安装注意事项与要求

1）注意事项

① 安装时，膜面上设置爬升安全网，作业人员必须系安全带，穿软底鞋。

② 安装宜在风力小于四级的情况下进行，并注意风速和风向；安装过程中不应发生雨水积存现象。

③ 张拉时，应确定分批张拉的顺序、量值，控制张拉速度，并根据材料确定张拉量值。

④ 开始下道工序或相邻工程开工时，对已完成部分采取保护措施，防止损害，无有效保护时，严禁在 2m 范围内作业。

⑤ 膜体铺设过程中必须做好成品保护，不应损坏膜面，膜面与支撑结构之间必须设隔离层，不得直接接触。

⑥ 根据膜结构跨度大小，安装紧固夹板，间距不应大于 2m。

⑦ 膜结构脊索、谷索安装应按施工组织设计要求进行；膜结构脊索、谷索锚头的组装必须按工艺标准执行，脊索、谷索应张拉到位。

2）安装质量要求。不得有渗漏现象，排水通畅，不得有积水；无明显污染串色，连接固定节点应紧密牢固、排列整齐；缝线无断线脱落，无超张拉现象；膜面均匀，无明显褶皱；安装过程中局部拉毛蹭伤不应大于 20mm，且每单元不超过 2 个。安装完毕后清洁干净，膜面不得接触有腐蚀性的化学试剂。

11.3.4 膜结构施工质量控制

11.3.4.1 膜材质量

工程膜面采用的主要是 PVC 膜材和 PTFE 膜材，材料主要指标，包括单位重量、厚度、力学性能、光学性能、防火性能及耐久性等，都应该满足相关要求。

11.3.4.2 膜材制作质量

（1）几何尺寸。膜材的几何尺寸检查必须在拼接厂完成，拼接厂完工后按安装要求对膜材进行折叠、装箱，运到现场后直到吊装到安装位置时才能展开。因此，在施工现场是无法对膜面尺寸进行测量的。

（2）膜接缝质量。安装过程中，监理必须检查膜面上是否有划伤或破洞。如发现问题，应分清责任，要求膜面供货单位或膜面安装单位进行赔偿或修补。

11.3.4.3 膜结构支架制作安装

膜结构支架制作质量与钢结构类似，其最大的要求是有钢构件的表面必须打磨光滑，不得有尖角毛刺，以防划伤膜面。膜结构支架安装质量主要是几何尺寸和焊缝表面质量。为防止膜面安装后起皱，并保证设计所需的张力，要求膜结构的安装尺寸误差尽可能的小，特别是要控制支架的平行度、对角线相关尺寸的误差。安装焊缝必须打磨平整，以防划破膜面。

11.3.4.4 膜面安装

（1）特别要安排好和主体钢结构安装单位的关系，协调相互间的进度。

（2）膜面安装施工时应注意天气预报，保证在整个安装过程中无四级以上大风和大雨。

（3）当膜面安装过程当中发生膜面破损，必须立即进行修补。膜面张拉应力控制，膜面应力张拉不可一次到位，以防主体钢结构侧向失稳，应分块逐步张拉到位。

（4）膜面张拉到位后，监理将会同安装单位质检人员对膜面张力按照膜结构设计提供的膜面应力值、测试部位和测试工具对膜面应力进行全面检查验收。同时检查压板螺栓有无漏装漏拧。

（5）防水密封，在膜面与天沟、膜面与膜结构的结合部位较易发生漏水，应及时检查发现泄漏点，配合设计对泄漏部位提出整改方案，督促施工单位进行防水施工。

能力训练题

1. 网架的节点构造有哪几种？

2. 大跨度空间结构网架结构有几种安装方法？分别说明其适用范围。

3. 网架安装施工质量验收标准是什么？

4. 悬索结构常用的锚具有哪几种？

5. 常用的膜结构材料有哪两种？膜结构对膜材的性能要求有哪些？

6. 根据当地的实际情况，选择性的参观认识网架结构、悬索结构、膜结构的形式及其施工安装过程。

第 12 章 钢结构质量验收与质量保证措施

【知识目标】

- 熟悉钢结构施工质量验收的项目
- 熟悉钢结构各分项工程质量验收的标准
- 掌握钢结构工程竣工验收资料组成

【学习目标】

- 能够熟悉钢结构验收项目和验收标准，掌握钢结构质量验收的方法与质量保证措施

12.1 钢结构验收项目

根据现行国家标准《建筑工程施工质量验收统一标准》（GB 50300—2013）的规定，钢结构作为主体结构之一应按子分部工程竣工验收；当主体结构均为钢结构时应按分部工程竣工验收。大型钢结构工程可划分成若干个子分部工程进行竣工验收。

12.1.1 钢结构验收项目的层次

钢结构验收应按分部工程、分项工程和检验批三个层次进行。

钢结构分部工程划分：一般地讲，钢结构工程是作为主体结构分部工程中的子分部工程，当所有主体结构均为钢结构时，钢结构工程就是分部工程。制作和安装中的空间刚度单元划分，每个分部工程中有数个分项工程。

钢结构分项工程划分：是按主要工种、施工方法及专业系统划分为焊接工程、紧固件连接工程、钢零件及钢部件加工工程、钢构件组装工程、钢构件预拼装工程、钢结构安装（单层、多层及高层、高耸钢结构）、大跨度空间钢结构安装工程、压型金属板工程、钢结构涂装工程10 个分项工程。

检验批的划分：检验批的验收是最小的验收单位，也是最基本、最重要的验收工作内容，其他分部工程、分项工程及单位工程的验收都是基于检验批验收合格的基础上进行验收。钢结构检验批的划分遵照如下原则：

（1）单层钢结构可按变形缝划分检验批；

（2）多层及高层钢结构可按楼层或施工段划分检验批；

（3）钢结构制作可根据制造厂（车间）的生产能力按工期段划分检验批；

（4）钢结构安装可按安装形成的空间刚度单元划分检验批；

（5）材料进场验收可根据工程规模及进料实际情况合并成 1 个检验批或分解成若干个检验批；

（6）压型金属板工程可按屋面、墙面、楼面划分。

12.1.2 钢结构质量验收等级

（1）分项工程的质量等级　分项工程的质量等级按表 12.1 划分。

（2）分部工程的质量等级　分部工程的质量等级按表 12.2 划分。

（3）单位工程的质量等级　单位工程的质量等级按表 12.3 划分。

表 12.1　分项工程的质量等级

等　级	合　格	优　良
保证项目	全部符合标准	全部符合标准
基本项目	全部合格	60%以上优良,其余合格
允许偏差项目	90%及以上实测值在标准规定允许偏差范围内,其余值基本符合标准规定	90%及以上实测值在标准规定允许偏差范围内,其余值基本符合标准规定

注：一个基本项目所抽检的处（件）中60%及以上达到优良标准的规定,其余处（件）为合格,该基本项目即为优良。

表 12.2　分部工程质量等级

等　级	合　格	优　良
所含分项工程	全部合格	包括主体分项工程在内的60%及以上分项工程为优良,其余合格

表 12.3　单位工程质量等级

等　级	合　格	优　良
所含分部工程	全部合格	60%以上优良,其余合格
质量保证资料	齐全	齐全
观感质量评分	70%及以上	90%及以上

12.2　钢结构质量验收

12.2.1　钢结构工程质量验收记录

钢结构的验收是在分项工程各检验批验收合格的基础上进行。分项工程验收记录参照《建筑工程施工质量验收统一标准》（GB 50300—2013）中表 F 进行,参见表 12.4。

钢结构分部工程合格的质量标准应符合：所含分项工程的质量均应验收合格,检查每个分项工程验收是否正确；注意查对所含分项工程有无漏缺,归纳是否完全,或有没有进行验收；分项工程资料和文件应完整,每个验收资料的内容是否有缺漏项,签字是否齐全及符合规定；有关观感质量和安全及功能的检验和见证检测结果应符合规范的相应合格质量标准的要求。即在所有分项工程验收合格的基础上,增加了质量控制资料和文件检查、有关安全及功能的检验和见证及有关观感质量检验 3 项。

分部工程验收应由总监理工程师组织施工单位项目负责人和有关的勘察设计单位项目负责人等进行验收,记录参照《建筑工程施工质量验收统一标准》（GB 50300—2013）中表 G 进行,参见表 12.5 和表 12.6。

表 12.4　_____分项工程质量验收记录

单位(子单位)工程名称		分部(子分部)工程名称			
分项工程数量		检验批数量			
施工单位		项目负责人		项目技术负责人	
分包单位		分包单位项目负责人		分包内容	
序号	检验批名称	检验批容量	部位/区段	施工单位检查结果	监理单位验收结论
1					
2					
3					
4					
……					

说明：

施工单位检查结果		项目专业技术负责人： 　　　　年　月　日
监理单位验收结论		专业监理工程师： 　　　　年　月　日

表 12.5 _____ 分部工程质量验收记录

单位(子单位)工程名称				子分部工程数量		分项工程数量	
施工单位				项目负责人		技术(质量)负责人	
分包单位				分包单位负责人		分包内容	
序号	子分部工程名称	分项工程名称	检验批数量	施工单位检查结果		监理单位验收结论	
1							
2							
3							
4							
5							
6							
	质量控制资料						
	安全和功能检验结果						
	观感质量检验结果						
综合验收结论							
施工单位 项目负责人： 　年　月　日		勘察单位 项目负责人： 　年　月　日		设计单位 项目负责人： 　年　月　日		监理单位 总监理工程师： 　年　月　日	

表 12.6　单位工程安全和功能检验资料核查记录

工程名称				施工单位			
序号	项目	安全和功能检查项目	份数	施工单位		监理单位	
				核查意见	核查人	核查意见	核查人
1	钢结构工程	见证取样送试验项目 (1)钢材及焊接材料复验 (2)高强度螺栓预应力、扭矩系数复验 (3)摩擦面抗滑移系数复验 (4)网架节点承载力试验					
2		焊缝质量检测报告 (1)内部缺陷 (2)外观缺陷 (3)焊缝尺寸					
3		高强度螺栓施工质量检查记录 (1)终拧扭矩 (2)梅花头检查 (3)网架螺栓球节点					
4		柱脚及网架支座检查记录 (1)锚栓紧固 (2)垫板、垫块 (3)二次灌浆					
5		主要构件变形检查记录 (1)钢屋(托)架、桁架、钢梁、吊车梁等垂直和侧向弯曲 (2)钢柱垂直度 (3)网架结构挠度					
6		主体结构尺寸检查记录 (1)整体垂直度 (2)整体平面弯曲					
结论：				总监理工程师：　　年　月　日			
施工单位项目负责人：　　年　月　日							

注：抽查项目由验收组协商确定。

12.2.2 钢结构工程观感质量验收

12.2.2.1 钢结构工程观感质量检查记录

观感质量应由3人或3人以上共同检验评定。检验人员应对每个项目随机确定10处（件）进行检验，然后打分评定。钢结构工程观感质量检查记录见表12.7。

表 12.7　钢结构工程观感质量检查记录

工程名称			完工日期			
施工单位			项目经理			
监理单位			总监理工程师			
序号	项 目	抽 查 情 况		质 量 评 价		
				好	一般	差
1	普通涂层表面					
2	防火涂层表面					
3	压型金属板表面					
4	钢平台、钢梯、钢栏杆					
观感质量综合评价						
检查结论：						
施工单位项目经理： 　　　　　　年　月　日			总监理工程师： （建设单位项目负责人） 　　　　　　年　月　日			

注：质量评价为差的项目应进行返修。

12.2.2.2 评定方法举例

钢结构安装工程观感质量检验评定标准见表12.8。

表 12.8　钢结构安装单位工程观感质量检验评定表

单位工程名称：　　　　　　　　　　　　　　　　施工单位：

序号	项 目 名 称	标准分	评 定 等 级				
			一级	二级	三级	四级	五级
1	高强度螺栓连接	10	10	9	9	7	−10
2	焊接接头安装螺栓连接	10	10	9	9	7	0
3	焊缝缺陷	10	10	9	9	7	−25
4	焊渣飞溅	10	10	9	9	7	0
5	结构外观	10	10	9	9	7	−10
6	涂装缺陷	10	10	9	9	7	−25
7	涂装外观	10	10	9	9	7	0
8	标记基准点	10	10	9	9	7	0
9	金属压型板	10	10	9	9	7	−25
10	梯子、栏杆、平台	10	10	9	9	7	0

应得＿＿＿分，实得＿＿＿分，得分率＿＿＿％

12.2.2.3 钢结构制作和安装工程观感质量的检验评定项目和标准

钢结构制作和安装工程观感质量的检验评定项目见表12.9。

表 12.9　钢结构制作和安装工程观感质量检验评定项目表

编号	钢结构制作	钢结构安装
1	切割缺陷：断面无裂纹、夹层和超过规定的缺口	高强螺栓连接：螺栓、螺母、垫圈安装正确，方向一致，已做终拧标记
2	切割精度：粗糙度、不平度、上边缘熔化符合规定	焊接、螺栓连接：螺栓齐全或基本齐全，初次未安螺栓已按规定处理，补上螺栓
3	钻孔：成形良好，孔边无毛刺	金属压型板：表面平整清洁，无明显凹凸，檐口屋脊平行，固定螺栓牢固，布置整齐，密封材料敷设良好
4	焊缝缺陷：焊缝无致命缺陷、严重缺陷	焊缝缺陷：焊缝无致命缺陷、严重缺陷
5	焊渣飞溅：飞溅清除干净，表面缺陷已按规定处理	焊渣飞溅：飞溅清除干净，表面缺陷已按规定处理
6	结构外观：构件无变形，现场切割口平整，表面无焊疤、油污，黏结泥砂，连接在结构上的临时设施已拆除或处理	同左，且结构上的临时附加物已拆除

编号	钢结构制作	钢结构安装
7	涂装缺陷:涂层无脱落和返修,无误涂、漏涂	涂装缺陷:涂层无脱落和返修,无误涂、漏涂
8	涂装外观:涂刷均匀,色泽无明显差异,无流挂起皱,构件因切割、焊接而烘烤变形的漆膜已处理	涂装外观:涂刷均匀,色泽无明显差异,无流挂起皱,构件因切割、焊接面烘烤变形的漆膜已处理
9	高强螺栓摩擦面:无氧化铁皮,毛刺,焊疤,不该有的涂料和油污	梯子、栏杆、平台:连接牢固、平直、光滑
10	标记:杆件号、中心、标高、吊装标志齐全,位置准确,色泽鲜明	标记基准点:大型重要钢结构应设置沉降观测基准点、构筑物中心标高和柱中心标志齐全

钢结构制作项目观感质量检验评定标准见表 12.10。

表 12.10　钢结构制作项目观感质量检验评定标准

单位工程名称:　　　　　　　　　　　　　　　　施工单位:

序号	项目名称	标准分	评定等级				
			一级	二级	三级	四级	五级
1	切割缺陷	10	10	9	9	7	−25
2	切割精度	10	10	9	9	7	0
3	钻孔	10	10	9	9	7	0
4	焊缝缺陷	10	10	9	9	7	−25
5	焊渣飞溅	10	10	9	9	7	0
6	结构外观	10	10	9	9	7	−10
7	涂装缺陷	10	10	9	9	7	−25
8	涂装外观	10	10	9	9	7	0
9	高强度螺栓连接面	10	10	9	9	7	−10
10	标记	10	10	9	9	7	0

应得＿＿＿分,实得＿＿＿分,得分率＿＿＿%。

单位工程质量竣工验收中的验收记录由施工单位填写,验收结论由监理单位填写。综合验收结论经参加验收各方共同商定,由建设单位填写,应对工程质量是否符合设计文件和相关标准的规定及总体质量水平做出评价。单位工程质量竣工验收记录见表 12.11。

表 12.11　单位工程质量竣工验收记录

工程名称			结构类型			层数/建筑面积	
施工单位			技术负责人			开工日期	
项目负责人			项目技术负责人			完工日期	

序号	项目	验收记录	验收结论
1	分部工程验收	共＿＿＿分部,经查＿＿＿分部,符合设计及标准规定＿＿＿分部	
2	质量控制资料核查	共＿＿＿项,经核查符合规定＿＿＿项,经核查不符合规定＿＿＿项	
3	安全和使用功能核查及抽查结果	共核查＿＿＿项,符合规定＿＿＿项,共抽查＿＿＿项,符合规定＿＿＿项,经返工处理符合规定＿＿＿项	
4	观感质量验收	共抽查＿＿＿项,符合规定＿＿＿项,不符合规定＿＿＿项	
5	综合验收结论		

参加验收单位	建设单位	监理单位	施工单位	设计单位	勘察单位
	(公章)	(公章)	(公章)	(公章)	(公章)
	项目负责人:	总监理工程师:	项目负责人:	项目负责人:	项目负责人:
	年　月　日	年　月　日	年　月　日	年　月　日	年　月　日

钢结构制作项目的观感检验应视构件交货情况，分一次或数次进行。对观感质量评为五级项目，一旦发生分项工程质量不符合合格规定时，必须按规定及时进行处理，经处理后的分项工程，再重新确定其质量等级。

12.2.3　钢结构验收标准

钢结构施工各分项工程中的保证项目、基本项目及允许偏差项目在《钢结构工程施工质量验收规范》（GB 50205—2001）中有详细规定。

12.2.3.1　原材料及成品进场的验收标准

原材料及成品进场的验收标准见表12.12。

表 12.12　原材料及成品进场验收标准

序号	分类	主 控 项 目	一 般 项 目
1	钢材	(1)钢材、钢铸材的品种、规格、性能等应符合现行国家产品标准和设计要求，进口钢材产品的质量应符合设计和合同规定标准的要求。 检查数量：全数检查。 检验方法：检查质量合格证明文件、中文标志及检验报告并签署 A9《建筑材料报审表》。 (2)对属于下列情况之一的钢材，应进行抽样复验，其复验结果应符合现行国家产品标准和设计要求。 ①国外进口钢材；②钢材混批；③板厚等于或大于40mm，且设计有 Z 向性能要求的厚板；④建筑结构安全等级为一级，大跨度钢结构中主要受力构件所采用的钢材；⑤设计有复验要求的钢材；⑥对质量有疑义的钢材。 检查数量：全数检查。 检验方法：检查复验报告并签署 A9《建筑材料报审表》	(1)钢板厚度及允许偏差应符合其产品标准的要求。 检查数量：每一品种、规格的钢板抽查 5 处。 检验方法：用游标卡尺量测并签署 A9《建筑材料报审表》。 (2)型钢的规格尺寸及允许偏差符合其产品标准的要求。 检查数量：每一品种、规格的型钢抽查 5 处。 检验方法：用钢尺和游标卡尺量测。 (3)钢材的表面外观质量除应符合国家现行有关标准的规定外，尚应符合下列规定：①当钢材的表面有锈蚀、麻点或划痕等缺陷时，其深度不得大于该钢材厚度负允许偏差值的 1/2；②钢材表面的锈蚀等级应符合现行国家标准《涂覆涂料前钢材表面处理　表面清洁度的目视评定　第 1 部分：未涂覆过的钢材表面和全面清除原有涂层后的钢材表面的锈蚀等级和处理等级》(GB/T 8923.1—2011)规定的 C 级及 C 级以上。 (4)钢材端边或断口处不应有分层、夹渣等缺陷。 检查数量：全数检查。 检验方法：观察检查并签署 A9《建筑材料报审表》
2	焊接材料	(1)焊接材料的品种、规格、性能等应符合现行国家产品标准和设计要求。 检查数量：全数检查。 检验方法：检查焊接材料的质量合格证明文件、中文标志及检验报告等并签署 A9《建筑材料报审表》。 (2)重要钢结构采用的焊接材料应进行抽样复验，复验结果应符合现行国家产品标准和设计要求。 检查数量：全数检查。 检验方法：检查复验报告并签署 A9《建筑材料报审表》	(1)焊钉及焊接瓷环的规格、尺寸及偏差应符合现行国家标准《电弧螺柱焊用圆柱头焊钉》(GB/T 10433—2002)中的规定。 检查数量：按量抽查 1%，且不应少于 10 套。 检验方法：用钢尺和游标卡尺量测并签署 A9《建筑材料报审表》。 (2)焊条外观不应有药皮脱落、焊芯生锈等缺陷、焊剂不应受潮结块。 检查数量：按量抽查 1%，且不应少于 10 包。 检验方法：观察检查
3	连接用紧固标准件	(1)钢结构连接用高强度大六角头螺栓连接副、扭剪型高强度螺栓连接副、钢网架用高强度螺栓、普通螺栓、铆钉、自攻钉、拉铆钉、射钉、锚栓(机械型和化学试剂型)、地脚锚栓等紧固标准件及螺母、垫圈等标准配件，其品种、规格、性能等应符合现行国家产品标准和设计要求，高强度大六角头螺栓连接副和扭剪型高强度螺栓连接副出厂时应分别随带有扭矩系数和紧固轴力(预拉力)的检验报告。 检查数量：全数检查。 检验方法：检查产品的质量合格证明文件、中文标志及检验报告等并签署 A9《建筑材料报审表》。 (2)高强度大六角头螺栓连接副应按规范 GB 50205—2001 附录 B 的规定检验其扭矩系数，其检验结果应符合 GB 50205—2001 附录 B 的规定。 检查数量：见规范 GB 50205—2001 附录 B。 检验方法：检查复验报告并签署 A9《建筑材料报审表》。 (3)扭剪型高强度螺栓连接副应按规范 GB 50205—2001 附录 B 的规定检验预拉力，其检验结果应符合规范 GB 50205—2001 附录 B 的规定。 检查数量：见规范 GB 50205—2001 附录 B。 检验方法：检查复验报告并签署 A9《建筑材料报审表》	(1)高强度螺栓连接副，应按包装箱配套供货，包装箱上应标明批号、规格、数量及生产日期，螺栓、螺母、垫圈外观表面应涂油保护，不应出现生锈和沾染赃物，螺纹不应损伤。 检查数量：按包装箱数抽查 5%，且不应少于 3 箱。 检验方法：观察检查并签署 A9《建筑材料报审表》。 (2)对建筑结构安全等级为一级，跨度 40m 及以上的螺栓球节点钢网架结构，其连接高强度螺栓应进行表面硬度试验，对 9.8 级的高强度螺栓其硬度应为 HRC21～29；10.9 级高强度螺栓其硬度应为 HRC32～36，且不得有裂纹或损伤。 检查数量：按规格抽查 9 只。 检验方法：硬度计、10 倍放大镜或磁粉探伤，并签署 A9《建筑材料报审表》

续表

序号	分类	主 控 项 目	一 般 项 目
4	焊接球	(1)焊接球及制造焊接球所采用的原材料,其品种、规格、性能等应符合现行国家标准和设计要求。 检查数量:全数检查。 检验方法:检查产品的质量合格证明文件、中文标志及检验报告等并签署 A9《建筑材料报审表》。 (2)焊接球焊缝应进行无损检验,其质量应符合设计要求,当设计无要求时应符合规范中规定的二级质量标准。 检查数量:每一规格按数量抽查 5%,且不应少于 3 个。 检验方法:超声波探伤或检查检验报告并签署 A9《建筑材料报审表》	(1)焊接球直径、圆度、壁厚减薄量等尺寸及允许偏差应符合规范的规定。 检查数量:每一规格按数量抽查 5%,且不应少于 3 个。 检验方法:用卡尺和测厚仪检查并签署 A9《建筑材料报审表》。 (2)焊接球表面应无明显波纹及局部凹凸不平大于 1.5mm。 检查数量:每一规格按数量抽查 5%,且不应少于 3 个。 检验方法:用弧形套模、卡尺和观察检查并签署 A9《建筑材料报审表》
5	螺栓球	(1)螺栓球及制造螺栓球节点所采用的原材料,其品种、规格、性能等应符合现行国家产品标准和设计要求。 检查数量:全数检查。 检验方法:检查产品的质量合格证明文件、中文标志及检验报告等并签署 A9《建筑材料报审表》。 (2)螺栓球不得有过烧、裂纹及褶皱。 检查数量:每种规格抽查 5%,且不应少于 5 只。 检验方法:用 10 倍放大镜观察和表面探伤并签署 A9《建筑材料报审表》	(1)螺栓球螺纹尺寸应符合现行国家标准《普通螺纹　基本尺寸》(GB/T 196—2003)中粗牙螺纹的规定,螺纹公差必须符合现行国家标准《普通螺纹　公差》(GB/T 197—2003)中 6H 级精度的规定。 检查数量:每种规格抽查 5%,且不应少于 5 只。 检验方法:用标准螺纹规并签署 A9《建筑材料报审表》。 (2)螺栓球直径、圆度、相邻两螺栓孔中心线夹角等尺寸及允许偏差应符合规范规定。 检查数量:每一规格按数量抽查 5%,且不应少于 3 个。 检验方法:用卡尺和分度头仪检查并签署 A9《建筑材料报审表》
6	封板、锥头和套筒	(1)封板、锥头和套筒及制造封板、锥头和套筒所采用的原材料,其品种、规格、性能等应符合现行国家产品标准和设计要求。 检查数量:全数检查。 检验方法:检查产品的质量合格证明文件、中文标志及检验报告等并签署 A9《建筑材料报审表》。 (2)封板、锥头、套筒外观不得有裂纹、过烧及氧化皮。 检查数量:每种抽查 5%,且不应少于 10 只。 检验方法:用放大镜观察检查和表面探伤	
7	金属压型板	(1)金属压型板及制造金属压型板所采用的原材料,其品种、规格、性能等应符合现行国家产品标准和设计要求。 检查数量:全数检查。 检验方法:检查产品的质量合格证明文件、中文标志及检验报告等并签署 A9《建筑材料报审表》。 (2)压型金属泛水板、包角板和零配件的品种、规格以及防水密封材料的性能应符合现行国家产品标准和设计要求。 检查数量:全数检查。 检验方法:检查产品的质量合格证明文件、中文标志及检验报告等并签署 A9《建筑材料报审表》	压型金属板的规格尺寸及允许偏差、表面质量、涂层质量等应符合设计要求和本规范的规定。 检查数量:每种规格抽查 5%,且不应少于 3 件。 检验方法:观察和用 10 倍放大镜检查及尺量并签署 A9《建筑材料报审表》

序号	分类	主 控 项 目	一 般 项 目
8	涂装材料	(1)钢结构防腐涂料、稀释剂和固化剂等材料的品种、规格、性能等应符合现行国家产品标准和设计要求。 检查数量：全数检查。 检验方法：检查产品的质量合格证明文件、中文标志及检验报告等并签署 A9《建筑材料报审表》。 (2)钢结构防火涂料的品种和技术性能应符合设计要求，并应经过具有资质的检测机构检测符合国家现行有关标准的规定。 检查数量：全数检查。 检验方法：检查产品的质量合格证明文件、中文标志及检验报告等并签署 A9《建筑材料报审表》	防腐涂料和防火涂料的型号、名称、颜色及有效期应与其质量证明文件相符，开启后，不应存在结皮、结块、凝胶等现象。 检查数量：按桶数抽查 5％，且不应少于 3 桶。 检验方法：观察检查并签署 A9《建筑材料报审表》
9	其他	(1)钢结构用橡胶垫的品种、规格、性能等应符合现行国家产品标准和设计要求。 检查数量：全数检查。 检验方法：检查产品的质量合格证明文件、中文标志及检验报告等并签署 A9《建筑材料报审表》。 (2)钢结构工程所涉及的其他特殊材料，其品种、规格、性能等应符合现行国家产品标准和设计要求。 检查数量：全数检查。 检验方法：检查产品的质量合格证明文件、中文标志及检验报告等并签署 A9《建筑材料报审表》	

12.2.3.2　钢结构各分项工程的验收标准

钢结构各分项工程的验收标准见表 12.13。

表 12.13　钢结构各分项工程的质量验收标准

序号	分项工程	一般规定(检验批划分)	检查内容、检查数量、检验方法	验　收
1	钢构件、焊钉(栓钉)焊接工程	(1)检验批划分：可按相应的钢结构制作或安装工程检验批的划分原则划分为一个或若干个检验批。 (2)碳素结构钢应在焊缝冷却到环境温度、低合金钢结构应在完成焊接 24h 以后，进行焊缝探伤检验。 (3)焊缝施焊后应在工艺规定的焊缝及部位打上焊工钢印	见 GB 50205—2001，Ⅰ，020401《钢结构制作(安装)焊接工程检验批质量验收记录表》；Ⅱ，020401《焊钉(栓钉)焊接工程检验批质量验收记录表》或 GB 50205—2001 的 5.1～5.3 内容	施工单位自检合格，填写 GB 50205—2001，Ⅰ，020401《钢结构制作(安装)焊接工程检验批质量验收记录表》；Ⅱ，020401《焊钉(栓钉)焊接工程检验批质量验收记录表》和 A7《工程报验单》报监理，监理工程师组织有关各方进行验收，验收合格，签署相关文件；验收不合格，签返相关文件
2	紧固件连接工程	可按相应的钢结构制作或安装工程检验批的划分原则划分为一个或若干个检验批	见 GB 50205—2001，Ⅰ，020402《普通紧固件连接工程检验批质量验收记录表》；Ⅱ，020402《高强度螺栓连接工程检验批质量验收记录表》或 GB 50205—2001 的 6.1～6.3 内容	施工单位自检合格，填写 GB 50205—2001，Ⅰ，020402《普通紧固件连接工程检验批质量验收记录表》；Ⅱ，020402《高强度螺栓连接工程检验批质量验收记录表》和 A7《工程报验单》报监理，监理工程师组织有关各方进行验收，验收合格，签署相关文件；验收不合格，签返相关文件
3	钢零件及钢部件加工工程	可按相应的钢结构制作或安装工程检验批的划分原则划分为一个或若干个检验批	见 GB 50205—2001，Ⅰ，020403《钢结构零部件加工工程检验批质量验收记录表》；Ⅱ，020403《钢网架制作工程检验批质量验收记录表》或 GB 50205—2001 的 7.2～7.5 内容	施工单位自检合格，填写 GB 50205—2001，Ⅰ，020403《钢结构零部件加工工程检验批质量验收记录表》；Ⅱ，020403《钢网架制作工程检验批质量验收记录表》和 A7《工程报验单》报监理，监理工程师组织有关各方进行验收，验收合格，签署相关文件；验收不合格，签返相关文件

续表

序号	分项工程	一般规定(检验批划分)	检查内容、检查数量、检验方法	验　收
4	钢构件组装工程	可按相应的钢结构制作工程检验批的划分原则划分为一个或若干个检验批	见 GB 50205—2001,020406《钢构件组装工程检验批质量验收记录表》和 GB 50205—2001 的 9.2～9.5 内容	施工单位自检合格,填写 GB 50205—2001,020406《钢构件组装工程检验批质量验收记录表》和 A7《工程报验单》报监理,监理工程师组织有关各方进行验收,验收合格,签署相关文件;验收不合格,签返相关文件
5	钢构件预拼装工程	可按相应的钢结构制作工程检验批的划分原则划分为一个或若干个检验批	见 GB 50205—2001,020407《钢构件预拼装工程检验批质量验收记录表》和 GB 50205—2001 的 9.2 内容	施工单位自检合格,填写 GB 50205—2001,020406《钢构件组装工程检验批质量验收记录表》和 A7《工程报验单》报监理,监理工程师组织有关各方进行验收,验收合格,签署相关文件;验收不合格,签返相关文件
6	单层钢结构安装工程	可按变形缝或空间刚度单元等划分为一个或若干个检验批,地下钢结构可按不同地下层划分检验批	见 GB 50205—2001,020404《单层钢构件安装工程检验批质量验收记录表》或 GB 50205—2001 的 10.1～10.3 内容	施工单位自检合格,填写 GB 50205—2001,020404《单层钢构件安装工程检验批质量验收记录表》和 A7《工程报验单》报监理,监理工程师组织有关各方进行验收,验收合格,签署相关文件;验收不合格,签返相关文件
7	多层及高层钢结构安装工程	可按楼层和施工段等划分为一个或若干个检验批,地下钢结构可按不同地下层划分检验批	见 GB 50205—2001,020405《多层及高层钢构件安装工程检验批质量验收记录表》或 GB 50205—2001 的 12.1～12.3 内容	施工单位自检合格,填写 GB 50205—2001,020405《多层及高层钢构件安装工程检验批质量验收记录表》和 A7《工程报验单》报监理,监理工程师组织有关各方进行验收,验收合格,签署相关文件;验收不合格,签返相关文件
8	钢网架结构安装工程	可按变形缝、施工段或空间刚度单元划分为一个或若干个检验批	见 GB 50205—2001,020409《钢网架结构安装工程检验批质量验收记录表》或 GB 50205—2001 的 12.1～12.3 内容	施工单位自检合格,填写 GB 50205—2001,020409《钢网架结构安装工程检验批质量验收记录表》和 A7《工程报验单》报监理,监理工程师组织有关各方进行验收,验收合格,签署相关文件;验收不合格,签返相关文件
9	压型金属板工程	可按变形缝、楼层、施工段或屋面、楼面、墙面等划分为一个或若干个检验批	见 GB 50205—2001,020409《压型金属板工程检验批质量验收记录表》或 GB 50205—2001 的 13.1～13.3 内容	施工单位自检合格,填写 GB 50205—2001,020409《压型金属板工程检验批质量验收记录表》和 A7《工程报验单》报监理,监理工程师组织有关各方进行验收,验收合格,签署相关文件;验收不合格,签返相关文件
10	钢结构涂装工程	可按钢结构制作或钢结构安装工程的划分原则划分为一个或若干个检验批	见 GB 50205—2001,020410《压型金属板工程检验批质量验收记录表》或 GB 50205—2001 的 14.1～14.3 内容	施工单位自检合格,填写 GB 50205—2001,020410《压型金属板工程检验批质量验收记录表》和 A7《工程报验单》报监理,监理工程师组织有关各方进行验收,验收合格,签署相关文件;验收不合格,签返相关文件

12.2.3.3　钢结构工程竣工验收资料

质量控制资料应完整,核查和归纳各检验批的验收记录资料,查对其是否完整;检验批验收时,应具备的资料应准确完整才能验收;注意核对各种资料的内容、数据及验收人员的签字是否规范;钢结构工程竣工验收时,应提供下列文件和记录:

(1) 钢结构工程竣工图纸及相关设计文件;

(2) 施工现场质量管理检查记录;

(3) 有关安全及功能的检验和见证检测项目检查记录;

(4) 有关观感质量检验项目检查记录;

(5) 分部工程所含各分项目工程质量验收记录;

(6) 分项工程所含各检验批质量验收记录;

(7) 强制性条文检验项目检查记录及证明文件;

(8) 隐蔽工程检验项目检查验收记录;

(9) 原材料、成品质量合格证明文件、中文标志及性能检测报告;

(10) 不合格项的处理记录及验收记录;

（11）重大质量、技术问题实施及验收记录；

（12）其他有关文件和记录。

12.3 质量保证体系

12.3.1 质量管理体系

施工质量管理体系设置如图 12.1 所示。

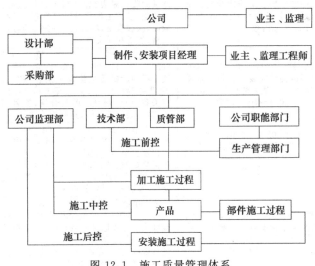

图 12.1 施工质量管理体系

12.3.2 质量管理职责

对施工现场管理人员的质量职责予以明确如下：

（1）项目经理的质量职责：项目经理作为项目的最高领导者，对整个工程的质量全面负责，在保证质量的前提下，平衡进度计划，经济效益等各项指标的完成，并督促项目所有管理人员树立质量第一的观念，确保《质量保证计划》的实施与落实。

（2）项目总工程师（质量经理）的质量职责：项目总工程师作为项目的质量控制及管理的执行者，应对整个工程的质量工作全面管理，从质保计划的编制到质保体系的设置、运转等，均由项目总工程师负责。同样，作为项目总工程师应组织编写各种作业指导书，施工组织设计，审核施工方案等，主持质量分析会，监督各施工管理人员质量职责的落实。项目总工程师亦是项目的质保经理。

（3）质检人员的质量职责：质检人员作为项目对工程质量进行全面检查的主要人员应有相当的施工经验和吃苦耐劳的精神，并对发现的质量问题有独立的处理能力，在质量检查过程中有相当的预见性，提供准确而齐备的检查数据，对出现的质量隐患及时发出整改通知单，并监督整改以达到相应的质量要求。

（4）技术负责人的质量职责：技术负责人作为现场施工技术的直接指挥者又是检查者，选择切实可行较好的施工方案并树立技术服务质量的观念，并在施工过程中随时对作业班组进行技术指导和质量检查，随时规范作业班组的操作，对质量未达到要求的施工作业进行督促整改。技术负责人又是各分项施工方案、作业指导书的主要编制者，对施工中易出质量问题的工序应做好技术交底工作并加以重点跟踪、指导、总结。

12.3.3 质量管理制度

（1）技术交底制度：坚持以技术进步来保证施工质量的原则，技术部门编制有针对性的施工组织设计及质量实施计划，工序施工前进行技术质量交底。

（2）质量三检制度：实行并坚持自检、互检、交接检制度，自检要做好文字记录，隐蔽工程由项目技术负责人组织工长、质量检查员、班组长检查，并做出较详细的文字记录。

（3）质量专检制度：质量专检人员应对关键工序进行全面重点质量检查，若发现问题及时督促施工现场整改。

（4）质量交接检查制度：班组或工种工序间交接时，应由施工负责人组织进行交接检查，认真检查上道工序质量，上道工序质量合格后，方能进行下道工序施工。

（5）工程质量奖罚制度：由项目部以各施工班组现场施工质量及质量管理状况为依据，根据相关规定负责考核，并建立质量专业台账。

（6）质量分析会制度：由项目经理或项目总工程师主持召开，各施工班组参加，定期举行。

12.4　质量控制流程

12.4.1　深化设计质量控制流程

深化设计质量控制流程见图 12.2。

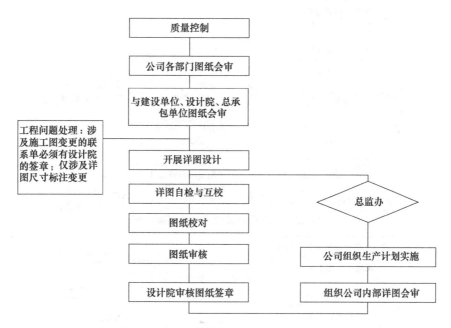

图 12.2　深化设计质量控制流程图

12.4.2　原材料采购质量控制流程

原材料采购质量控制流程图见图 12.3。

12.4.3　钢结构制作质量控制流程

钢结构制作质量控制流程图见图 12.4。

12.4.4　钢结构安装质量控制流程

钢结构安装质量控制流程详见图 9.2。

12.4.5　焊接工程质量控制流程

焊接工程质量控制流程见图 12.5。

12.5　质量检测方案

12.5.1　材料检测方案

（1）原材料检测流程见图 12.6。

（2）原材料如钢材、焊接材料、连接紧固件和涂装材料检测标准详见表 12.12。

12.5.2　钢构件检测方案

（1）加工过程质量控制，见表 12.14。

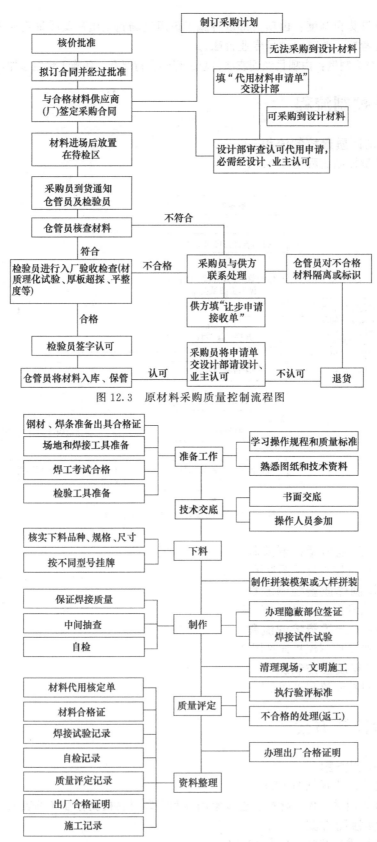

图 12.3　原材料采购质量控制流程图

图 12.4　钢结构制作质量控制流程图

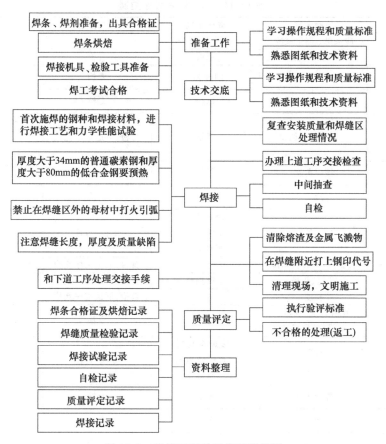

图 12.5　焊接工程质量控制流程图

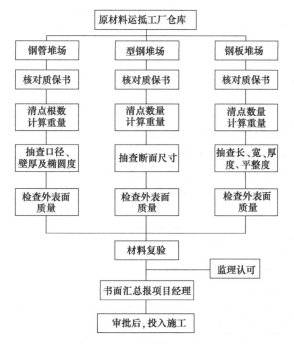

图 12.6　原材料检测流程图

表 12.14　加工过程质量控制

工序	检验内容	取样比例	检测方法	处理
材料	质保单、理化试验	每批次≤60t	专检	不符则退货
拼板	厚度、平整度	每块	自检	轻调整、重退货
拼板焊接	UT、外观	100%	专检	缺陷返修
大板校正	平整度	每块	专检	调整
切割条板	长度、宽度、切口	每批	自检、下道工序互检	调整
条板坡口	坡口角度	每件	自检	调整
组立	外形尺寸	每件	自检	调整
组立、焊接	UT、外观	一级焊 100% 二级焊缝 20% 外观全部	专检、自检	返修
校正	直线度、翼腹板角度	每件	自检、下道工序互检	调整
制孔（数控）	孔距、孔径	每批抽检	自检、下道工序互检	缺陷隔离
端部加工	长度	每件	自检、下道工序互检	缺陷隔离
柱组装	配件位置、规格、数量、外形尺寸	每件	专检	返修
组装焊接	UT、外观	一级焊缝 100% 二级焊缝 20% 全部	专检、自检	返修
大样	外形尺寸	全部	专检	修正
装配	外形尺寸	全部	专检	返修
焊接	外观、成形	全部	专检	修补
预拼装	外观、整体尺寸	按要求	专检	修正
清磨、校正	外观、直曲度、平整度	每件	专检	返修
除锈	清除度、摩擦面处理	每件	自检、专检抽查	重新处理
标识	清楚、与钢印相符	每件	自检、专检抽查	调整

（2）构件加工完成，检查合格后入库。按分区、分批、分类进行堆放。

（3）钢构件外形尺寸主控项目的允许偏差见表 12.15。

表 12.15　钢构件外形尺寸主控项目的允许偏差

项　目	允许偏差/mm
多节柱铣平面之第一个安装孔距离	±1.0
实腹梁两端最外侧安装孔距离	±3.0
构件连接处的截面几何尺寸	±3.0
柱、梁连接处的腹板中心线偏移	2.0
受压构件（杆件）弯曲矢高	$L/1000$，且不应大于 10.0

检查数量：全数检查。

检查方法：用钢尺检查。

（4）钢构件外形尺寸一般项目的允许偏差应符合以下各表规定。

检查数量：按构件数量抽查 10％，且不应少于 3 件。

检验方法：见表 12.16。

表 12.16　多节钢柱外形尺寸的允许偏差

项目		允许偏差/mm	检验方法	图例
一节柱高度 H		±3.0	用钢尺检查	
两端最外侧安装孔距离 l_3		±2.0		
铣平面到第一个安装孔距离 a		±1.0		
柱身弯曲矢高 f		$H/1500$，且不应大于 5.0	用拉线和钢尺检查	
一节柱的柱身扭曲		$h/250$，且不应大于 5.0	用拉线、吊线和钢尺检查	
牛腿端孔到柱轴线距离 l_2		±3.0	用钢尺检查	
牛腿翘曲或扭曲 Δ	$l_2 \leqslant 1000\mathrm{mm}$	2.0	用拉线、直角尺和钢尺检查	
	$l_2 > 1000\mathrm{mm}$	3.0		
柱截面尺寸	连接处	±3.0	用钢尺检查	
	非连接处	±4.0		
柱脚底板平面度		5.0	用直尺和塞尺检查	
翼缘对腹板的垂直度	连接处	1.5	用直角尺和钢尺检查	
	其他处	$b/100$，且不应大于 5.0		
柱脚螺栓孔对柱轴线的距离 a		3.0	用钢尺检查	
箱型截面连接处对角线差		3.0		
箱型柱身板垂直度		$h(b)/150$，且不应大于 5.0	用直角尺和钢尺检查	

12.5.3　焊接检测方案

对于构件的 NDT 无损检验，主要工作是根据设计总说明和图纸要求，按焊缝等级对各类焊缝进行 UT。UT 探伤仪全部采用性能较好的数字式探伤仪。

焊缝的质量检验包括焊缝的外观检验和焊缝无损探伤检验。焊缝探伤根据设计图纸及工艺文件要求而定，并按照国标《焊缝无损检测超声技术检测等级和评定》（GB/T 11345—2013）来进行检测。具体检验项应符合下面要求，见表12.17。

表 12.17　一、二级焊缝质量等级及缺陷分级

焊缝质量等级		一级	二级
内部缺陷 超声波探伤	评定等级	Ⅱ	Ⅲ
	检验等级	B 级	B 级
	探伤比例	100％	20％
内部缺陷 射线探伤	评定等级	Ⅱ	Ⅲ
	检验等级	AB 级	AB 级
	探伤比例	100％	20％

注：探伤比例的计数方法应按以下原则确定：（1）对于工厂制作焊缝，应按每条焊缝计算百分比，且探伤长度应不小于200mm，当焊缝长度不足200mm时，应对整条焊缝进行探伤；（2）对于现场安装焊缝，应按同一类型、同一施焊条件的焊缝条数计算百分比，探伤长度应不小于200mm，并应不少于一条焊缝。

二级、三级焊缝外观质量标准详见表7.35。对接焊缝及完全熔透组合焊缝尺寸允许偏差详见表7.36。部分焊透组合焊缝及角焊缝焊缝外形尺寸允许偏差详见表7.37。

12.5.4　施工现场检测方案

12.5.4.1　现场质量检测的内容

1）在开工前的检查，即检查本工程是否具备开工条件，开工后能否保证工程质量。

2）在工序交接时的质量检测，即对本工程重要的工序，在自检、互检的基础上，还要组织专职质量员进行工序交接检查。

3）隐蔽工程的质量检测验收，凡是属于隐蔽工程的均应检查认证后方能掩盖，如本工程混凝土浇捣前栓钉焊接工程、各类预埋件等项目的质量检测。

4）停工后复工前的质量检测，因某种原因停工后复工时，超过一个月的须经过检查认可后方能复工。

5）各分项、分部工程质量检测，即在施工过程中对于每一分项分部工程的施工过程质量控制。

6）已完成项目成品保护检查，即检查成品有无保护措施，或对其保护措施是否可靠。

12.5.4.2　现场质量检测的具体方法

1）目测法：即根据质量标准进行外观目测或触摸、敲击，可采取看、摸、敲、照四种手段。在本工程中的焊接工程焊缝外观是否满足要求；涂装工程外表是否洁净、是否有漏刷、是否有流挂；栓钉是否排列整齐、敲击栓钉是否牢固等。

2）实测法：即通过实测数据与施工质量标准所规定的允许偏差对照的方法进行检测。可采取靠、吊、量、套、探五种方式。

靠：是采用直尺、塞尺检查梁面、柱面的接缝平整度；

吊：是采用线锤吊线检查垂直度；

量：是用测量工具和计量仪表等检查断面尺寸、轴线、标高等的偏差；

套：是以角尺套方，辅以塞尺检查，如构件的方正、垂直度等项目的检测；

探：是用探伤仪进行焊缝的检测等。

3）试验检测：即通过试验的手段，才能对质量进行判断的检测方法。如对摩擦面进行拉力试验，以检测摩擦面处理质量，对进场的高强螺栓进行轴力测试，检验其是否质量合格，对现场焊接试件进行探伤及物理试验，以检查现场各项焊接要素对焊接质量的影响。

12.5.4.3　现场安装检验项应符合的要求

多层柱子安装的允许偏差详见表9.7。多层钢结构主体总高度的允许偏差见表12.18。

表 12.18　多层钢结构主体总高度的允许偏差

项目	允许偏差/mm	图例
用相对标高控制安装	$\pm \sum (\Delta h + \Delta z + \Delta w)$	
用设计标高控制安装	$H/1000$，且不应大于 30.0 $-H/1000$，且不应小于 -30.0	

注：1. Δh 为每节柱子长度的制造允许偏差。
2. Δz 为每节柱子长度受荷载后的压缩值；Δw 为每节柱子接头焊缝的收缩值。

能力训练题

1. 钢结构工程竣工验收资料有哪些？
2. 钢结构原材料的质量验收标准是什么？
3. 钢结构各分部、分项工程的质量验收标准是什么？

下篇

第13章 钢结构职业活动训练

【知识目标】

- 熟悉钢结构的结构形式，能识读钢结构施工图
- 了解钢结构材料、品种、规格；钢结构材料的基本性能
- 熟悉钢结构构件加工制作、构件预拼装施工过程
- 熟悉焊接、螺栓连接、铆接的施工工艺要求和质量验收标准及方法
- 了解钢结构安装前准备工作的内容；能编制、审核钢结构安装施工组织设计
- 熟悉建筑钢结构安装和主要构件的校正方法；熟悉钢结构安装质量验收标准
- 熟悉钢结构防腐涂装工程材料选用、防腐涂装工程施工工艺和质量控制检验标准
- 熟悉钢结构施工质量验收的项目、各分项工程质量验收的标准及钢结构工程竣工验收资料组成

【学习目标】

- 通过理论教学和技能实训，学生能够识读钢结构施工图，了解钢结构材料、熟悉钢结构连接、钢结构加工、钢结构安装施工、钢结构防腐工程等工作，熟悉钢结构施工质量验收标准的知识，训练提高钢结构施工与质量验收的实际问题的能力

13.1 课程标准

13.1.1 课程目标

本课程是土建施工类各专业的一门主要专业技能课，为企业提供施工一线专门岗位型人才必备的知识，课程主要培养建筑工程钢结构行业从业人员的钢材选用、构件加工制作和钢结构工程的施工安装技能，在教学过程中还必须有意识地培养自学能力、分析问题和解决问题的能力，以及认真负责的工作态度和严谨细致的工作作风，为学生就业打下坚实的基础。

本课程在专业教学中前修课有《建筑工程制图》、《建筑材料》、《建筑力学》、《建筑结构》、《建筑施工技术》、《工程概预算》等，对培养工程技术应用型人才有着重要作用。

建议学时：课程总学时在 70～80 之内。课堂教学：50～60 学时；实践教学：18 学时左右。

13.1.2 课程设计思路

整个课程教学"以职业岗位能力目标为导向"、"以学生为中心"、"以职业能力为核心"、"以双师教师为主导"，以项目（常见的民用建筑和工业建筑）为导向，通过完成钢材选用→钢构件加工→钢构件的拼装→钢结构安装→质量验收的工作过程项目化实训教学，使学生能够进行钢结构工程施工方案设计并付诸实施，具备从事本专业岗位需求的施工技能。课程内容构成为理论教学、实训和实习三大多元化模块，由浅入深逐步形成专业学习的良好素质和技能，通过实际案例的任务训练，课程按照"实用、够用"、"学好、教好"的原则，培养学生钢结构施工验收规范的应用能力，要求学生掌握钢构件的制作工艺、钢结构工程的施工方法和质量控制措施，能够运用所学理论和知识去分析工程实际问题和进行施工实施；使学生熟悉钢结构方面的国家规范、法律、行业标准内容。同时根据职业标准过程化考核学生的专业综合技能，锻炼

学生理论与实践融会贯通的能力。

13.1.3 学习目标

13.1.3.1 知识目标

　　课程着重培养钢结构行业从业人员的钢结构施工和管理技能，课程主要讲授钢结构基本知识、建筑钢结构钢材的选用、钢结构的连接、钢结构加工制作、钢结构涂装工程施工、钢结构安装常用机具设备、钢结构安装准备、钢结构安装施工、网架结构工程安装、压型金属板工程等内容。通过本课程的教学，培养学生树立起质量意识，使学生掌握钢结构的加工和安装的工序和质量控制，能够运用所学知识去进行钢结构施工设计和施工实施；使学生能在国家规范、法律、行业标准的范围内，提交钢结构的施工方案，完成施工设计并在施工一线付诸实施，具备从事本专业岗位需求的施工安装技能。

13.1.3.2 职业技能目标

　　(1) 熟练识读钢结构设计图和深化图。

　　(2) 能够编制杆件和节点的加工工艺措施、钢结构的拼装工艺、钢结构的分段和焊接工艺、涂装工艺、构件验收出厂和成品保护措施和运输计划，能组织钢结构的取样和送检。

　　(3) 掌握钢件材料特性，编制加工工艺、质量保证措施。

　　(4) 根据工程实际条件进行施工总体部署、管理与资源配置，重点是现场临建计划、施工通道布置、现场拼装场地布置和编制人、材、机进场计划。

　　(5) 编制钢结构的现场胎架制作和拼装专项方案，并按照方案组织现场拼装胎架的制作、进行管桁架的拼装和质量控制、检查和验收。

　　(6) 编制钢结构的安装专项方案并按照方案进行构件的验收和运输、吊装设备选用、埋件的埋设、钢结构的吊装，能够进行起重机和吊具验算、吊装变形验算等。

　　(7) 编制钢结构的现场涂装专项方案并根据方案指导进行涂料的施工和验收、进行防腐和防火涂料漆膜厚度的检测和评定工作。

　　(8) 编制钢结构施工的质量控制及保证措施，能根据方案建立确定质量保证体系（包括质量管理组织保证体系、质量文件及规范保证体系、质量措施保证体系）。明确质量控制目标、控制程序和控制措施。

　　(9) 编制钢结构的施工安全专项方案，能根据方案建立安全管理体系，明确安全管理目标（包括安全管理方针、项目部安全生产岗位职责和安全管理制度），制定安全生产具体措施（包括施工现场安全防护措施、安装过程安全保证措施和大型机械安全保证措施）并组织实施安全交底。

13.1.3.3 职业素质养成目标

　　(1) 形成务实踏实的工作学习作风。通过课程中的典型钢结构工程实例教学开阔学生眼界，结合本专业的岗位需求，让学生深刻理解钢结构工程施工在本专业岗位上的实际需求，寻找到恰当的职业目标定位。从而培养严肃认真、踏踏实实从事钢结构施工的工作和学习作风。

　　(2) 具有较强的自主学习和实践意识。本课程具有实践性强的特点，要求在本课程的学习中善于研究、总结实际工程的设计与施工方法，主动进行创造性学习。

　　(3) 具有较强的创新意识。钢结构工程的加工与制作与材料息息相关，具有多样性和相对合理性。要求学生在本课程的学习中善于发现和寻找最佳的构造和施工技术方案；掌握标准、图集、手册等资料的查阅能力，具有取得信息的能力。

　　(4) 养成分析问题、解决问题的综合素质。钢结构制作与安装的复杂性和多样性，要求学生善于利用各种设计资料及最新成果，综合应用所学知识解决实际工作问题。

（5）具有较强的口头与书面表达能力、人际沟通能力、团队协作的意识和良好的职业道德素养。

13.1.4　教学内容与学时

本课程教学内容和学时安排见表 13.1。

表 13.1　课程教学内容和学时安排

序号	教学内容	考核知识点	章节	计划课时		建议权重	职业活动实训教学设计项目卡
				课内	课外		
1	钢结构结构形式与识图	(1)钢结构基本形式及特点； (2)钢结构识图	第1章 第2章	4～6	2	5%	表13.4
2	建筑钢结构材料的选用	(1)钢材的品种、性能和选用； (2)钢材性能的影响因素； (3)钢材的检验及验收	第3章	4	2	10%	表13.5
3	钢结构工艺和加工制作	(1)钢结构施工详图的识读； (2)钢结构加工前的准备； (3)钢零件及部件机具及方法； (4)钢构件的焊接工艺及方法； (5)钢构件预拼装，钢结构成品检验和包装	第4章 第5章	6～10	2+2	15%	表13.7 表13.9
4	钢结构的连接施工	(1)焊缝连接、普通螺栓连接、高强度螺栓连接的构造； (2)轻钢结构紧固件连接的构造	第6章 第7章	8～10	2	25%	表13.8
5	钢结构涂装工程施工	(1)钢结构的防腐涂料种类及选择； (2)钢结构的防火涂料种类及选择； (3)钢结构涂装方案的内容要点； (4)钢结构涂装的检测内容及方法	第8章	6	2	10%	
6	钢结构安装施工	(1)钢柱的安装要点及质量检查方法和措施； (2)钢吊车梁的安装要点及质量检查方法和措施； (3)钢屋架的安装要点及质量检查方法和措施； (4)钢结构安装专项方案的确定； (5)压型金属板工程的验收内容及要求； (6)钢结构安装安全专项方案的内容	第9章 第10章	12～14	4+1	25%	表13.18
7	大跨结构安装施工	(1)网架结构的安装方法； (2)悬索结构、膜结构材料和施工方法； (3)网架安装施工工程质量验收标准和质量检验方法	第11章	6	1	5%	
8	钢结构质量验收	(1)钢结构的质量验收项目和验收标准； (2)钢结构质量验收的方法	第12章	4	0	5%	
合计				50～60	18	100%	

13.1.5 教学方法与建议

13.1.5.1 教学方法与手段

本课程属于实践性很强的课程，教学过程中应充分利用学校内的钢结构实训室和校外合作钢结构加工车间进行教学。可采用典型案例教学法、示范模仿式、讨论启发式、项目式教学图片演示、现场情景教学法、任务教学法、现场体验式教学法等多种教学方法。在教学过程中，利用开发的多种教学资源（电子教案、课件、模型库、图片库、习题解答等），灵活地采用多种教学方法于教学过程，并加大课外自主学习实践时间的安排。需收集、积累典型的钢结构实际工程案例、设计图、深化图、施工方案、安全专项方案、工程照片、施工安装录像等充实课程教学资源库；充分利用教学资源库实施教学，发挥学生的主体作用和教师的主导作用，模拟施工安装实训和加工车间的实操训练相结合，实现"教学做合一"，每个单元中的实训项目确保学生将所学知识用于实际工程或模拟工程。

教学按技能、能力培养规律由简到繁，工学结合、反复穿插，体现了理论课中有实践应用，实践教学中有理论指导，相互渗透，相辅相成。激发学生学习兴趣和学生的主动性，培养学生的自主精神、创新意识和综合职业素养。

13.1.5.2 教学要求

要求主讲教师具备钢结构施工的工程实践经历，具备讲师及以上职称，具备"双师"职业素质，熟悉钢结构的设计、加工制作和施工安装，并与钢结构加工或施工企业有一定的合作关系。

要求学生具备工程识图的基本知识，能读懂建筑钢结构施工图；具备钢结构焊接工艺的基本知识和技能；具备钢结构材料选择和检测的基本技能；具备吊机吊具选择的基本技能；具备CAD绘图的基本技能。

13.1.5.3 教学建议

（1）应增强学生实际应用能力的培养，可采用项目教学法，以完成钢结构工程施工的某项任务为目的，在完成该任务的同时，所涉及的理论部分知识要有教师讲解，教师引导学生看懂施工图，使学生明白如何按照施工图进行施工，了解钢结构工程施工顺序和系统工作性能，所涉及钢结构工程施工的部分可由老师和学生共同完成，以便提高学生学习的积极性和主动性。

（2）要处理好各个章节的独立性和联系性，如钢结构识图、钢结构加工、钢结构连接、钢结构施工、防腐涂料、防水涂料等工作介质是不同的，但是施工工艺和方法有共性，都需要钢结构材料方面的知识，在授课时要注意知识的个性与共性，避免知识的遗漏和重复。

（3）本门课程是一门非常形象和直观的专业课，教师在讲授具体钢结构构件的安装时要有实物做参考，以便加深学生的理解和学习兴趣，教师要给学生介绍国内外钢结构材料、施工、涂装技术方面的最新发展和典型性工程的应用情况，让学生了解掌握先进技术和施工工艺。

（4）本门课程是一门实践性很强的课程，教师要注意发现学生的个性差异，要让不同层次的学生均得到不同程度上的锻炼和提高，培养学生的独立思考能力和自主创新意识，如钢结构工程的加工与制作与材料息息相关，具有多样性和相对合理性。要求学生在学习中善于发现和寻找最佳的构造方案；从而增强专业技能。充分利用实训中心，让学生有实际动手操作的条件，增强学生的实践能力。

（5）注重开发多媒体教学课件，让学生直观感受各种具体实物，激发学生学习兴趣，并且让学生观看国内外先进的钢结构材料、施工、涂装技术图片、施工录像，拓宽眼界，有利于学生对于整个钢结构专业有更加全面和系统的了解。

（6）带领学生分阶段参观不同形式的钢结构建筑、构筑物，让学生了解钢结构工程的施工流程，增强识图能力和实践技能。培养学生形成脚踏实地的工作作风。建筑产品是特殊产品，建筑产品的质量优劣关系到千家万户人民的生命财产安全，要求学生在学习中树立起强烈的社会责任感，从而养成严肃认真、踏踏实实的工作作风。

（7）学生分析问题、解决问题的综合素质培养。钢结构制作与安装的复杂性和多样性，要求学生善于利用各种设计资料及最新成果，综合应用所学知识解决实际工作问题。

13.1.6 教学评价

本课程建立"以考核知识的应用、技能与能力水平为主的，平时的过程性考核与期末的鉴定性考试并重的，由多种考核方式构成、时间与空间按需设定的多次考核综合评定成绩的课程教学考试模式"。知识学习与技能提高相结合，突出能力培养，强调平时过程考核，采用实行日常考核和课程结业考核相结合的考核方法。

（1）教学过程评价

① 大作业：主要考核学生利用所学知识制定钢结构工程加工工艺卡、涂装方案、安装技术方案和编制安全技术措施的综合技能。根据学生题目的难度等级，采用口头答辩、设计报告和讲评三个环节进行考核，合格后综合给出大作业成绩，占 20%，见表 13.2。

② 课程集中实习考核知识点要求：以现场施工日志实训记录、答辩、施工验收报告和日常出勤、学习态度和主动性四个环节对钢结构实习进行考核；结合期末理论考试结果按照权重确定最终成绩，过程考核和理论实践并重，充分体现了考核评价标准的科学性，见表 13.3。

表 13.2 钢结构方案设计作业

教学内容 ＼ 实践	大作业	分值	备注
识图	钢结构图纸识读	20	平时的课内方案设计过程性考核占课程成绩的 20%
钢结构连接	钢结构构件连接方法要点	20	
钢结构构件加工	钢结构工程加工工艺卡	20	
钢结构涂装工程	涂装方案	20	
钢结构安装工程	编制安装技术方案、安全技术措施	20	

表 13.3 集中实训评价表

序号	任务模块	评价目标	评价方式	评价分值
1	实习准备	实训动员和安全注意事项讲解，参观实训场地，了解实训设备	过程评价	
2	钢板切割	钢板切割质量控制	过程＋成果评价	
3	钢板矫正方法和质量控制方法	钢板矫正质量控制	过程＋成果评价	10
4	钢板边缘加工	钢结构边缘加工质量验收报告	过程＋成果评价	10
5	钢结构焊接施工	钢结构焊接质量验收报告	过程＋成果评价	20
6	紧固件连接	紧固件连接施工质量评定报告	过程＋成果评价	10
7	钢结构涂装工程	涂装方案、涂装质量验收报告	过程＋成果评价	10
8	钢结构安装工程	吊装方案，质量验收报告	过程＋成果评价	20
9	钢结构工程质量检查验收	实习纪律、施工日志、实习总结或论文	过程＋成果评价	20

注：各实训项目详见本章职业活动实训教学设计项目卡。

（2）期末考查：主要考核钢结构材料选用、钢结构加工、制作、钢结构安装技术方案要点和安全施工技术处理措施以及施工事故的处理等知识点的掌握程度。以理论试卷考核结果对照评分标准评定成绩，占 50%。

（3）课程成绩形成方式：课程成绩以百分计，其中课内设计作业 20%，施工实训过程考核 30%，课程考试 50%。

13.2 钢结构认知职业活动训练

建筑钢结构课程职业训练，是指学生在钢结构课程学习中，为增加对各种建筑钢结构和构造的认识，以及对将要从事职业的入职体验而进行的实践教学环节。通过职业活动训练、体验，有助于对建筑钢结构课程的正确理解，从而使学生对各种结构形式、结构材料、节点构造、施工方法有进一步的认识，从而提高学习钢结构施工的学习效果；同时能够使学生了解企业实际、体验企业的文化，建立对即将从事职业的认识，培养学生的职业素养。

钢结构认知职业活动实习内容、教学设计实训项目详见表 13.4。

表 13.4　钢结构认知职业活动实训教学设计项目卡

项　目	实训场所:钢结构综合实训基地、校外钢结构加工厂、工地		学期:＿＿＿＿　日期:＿＿＿＿	
认知钢结构	计划学时:__2__学时		班级:＿＿＿＿	
教学目标	能力目标	学生熟悉要体验的内容,知道怎样去体验,以取得更好的职业体验效果		
	知识目标	钢结构结构形式、主要构件形式、材料、连接方式、组成构造、加工和安装施工等过程		
教学重点难点	认知钢结构,钢结构参观实习的联系、组织及安全问题			
设计思路	教师引导学生观看钢结构录像、图片,认识钢结构形式、主要构件截面形式、材料、连接方式、组成构造、加工和安装施工等方法			
序号	工作任务	教学设计与实施		参考学时
		课程内容和要求	活动设计	
1	课程职业体验	认识实习,安全教育	职业体验期间一定要安全第一,进行安全教育,进工地要戴安全帽。到校企合作实习基地进行认识实习,开展职业养成教育	
2	参观认知	主要是到建筑钢结构工地等场所有针对性地对建筑钢结构课程所涉及的工程实例和节点构造进行参观认知	活动1:参观钢结构,了解结构用钢材品种及牌号,钢材的规格(钢板、型钢、薄壁型钢、压型钢板)及其构造。 活动2:参观钢结构,了解焊接方法,焊条种类,连接方法(焊接、螺栓、铆钉连接)。焊接接头的形式(对接、搭接、T形接头)、端焊缝、侧焊缝、围焊缝、角焊缝;角钢与钢板的连接、变截面钢板的拼接、引弧板,对接焊缝的垫板,螺栓的排列(并列、错列),角钢肢上螺栓的排列,抗剪螺栓、受拉螺栓;高强度螺栓连接,大六角头高强度螺栓、剪扭型高强度螺栓。 活动3:参观钢结构,了解钢梁的截面形式(型钢梁、组合梁),简支梁、连接梁、悬臂梁、框架梁,工作平台梁、吊车梁、楼盖梁、檩条等;轴心受拉、受压构件截面形式(热轧型钢和冷弯薄壁型钢),实腹式轴心受压柱截面形式、格构式轴心受压柱截面形式、柱头、柱脚形式与构造。 活动4:参观钢结构,了解钢屋架的组成与构造,常用屋架的形式(三角形、梯形、平行弦屋架等),支撑的类型、布置、屋架节点构造;轻型钢屋架的形式,节点构造;网架结构的类型、节点构造	2
总计				2
课前回顾	网上收集国内有关代表性的钢结构建筑的基本情况			
教学引入	引导学生观看钢结构构件录像、图片,认识钢结构形式、主要构件截面形式、材料、连接方式、构造、加工和安装施工等方法			
实训小结	每个模块学习完之后都要提交一份职业体验报告			
课外训练	到钢结构加工厂、建筑钢结构工地等场所有针对性地对钢结构参观认知,采用分散进行,安排在课余时间、周六日和节假日进行,其中学校集中安排一次			

13.3　钢结构识图职业活动训练

13.3.1　钢结构中的节点连接

构件的连接节点是保证钢结构安全可靠的关键部位，对结构的受力性能有着重要的影响。梁柱构件通过节点连接构成整体，使其具有要求的空间刚度和稳定性，并通过它把全部荷载传递给基础，以保证结构安全使用。连接节点一般要求本身有足够的强度和延性，应能按照设计要求工作，节点应具有构造简单、制作和安装方便的特点。

钢结构中的节点连接主要有：柱与柱连接、柱与梁连接、梁柱与斜撑连接、梁与梁连接

（包括梁与梁对接和主梁与次梁连接）、柱脚节点等，如图 13.1 所示。

钢结构的连接节点，按其构造形式及其力学特性，可以分为铰接连接节点、刚性连接节点、半刚性连接节点。从连接形式和连接方法来看，在钢结构中，主要是采用焊缝连接和高强度螺栓连接。钢结构连接节点的连接，可采用焊接、高强度螺栓连接或将焊接和高强度螺栓连接混合应用，即在一个连接节点中各自的连接面上，分别采用焊缝连接和高强度螺栓连接。对于常用的工字形、H 形和箱形截面的梁和柱，其连接节点的拼接或连接，通常采用的连接方法有以下几种组合：

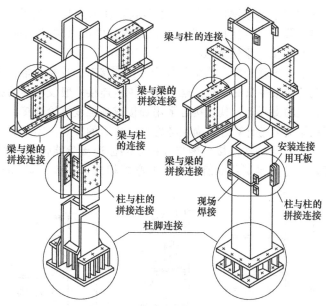

图 13.1　钢结构节点连接

（1）翼缘采用完全焊透的坡口对接焊缝连接而腹板采用角焊缝连接。

（2）翼缘和腹板都采用完全焊透的坡口对接焊缝连接。

（3）翼缘采用完全焊透的坡口对接焊缝连接，而腹板采用高强度螺栓摩擦型连接。

（4）翼缘和腹板都采用高强度螺栓摩擦型连接。

（5）翼缘和腹板都采用角焊缝连接。

钢结构中，由于构件的内力较大、板件较厚，因此在连接节点设计中应注意连接节点的合理构造，避免采用易于产生过大约束应力和层状撕裂的连接形式和连接方法，使结构具有良好的延性，而且便于加工制造和安装。在连接节点，连接板应尽可能采用与母材强度等级相同的钢材。当采用焊缝连接时，应采用与母材强度相适应的焊条或焊丝和焊剂。当采用高强度螺栓连接时，在同一个连接节点中，应采用同一直径和同一性能等级的高强度螺栓。

13.3.1.1　柱与柱连接

在钢结构中，柱与柱的拼接连接节点，理想的情况应是设置在内力较小的位置。但是，在现场从施工的难易和提高安装效率方面考虑，通常柱的拼接连接节点设置在距楼板顶面 1.1～1.3m 的位置处。钢框架一般采用工字形、H 形柱或箱形截面柱。一般柱子从上到下是贯通的。柱与柱连接是把预制柱段（为了便于制造和安装，减少柱的拼接连接节点数目，一般情况下柱的安装单元以 2～4 个楼层高度为一根，特大或特重的柱，其安装单元应根据起重、运输、吊装等机械设备的能力来确定）在工地垂直对接，如图 13.2 所示。

13.3.1.2　梁与柱连接

梁与柱的连接通常是采用柱贯通型的连接形式，而梁贯通型的连接形式多用于型钢钢筋混凝

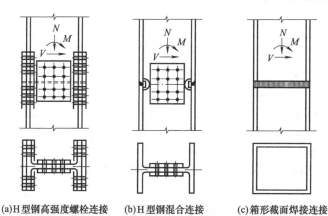

(a)H型钢高强度螺栓连接　(b)H型钢混合连接　(c)箱形截面焊接连接

图 13.2　柱与柱连接

土柱中的十字形钢柱。梁与 H 形截面柱的连接，还可分为在强轴方向的连接和在弱轴方向的连接。梁与柱的连接，按梁对柱的约束刚度（转动刚度）大致可分为三种形式，即铰接连接、半刚性连接、刚性连接。

（1）铰接连接　当梁与柱为铰接连接时，连接只能传递梁端的剪力，而不能传递梁端弯矩或只能传递很少量的弯矩。梁与柱的铰接连接一般仅将梁的腹板与柱翼缘或腹板相连，或简支于设置在柱的支托上，其连接可采用焊接或高强度螺栓连接。当连接与梁端剪力存在偏心时，连接除了按梁端剪力计算外，尚须考虑偏心弯矩的影响。图 13.3 为梁与柱的铰接连接节点示例。

（2）半刚性连接　梁与柱的半刚性连接除能传递梁端剪力外，还能传递一定数量的梁端弯矩，但这与梁端截面所能承担的弯矩相比，一般只有 25% 左右。图 13.4 为梁与柱的半刚性连接节点示例。

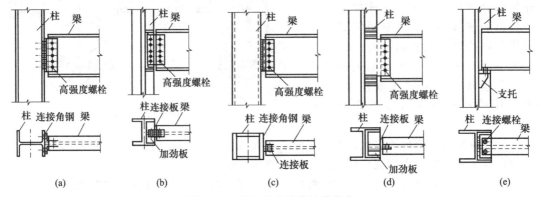

图 13.3　梁与柱的铰接连接节点

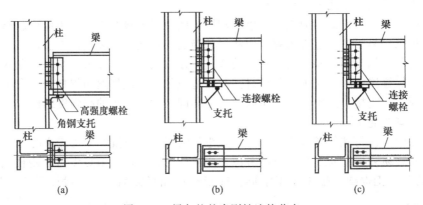

图 13.4　梁与柱的半刚性连接节点

梁与柱的铰接连接和半刚性连接在实际上多用于一些比较次要的连接上。

（3）刚性连接　梁与柱的刚性连接，除能传递梁端剪力外，还能传递梁端截面的弯矩，而且这种连接能保持被连接构件的连续性。钢结构刚性连接要传递弯矩，主要做法有两种：一是把梁与预先焊在柱上的短梁相对接，短梁的翼缘和腹板在工厂预先焊在柱上；另一种是把梁的端头在现场直接同柱连接。因梁端为 H 型钢，可用高强度螺栓连接或焊接或螺栓与焊接混合连接。图 13.5 为梁与柱的刚性连接节点示例。

对于建筑钢结构，主要连接应当采用刚性连接。多层装配式框架结构房屋柱较长，常分成多节吊装。

对整个框架而言，柱梁刚性接头焊接顺序应从整个结构的中间开始，先形成框架，然后再纵向继续施焊。同时梁应采取间隔焊接固定的方法，避免两端同时焊接，而使梁中产生过大的

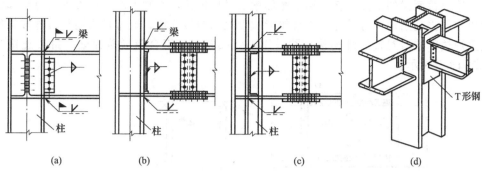

图 13.5　梁与柱的刚性连接节点

温度收缩应力。柱与梁接头钢筋焊接，全部采用 V 形坡口焊，也应采用分层轮流施焊，以减少焊接应力。

13.3.1.3　梁与梁对接

梁的拼接连接节点，一般应设在内力较小的位置，但考虑施工安装的方便，通常是设在距梁端 1.0m 左右的位置处。梁翼缘的拼接连接，当采用高强度螺栓连接时，内侧连接板的厚度要比外侧连接板的厚度大。因此，在决定连接板的尺寸时，应尽可能使连接板的重心与梁翼缘的重心重合。上下翼缘连接板的净截面抵抗矩应大于上下翼缘的净截面抵抗矩。

（1）H 形或工字形截面梁的拼接连接节点　在 H 形或工字形截面梁的拼接连接节点中，当为刚性连接时，通常采用的连接形式有：

① 翼缘和腹板均采用高强度螺栓摩擦型连接，见图 13.6。

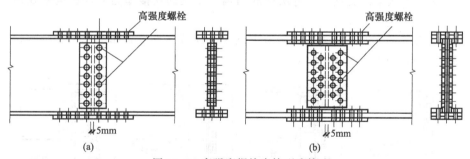

图 13.6　高强度螺栓摩擦型连接

② 翼缘采用完全焊透的坡口对接焊缝连接，腹板采用高强度螺栓摩擦型连接，如图 13.7 所示。

③ 翼缘和腹板均采用完全焊透的坡口对接焊缝连接，如图 13.8 所示。

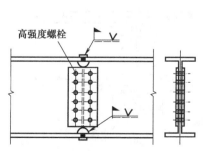

图 13.7　坡口焊接与高强度螺栓连接

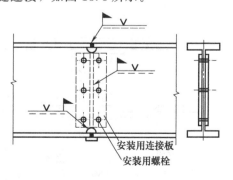

图 13.8　完全焊透的坡口对接焊缝连接

（2）箱形截面梁的拼接连接　箱形截面梁的拼接连接，原则上均应按被连接翼缘和腹板的截面面积的等强度条件进行设计。组合箱形截面梁的拼接连接，通常是采用与被连接板件等强度的完全焊透的坡口对接焊缝连接，并采用引弧板施焊。组合箱形截面梁的拼接连接节点示例，如图 13.9 所示。

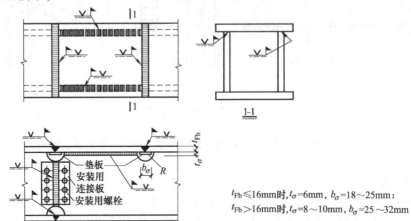

$t_{Fb} \leqslant 16mm$ 时, $t_\sigma = 6mm$, $b_\sigma = 18 \sim 25mm$；

$t_{Fb} > 16mm$ 时, $t_\sigma = 8 \sim 10mm$, $b_\sigma = 25 \sim 32mm$

图 13.9　箱形截面梁的拼接连接

（3）主梁与次梁的连接　在主梁的侧面（横方向）连接次梁时，通常有以下两种做法：

① 将主梁作为次梁的支点，并将次梁的两端与主梁的连接作为铰接连接来处理（即简支梁形式）。

② 将主梁作为次梁的支点，并将次梁的两端与主梁的连接作为刚性连接来处理（即连续梁形式）。

常见的 H 形（工字形）截面的次梁与主梁铰接连接节点形式如图 13.10 所示，次梁与主梁刚性连接节点形式如图 13.11 所示。

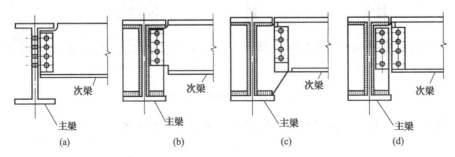

图 13.10　常见次梁与主梁铰接连接节点形式

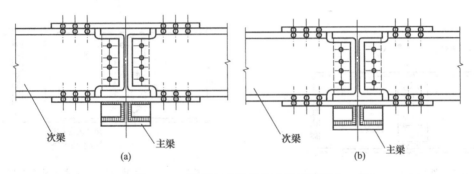

图 13.11　次梁与主梁刚性连接节点形式

13.3.2　实训项目　某工业车间钢结构工程施工图实例

结构设计总说明

一、设计依据

1. 甲方提供的设计条件。

2. 设计中采用的规范

(1)《建筑结构荷载规范》(GB 50009—2012)

(2)《建筑抗震设计规范》(GB 50011—2010)

(3)《冷弯薄壁型钢结构技术规范》(GB 50018—2002)

(4)《钢结构设计规范》(GB 50017—2003)

(5)《门式刚架轻型房屋钢结构技术规程》(2012 年版)(CECS 102—2002)

(6)《混凝土结构设计规范》(GB 50010—2010)

(7)《建筑地基基础设计规范》(GB 50007—2011)

(8)《压型金属板设计施工规程》(YBJ 216—88)

(9)《钢结构高强螺栓连接技术规程》(JGJ 82—2011)

本设计采用同济大学研制的钢结构设计软件［3D3S］进行计算。

3. 结构安全等级二级，设计使用年限 50 年，地基基础设计等级丙级，抗震设防类别 Ⅲ 类，混凝土结构环境类别二类 b。

二、设计主要荷载

基本风压：0.30kN/m²　　基本雪压：0.15kN/m² ($n=50$ 年)

屋面恒载：0.30kN/m²　　活载：0.3kN/m²（刚架受荷水平投影面积>60m²）

檩条、面板自重：0.1kN/m²　　活载：0.50kN/m²

抗震设防烈度 8 度 (0.20g)，地震分组第二组。

三、主要材料

1. 刚架采用 Q235-B 钢，抗风柱采用 Q235-B 钢，吊车梁采用 Q235-B 钢，其他所有钢材均采用 Q345 钢（注明除外）。其性能除应符合《碳素结构钢》(GB 700—2006)规定的要求外，尚应保证屈服点、碳、磷、硫的含量，焊接结构及冷弯薄壁结构还应具有冷弯试验的合格保证。吊车梁钢材应具有常温冲击韧性的合格保证。图 13.12 为 H 型钢的型号示意图。

2. 手工焊接时，Q235 钢材间焊接，采用 E4301～E4312 系列焊条；Q345 间或与 Q235 之间焊接，焊条采用 E5015 系列焊条。其技术条件应符合《非合金钢及细晶粒钢焊条》(GB/T 5117—2012) 的规定。自动焊或半自动焊的焊丝和焊剂应与主体金属强度相应，焊丝采用 H08A，焊丝

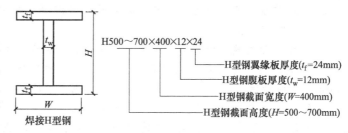

图 13.12　H 型钢的型号示意图

应符合《埋弧焊用碳钢焊丝和焊剂》(GB/T 5293—1999) 和《气体保护电弧焊用碳钢、低合金钢焊丝》(GB/T 8110—2008) 的规定。埋弧焊用焊剂应符合《埋弧焊用低合金钢焊丝和焊剂》(GB/T 12470—2003) 的规定。

3. 普通螺栓：C 级螺栓、螺帽和垫圈，采用 Q235 钢。高强螺栓：10.9 级螺栓，摩擦型高强螺栓，连接构件接触面的处理采用喷砂，$\mu=0.50$。

四、结构设计主要说明

1. 本设计柱距 6.0m，跨度 2×18m，承重结构为两连跨门式刚架。

2. 檩条、墙梁均采用冷弯薄壁型钢。

3. 沿建筑物长度方向各设 5 道柱间支撑和屋面横向水平支撑。

五、施工

1. 施工中应遵守下列规范

(1)《钢结构工程施工质量验收规范》(GB 50205—2001)

(2)《钢结构工程施工规范》(GB 50755—2012)

(3)《钢结构焊接规范》(GB 50661—2011)

(4)《混凝土结构工程施工质量验收规范》(GB 50204—2015)

(5)《建筑地基基础工程施工质量验收规范》(GB 50202—2002)

(6)《冷弯薄壁型钢结构技术规范》(GB 50018—2002)

(7)《压型金属板设计施工规程》(YBJ 216—88)

2. 焊接质量检验等级：所有工厂对接焊缝以及坡口焊缝按照 GB 50205—2001 中的二级检验，吊车梁下翼缘的对接焊缝按照一级检验，其他焊缝按三级检验。

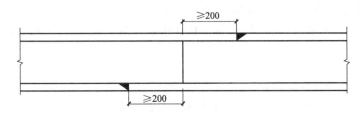

图 13.13　腹板与翼缘的对接接头

3. 板材对接接头要求等强焊接，焊透全截面，并用引弧板施焊，引弧板割去处应予打磨平整，腹板与翼缘对接接头应错开 200mm 以上，并注意避开加劲肋。图 13.13 为腹板与翼缘的对接接头。

4. 未注明焊缝高度 6mm，满焊。

5. 所有节点零件以现场放样为准。

6. 屋面梁拼接、梁柱连接要求在工厂预拼接。

7. 构件在运输吊装时，应采取加固措施防止变形和损坏。

8. 柱脚锚栓采用双螺母，待柱子安装、校正、定位后，将柱脚盖板与柱底板及螺母焊牢，防止松动，在柱底板下灌 C30 膨胀细石混凝土。

9. 钢结构安装完成受力后，不得在主要受力构件上施焊。

六、钢结构涂装

1. 除锈。钢结构在制作前，表面应彻底除锈，除锈等级达到 St2 级。

2. 涂装。构件完成后涂两道防锈底漆，工厂和现场各涂一道面漆，漆膜总厚度不小于 125μm。构件除锈完成后，应在 8h（湿度较大时 2~4h）内，涂第一道防锈漆，底漆充分干燥后，才容许次层涂装。但连接接头的接触面和工地焊缝两侧 50mm 范围内安装前不涂漆，待安装后补漆。安装完毕后未刷底漆的部分及补焊、擦伤、脱漆处均应补刷底漆两道，然后刷面漆一道，面漆颜色由业主定。在使用过程中应定期进行涂漆保护。

七、防火

钢构件防火应按建筑专业的要求，主体结构刷薄型防火涂料，耐火时间分别为：钢柱 2.5h，钢梁 1.5h。

八、其他

1. 除注明者外，设计图中所注尺寸均以 mm 计，标高以 m 计，均为相对标高。

2. 图例

◆高强螺栓　◇普通螺栓　●膨胀螺栓　⊕圆孔

3. 该工程部分结构施工图和部分构件加工图详见附录钢结构工程施工图实例。

13.4　钢结构材料职业活动训练

13.4.1　职业活动实训

钢结构材料的职业活动实训内容、教学设计实训项目详见表 13.5。

表 13.5　钢结构材料的职业活动实训教学设计项目卡

项　目	实训场所:钢结构综合实训基地、力学实验室、校外实训基地		学期:_____　日期:_____	
钢结构材料	计划学时:__2__学时		班级:_____	
教学目标	能力目标	建筑钢结构选用材料、品种、规格;钢材性能的影响因素和钢结构材料的基本性能分析;建筑用钢的选用原则和方法;钢结构材料的报验		
	知识目标	钢材的品种、规格;钢材性能的影响因素和钢材的性能分析;钢材的选用原则和方法;钢结构材料的报验		
教学重点	建筑钢结构所用材料、品种、规格;钢材性能的影响因素和钢结构材料的基本性能分析;钢材的选用			
教学难点	钢材性能的影响因素和钢结构材料的基本性能分析;钢材的选用和报验			
设计思路	在教师的引导下让学生识读钢结构施工图纸和现场观看钢结构材料,引出钢结构的施工材料选用、施工前的材料准备(任务驱动),再讲解施工前材料的基本要点、质量验收的有关知识。业余时间安排学生实地参观,学习钢结构施工前的材料准备过程(学做合一),训练解决材料进场质量验收的实际问题的能力			

序号	工作任务	教学设计与实施		参考学时
		课程内容和要求	活动设计	
1	施工图识读	识读钢结构施工图工程材料的选用,统计图纸中的材料	活动1:识读钢结构施工图中选用情况 活动2:统计附录施工图中柱的材料	
2	钢材的识别	了解结构用钢材品种及牌号,钢材的规格(钢板、型钢、薄壁型钢、压型钢板等)	活动1:工程实例——识别钢材品种、牌号及规格 活动2:现场认识 主要是到钢材市场、钢结构加工厂、建筑工地等场所有针对性地对钢结构材料进行参观认知	0.5
3	钢材的力学性能	钢材的力学实验　拉伸试验、弯曲试验、冲击试验、焊接接头机械性能试验	活动1:拉伸试验、弯曲试验 活动2:冲击试验、焊接接头机械性能试验	1
4	原材料报验	型材原材料,出厂合格证的报验;进场的构件报验	活动1:到校企合作实习基地进行"学徒"实训,识别常用钢材、型材及其他材料,并进行材料进场质量验收 活动2:原材料质量评定表的填写	0.5
		总计		2
课前回顾	钢结构的典型工程应用特点			
教学引入	先识读钢结构图纸,通过观看钢结构的应用的图片、录像,引入钢结构材料的内容			
实训小结	钢材的品种、规格;钢材性能的影响因素和钢材的性能分析;钢材的选用原则和方法;钢结构材料的报验			
课外训练	到钢材市场、钢结构加工厂、建筑工地等场所有针对性地对钢结构材料进行参观认知			

13.4.2　实训项目一　认知钢材种类、规格

(1) 目的　认知钢材的种类、规格。

(2) 能力标准和要求　能认知实物钢材种类、规格,并结合表 13.6 统计其数量。

(3) 实物　热轧钢板、型钢以及冷弯薄壁型钢、压型板。

(4) 工具　直尺、卡尺、证明文件、中文标志、检验报告。

（5）步骤提示　归类→识读证明文件、中文标志、检验报告→测量→填统计表。

表 13.6　钢材统计表

项目	材质	规格	长度/m	数量	重量/kg	备　注
1						
2						
3						

13.4.3　实训项目二　识读施工图纸

按照附录给出的施工图和加工放样图，完成以下内容。

（1）根据结构设计图纸可知，本设计柱距_____m，长_____m，跨度_____m，承重结构为_____。

（2）试画出 GZ1 的截面图，其截面尺寸是什么？

（3）简述结构设计主要说明。

（4）图中♦◊●这些符号分别指的是什么螺栓？

（5）涂装工程中应注意哪些要点？

（6）预埋件的螺栓孔是_____。

（7）DCL-1 是指_____。YMJ-1 是指_____。

（8）分析加工图梁 GL1-1，试计算单个 GL1-1 的重量及总重量。

（9）分析柱 GZ1-1 的 B-B 剖面，计算一榀钢柱所用的柱脚的重量。

（10）分析加工图柱 GZ1-1，计算钢柱 GZ1-1 的总重量。

13.5　钢结构加工制作职业活动训练

13.5.1　职业活动实训

钢结构 H 型钢柱的加工制作施工职业活动实训内容、教学设计详见表 13.7。

表 13.7　钢结构 H 型钢柱的加工制作职业活动实训项目卡

项　目		实施场所：钢结构综合实训基地、校外实训基地 计划学时：__2__学时		学期：_____　　日期：_____ 班级：_____	
钢结构 H 型钢柱加工制作					
教学目标	能力目标	掌握钢结构 H 型钢柱的加工制作流程；具备钢结构 H 型钢柱的加工制作能力			
	知识目标	掌握 H 型钢结构构件常用的加工制作方法；熟悉钢结构构件加工制作流程；理解钢结构构件加工制作质量要求及保证质量的必要性			
教学重点		工字型钢结构构件常用的加工制作方法；钢结构构件加工制作流程			
教学难点		钢结构构件加工全过程控制，施工图纸的正确性和放样			
设计思路		通过让学生观看钢结构 H 型钢柱的加工制作工艺录像及识读钢结构施工图，让学生在老师的引导、提示下，总结或复述录像中构件加工制作流程，加工过程中如何控制和保证质量、质量检验等相关知识			
序号	工作任务	教学设计与实施			参考学时
		课程内容和要求	活动设计		
1	加工制作准备	熟悉识别常用加工制作工具、设备	活动：施工准备　（1）学生按要求分组，每组准备有施工图纸、空白工艺卡、空白零件流水卡、划针、粉线、弯尺、直尺、钢卷尺、剪子、塑料板、铁皮等工具。（2）所需钢板提前进场		
2	识读钢结构施工图和加工图	识读钢结构工程施工图和加工图	活动1：图纸审核与备料计算。(1)检查内容包括审核图纸设计文件完整性、构件尺寸标注齐全度、节点清晰度、构件连接形式合理度、加工符号与焊接符号齐全度、图纸规范度等内容。(2)按审核后的图纸内容进行备料计算。 活动2：进场材料检验；(1)明确进场材料需要检验相关内容。(2)对照图纸和来料单用钢卷尺、称重仪器等对来料进行规格、尺寸和重量的检验。(3)用检验单记录检验结果，小组内成员互评检验过程规范性		0.5

续表

序号	工作任务	教学设计与实施		参考学时
		课程内容和要求	活动设计	
3	钢结构H型钢柱的加工制作	掌握钢结构构件常用加工制作方法	活动:相关试验与工艺规程的编制:(1)明确材料复验与试验的重要意义和方法。(2)学生参照规范要求按指导教师要求编制构件加工工艺规程	0.5
		熟悉钢结构构件加工制作流程	活动1:构件放样与号料演练。(1)以小组为单位完成图纸上放样和号料任务。(2)实训教师应及时给予指导和解答,以帮助学生顺利完成任务。 活动2:号料后构件的加工制作。(1)以小组为单位完成图纸上放样和号料任务。(2)实训教师应及时给予指导和解答,以帮助学生顺利完成任务。 活动3:号料后构件的加工制作。(1)采用模拟的方式进行,观看正确的构件加工过程录像,修改小组编制的工艺规程。(2)再观看同一工序过程的不同录像,让学生找寻录像中对构件加工制作不正确的操作,并回答正确的工艺要求。 活动4:H型钢构件的表面处理。(1)在已完成除锈处理的构件上完成油漆工作。(2)根据图纸要求判别应采用的油漆种类、涂刷顺序、涂刷遍数	1
		总 计		2
课前回顾		钢结构的典型工程应用特点		
教学引入		先识读钢结构图纸,通过观看钢结构的应用的图片、录像,引入钢结构构件加工的内容		
实训小结		①熟悉识别常用加工制作工具、设备;②钢结构构件常用的加工制作方法;③识读钢结构工程施工图和加工图;④熟悉钢结构构件加工制作流程		
课外训练		到钢材市场、钢结构加工厂、建筑工地等场所有针对性地对钢结构材料、加工进行参观认知		

13.5.2 实训项目一 学习钢结构制作工艺

（1）目的 通过钢结构制作的现场学习，在工程师的讲解下，对钢结构的制作工艺过程有一个详细的了解和认识。

（2）能力标准及要求 掌握钢结构制作的准备、工艺、加工和半成品管理工作，能进行钢结构的制作工艺设计和加工件放样设计。

（3）活动条件 钢结构制作的现场。

（4）步骤提示

① 课堂讲解钢结构制作前的准备工作、钢结构制作的工序和工艺流程，提出钢结构制作中可能出现的问题。

② 结合课堂讲解内容和提出的问题，组织钢结构制作的现场学习，详细了解钢结构的制作工艺过程，并解决课堂疑问。

③ 完成钢结构制作的现场学习报告，内容包括钢结构制作的工序和工艺流程。

13.5.3 实训项目二 工程应用实例

13.5.3.1 工程概况

某包装车间钢屋架制作安装工程，工程量为700t。其中包装车间钢屋架的主屋架跨度达24.14m，共116榀，其他屋架属同一类型，均为采取中钢板拼装焊接成实腹梁结构。以一榀24.14m跨度实腹梁钢屋架制作为例。其结构简图见图13.14。

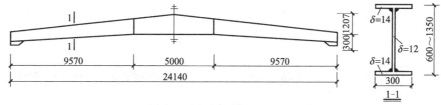

图13.14 大梁结构图

13.5.3.2 施工工艺

（1）材料号料和切割。放样前，认真熟悉图纸，研究各零部件的外形尺寸，并将其数量进行统计汇总，作为制作样板的准备，并按实际进场板材进行排板，尽可能提高材料的利用率，而减少损耗。

（2）样板采用 $\delta=0.5$mm 的镀锌铁皮制作，以保证大量反复使用后样板尺寸可靠性。同时，对各种样板进行编号，注明图号、零部件名称、件数、位置、规格及加工符号等内容，以便使下料工作不致发生混乱，便于使用，并且妥善保管样板，防止折叠和锈蚀，并进行定期校核，发现问题及时处理。

（3）样板制作时注意适当预放加工余量。

① 自动气割切断的加工余量为 3mm；

② 手工气割切断的加工余量为 4mm。

（4）样板制作时除考虑放出加工余量外，还必须考虑焊接零件的收缩量。

① 沿焊缝长度纵向收缩率为 0.03％～0.2％；

② 沿焊缝密度横向收缩，每条焊缝为 0.03～0.75mm；

③ 加强肋的焊缝引起的构件纵向收缩，每肋每条焊缝为 0.25mm，具体以各零部件的板厚和外形尺寸进行综合考虑。

（5）切割采用半自动切割机进行，提高切割质量和切割速度，由于大部分直线切割长度大，考虑沿直线切割方向每隔 1.5m 处留一处（约 1cm 长）暂不切割（从板头开始），最后再把各联结处逐一进行切割断开，此方法可很大程度上减少了因切割所引起的料板翘曲变形，切割完的材料边缘上的熔留物应及时清除干净。

13.5.3.3 钢屋架制作施工工艺流程图

钢屋架制作施工工艺流程图见图 13.15。

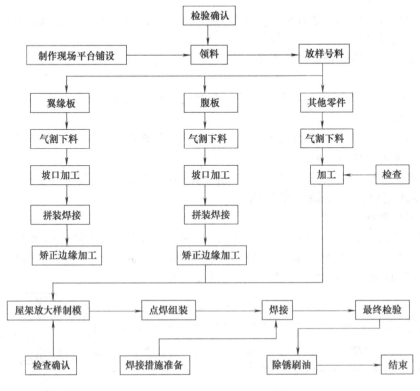

图 13.15　钢屋架制作施工工艺流程图

13.6　钢结构螺栓连接职业活动训练

13.6.1　职业活动实训

钢结构螺栓连接施工的职业活动实训内容、教学设计详见表 13.8。

表 13.8　钢结构紧固件施工职业活动实训项目卡

项　目		实训场所:钢结构综合实训基地、校外实训基地		学期:_____　　日期:_____	
高强螺栓施工		计划学时:　2　学时		班级:_____	
教学目标	能力目标	熟悉钢结构各种连接的特点,具备钢结构紧固件材料选用的能力;熟悉钢结构紧固件施工工艺过程;具备钢结构紧固件施工验收的能力			
	知识目标	了解钢结构各种连接的特点;钢结构高强螺栓施工工艺和质量控制要点;钢结构铆接施工工艺和质量控制要点;钢结构紧固件工程施工验收方法和标准			
教学重点		钢结构高强螺栓施工工艺和质量控制要点;钢结构紧固件工程施工验收方法和标准			
教学难点		钢结构高强螺栓施工工艺和质量控制要点;钢结构紧固件工程施工验收方法和标准			
设计思路		在教师的引导下,让学生识读钢结构施工图纸上的连接和现场观看钢结构紧固件连接的典型工程,引出钢结构连接的施工(任务驱动),然后以高强螺栓为重点讲解、实操完成高强螺栓的施工要点、质量验收的有关知识。业余时间安排学生实地参观,学习钢结构连接施工的过程(学做合一),训练解决质量验收的实际问题的能力			

序号	工作任务	教学设计与实施		参考学时
		课程内容和要求	活动设计	
1	高强螺栓报验	(1)钢结构各种连接; (2)钢结构高强螺栓的检验	活动1:在实训基地或钢结构施工现场认识、熟悉钢结构各种连接。 活动2:熟悉钢结构施工图纸一份,统计汇总作出材料单。 活动3:在实训基地或钢结构施工现场进行钢结构高强螺栓的一般项目检验项目	0.5
2	高强度螺栓施工工艺	(1)熟悉高强度螺栓施工工艺过程; (2)实操学习螺栓紧固顺序,掌握紧固方法; (3)高强度螺栓紧固检验	活动1:熟悉高强度螺栓施工工艺过程。 活动2:实操熟悉扭矩法、转角法的施工方法。 转角法施工的工艺顺序为初拧→划线→终拧→检查→标记 活动3:按要求实操完成某梁—柱接头高强度螺栓紧固顺序(图13.16) 要点:同一连接面上的螺栓紧固,应由接缝中间向两端交叉进行。有两个连接构件时,应先紧固主要构件,后紧固次要构件	1
3	螺栓连接质量检验	(1)大六角头螺栓连接和扭剪型高强螺栓连接质量检验标准和方法; (2)质量评定表的填写	活动1:到校企合作实习基地进行"学徒"实训,识别大六角头螺栓连接和扭剪型高强螺栓连接,并进行大六角头螺栓连接的质量检验。 活动2:分别完成大六角头螺栓连接、扭剪型高强螺栓连接质量评定表的填写	0.5
4	质量记录	熟悉螺栓连接质量记录构成	活动1:熟悉大六角头螺栓连接的质量检验记录。 活动2:熟悉扭剪型高强螺栓连接的质量检验记录	
		总计		2
课前回顾		钢结构连接的典型工程应用举例		
教学引入		先识读钢结构图纸,通过观看钢结构连接应用的图片、录像,引入钢结构紧固件的教学内容		
实训小结		螺栓的品种、规格和选用;钢结构铆接施工工艺和质量控制要点;钢结构紧固件工程施工验收方法和标准;钢结构紧固件质量验收记录		
课外训练		到钢材市场、钢结构加工厂、建筑工地等场所有针对性地对钢结构紧固件进行参观认知		

13.6.2　实训项目一　普通受剪螺栓连接施工

（1）目的　通过钢结构普通受剪螺栓连接施工现场的学习,了解设计图纸与施工实际的关系,掌握普通受剪螺栓连接的施工工艺。

（2）能力标准及要求　能进行普通受剪螺栓连接的设计和施工技术指导。

（3）活动条件　普通受剪螺栓连接施工现场及相应的施工图纸。

（4）内容　制作如图 13.17 所示的普通受剪螺栓连接。

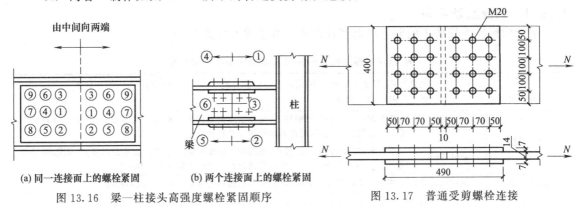

图 13.16　梁—柱接头高强度螺栓紧固顺序　　　图 13.17　普通受剪螺栓连接

（5）步骤提示

① 材料准备　加工好的钢板：构件板为 2—400×14，长 500mm，连接板为 2—400×7× 490，钢材为 Q235；M20 的 C 级螺栓 24 个，冲钉 16 个；手动扳手，划针，台式钻床，直尺，游标卡尺，孔径量规，小锤。

② 测量、划线　用直尺测量并用划针划细"＋"线给螺栓定位。

③ 螺栓孔加工　用台式钻床钻孔，$d_0 = 22\text{mm}$，并用游标卡尺或孔径量规检验，允许误差 ≤1mm。

④ 螺栓安装　先将冲钉打入试件孔定位，然后逐个换成螺栓，先用手拧紧，再用手动扳手拧紧，顺序是从里向外。

⑤ 螺栓紧固检查　紧固应牢固、可靠，外露丝扣不应少于两扣。用小锤敲击法进行普查，防止漏拧。"小锤敲击法"是用手指按住螺母的一个边，按的位置尽量靠近螺母垫圈处，然后宜采用 0.3~0.5kg 重的小锤敲击螺母相对应的另一个边（手按边的对边），如手指感到轻微颤动即为合格，颤动较大即为欠拧或漏拧，完全不颤动即为超拧。

13.6.3　实训项目二　受剪摩擦型高强度螺栓施工

（1）目的　通过钢结构受剪摩擦型高强度螺栓连接施工现场的学习，了解设计图纸与施工实际的关系，掌握受剪摩擦型高强度螺栓连接的施工工艺。

（2）能力标准及要求　能进行受剪摩擦型高强度螺栓连接的设计和施工技术指导。

（3）活动条件　受剪摩擦型高强度螺栓连接施工现场及相应的施工图纸。

（4）内容　制作如图 13.18 所示的受剪摩擦型高强度螺栓连接。

（5）步骤

① 材料准备　加工好的钢板：构件板为 2—300×16，长 500mm，连接板为 2—300×10× 470，钢材为 Q345；8.8 级 M20 的螺栓副 24 个，临时螺栓 C 级 16 个，M20；钢丝刷，NR-12 电动扭矩扳手，手动扳手，穿杆，划针，台式钻床，直尺，游标卡尺，孔径量规，小锤。

② 测量、画线　用直尺测量并用划针画螺栓定位线。

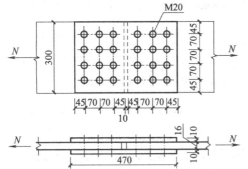

图 13.18　受剪摩擦型高强度螺栓连接

③ 螺栓孔加工　用台式钻床钻孔，$d_0 = 22mm$，并用游标卡尺或孔径量规检验，应有 H12 的精度。

④ 手工钢丝刷清理浮锈。

⑤ 螺栓安装　先用穿杆对准孔定位，再在适当位置插入临时螺栓，用手动扳手拧紧；安装高强螺栓连接副并逐个替代临时螺栓，用 NR-12 电动扭矩扳手逐个初拧，扭矩为 156 N·m = $0.065P \times d = 0.065 \times 120 \times 20$ N·m = 156 N·m，同时用颜色在螺母上做标记，然后按规定的扭矩值（大约 156 N·m）进行终拧。终拧后的螺栓用另一种颜色在螺母上做标记。

⑥ 螺栓紧固检查

a. 用小锤敲击法对高强度螺栓进行普查，防止漏拧。

b. 进行扭矩检查，抽查每个节点螺栓数的 10%，但不少于 1 个。即先在螺母与螺杆的相对应位置划一条细直线，然后将螺母拧松约 60°，再拧到原位（即与该细直线重合）时测得的扭矩，该扭矩与检查扭矩的偏差在检查扭矩的 ±10% 范围以内即为合格。

c. 扭矩检查应在终拧 1h 以后进行，并且应在 24h 以内检查完毕。

扭矩检查为随机抽样，抽样数量为每个节点的螺栓连接副的 10%，但不少于 1 个连接副。如发现不符合要求的，应重新抽样 10%，如仍不合格，是欠拧、漏拧的，应该重新补拧，是超拧的应予更换螺栓。

13.7　钢结构焊接工程职业活动训练

13.7.1　职业活动实训

钢结构焊接工程职业活动实训内容、教学设计详见表 13.9。

表 13.9　钢结构焊接工程职业活动实训项目卡

项　目		实施场所:钢结构综合实训基地、校外实训基地		学期:_____	日期:_____
钢结构的焊接		计划学时:__2__学时		班级:_____	
教学目标	能力目标	具备钢结构焊接材料选用能力;具备钢结构焊接工艺的编制及施工一般水平			
	知识目标	钢结构焊接材料选用;钢结构焊接施工准备知识;焊接工程施工及验收方法和标准			
教学重点		钢结构焊接工艺的编制;钢结构焊接工程的验收知识			
教学难点		钢结构焊接工程工艺过程卡的编制			
设计思路		通过学生现场观看钢结构焊接施工工艺,让学生在老师的引导、提示下,引出钢结构焊接工程的焊接材料选用、施工前的准备、施工工艺(任务驱动),然后再讲解、实操焊接施工要点、质量验收的有关知识。现场操作,学习钢结构焊接工程(学做合一),训练解决实际动手的能力			

序号	工作任务	教学设计与实施		参考学时
		课程内容和要求	活动设计	
1	焊接节点识读	钢结构典型焊接节点图的识读	活动:现场认识,对典型节点焊接设备工艺识读 材料为 Q345D;材料规格按 GB/T 1591—2008 规定	
2	焊材及工艺卡	(1)焊材的使用; (2)钢结构焊接工艺路线的熟悉	在实训基地或工厂,针对某钢结构构件的焊接工艺,完成以下项目: 活动1:焊材的使用——焊材的选用情况的检查。 活动2:熟悉某钢结构构件焊接工程工艺卡的编制情况	0.5
3	焊接实训	对实际设备、焊接工件进行实地操作	在实训基地或工厂进行单节点的焊接训练。 活动1:设备及材料的准备。焊丝安装及坡口的加工,进行组对。 活动2:焊机操作。掌握送丝速度与焊机的电流、焊速的配合,掌握焊接顺序,注意焊渣的清理	0.5
		焊接检验尺的使用方法	在实训基地或工厂进行焊接检验尺的使用方法训练。 活动1:测量型钢、板材及管道错口。 活动2:测量型钢、板材及管道坡口角度。 活动3:测量型钢、板材及管道对口间隙。 活动4:测量焊缝高度;测量角焊缝高度。 活动5:测量焊缝宽度以及焊接后的平直度等	

续表

序号	工作任务	教学设计与实施		参考学时
		课程内容和要求	活动设计	
4	焊缝质量检查与验收	（1）掌握钢结构焊接验收步骤； （2）熟悉钢结构探伤标准； （3）会填写探伤报告	活动1：钢结构焊接质量检查与验收。 活动2：表面缺陷检查。使用10倍以下的放大镜进行目视检验或进行磁粉探伤检查。 活动3：进行内部缺陷的检验参观。主要采用超声波探伤、射线探伤等方法，掌握内部缺陷特征。 活动4：填写探伤报告。学会填写探伤报告，注意报告的严谨性、真实性	1
5	焊接工程质量控制	焊接工程应注意的质量问题	（1）焊接速度和焊接电流严格按照工艺规程，不允许出现裂纹，未熔合、未焊透等缺点。（2）对有热处理要求的结构件，防止其变形。（3）钢结构焊接质量验收标准和验收方法掌握	
		总计		2
课前回顾		钢结构的放样、下料；钢结构的边缘加工知识；钢结构的矫形		
教学引入		通过钢结构连接引入本章钢结构焊接连接的内容		
实训小结		钢结构焊接工艺和质量控制要点；钢结构焊接工艺验收方法和标准		
课外训练		对照某一钢结构工程实例施工图，到施工现场或钢结构加工厂参观，熟悉钢结构焊接工艺过程		

13.7.2 实训项目一 焊接检验尺及其使用

焊接检验尺有多种功能，可作一般钢尺使用，测量型钢、板材及管道错口；测量型钢、板材及管道坡口角度；测量型钢、板材及管道对口间隙；测量焊缝高度；测量角焊缝高度；测量焊缝宽度以及焊接后的平直度等。焊接检验尺的使用方法详见表13.10。

表 13.10 焊接检验尺的使用方法

功 能	使 用 方 法	
作一般钢尺使用 测量平直度	主尺边缘有 0～40mm 刻度，如图 13.19 所示。主尺有刻度的一面贴紧工件被测面，不可倾斜，被测值可直接读出	主要测量型钢、板材及管道的平直度，如图 13.20 所示。以主尺一端为测量基面，在测角尺的配合下进行测量，测角尺刻线对准主尺部分刻度值，即为所测值

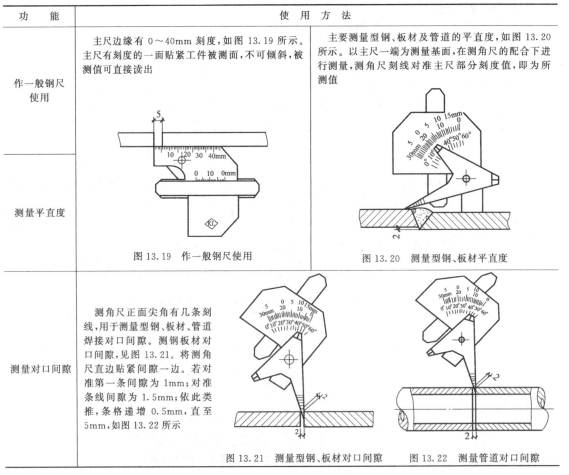

图 13.19 作一般钢尺使用　　　　　　图 13.20 测量型钢、板材平直度

| 测量对口间隙 | 测角尺正面尖角有几条刻线，用于测量型钢、板材、管道焊接对口间隙。测钢板材对口间隙，见图 13.21。将测角尺直边贴紧间隙一边。若对准第一条间隙为 1mm；对准条线间距为 1.5mm；依此类推，条格递增 0.5mm，直至 5mm，如图 13.22 所示 | |

图 13.21 测量型钢、板材对口间隙　　图 13.22 测量管道对口间隙

功　能	使　用　方　法
测量坡口角度	主尺背面下部有 0°～75°刻度与测角尺相配合,可测量型钢、板材及管口坡度。测量型钢、板材坡口角度示意如图 13.23 所示。测量管道坡口角度示意如图 13.24 所示
测量错口	主尺背面有＋7mm 刻度与测角尺配合,可测量型钢、板材及管道错口。测量型钢、板材错口见图 13.25。测量管道错口见图 13.26
测量焊缝高度	主要测量型钢、板材及管道焊缝高度。测量型钢、板材焊缝高度如图 13.27 所示。测量管道焊缝高度示意图,如图 13.28 所示
测量角焊缝高度	测量角焊缝高度如图 13.29 所示。以主尺的 90°角处为测量基面,在活动尺的配合下进行测量,活动尺上短线条对准的主尺部分的刻度尺,即为所测值
测量角焊缝贴角高尺寸	测量角焊缝贴角高尺寸,如图 13.30 所示

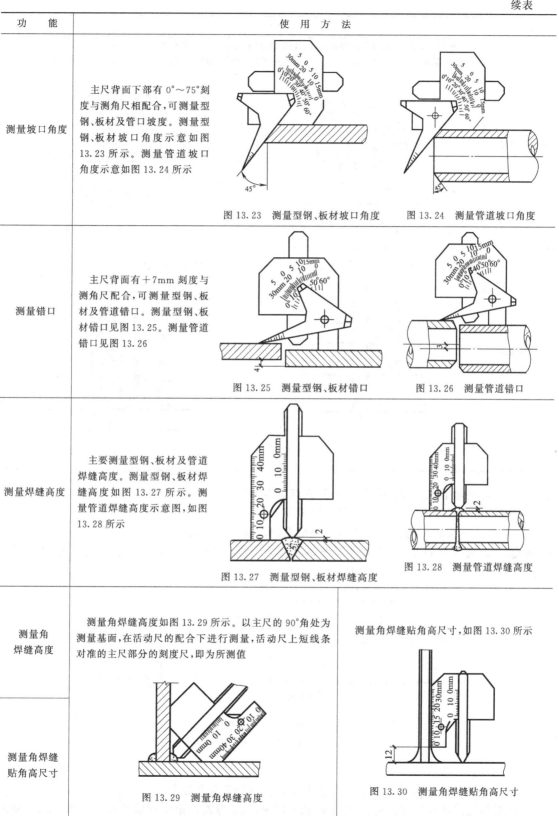

图 13.23　测量型钢、板材坡口角度　　图 13.24　测量管道坡口角度

图 13.25　测量型钢、板材错口　　图 13.26　测量管道错口

图 13.27　测量型钢、板材焊缝高度　　图 13.28　测量管道焊缝高度

图 13.29　测量角焊缝高度　　图 13.30　测量角焊缝贴角高尺寸

功　能	使　用　方　法
测量焊缝宽度	主要测量型钢、板材及管道焊缝宽度,如图 13.31 所示。以主尺的棱边为测量基面,在测量尺配合下进行测量,测量尺刻线对准主尺刻度值部分,即为所测值。测量管道焊缝宽度的示意图,如图 13.32 所示

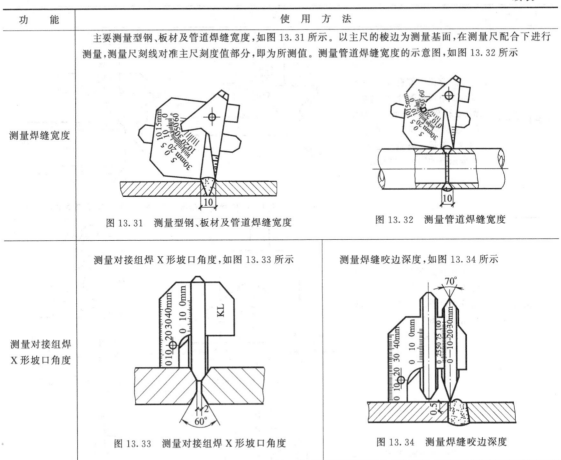

图 13.31　测量型钢、板材及管道焊缝宽度　　　　图 13.32　测量管道焊缝宽度

| 测量对接组焊 X 形坡口角度 | 测量对接组焊 X 形坡口角度,如图 13.33 所示　　　　测量焊缝咬边深度,如图 13.34 所示 |

图 13.33　测量对接组焊 X 形坡口角度　　　　图 13.34　测量焊缝咬边深度

13.7.3　实训项目二　典型埋弧焊工艺技术实例

13.7.3.1　平板拼接 I 形对接悬空双面埋弧焊

（1）产品结构和材料。某结构中一平板系四块钢板拼接而成,如图 13.35 所示。材质为低碳钢 Q235,板厚为 12mm。采用 I 形坡口对接,间隙为 0～1mm,焊接方法为悬空双面埋弧焊。焊丝选用 H08A,焊剂选用 HJ431。

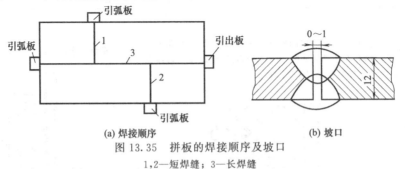

(a) 焊接顺序　　　　　　　　(b) 坡口

图 13.35　拼板的焊接顺序及坡口

1,2—短焊缝；3—长焊缝

（2）焊接工艺

① 清理钢板坡口和两侧 20mm 范围内油污、铁锈和氧化物等。

② 对钢板接缝进行定位焊,采用 ϕ4mm 的 E4303 焊条,定位焊缝长度 30～50mm,间距 150～250mm。在接缝的外伸部位上焊引弧板和引出板,尺寸为 150mm×150mm。

③ 采用 ϕ5mmH08A 焊丝，HJ431 焊剂（焊前 250℃烘干，保温 2h），直流反接，焊接参数见表 13.11。正面焊接电流略小些，熔深接近板厚的 50%。

表 13.11　拼接 I 形对接缝的焊接参数

板厚 /mm	坡口形式	焊接顺序	焊丝直径	送丝速度 /(m/h)	焊接电流 /A	电弧电压 /V	焊接速度 /(m/h)	备　注
12	I 形对接， 间隙为 0～1mm	1（正）	5	52	500～550	36～39	34	直流反接 焊丝 H08A 焊剂 HJ431
		2（反）		69	650～700	39～40		

④ 正面焊接结束后，焊反面接缝，焊接电流略大些，焊接参数见表 13.11，保证两面焊缝相交 2mm 以上。

⑤ 为了减小焊接应力和变形，按图 13.35 所示的顺序进行焊接。拼板接缝的顺序的原则是先焊短焊缝，后焊长焊缝。短焊缝焊接结束后，应将短焊缝和长焊缝接缝交叉处高出钢板的焊缝磨平，否则会影响到后焊的长焊缝的焊缝成形。

⑥ 焊后对焊缝进行超声波检测。

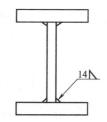

图 13.36　板梁外形结构

13.7.3.2　焊接工艺技能训练——板梁的埋弧焊接

（1）**焊前准备**　板梁材料为 Q345（16Mn）钢，板厚 $t \geqslant 60$mm，焊脚为 14mm，板梁外形如图 13.36 所示。焊接材料选用见表 13.12。

表 13.12　焊接材料选用表

名　　称	型号或牌号	规格直径/mm	用　途
焊条	E5015	4	补焊
		5	定位焊
焊丝	H09MnA	4	焊第一层
	H09MnMoA	4	焊第二层
焊剂	HJ431		焊第一层
	HJ350		焊第二层

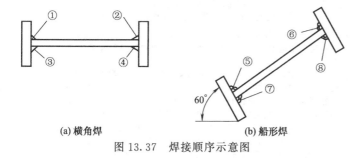

图 13.37　焊接顺序示意图

焊前应将坡口及两侧 20mm 区域内的油污、氧化膜等清理干净。焊条、焊剂在使用前必须按规定烘干。装配定位焊缝采用 E5015 焊条，定位焊缝长度在 100mm 左右，间隔在 300mm 左右，定位焊缝的焊脚尺寸为 9mm，定位焊之前预热 100℃。焊接之前，对板梁进行焊前预热，预热温度在 100～150℃。

（2）**焊接**　角焊缝首层焊接在水平位置进行横角焊，其余各层均在船形焊位置进行船形焊。焊接顺序为①～⑧，如图 13.37 所示。主要焊接参数见表 13.13。在焊接过程中，应控制层间的温度在 100～200℃之间。

表 13.13　焊接参数

焊脚尺寸/mm	层数	道数	焊丝直径/mm	焊接电流/A	电弧电压/V	焊接速度/(m/h)	电源种类
9	1	1	2	350～400	30～35	20～25	交流
14	2	1	4	650～700	36～39	25～30	
		2					

13.8 钢结构防腐涂装工程职业活动训练

13.8.1 职业活动实训

钢结构防腐涂装工程施工职业活动实训内容、教学设计实训项目详见表13.14。

表13.14 钢结构防腐涂装工程施工职业活动实训内容、教学设计实训项目卡

项 目		实训场所:钢结构综合实训基地、校外实习		学期:_____ 日期:_____	
钢结构防腐涂装工程施工		计划学时: 2 学时		班级:_____	
教学目标	能力目标	钢结构防腐涂装工程材料选用能力;钢结构防腐涂装工程施工验收能力			
	知识目标	钢结构防腐涂装工程材料选用;钢结构防腐涂装工程施工准备知识;钢结构防腐涂装工程施工工艺和质量控制要点;钢结构防腐涂装工程施工验收方法和标准			
教学重点		钢结构防腐涂装工程施工工艺和质量控制要点;钢结构防腐涂装工程施工验收知识			
教学难点		钢结构防腐涂装工程施工工艺和质量控制要点			
设计思路		通过让学生观看钢结构防腐涂装工程施工工艺录像及识读钢结构框架结构施工图,在老师的引导下引出钢结构防腐涂装工程的施工材料选用、施工前的准备、施工工艺、实操施工要点、质量验收的有关知识。业余时间再安排学生实地参观,学习钢结构防腐涂装工程施工过程(学做合一),训练解决实际问题的能力			
项号	工作任务	教学设计与实施			参考学时
		课程内容和要求	活动设计		
1	防腐防火涂料选用	(1)钢结构防腐涂料材料的选用; (2)能识别常用防腐、防火涂料及其性能	活动1:现场认识防腐涂料。到涂料市场、钢结构加工厂、建筑工地等所有场所有针对性地对钢结构防腐、防火涂料进行参观认知。 活动2:到校企合作实习基地进行"学徒"实训,识别常用防腐、防火涂料及其工具、设备		
2	防腐涂装工程施工准备	(1)钢结构除锈方法与除锈等级; (2)能识别常用除锈、涂装工具、设备; (3)熟悉涂装施工工艺流程; (4)除锈的质量检测	活动1:施工准备。(1)根据设计图纸要求,选用底漆及面漆。(2)准备除锈机械,涂刷工具。(3)涂装前钢结构、构件已检查验收,并符合设计的除锈要求。(4)防腐涂装作业应具有防火和通风措施,防止火灾和人员中毒事故。 活动2:涂装施工工艺流程为基面清理→底层涂装→面漆涂装。 活动3:基面清理→除锈作业工艺规程。(1)钢结构工程在涂装前先检查钢结构制作、安装是否验收合格。涂刷前将需涂装部位的铁锈、焊缝飞溅物、油污、尘土等清除干净。(2)为保证涂装质量,采用自动抛丸除锈机除锈。 活动4:除锈的质量检测。涂装前钢构件表面除锈等级和外观质量		0.5
3	防腐涂装工程施工	(1)熟悉钢结构涂装方法; (2)能识读钢结构工程施工图涂装要求; (3)能协助管理钢结构涂装工程施工	在实训基地或加工厂选某一类型钢结构构件进行涂装施工参观。 活动1:底漆涂装。(1)调和防锈漆,控制油漆的黏度、稠度、稀度,兑制时充分的搅拌,使油漆色泽、黏度一致。(2)喷第一层底漆时涂刷方向应保持一致,接搓整齐。(3)喷涂底漆时采用勤移动、短距离的原则,防止漆太多而流坠。(4)待第一遍干燥后,再喷第二遍,第二遍喷涂方向与第一遍方向垂直,这样会使漆膜厚度均匀一致。(5)喷涂完毕后在构件上按原编号标注,重大构件还需要标明重量、重心位置和定位标号。 活动2:面漆涂装。(1)涂装材料应按设计要求,不得随意改换品种,并应注意底层和面层涂料的性质相容。(2)面漆涂装需待现场安装结束后才进行,同样在涂装面漆前需对钢结构表面尘土等杂物进行处理。(3)面漆调制需选择颜色一致的面漆,兑制稀料合适,面漆使用前要充分搅拌,保持色泽均匀,其工作黏度、稠度应保证涂装时不流坠、不显刷纹。(4)面漆在涂装过程中应不断搅和,涂刷方法与底漆涂装相同。 活动3:成品保护。(1)钢结构涂装后加以临时围护隔离,禁止踏踩,损伤涂层。(2)钢结构涂装后,在4h之内遇有大风或下雨时,需加以覆盖,防止粘染尘土和水汽,影响涂层的附着力。(3)涂装后构件需要运输时,要注意防止磕碰,禁止在地面上拖拉,损坏涂层		0.5

续表

项号	工作任务	教学设计与实施		参考课时
		课程内容和要求	活动设计	
4	涂层检查与验收	(1)掌握钢结构防火施工验收步骤; (2)熟悉钢结构涂装施工验收时,施工单位应具备的文件; (3)熟悉薄或厚涂型钢结构防火涂层应符合的要求; (4)钢结构涂装工程的质量检验评定	活动1:涂装后外观检查。(1)涂刷遍数及涂层厚度要符合设计要求。(2)涂装后处理检查,应该是涂装颜色一致,色泽鲜明光亮,不起皱皮,不起疙瘩。对涂层损坏处要做细致处理,保证该处涂装质量。(3)表面涂装施工时和施工后,对涂装过的工作进行保护,防止飞扬尘土和其他杂物。(4)严格进行外观检查验收,保证涂装质量符合规范及标准要求。 活动2:涂装漆膜厚度的测定。用角点式漆膜测厚仪测定漆膜厚度,漆膜测厚仪一般测定3点厚度,取其平均值。 活动3:钢结构涂装工程质量检验评定。能协助验收涂装工程质量检验评定工作,正确填写评定表格	0.5
5	涂装工程质量控制	钢结构涂装工程应注意的质量问题	(1)施工图中注明不涂装的部位及安装焊缝处30~50mm宽的范围内,均不应涂刷。高强度螺栓连接的摩擦面范围内不得涂装。 (2)涂层作业气温应在5~39℃之间为宜,当气温低于5℃时,选用相应的低温涂层材料施涂。当气温高于40℃时,停止涂层作业,或经处理后再进行涂层作业。 (3)当空气湿度大于95%或构件表面有结露时,不得进行涂层作业,或经处理后再进行涂层作业。 (4)钢结构制作前,对构件上隐藏部位,结构夹层难以除锈部位提前除锈,提前涂刷	0.5
6	钢结构涂装施工安全控制	钢结构涂装施工应注意的安全问题	(1)参加钢结构制作涂装的工人,应该熟知本工种的安全技术操作规程,严禁酒后操作,同时施工现场严禁明火和按规定配备消防器材。 (2)各种机具必须按使用说明书进行使用和保养,对有人固定要求的机具,必须专人开机。非持证人员不得随便操作,各种机具严禁超负荷作业。 (3)钢构件的堆放和拼装,必须卡牢固定,移动翻身时撬杠点要垫稳,滚动或滑动时,前方不可站人。 (4)喷砂除锈,喷嘴接头牢固,不准对人,喷嘴堵塞时,应停机,消除压力后,方可进行修理或更换	
		总计		2
课前回顾		有关钢结构的结构类型,选材等;钢结构的连接方法;钢结构的吊装工艺		
教学引入		通过观看钢结构涂装工程录像引入钢结构涂装工程施工的内容		
实训小结		钢结构涂装工程施工工艺和质量控制要点;钢结构涂装工程施工验收方法和标准		
课外训练		对照某一钢结构工程实例施工图,带领学生到施工现场或钢结构加工厂参观、熟悉钢结构涂装工程施工过程		

13.8.2　涂装工程除锈作业工艺规程

涂装工程除锈作业工艺规程详见表13.15～表13.17。

表 13.15　喷射磨料(喷砂)作业工艺规程

作业工具	工具	喷砂装置、风管、通风装置、照明装置
	劳保器具	防护器具、连衣裤工作服、通气面罩、防尘眼镜、头巾、手套
	辅助器材	灯泡保护网罩、保护玻璃、手提灯

序号	作业顺序	要　点	备　注
1	作业准备:(1)安全检查;(2)启动通风装置;(3)检查喷砂装置;(4)检查保护装置	(1)脚手架搭完整,牢固;(2)照明好;(3)喷砂处理室门紧闭;(4)磨料足够;(5)通气面罩正常;(6)保护玻璃完整	包括采用手提灯

序号	作业顺序	要点	备注
2	作业开始:(1)打开第一道空气开关;(2)使用遥控开关动作;(3)开始喷砂作业	(1)检查是否泄漏;(2)缓慢地开启;(3)严格执行手势信号;(4)姿势稳定	原则上2人一组勿单手操作
3	移动位置时	(1)用遥控开关关闭阀;(2)在风管内压力降低后;(3)喷嘴向下;(4)注意勿使风管被钩挂住	
4	继续作业	(1)反复进行上述序号2,3的作业;(2)注意固缚住风管;(3)注意移动手提灯	
5	作业结束:(1)除去风管内磨料;(2)关气源阀;(3)清扫;(4)检验时固定风管及遥控开关;(5)关开关;(6)清理集尘机;(7)关灯;(8)上锁	(1)关闭混合物调节阀;(2)确实关紧;(3)彻底清除地面及门附近的磨料;(4)摇动集尘机,排出灰尘;(5)确认室内无异常;(6)确认室内无人留下	
6	清洁身体,结束作业	(1)用喷气器除去附着的灰尘;(2)洗眼,漱口;(3)换着清洁的工作服	

表 13.16　手工工具除锈作业工艺规程

作业工具	工具	钢丝刷、铲刀、砂纸
	防护用具	防护器具、面罩、防尘眼镜、头巾、手套
	辅助器材	移动灯具

序号	作业顺序	要点	备注
1	作业准备(1)安全检查;(2)检查工具	(1)脚手架搭完整,牢固;(2)照明好;(3)通风设备是否正常运转;(4)与有关工种是否联系好;(5)槌柄牢靠	包括用移动灯具
2	作业开始	(1)除去焊渣,飞溅;(2)注意铲刀烧损,裂口;(3)从上向下作业	
3	结束作业(1)清理;(2)关灯;(3)停止通风装置;(4)清洁身体	(1)清扫、整理、脚手架、踏步等;(2)确认无遗忘物品,无人留下;(3)关电源开关;(4)清除附着的尘埃;(5)洗眼,漱口;(6)换着清洁的工作服	

表 13.17　动力工具除锈作业工艺规程

作业工具	工具	风管、圆盘砂纸机、圆盘砂纸
	防护用具	防护器具、面罩、防尘眼镜、头巾、手套
	辅助器材	调换砂纸盘工具、润滑油、移动灯具

序号	作业顺序	要点	备注
1	作业准备:(1)安全检查;(2)检查保护装置	(1)脚手架搭完整,牢固;(2)照明好;(3)通风设备是否正常运转;(4)与有关工种是否联系好;(5)风管接头完善,可靠;(6)圆盘安装是否完全紧固;(7)从滤网处注油并试空运转正常可靠	包括用移动灯具
2	作业开始:(1)打开第一道空气开关;(2)使用遥控开关动作;(3)开始喷砂作业	(1)开始缓慢回转,握紧砂盘纸机;(2)注意摆正砂盘纸的角度;(3)注意蹦跳;(4)注意四周的作业者	最适当约150min
3	移动位置时	(1)完全停止回转;(2)通知临近作业者;(3)摘掉眼镜,确认临近作业者已停止作业,可除去身上附着的尘埃	
4	调换砂盘纸	(1)完全停止回转;(2)关闭气源阀;(3)仔细注意凸缘与砂盘纸对正位置;(4)完全固紧	
5	继续作业	同时反复按序号2、3、4进行作业,注意防止移动灯电线被挂住	
6	结束作业:(1)将砂盘纸机从风管上卸下;(2)卸下风管;(3)清理;(4)关灯;(5)停止换气装置;(6)清洁身体	(1)关闭风管上的气阀;(2)关闭集管箱的气阀;(3)清扫、整理脚手架、踏步等;(4)确认无遗忘物品,无人留下;(5)关电源开关;(6)清除附着的尘埃;(7)洗眼,漱口;(8)换着清洁的工作服	

13.9 钢结构安装工程职业活动训练

13.9.1 职业活动实训

钢结构安装的职业活动实训内容、教学设计实训项目详见表13.18。

表 13.18 钢结构安装的职业活动实训教学设计项目卡

项 目	实训场所:钢结构综合实训基地、校外钢结构安装工地 计划学时: 6 学时		学期:_____ 日期:_____ 班级:_____	
钢结构安装				
教学目标	能力目标	掌握钢结构安装前准备工作的内容;钢结构吊装机械的原则和吊装参数的选择;建筑钢结构主要构件柱、屋架、吊车梁的安装方案和校正方法;学习钢结构安装质量验收标准,会进行钢结构主要构件安装的质量检验、评定工作		
	知识目标	掌握钢结构安装吊装前准备工作的内容;钢结构吊装机械的原则和吊装参数的选择;熟悉建筑钢结构主要构件柱、屋架、吊车梁的吊装方案和校正方法;熟悉压型金属板安装质量验收标准;学习钢结构吊装质量验收标准		
教学重点	掌握钢结构安装前准备工作的内容;钢结构吊装机械吊装参数的选择;熟悉建筑钢结构主要构件柱、屋架、吊车梁的安装和校正方法;熟悉钢结构安装质量验收标准			
教学难点	建筑钢结构主要构件柱、屋架、吊车梁的安装和校正方法;钢结构安装质量检验			
设计思路	在教师的引导、讲解钢结构吊装方案案例的基础上,让学生观看钢结构构件安装工程录像,引出钢结构施工前的施工准备工作;再结合录像讲解钢结构主要各构件基本内容;业余时间穿插安排学生实地参观			

序号	工作任务	教学设计与实施		参考学时
		课程内容和要求	活动设计	
1	安装方案	学习钢结构安装施工方案	活动1:学习钢结构安装施工方案案例。 活动2:模拟编写一份单层钢结构安装施工方案	提前准备
2	施工准备	熟悉结构安装的施工准备的内容	活动1:熟悉钢结构安装的施工准备有哪些内容。 活动2:现场学习钢结构施工方案中施工准备的内容,参观认知学习和现场检查钢结构安装的准备工作情况	
3	吊装机械	吊装机械认知	活动1:到施工现场了解现场施工吊装机械及其安装过程。 活动2:复核现场选用的吊装机械的吊装参数(Q、H、R)	1
4	基础数据报验	基础验收数据资料复核	活动1:到施工现场进行钢结构安装"学徒"实训,熟悉现场基础验收数据资料的复核。 活动2:地脚预埋检查、复核应进行哪些方面的检查。 活动3:完成基础验收数据质量验收质量评定表的填写	
5	钢柱吊装	钢柱吊装与校正	活动1:到施工现场进行钢柱安装"学徒"实训,熟悉现场的钢柱吊装方案,观察学习钢柱吊装安装全过程。 活动2:会用测绘仪器进行钢柱的校正,掌握柱子平面定位、标高及垂直度的校正方法。 活动3:熟悉柱子吊装质量验收标准,学习填写柱子吊装质量验收评定表	1
6	屋架安装	屋架安装与校正	活动1:到施工现场进行屋架安装"学徒"实训,熟悉现场屋架安装方案,观察学习屋架吊装安装全过程。 活动2:会用经纬仪或垂球检查屋架的垂直度,学习屋架校正的方法。 活动3:熟悉屋架吊装质量验收标准,学习填写质量验收评定表	1
7	吊车梁安装	吊车梁安装	活动1:到施工现场进行吊车梁安装"学徒"实训,熟悉现场的吊车梁安装方案,观察学习吊装安装全过程。 活动2:会用测绘仪器进行的吊车梁标高和吊车梁中心线与轴线间距校正,学习吊车梁校正的方法。 活动3:熟悉吊车梁安装质量验收标准,学习填写质量验收评定表	1

序号	工作任务	教学设计与实施		参考学时
		课程内容和要求	活动设计	
8	压型金属板安装		活动1:到施工现场进行压型金属板安装"学徒"实训,熟悉现场的压型金属板安装方案,观察学习压型金属板安装全过程。 活动2:熟悉压型金属板安装质量验收标准,学习填写质量验收评定表	1
9	大跨度空间网架结构的安装		活动:到施工现场进行空间网架结构安装"学徒"实训,熟悉现场的空间网架结构安装全过程,填写质量验收评定表	1
		总计		6
	课前回顾	钢结构的典型工程应用特点		
	教学引入	先识读钢结构图纸,通过观看钢结构构件安装的图片、录像,引入钢结构安装的内容		
	实训小结	钢结构安装吊装前准备工作的内容;钢结构吊装机械吊装参数的选择;建筑钢结构主要构件柱、屋架、吊车梁的安装和校正方法;钢结构安装质量验收标准		
	课外训练	到钢结构加工厂、建筑钢结构工地等场所有针对性地对钢结构安装过程进行参观认知		

13.9.2 实训项目一 一般单层钢结构安装

（1）目的 通过单层钢结构安装施工的现场教学或采用课件（录像）形式使学生掌握一般单层钢结构安装的施工要点。

（2）能力标准及要求 能进行一般单层钢结构的安装施工。

（3）活动条件 单层钢结构安装施工的现场或关于单层钢结构安装施工的课件（录像）。

（4）步骤提示

① 通过钢结构安装施工的现场教学或采用课件（录像）形式，掌握钢柱安装、吊车梁安装、钢屋架安装等的安装要点。

② 通过现场学习，针对钢结构安装易出现施工问题的地方，着重讲解解决方法，进一步加深对一般单层钢结构的安装施工要点的掌握。

13.9.3 实训项目二 高层及超高层钢结构安装

（1）目的 通过高层及超高层钢结构安装施工的现场教学或采用课件（录像）形式，使学生掌握高层及超高层钢结构安装的施工过程及要点。

（2）能力标准及要求 能进行高层及超高层钢结构的安装。

（3）活动条件 高层及超高层钢结构安装施工的现场或关于高层及超高层钢结构安装施工的课件（录像）。

（4）步骤提示

① 在实训项目一的基础上，结合施工现场具体情况，着重讲解划分流水作业区段、选择的构件的安装顺序和吊装机具、吊装方案、测量监控方案、焊接方案等内容。

② 完成练习。假设几种不同的施工方案，分析其可能出现的情况（对施工质量和进度等的影响），说明所参观的施工现场选择的方案的理由。

13.9.4 实训项目三 大跨度空间网架结构的安装

（1）目的 通过大跨度空间网架结构安装的施工现场教学或采用课件（录像）形式，使学生掌握大跨度空间网架结构安装的施工过程及要点。

（2）能力标准及要求 能进行大跨度空间网架结构的安装。

（3）活动条件 大跨度空间网架结构安装施工的现场或关于大跨度空间网架结构施工的课件（录像）。

（4）步骤提示

① 现场讲解大跨度空间网架结构安装的施工过程及要点。

② 通过现场学习，结合课堂讲解内容，能够指出现场所采用的吊装施工方法，说明使用该方法的理由。

13.10　案例

13.10.1　轻型钢结构加工作业指导书

一、目的

本指导书按轻型钢结构生产作业流程，对主要生产工艺分别规定具体的作业程序、规范、技术要求，供各工序岗位的作业。

二、引用规范、规程

①《钢结构工程施工质量验收规范》GB 50205—2001

②《门式刚架轻型房屋钢结构技术规范》（2012 年版）CECS 102—2002

③《钢结构焊接规范》GB 50661—2011

④《轻型钢结构制作及安装验收规程》CNCA 01C-20010—2001

⑤《钢结构制作工艺规程》DG/TJ 08-216—2007

⑥《多层建筑钢结构技术规程》DBJ/CT 032—2006

三、适用范围

本作业指导书适用于轻型钢结构生产工序岗位的作业。

四、职责

工艺所负责对轻型钢结构生产工序规范性进行指导，质管部质检处负责在轻型钢结构生产工序作业中对产品质量各监控点（停止点、报验点）实施检验监控工作。

五、轻型钢结构生产各工序名称（表 13.19）。

表 13.19　轻型钢结构生产各工序名称

序号	工序名称	序号	工序名称
1	钢板拼接	6	焊接变形矫正
2	号料和切割	7	二次组装和预拼装
3	成型和矫正	8	表面处理和涂装
4	边缘加工和制孔	9	包装和发运
5	组装和焊接		

六、指导书的审核审批

指导书由工艺所制定、管理和解释（焊接参数由焊试室认可），见表 13.20。

表 13.20　指导书审核审批表

编制/日期		会签/日期	
审查/日期		会签/日期	
批准/日期		生效日期	

BH 型钢制作工艺流程如下：

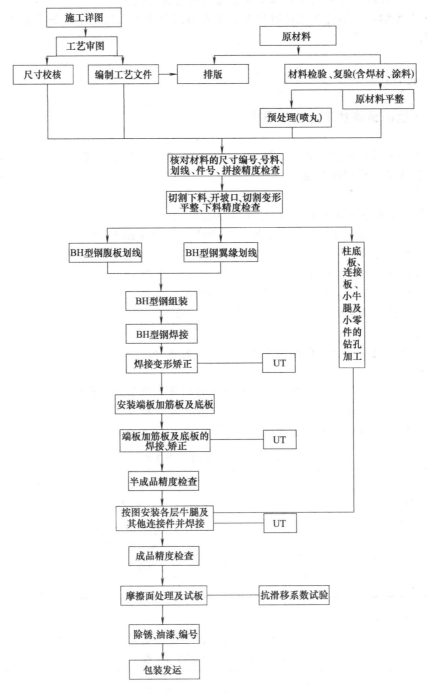

七、轻型钢结构生产各工序

（一）钢板拼接

1. 钢板拼接前的准备工作

（1）钢板拼接、对接应在平台上进行，拼接之前需要对平台进行清理；将有碍拼接的杂物、余料、码脚等清除干净。

（2）钢板拼接之前需要对其进行外观检验，合格后方可进行拼接；若钢板在拼接之前有平面度超差时，需要在钢板矫平机上进行矫正；直至合格后方可进入拼接。

（3）按拼板排料图领取要求对接的钢板，进行对接前需要对钢板进行核对。核对的主要指标包括：对接钢板材质、牌号、厚度、尺寸、数量、外观表面锈蚀程度等。合格后划出切割线。

（4）焊接 H 型钢翼缘板拼接长度不应小于 2 倍板宽；腹板拼接宽度不应小于 300mm，长度不应小于 600mm；腹板下料拼接时，拼接焊缝与翼缘板任一拼接焊缝应不在同一截面上，相互之间错开尺寸 $L > 200mm$。拼接焊缝还应避开柱节点位置，同时与劲板之间错开尺寸 $L > 200mm$；拼接后构件长度方向余量需满足工艺要求。拼接图示见图 13.38。

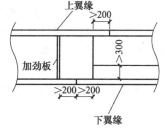

图 13.38　焊接 H 型钢翼缘板拼接图

（5）拼接焊接坡口可采用半自动切割机、NC 切割机、刨边机等进行坡口加工；火焰切割坡口后应打磨焊缝坡口两侧各 20～30mm 至金属光泽。

（6）零件切割与号料的允许偏差：①精密切割±0.5mm；②自动、半自动切割±1.0mm；③手工切割±1.5mm。

（7）一般切割面与钢材表面不垂直度不大于钢材厚度 5%，且不大于 1.5mm；切割表面粗糙度为 100～200μm，切割缺棱大于 2.0mm 时，应焊补打磨；局部深度大于 1.0mm 时，应打磨圆顺。

2. 钢板拼接焊接参数

（1）钢板拼接埋弧自动焊接 φ4.8 焊丝焊接工艺参数，见表 13.21。

表 13.21　埋弧自动焊接 φ4.8 焊丝焊接工艺参数

钢板厚度/mm	接头形式	焊接层数	正面			反面			焊缝根部处理
			电流/A	电压/V	速度 c/(m/min)	电流/A	电压/V	速度 c/(m/min)	
6		1	540～580	29～31	42～48	580～620	28～32	42～48	反面清根打磨
8		1	560～600	31～33	47～53	600～640	32～34	47～53	
10		1	560～600	31～33	47～53	600～640	32～34	47～53	
12		1	630～670	31～33	42～48	630～670	32～34	42～48	
14		1	630～670	34～36	32～38	680～720	34～36	32～38	同上
16		1	680～720	34～36	32～38	700～740	35～37	32～38	
19		1	730～770	35～37	32～38	730～770	35～37	27～33	
22		1	680～720	34～36	37～43	730～770	34～36	27～33	同上
		2	660～700	37～39	22～28	680～720	35～37	22～28	
25		1	680～720	34～36	32～38	730～770	34～36	32～38	
		2	660～700	37～39	22～28	680～720	35～37	22～28	
28		1	730～770	34～36	33～37	730～770	34～36	32～38	
		2	660～700	37～39	22～28	680～720	35～37	22～28	
30		1	730～770	34～36	32～38	730～770	34～36	27～33	
		2	680～720	34～36	27～33	680～720	37～38	22～28	
32		1	730～770	34～36	32～38	730～770	34～36	27～33	
		2	710～750	34～36	28～32	680～720	37～39	22～28	

（2）钢板拼接埋弧自动焊接 $\phi4.0$ 焊丝焊接工艺参数（略）。

（3）钢板拼接 CO_2 气体保护焊参数（略）。

（4）拼板焊前领取定位焊需要的焊条（焊条、焊剂应按产品说明书规定温度烘焙）、焊丝和已烘焙的焊剂，焊条和焊剂的领用量应控制在每班的用量内，其焊材选用应由钢板的材质和厚度决定。

（5）焊条、焊丝的选用，见表 13.22。

表 13.22　焊条、焊丝的选用

钢板		手工电弧焊焊条		CO_2 气体保护焊焊丝	
牌号	规格/mm	型号（牌号）	规格/mm	型号	规格/mm
Q235	全部	E4303(J422)	$\phi3.2,\phi4,\phi5$	ER49-1 （或 ER50-6）	$\phi1.2,\phi1.4,\phi1.6$
Q345B	PL≤20 PL>20	E5003(J502) E5016(J506)	$\phi3.2,\phi4,\phi5$	ER50-6	$\phi1.2,\phi1.4,\phi1.6$
Q345C	PL>20	E5015(J507)	$\phi4,\phi5$	ER50-6	$\phi1.2,\phi1.4,\phi1.6$
Q345D	PL>20	E5015(J507)	$\phi4,\phi5$	ER50-6	$\phi1.2,\phi1.4,\phi1.6$

（6）埋弧自动焊丝的焊接材料应与钢材材质和厚度相匹配。埋弧自动焊丝的牌号和规格，见表 13.23。

表 13.23　埋弧自动焊丝的牌号和规格

钢板		埋弧焊丝		埋弧焊剂
牌号	规格/mm	牌号	规格/mm	牌号（型号）
Q235	全部	H08A	$\phi3.2$	HJ431(F4A0)
Q345B	PL≤14 PL>14	H08A （或 H08MnA）	$\phi4.0$ $\phi5.0$	
Q345C Q345D	PL>14	H08MnA （或 H10Mn2）	$\phi3.2$ $\phi4.0$ $\phi5.0$ $\phi6.4$	HJ431(F4A0) SJ101(F48A2)

（7）埋弧焊用焊丝除门型焊机大盘外，单机自动埋弧焊机用丝还需要配专用焊丝盘，盘丝过程中应进行去油处理；注意焊丝轧印不能太深。盘好丝的盘上应有粘贴标签（标签应注明焊材牌号、规格和检验号内容）。

（8）焊材烘焙参数

① 焊剂（HJ431）：250℃/2h，（SJ101）：350℃/2h；

② 焊条（Exx03）：130～150℃/(1～1.5h)；

③ 焊条（Exx15、Exx16）：350℃/2h。

3. 钢板拼接的装配

（1）将需要拼接的钢板，吊运至拼接焊接平台上。

（2）拼板错边量及间隙允许偏差见表 13.24。

（3）钢板拼接焊缝两端应装焊引熄弧板，其材质、厚度和坡口形式应与拼板相同；埋弧焊引熄弧板宽度应大于 80mm，长度宜为 $2t$，且不小于 100mm，厚度应不小于 10mm，引出焊缝长度应大于 80mm。

（4）定位焊焊条按相关规定，点焊间距 300～500mm，焊缝长度宜大于 40mm；焊缝厚度不宜超过设计焊缝 2/3。

（5）引熄弧板定位焊应在焊接坡口和垫板上，不应在焊缝以外母材上，见图 13.39。

表 13.24　拼板错边量及间隙允许偏差

钢板厚度 t/mm	允许错边 Δ/mm	间隙 a/mm	
4～8	≤1.0		
8～20	≤2.0		
20～40	≤2.5	0～+1.0	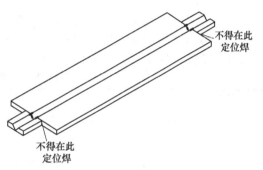
＞40	≤3.0		

（6）拼板装配时应考虑二板的预置反变形量及正反面焊接量，尽可能减少接头的焊接变形。

（7）装配完成，操作者应自检合格后，必须经检验员检查合格后方可进入正式焊接。

4. 拼板焊接

（1）正面焊缝焊接，将焊接小车置于拼板缝坡口角度大的一侧，焊丝处于焊缝中心为准，且与焊道保持平行。

图 13.39　引熄弧板定位

（2）将焊接小车置于轨道上，焊丝下送至焊缝处，调整焊丝处于校直状态，并作一次试行走。

（3）焊接时，应从引弧板长度 1/2 以外开始引弧焊接，焊接工艺参数见本案例的十（一）下的"2. 钢板拼接焊接参数"，并随时关注电流、电压、焊接速度是否异常，厚板焊接时，还应注意焊道布置为多层多道焊。

（4）焊到端头熄弧规定长度处（大于熄弧板长度 1/2）才能停止施焊。

（5）待焊渣稍冷后即可敲去焊渣，并将多余焊剂收集待筛选后回用（大块熔渣剔除），回用时必须加入新焊剂混合使用。

（6）检查焊道表面质量，进行目测检查，如无异常；再进行背面焊接，如厚板拼焊，以 1/2 焊缝焊满翻身为宜，不应一次焊满，以免变形量过大。

（7）背面焊时，应先清根，打磨焊道，再进行焊接；重复（1）～（5）直至焊满；厚板应再次翻身直至焊满。

（8）焊缝增强量（余高）应控制在 0～3mm 以内。

（9）普通碳素结构钢待冷却到环境温度，低合金钢在焊后 24 小时方可进行外观和 UT 检查。

（10）焊接工件外观检查：用目测、5 倍放大镜、焊接检验尺，必要时进行检测（MT）。

（11）焊缝成形应均匀，不得有裂纹、未融合、夹渣、焊瘤、咬边、弧坑、针状气孔等缺陷，焊接应基本无飞溅残留物；对接焊缝一般应达到一级焊缝质量等级要求，特殊情况为二级焊缝。

（12）对接焊缝外形尺寸允许偏差，见表 13.25。

（13）焊接完成后用火焰切割去除引熄弧板并修正平整，不得用锤击落引熄弧板。

表 13.25　对接焊缝外形尺寸允许偏差

单位：mm

项目	示意图		一级焊缝	二级焊缝
焊缝余高 c		$b<20$	0.5～2.0	0.5～2.5
		$b\geqslant20$	0.5～2.5	0.5～3.0
焊缝错边 d			$d<0.10t$，且<2.0	

（14）按规定要求清根时，采用碳弧气刨，对背面待焊焊缝进行清根，刨后必须清磨（清除渗碳层与残留熔渣等）。

① 碳弧气刨可采用直流反接（工件接电源负极）。

② 圆碳棒直径为 $\phi7mm$ 或 $\phi8mm$，扁碳棒宽度为 12mm 或 14mm。

③ 为避免产生"夹碳"或"粘渣"，除采用合适的刨削速度外，还应使碳棒与工件间有合适的倾斜角度；推荐角度如表 13.26 所示。

表 13.26　碳棒与工件间倾斜角度

刨槽深度/mm	2.5	3.0	4.0	5.0	6.0	7～8
碳棒倾角	25°	30°	35°	40°	45°	50°

④ 气刨工艺参数详见表 13.27。

表 13.27　气刨工艺参数

碳棒直径或宽度 /mm	电弧长度 /mm	压缩空气压力 /MPa	极性	电流 /A	气刨速度 /(m/min)
$\phi7$	1～2	0.39～0.59	直流反接	280～300	0.5～1.0
$\phi8$	1～2	0.40～0.60	直流反接	350～400	1.0～1.2
12	1～2	0.39～0.59	直流反接	260～280	0.6～1.0
14	1～2	0.40～0.60	直流反接	280～300	1.0～1.2

5. 无损检测

（1）检验员在对焊缝外观质量检查合格基础上，车间应对需要检测部位进行打磨，直至符合检测表面要求。

（2）检验员填写无损检测委托书，按相关规定进行 UT，比例和合格标准见表 13.28。

表 13.28　检测比例和合格标准

等级	检测比例	合格标准
一级焊缝	100%	GB 11345，B级检验Ⅱ级评定或以上
二级焊缝	20%	GB 11345，B级检验Ⅲ级评定或以上
三级焊缝可不进行 UT		

（3）对 Q345 钢材必须在焊缝焊好后 24h 后方能进行 UT，检测人员应出具检测报告；明确记录构件相关部位。

（4）当 UT 发现焊缝缺陷：气孔、夹渣、未熔合等超标时必须进行返工，返工后应进行重探。

（5）检测人员必须对不合格部件划出具体位置以及深度和长度，并出具焊缝返修通知书。

（6）焊接返修应上报技术部备案；一次返修可采用常规工艺，二次返修应查明原因；并应由工艺人员制定相应返修工艺。对重大复杂构件的返修工艺，还应抄报工艺工程师批准。

（7）检测人员对返修焊缝进行再探时，两端头还应各适长（至少 50mm）进行检测，最后还应再出具检测报告。

（8）厚度小于 8mm 的对接焊缝，不宜用 UT 确定焊缝质量等级，宜采用 RT 检测。

（二）号料与切割

1. 号料

（1）号料应根据工艺要求预留制作和安装时的焊接收缩余量及切割、刨边、铣平等加工余量（一般预放铣削量至少为 2~4mm）。

（2）采用样板（样杆）号料时，样板（样杆）的允许偏差详见表 5.6。

（3）号料的允许偏差见表 13.29。

表 13.29　号料的允许偏差

项　目	允许偏差/mm
外形尺寸	±1.0
孔距	±0.5

（4）样板一般用 0.5~0.75mm 的铁皮或塑料板制作。样杆一般用弹簧钢皮制作，当长度较短时可用木尺杆，样板或样杆应妥善存放。

（5）号料前，号料人员应核对材料牌号及规格、炉批号等。当有关部门未作出排料计划时，号料人员应作出材料切割计划，合理排料，节约钢材。

（6）号料时，复核使用材料，凡发现材料规格不符要求或材质外观不符要求者，须及时报质管、技术部门处理。

（7）样杆、样板号料时，尽量使用划针划线（0.3mm）。用石笔划线时，线条粗细不得超过 0.5mm，粉线弹线时的粗细不得超过 1mm。

2. 切割

（1）构件的切割可采用剪切、锯割或采用气割、等离子等。厚度不大于 12mm 的钢板可用剪板机剪切，厚度不大于 8mm 的钢板宜用等离子切割，其它宜采用自动或半自动气割，型钢、角钢宜采用锯割或剪冲。如钢板或型钢弯曲太大，应先适当矫平后方可切割，以免切割后影响尺寸。

（2）剪切前必须检查核对材料规格、牌号是否符合图纸要求。

（3）剪切和切割切口截面不得有撕裂、裂纹、棱边、夹渣、分层等缺陷和大于 1mm 的缺棱并应去除毛刺。

（4）剪切的构件，其剪切线与号料线的允许偏差不得大于 ±1.0mm。

（5）剪切或气割前，应将钢板表面的油污、铁锈清除干净，划线后确认无误方能切割，剪切后应去除毛边并矫平整，气割后应清除熔渣和飞溅物。

（6）机械剪切的允许偏差见表 5.9。

（7）气割原则上使用自动切割机，也可使用半自动割机和手工切割，使用气体可为氧乙炔、丙烷及混合气等。

（8）自动、半自动气割工艺参数见表 13.30。

表 13.30　自动、半自动气割工艺参数

割嘴号码	板厚/mm	氧气压力/MPa	乙炔压力/MPa	气割速度/(mm/min)
1	6~10	0.20~0.25	≥0.030	450~650
2	10~20	0.25~0.30	≥0.035	350~500
3	20~30	0.30~0.40	≥0.040	300~450
4	40~60	0.50~0.60	≥0.045	300~400

（9）气割的允许偏差详见表 5.9。

（10）一般切割面与钢材表面不垂直度不大于钢材厚度的 5%，且不大于 1.5mm。

（11）切割后的零件应平整地摆放并在上面注明工程名称、规格、编号等，以免将板材错用或混用。

（12）数控切割机上不能编程的大圆弧等可以由电脑软件转化为曲线切割或和椭圆弧代替，以免折线所带来的不圆滑。

（三）成型与矫正

（1）钢板和零件的矫正宜采用平板机或型材矫直机进行；亦可采用其他机械或火焰加热方法；当采用手工锤击矫正时应加锤垫，以防止产生凹痕和表面损伤。

（2）碳素结构钢和低合金钢在环境温度低于−16℃，低合金钢在环境温度低于−12℃时，不应进行冷矫正和冷弯曲。

（3）碳素结构钢在加热矫正时，加热温度应根据钢材性能选定，但不得超过900℃。低合金钢在加热矫正后应缓慢冷却（在直接承受动力荷载的低合金钢和碳素结构钢在加热矫正后，都应缓慢冷却）。

（4）当零件采用热加工成型时，加热温度为900～1000℃。碳素结构钢在温度下降到700℃之前，低合金钢在温度下降800℃之前，应结束加工。低合金钢和碳素结构钢均应缓慢冷却，不得在兰脆区段（200～400℃）进行弯曲。

（5）矫正后的钢材表面不得有明显凹痕或损伤，划痕深度不得大于0.5mm，且不应大于该钢材厚度允许偏差的1/2。

（6）弯曲成型的零件中应采用弧型样板检查（宜用铁皮剪成，非测量面10～20mm折成90°以加强其样板刚度），当零件弦长小于等于1500mm时，样板弦长不应小于零件弦长的2/3；零件弦长大于1500mm时，样板弦长不应小于1500mm，且其成型部位与样板的间隙不得大于2.0mm。

（7）组装成型时，应采用定位焊，并做好标记，定位焊时，焊肉厚度不得超过设计焊缝高度的2/3，长度应大于40～60mm，间距应均匀，宜为300～500mm，收弧时务必填满弧坑。

（8）端板和连接板应矫平后方可制孔，端板与连接板切割后需用矫平机矫平，矫平机不能矫平的用火焰矫平。

（9）型钢和钢管热加工成形时，如和外力辅助时，应注意成形的速度，不能用力过大或加压过快，以免构件产生侧向变形或褶皱、外鼓。

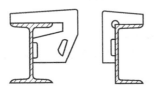

图13.40　翼缘与腹板垂直度测量

（10）钢材成型或矫正后的允许偏差详见表5.12。

（11）测量工字钢和槽钢翼缘与腹板垂直度可制作测量工具，如图13.40所示。

（四）边缘加工和制孔

1. 边缘加工

（1）气割的零件，当需要消除热影响区进行边缘加工时，最少加工余量为2.0mm。

（2）机械加工边缘的深度，应能保证把表面的缺陷清除掉，但不能小于2.0mm，加工后表面不应有损伤和裂缝，在进行砂轮加工时，磨削的痕迹应当顺着边缘。

（3）碳素结构钢的零件边缘，在手工切割后，其表面应作清理，不能有超过1.0mm的不平度。

（4）边缘加工和端部铣平的允许偏差见表5.13和表5.17。

（5）多件划线毛坯同时刨削加工时，装夹中心必须按工件的加工线找正到同一平面上，以保证各工件加工尺寸的一致。

（6）一般轻钢构件只需锯切就可以满足其精度要求，如需要达到较高精度时，应进行铣削加工。下料时两端各留3～5mm铣削余量，铣削前应先对柱（梁）校正合格后进行划中心线、铣削线、测量线，并打上洋冲。划线时应先横向两端 $1/2B$ 开出中线作基准；再作垂直两等分角尺线，引线离端面 $200\sim300mm$，划测量线，再平行引出铣削线，见图 13.41。

（7）外露铣平面应涂防锈油保护，并防护结合面。

2. 制孔

（1）A、B 级螺栓孔（Ⅰ类孔），应具有 H12 的精度，孔壁表面粗糙度 Ra 不应大于 $12.5\mu m$，其孔径允许偏差见表 5.14。

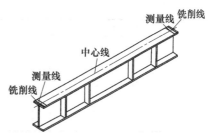

图 13.41　铣削加工定位线

（2）C 级螺栓孔（Ⅱ类孔），孔壁表面粗糙度 Ra 不应大于 $25\mu m$，其孔径允许偏差见表 5.15。

（3）螺栓孔应为正圆柱形，应垂直于所在位置的钢材表面，倾斜度应小于 $1/20$，其孔周边应无毛刺、破裂、喇叭口或凹凸的痕迹，切屑应清除干净。

（4）相连的两零件板（如梁端板、连接板等）制孔时，应分组同时制孔并标上编号，以保证构件相连接时连接板边缘和孔位的一致性。分组时，应以偶数倍数来定，以确保每一对连接板能同时制孔。

（5）螺栓孔孔距的允许偏差见表 5.16。

（6）高强度螺栓孔用钻模钻孔时，其制作允许偏差见表 13.31。

表 13.31　高强度螺栓孔用钻模钻孔时制作允许偏差

项　目	允许偏差/mm
两相邻中心线距离	±0.5
矩形对角线两孔中心线距离及两板边孔中心距离	±1.0
孔中心与孔群中心线的横向距离	0.5
两孔群中心距离	±0.5

（7）构件钻孔孔位允许偏差见表 13.32。

表 13.32　构件钻孔孔位允许偏差

项　目	示意图	允许偏差/mm
孔中心偏移 ΔL	L　ΔL	$-1\leqslant\Delta L\leqslant+1$
孔间距偏移 ΔP	$P+\Delta P_1$　$P_2+\Delta P_2$	$-1\leqslant\Delta P_1\leqslant+1$ $-2\leqslant\Delta P_2\leqslant+2$
孔的错位 e	e	$e\leqslant1$

续表

项　目	示意图	允许偏差/mm
孔边缘距 $L+\Delta$		$\Delta \geqslant -3$ L 应满足设计要求

（8）划线钻孔前先在构件上划出孔的中心和直径，在孔的圆周上（90°位置）打四只冲眼，可作钻孔后检查用。孔中心的冲眼应大而深，在钻孔时作为钻头定心用。为提高钻孔效率，可将数块钢板重叠起来一起钻孔，但一般重叠板厚度不超过 50mm 为宜，重叠板边必须用夹具夹紧。

（9）当同一类型制孔数量大，孔距精度要求高时，可采用钻模钻孔。如单块板上孔的数量比较多，可采用数控钻床进行钻孔。

（10）冲孔一般只用于冲制非圆孔及薄板孔且应证明材料质量、厚度和孔径冲孔后不会引起脆性时才允许冲孔，圆孔多用钻孔，冲孔的孔径必须大于板厚。当加工长孔时，可用两端钻孔，中间气割的办法加工，但孔的长度必须大于 $2d$，气割处需打磨光滑；当腰孔长度小于 $2d$ 时，可用磁性空心铣刀铣削。

（11）螺栓孔的偏差超过规定的允许值时，可采用铰孔或与母材材质相匹配的焊条补焊后重新制孔，严禁采用钢块填塞后焊接。

（五）组装和焊接

1. 组装

（1）在组装前，组装人员必须熟悉图纸、组装工艺及有关技术文件的要求，并检查组装零部件的外观、材质、规格、数量等，确认合格后方可组装。

（2）在连接面和沿焊缝边缘约 50mm 范围内的铁锈、毛刺、污垢和冰雪等必须在组装前清除干净。

（3）构件的隐蔽部位应先行涂装、焊接，经检查合格后方可组合；完全封闭的内表面可不涂装。

（4）构件组装时应选用适当的组装方法，H 型钢如截面不大时，可在 H 型钢组立机上进行组装；如截面较大，组立机不能组装的，应搭设组装模台进行组装，见图 13.42。如构件为异形结构，需按图纸放出 1∶1 大样。模台或组装大样定型后须经自检，合格后质检人员进行复检，经确认合格后方可组装。

（5）加工门式钢架中间的屋脊梁时，翼缘宜用液压机折弯，腹板宜整块下料。如腹板整块下料浪费太大，可以按照图 13.43 进行分段下料（分段线应离劲板 200mm 以上），但应放 1∶1 大样进行拼接。

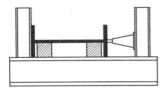

图 13.42　组装模台

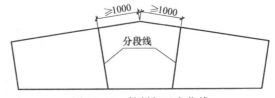

图 13.43　铣削加工定位线

（6）除特殊工艺要求外，零件组装间隙不得大于 1.5mm，凡超差部位应给予修正。对顶紧接触面有技术要求者应有 75% 以上的面积紧贴，用 0.3 塞尺检查，其塞入面积不得大于

25％，边缘最大间隙不得大于 0.8mm。

（7）组装焊接构件时应预放收缩余量；对有起拱要求的构件，应按规定的起拱量做好预起拱，起拱偏差 $\Delta a \leqslant L/1000$ 且 $\leqslant 6mm$。吊车梁和吊车桁架不应下挠。

（8）构件相邻节间的纵向焊缝，以及其他构件同一截面的多条对接焊缝、各卷管纵向接头的两接缝，均应错开 200mm 以上。

（9）构件组装时的连接及紧固，宜使用活络夹具，尽量不采用焊接，以免损伤母材。吊车梁或直接承受动力荷载的梁其受拉翼缘、吊车桁架或直接承受动力荷载的桁架其受拉弦杆上不得焊接悬挂物和卡具等。

（10）焊接的组装卡夹具拆除时，不得损伤母材，可用气割方法割除，切割时应向卡夹具一侧靠，以免损伤母材，切割后磨平残留焊疤。

（11）桁架构件组装时应注意杆件轴线交点的控制，其允许偏差不得大于 3.0mm。

（12）构件及部件的焊接连接组装允许偏差，见表 13.33。

表 13.33　构件及部件的焊接连接组装允许偏差　　　　单位：mm

项目		允许偏差	示意图
根部间隙 b		± 1.0	
错边量 Δ	$4 < t \leqslant 8$	1.0	
	$8 < t \leqslant 20$	2.0	
	$t > 20$	$t/10$，且不大于 3.0	
坡口角度 a		$\pm 5.0°$	
搭接长度 L		± 5.0	
搭接间隙 b		$0 \sim 1.5$	
接头间隙 b		$0 \sim 1.5$	
高度 h		± 2.0	
宽度 b		$b/100$，且 $-1 \leqslant b \leqslant +2$	
偏心 e		$\leqslant 2.0$	
翼缘倾斜 Δ		$b/100$，且不大于 3.0	
型钢组合错位 Δ	连接外	1.0	
	其他处	2.0	
箱型结构	翼缘倾斜 Δ	$< b/200$，且不大于 3.0	
	组装高度 h	± 2.0	
	宽度 b	± 2.0	

（13）定位焊工应有焊工合格证，定位焊所使用的焊接材料应与焊件材质相匹配。定位焊间距 300～500mm，焊缝长度宜大于 40mm；焊缝厚度不宜超过设计焊缝 2/3，且不应大于 8mm。当定位焊上有气孔或裂纹时，必须清除后重新焊接。

（14）组装后应对构件进行检查（或在脱模前），合格后方可进入下道工序，脱模后应及时注明构件编号。对要求划出有关基准线的构件，划取基准线应在构件组装完成后脱模前进行，并在基准线上打好冲印（冲印深度宜小于 0.5mm）。

（15）每批相同构件组装时，第一件构件组装完成后，必须由质检人员检验认可后方可进行批量组装。在批量组装过程中，应随时检查构件组装质量和模台靠山等，以确保组装质量和定位装置的正确性。

2. 焊接

（1）焊接材料的选择应按照施工图的要求选用，并应具有质量证明书或检验报告。焊接材料代用时必须经设计单位同意，并应由设计单位签发材料代用通知单。焊接材料使用前应仔细检查，凡发现有药皮脱落、污损、变质、吸湿、结块和生锈的焊条、焊丝、焊剂等焊接材料均不得使用。

（2）焊工应按不同的焊接方法和焊接位置进行分类考试，并取得国家机构认可部门颁发的"资格等级"合格证后，方可在其合格项目的有效期内从事相应的焊接工作。焊工停焊时间超过半年以上的，应重新考试。

（3）凡符合以下情况之一者，应在钢结构制作及安装施工之前进行焊接工艺评定：

① 国内首次应用于钢结构工程的钢材。

② 国内首次应用于钢结构工程的焊接材料。

③ 设计规定的钢材类别、焊接材料、焊接方法、接头形式、焊接位置、焊后热处理制度以及施工单位所采用的焊接工艺参数、预热后热措施等各种参数的组合条件为施工企业首次采用。并应在工艺评定合格后，根据工艺评定报告编制焊接施工工艺指导性技术文件。

（4）焊条、焊剂和栓钉用焊接瓷环，使用前应按产品说明书规定的烘焙时间和温度进行烘焙。低氢型焊条经烘焙后应放入 110～120℃ 的保温筒内，随取随用。烘焙合格的焊条外露在空气中超过 4h，应该重新烘焙，焊条的反复烘焙次数不得超过 2 次。

（5）焊接前，焊工应复查焊件接头装配质量和焊接区域的表面处理情况。在母材的焊接坡口两侧 50mm 范围内，应彻底清除气割氧化皮、熔渣、铁锈、油和水分等影响焊接质量的杂质。如发现装配质量太差，将影响焊接质量时，应及时提出，由装配人员进行修整，如不配合，焊工有权拒绝施焊并及时向工段长或检验员反映。

图 13.44　焊引熄弧

（6）对接接头、T 形接头、角接接头、十字接头等对接焊缝及组合焊缝两端应装焊引熄弧板，其材质、厚度和坡口应与焊件相同。手工电弧焊和气体保护焊引熄弧板宽度应大于 50mm，长度宜为 1.5t，且不小于 30mm，厚度应不小于 6mm，引熄弧引出的焊缝长度应大于 25mm；埋弧焊引熄弧板宽度应大于 80mm，长度宜为 2t，且不小于 100mm，厚度应不小于 10mm，引出的焊缝长度应大于 80mm。焊接完毕应采用气割切除引熄弧板，一般以距母材 2～3mm 处割去，然后打磨平整，不得用锤击落。引熄弧板定位焊应在坡口和垫板上，不应在焊缝以外的母材上，见图 13.44。

（7）角焊缝转角处应连续施焊，起落弧点距焊缝端部宜大于 10mm。

（8）当被焊构件板厚≥25mm 时，宜采用局部开坡口的角焊缝。搭接接头上的角焊缝应避免在同一搭接接触面上相交。

（9）焊缝的焊脚尺寸，如设计有规定的按设计规定；如设计没有规定的按表 13.34 确定。

表 13.34　焊缝的焊脚尺寸

腹板厚度/mm	翼缘厚度/mm			
	5～6	8～10	12～16	＞18
	焊角尺寸/mm			
4	4.0	4.0	4.0	—
5	5.0	5.0	5.0	—
6	—	5.5	5.5	5.5
8	—	6.5	6.5	6.5
10	—	—	8.0	8.5
12	—	—	10	10

（10）在雨雪天不得露天施焊。构件焊接区表面潮湿或有冰雪应清除干净。风速大于或等于 8m/s（二氧化碳保护焊风速大于 2m/s）时，应采取挡风措施。气温在 0℃ 以下时，原则上不得进行焊接，如必须焊接时，应将距离焊缝 100mm 以内的母材部分加热至 20℃ 以上，才允许进行焊接。

（11）如设计同意使用 BH 型钢单面焊时，除腹板厚度大于 8mm、吊车梁、钢柱、悬挑结构等可以使用单面焊。

（12）不同厚度的工件对接，其厚板一侧应加工成平缓过渡形状，当板厚差超过 4mm 时，厚板一侧应加工成斜度，其坡度最大允许值应为 1∶2.5，对接处与薄板厚度相等。不同宽度的板材对接时，其宽板两侧应使之平缓过度，其连接处最大允许坡度值应为 1∶2.5，对接处与窄板宽度相等，见图 13.45。

（13）多层焊接应连续施焊，每一层焊道焊完后应及时清理并检查，如发现有影响焊接质量的缺陷，应清除后再施焊。焊道层间接头应平缓过渡并错开。低合金焊接时，应控制层间温度小于 230℃，如有预热要求则不应低于预热温度。

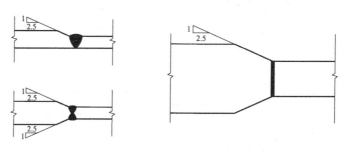

图 13.45　不同厚度的工件对接过渡形状

（14）焊缝返修挖除缺陷时，每侧不应超过板厚的 2/3，如已达到板厚的 2/3 仍有缺陷或没发现缺陷，则应将该侧补焊好后，再从背面挖找缺陷。焊缝正、反面各为一个部位，同一部位的返修次数不宜超过两次。当超过两次时，应经过焊接技术负责人核准后，按返修工艺进行。

（15）焊缝缺陷为裂纹时，在碳弧气刨前应在裂纹两端钻止裂孔（一般止裂孔孔径为 12～16mm）并清除裂纹两端各 50mm 长的焊缝或母材。

（16）焊缝间隙过大时，严禁采用填加金属块或焊条的方法处理，但可采用两侧堆焊长肉方法，并修磨至符合要求，但当组装间隙大于 20mm 时，不应用堆焊方法增加构件长度，应设法减小组装间隙。

（17）在船形胎架上进行 H 型钢四条纵焊缝的焊接，焊接采用全自动埋弧焊；顺序采取对角焊的方法施焊①—②—③—④或①—②—④—③（图 13.46 所示）；当 L≥10m 时，长度方向的焊接顺序应采用从中间向两端或从两端向中间同时间、同参数的对称施焊，见图 13.47。

（18）焊缝质量等级及外观质量允许偏差，见表 13.35。

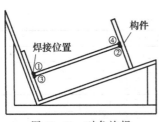

图 13.46　对角施焊

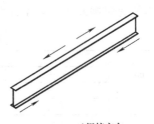

$L \geqslant 10\text{m}$ 时焊接方向

图 13.47　对称施焊

表 13.35　焊缝质量等级及外观质量允许偏差

焊缝质量等级		一级	二级	三级
内部缺陷 UT	评定等级	Ⅱ	Ⅲ	—
	检验等级	B 级	B 级	—
	探伤比例	100%	20%	—
外观缺陷	未焊满	不允许	≤0.2mm+0.02t 且≤1mm,每 100mm 长度焊缝内未焊满累积长度≤25mm	≤0.2mm+0.04t 且≤2mm,每 100mm 长度焊缝内未焊满累积长度≤25mm
	根部收缩	不允许	≤0.2mm+0.02t 且≤1mm,长度不限	≤0.2mm+0.04t 且≤2mm,长度不限
	咬边	不允许	≤0.05t 且≤0.5mm,连续长度≤100mm,且焊缝两侧咬边总长≤10%焊缝全长	≤0.1t 且≤1mm,长度不限
	裂纹	不允许	不允许	不允许
	弧坑裂纹	不允许	不允许	允许存在个别长度≤5mm 的弧坑裂纹。
	电弧擦伤	不允许	不允许	允许存在个别电弧擦伤
	飞溅	清除干净	清除干净	清除干净
	接头不良	不允许	缺口深度≤0.05t 且≤0.5mm,每米长度焊缝内不得超过 1 处	缺口深度≤0.1t 且≤1mm,每米长度焊缝内不得超过 1 处
	焊瘤	不允许	不允许	不允许
	表面夹渣	不允许	不允许	深≤0.2t,长≤0.5t 且≤20mm
	表面气孔	不允许	不允许	每 50mm 长度焊缝内允许存在直径<0.4t 且≤3mm 的气孔 2 个;孔距应≥6 倍孔径

注:1. 探伤比例的计数方法应按以下原则确定:①对工厂制作焊缝,应按每条焊缝计算百分比,且探伤长度应不小于 200mm,当焊缝长度不足 200mm 时,应对整条焊缝进行探伤;②对现场安装焊缝,应按同一类型、同一施焊条件的焊缝条数计算百分比,探伤长度应不小于 200mm,并应不少于 1 条焊缝。

2. 表中 t 为连接处较薄的板厚。

(19) 焊缝焊脚尺寸允许偏差,见表 13.36。

表 13.36　焊缝焊脚尺寸允许偏差　　　　　　　　单位:mm

序号	项　目	示　意　图	允许偏差
1	一般全焊透的角接与对接组合焊缝		$h_f \geqslant (t/4)$ 时,(0~4)且≤10
2	需经疲劳验算的全焊透角接与对接组合焊缝		$h_f \geqslant (t/2)$ 时,(0~4)且≤10

续表

序号	项 目	示 意 图	允许偏差
3	角接缝及部分焊透的角接对接组合焊缝	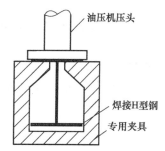	$h_f \leq 6$ 时，0～1.5 $h_f > 6$ 时，0～3.0

注：1. $h_f > 8.0$mm 的角焊缝其局部焊脚尺寸允许低于设计要求值 1.0mm，但总长度不得超过焊缝长度的 10%。

2. 焊接 H 形梁腹板与翼缘板的焊缝两端在其两倍翼缘板的范围内，焊缝的焊脚尺寸不得低于设计要求值。

（20）CO_2 气体保护焊焊接工艺参数（略）。

（21）T 形连接单道角焊自动埋弧焊焊接工艺参数（略）。

（六）焊接变形矫正

（1）焊接变形矫正有机械矫正、火焰矫正、高频热点矫正、手工矫正等多种矫正方法，其中最常用的方法是机械矫正和火焰矫正这两种方法。

（2）机械矫正一般使用的机械设备有翼缘矫正机、撑直机、油压机、压力机等。一般情况下，当翼缘板 $t \leq 50$mm 的焊接 H 型钢的矫正在矫正机上进行；对于 $t > 50$mm 的焊接 H 型钢的矫正在油压机上采用专用模具进行矫正，见图 13.48。

（3）在用翼缘矫正机进行 H 型钢矫正时，应注意以下几点：

① 在矫正前应先将翼缘板上的对接焊缝磨平，宜控制在 0～1mm 的范围内。

② 进行矫正时应控制其压下量，应分多次来回进行矫正，不可一次压下量太大，一般控制在每次压下量 2～4mm 左右。

③ 当 BH 型钢截面过大时，应在矫正机轨道两边加设靠山，以防 H 型钢脱离矫正机后侧翻。

（4）BH 型钢翼缘矫正也可用千斤顶顶升方法进行矫正。见图 13.49 示意图。

（5）当钢材型号超过矫正机负荷能力或构件形式不适于采用机械矫正时，宜采用液压机或火焰矫正。火焰矫正常用的加热方法有点状加热、线状加热和三角形加热。

图 13.48　翼缘板油压机专用模具上矫正

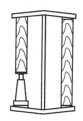

图 13.49　千斤顶矫正示意图

（6）点状加热可根据结构特点和变形情况加热一点或数点。线状加热时，火焰沿直线移动或同时在宽度方向作横向摆动，宽度一般约为钢材厚度的 0.5～2 倍，多用于变形量较大或刚性较大的结构。三角形加热的收缩量较大，常用于矫正厚度较大、刚性较强的构件的弯曲变形。

（7）根据氧乙炔比例的不同，火焰可分为碳化焰、中性焰和氧化焰三种，见表 13.37。

（8）在校正加热过程中，钢材表面颜色的变化及其相应温度，见表 13.38。

表 13.37　火焰分类

焰别	氧乙炔比	最高温度/℃
碳化焰	0.8～0.9	2700～3050
中性焰	1.0～1.2	3050～3150
氧化焰	1.2～1.5	3150～3300

表 13.38　钢材表面颜色及其相应温度

颜色	温度/℃	颜色	温度/℃
深褐红色	550～580	淡樱红色	800～830
褐红色	580～650	亮樱红色	830～960
暗樱红色	650～730	橘黄色	960～1050
深樱红色	730～770	暗黄色	1050～1150
樱红色	770～800	亮黄色	1150～1250

(9) 碳化焰因乙炔没有完全燃烧，易使钢材碳化，特别对熔化的钢材有渗入碳质的作用，因此火焰矫正时不应采用。

(10) 矫正变形较大的部位时，要求加热深度大于 5mm，一般采用中性焰矫正；矫正变形较小的部位时，要求加热深度小于 5mm，一般采用氧化焰矫正。

(11) 如果一次加热矫正未达到效果时，则二次加热时温度应略高于第一次。同一部位加热矫正不宜超过两次。

(12) 热矫正前，应根据构件的材质、结构、塑性和刚性等分析变形原因，确定加热位置并画好线，以确保加热位置的正确性。根据构件矫正需求可用外力辅助矫正，一般先矫正刚性大的方向和变形大的位置。

(13) 热矫正完成后，构件应在空气中自然冷却，Q345 材质严禁浇水冷却。

(七) 二次组装和预拼装

1. 二次组装

(1) 在进行构件二次组装前，应仔细核对已加工好的零件板的编号、长度、宽度、厚度、孔位尺寸及数量等。

(2) 装配零件板时，应保证整体构件的外部尺寸；装配有连接孔的零件板时，应保证构件中心到孔中心的距离 a，屋面梁零件板装配时还应保证上翼缘与孔中心的距离 b，以确保构件与其他连接件之间的连接，见图 13.50。

(3) 零件板上的锁口应由数控切割机在下料时同时切割，如特别情况需手工切割时，应做好切割样板，画好线后进行切割，切割后应打磨平滑。

(4) 组装柱底板前，应以底板上孔间距来划中心线，并将中心线引出至板厚方向并打上冲印。在底板上还应划出柱身的外观轮廓线，以确保柱中心与底板孔之间的距离，见图 13.51。

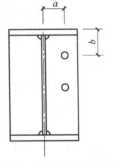

图 13.50　保证构件外部尺寸

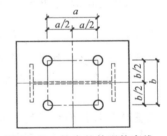

图 13.51　柱身的外观轮廓线

（5）组装梁端板前，对于规则的 BH 型钢端头用锯床进行锯切；对于不规则的 H 型钢应在平台上进行放样，放样结束后应由检验人员对其大样进行检测，检测合格后将梁放到平台大样上，按照放样线用爬行割刀对梁进行端部修头（切割或铣削），切割后应打磨平滑。

（6）如 BH 型钢翼缘和腹板需钻孔时，应在 BH 型钢上划好测量线并打上冲印，放到三维钻床上进行钻孔，钻孔后再进行锁口和坡口加工。

（7）将锯切（修头）和钻孔后的 BH 型钢放到锁口机上进行翼缘坡口和腹板锁口一次成形加工，见图 13.52。

（8）加劲板的焊接顺序应先焊劲板与腹板之间的焊缝，等焊缝冷却至环境温度时再焊劲板与翼缘之间的焊缝，至于哪块翼缘与劲板先焊，应视情况而定（一般 BH 型钢需上挠时，应先焊下翼缘与劲板之间的焊缝，再焊上翼缘与劲板之间的焊缝），见图 13.53。

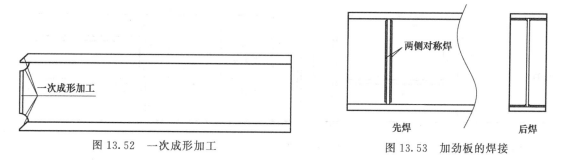

图 13.52　一次成形加工　　　　　　　　图 13.53　加劲板的焊接

（9）组装端板时，应在平台大样上放出端板定位线。取一对同时制孔的端板用临时螺栓固定后，按端板定位线组装到钢梁上，端板与腹板顶紧后进行点焊，确定尺寸正确、点焊牢固后方可脱模焊接，见图 13.54。端板焊接时，应作一定拘束，以防止变形过大，焊后应矫正平面度，见图 13.55。

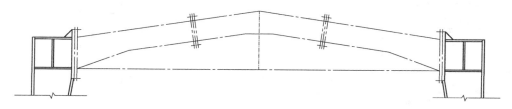

图 13.54　大样放出端板定位线

注：放大样时应放一定焊接收缩余量和端板螺栓紧固余量（一般一组端板放余量 1~2mm），钢柱大样可视情况而定。一般门式钢架不需放钢柱大样，如两侧端板不易定位时，则需放钢柱大样。

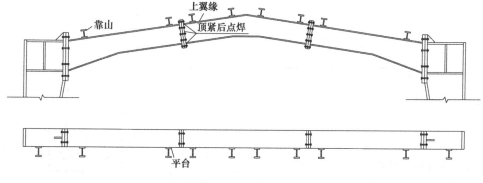

图 13.55　端板组装

（10）组装檩托时，应注意檩托方向，避免装错。

（11）组装劲板、端板时的允许偏差，见表 13.39。

表 13.39　组装劲板、端板时的允许偏差

项目	允许偏差/mm	示意图	项目	允许偏差/mm	示意图
加劲板倾斜偏差 a	2.0		梁端板倾斜偏差 a	$h/300$，且不大于 1.5	
加劲板位置偏差 a	2.0		梁端板平面度偏差 a（只允许凹进）	$h/500$，且不大于 2.0	

（12）单层钢柱外形尺寸的允许偏差，见表 13.40。

表 13.40　单层钢柱外形尺寸的允许偏差

项目		允许偏差/mm	示意图
柱底面到柱端与梁连接的最上一个安装孔距离 L		$\pm L/1500$ 且 ± 5.0	
柱底面到牛腿支承面距离 L_1		$\pm L_1/2000$	
牛腿面的翘曲 $\triangle$		2.0	
柱身弯曲矢高		$H/1200$ 且不大于 5.0	
柱身扭曲	牛腿处	3.0	
	其他处	5.0	
柱截面几何尺寸	连接处	± 2.0	
	非连接处	± 3.0	
翼缘对腹板的垂直度	连接处	1.5	
	其他处	$b/100$ 且不大于 3.0	
柱脚底板平面度		3.0	
柱脚螺栓孔中心对柱轴线的距离		3.0	

（13）焊接实腹梁的外形尺寸允许偏差，见表 13.41。

表 13.41　焊接实腹梁的外形尺寸允许偏差

单位：mm

项目		允许偏差/mm	示意图
梁长度（L）	端部有凸缘支座板	0，−5.0	
	其他形式	$\pm L/2500$ ± 10.0	
端部高度（h）	$h \leqslant 2000$	± 2.0	
	$h > 2000$	± 3.0	
两端最外侧安装孔距离（L_1）		± 3.0	
拱度	设计要求起拱	$\pm L/5000$	
	设计未要求起拱	10.0，−5.0	
侧弯矢高		$L/2000$ <5.0	
扭曲		$h/250$，且不应大于 10.0	
腹板局部平面度（f）（1m 范围内）	$t < 14$	$\leqslant 5.0$	
	$t \geqslant 14$	$\leqslant 4.0$	
翼缘板对腹板垂直度		$b/100$，且不应大于 3.0	
腹板偏位（e）		$\leqslant 2.0$	
吊车梁上翼缘板与轨道接触面平面度		1.0	
吊车梁封头板平面度		$h/500$，且不应大于 2.0	
吊车梁翼缘板宽度（b）		± 2.0	
吊车梁中间截面高度（h）		0～3	
梁端板与腹板的垂直度		$h/500$，且不应大于 2.0	

（14）组装人员应按图纸要求，将每一块零件板焊缝等级、焊脚尺寸等标识清楚。

（15）二次组装焊接一般采用 CO_2 气体保护焊，焊接参数略。

（16）焊接完成后，对需全熔透的焊缝进行 UT，合格后方可进入下道工序。

2. 预拼装

（1）为保证现场安装的顺利进行，对于一般工程的屋面梁应进行预拼装；如结构较复杂的工程，应将柱与梁一起进行预拼装。

（2）进行预拼装时，应在预先测量好的平台上（平台水平精度为 $\leqslant 1000\text{m}^2$ 允差 2mm）进行 1:1 放大样，放样完成后由放样人员自检，合格后由质检人员进行复检，确认合格后进行整体预拼装。

（3）整体放样时，应根据构件结构放一定的余量，以确保安装时所有摩擦面高强螺栓紧固后的整体长度。如需预拱的结构，放大样时也应起拱，构件的起拱偏差 $\Delta\alpha \leqslant \pm L/5000$ 且 $\leqslant 6mm$。

（4）如构件的结构形式很复杂，需要进行立体预拼时，应在平面上放出投影大样并以放样线为基准划出搭设胎架的位置。确定胎架搭设位置时，应充分考虑构件上所有杆件的空间位置，要保证胎架搭设后不与杆件相碰。

（5）搭设胎架时，胎架应满足构件结构、重量、截面等需求。胎架之间距离不应过长，一根直构件上应不少于二个支承点，一根弧形或曲线形构件上应不少于三个支撑点，必要时胎架之间应设连接杆，以确保胎架的整体稳定性。

（6）预拼装的构件在胎架上应处于稳定自由状态，不得强行固定，在构件外轮廓线应设靠山。

（7）立体预拼装时，应注意高空安全。当高度操作超过 2m 时，工作人员应系好安全带。

（8）构件之间的连接形式为螺栓连接时，其连接部位的所有节点连接板均应装上。检查各部位的外观尺寸后，应用试孔器检查叠孔的通过率：

① 当使用比孔公称直径小 1.0mm 的试孔器检查时，每组孔的通过率不应小于 85%。

② 当采用比螺栓公称直径大 0.3mm 的试孔器检查时，通过率应为 100%。

（9）为保证拼装时的穿孔率，零件在钻孔时可将孔径缩小 3mm，在拼装定位后进行扩孔；也可采用在相连接的两构件中，先对其中一个构件进行钻孔，在拼装定位后，根据已有孔位对另一构件进行抹孔，抹孔时应定出孔位中心点和孔边缘垂直方向上的四个点，然后根据抹孔位置进行另一构件的钻孔。

（10）在加工过程中产生的错孔在 3mm 以内时，一般可采用铰刀铰孔或锉刀锉孔，其加工后的孔径不得超过原孔径的 1.2 倍；当错孔超过 3mm 时，应采用与母材材质相匹配的焊条焊丝进行补焊堵孔，堵孔时严禁用钢块填塞焊接，焊好后修磨平整后再重新钻孔。

（11）构件预拼装的允许偏差详见表 5.18。

（八）表面处理和涂装

1. 摩擦面加工

（1）设计文件提出钢材表面处理方法时，加工时可按设计要求进行。当设计文件未提出具体方法时，施工可采用适当的处理方法，达到设计文件的有关要求。

（2）高强度螺栓摩擦面处理后的抗滑移系数应符合设计要求（一般为 0.40～0.45）。

（3）摩擦面的加工方式：

①喷砂、喷（抛）丸后生赤锈。②砂轮打磨。③其他的摩擦面加工方法。车间可视已具备的生产条件，选择处理方法。

（4）喷砂、喷（抛）丸采用棱角砂、金刚砂、钢丸、断丝等磨料，或两种不同磨料按一定配比的混合物。喷（抛）丸粒径选用 1.2～3mm 为佳，压缩空气压力为 0.4～0.6MPa，喷距 100～300，喷角以 90°±45°，加工处理后的构件表面呈灰白色为最佳。

（5）砂轮打磨处理摩擦面时，可采用风动、电动砂轮机进行，打磨范围不应小于螺栓孔径的 4 倍，打磨方向宜与构件受力方向垂直，但应注意不得在钢材表面磨出明显的凹坑，磨后表面呈光亮色泽。

（6）经处理的摩擦面需进行自然生锈 3～4 周，出厂前应按批作抗滑移系数试验，单项工程每制造批最大批量为 2000t，抗滑移系数测试每批三组，最小值应符合设计要求。出厂时应按批附 3 套与构件相同材质、相同处理方法的经自然生锈试件，由安装单位复验抗滑移系数。在运输过程中试件摩擦面应作好保护，不得损伤。

（7）高强度螺栓连接的板叠接触面应平整（不平度 <1.0mm）。当接触面有间隙时，其间隙不大于 1.0mm，可不处理；间隙为 1～3mm 时应将高出的一侧磨成 1:10 的斜面，打磨方

向与受力方向垂直；间隙大于 3.0mm 时则应加垫板，垫板两面的处理要求与构件相同。

（8）处理好的摩擦面，不得有飞边、毛刺、焊疤或污损等，并不允许再行打磨或锤击、碰撞。

（9）构件在涂层之前应进行除锈处理，除锈方法分为喷射、抛射除锈和手工或动力工具除锈，除锈等级见表 13.42。

表 13.42　除锈等级

除锈方法	喷射或抛射除锈			手工和动力工具除锈	
除锈等级	Sa2	Sa2 $\frac{1}{2}$	Sa3	St2	St3

注：喷、抛射除锈中 Sa2 为一般除锈，Sa2 $\frac{1}{2}$ 为较彻底除锈，Sa3 为彻底除锈；手工除锈中 St2 为一般除锈，St3 为彻底除锈。

2. 涂装

（1）构件表面除锈方法和除锈等级应与设计选用的涂料相适应。钢构件除锈完成后应于 4～6h 内涂好第一道防锈底漆。

（2）涂装环境应符合涂料产品说明书的规定，无规定时，环境温度在 5～38℃ 之间，相对湿度不应大于 85%。构件表面有结露或油污时，不得作业。涂装后 4h 内不得淋雨。

（3）施工图中注明不涂装的部位和安装焊缝处的 30～50mm 宽范围内以及高强度螺栓摩擦面不得涂装（除设计注明外）。

（4）涂料使用前应搅拌均匀，配好的涂料应当天用完，涂装时不得任意增添稀释剂。涂层应饱满，不得漏涂、误涂，表面不应有起泡、脱皮和返锈，并应无明显皱皮、流坠等缺陷，应避免仰角喷涂。涂层附着力的检测方法一般可使用划交叉线法。

（5）涂料、涂装遍数、涂层厚度应符合设计要求，当设计对涂层厚度无要求时，涂层干漆膜总厚度：室外应为 150μm，室内应为 125μm，其允许偏差为 -25μm。每遍涂层干漆膜厚度的允许偏差为 -5μm。

（6）涂装完毕干燥后，应用漆膜测厚仪检测其厚度并在构件上标注构件原编号。大型构件应标明其重量、重心位置、方向定位标记、中心定位标记等。涂层厚度检测点的规定：宽度小于 150mm，每个构件测 5 处，每处 3 个点，点位垂直于边长，点距为结构构件宽度的 1/4；宽度大于 150mm，每个构件测 5 处，每处 5 个点，取点位置不限，但边点应距构件边缘 20mm 以上，5 个检测点分别为 100mm 见方正方形的四个角和正方形对角线的交点。每处测量点的平均值不应小于标准涂层厚度的 90%，最小值应不小于标准涂层厚度的 70%。

（7）薄涂型防火涂料的涂层厚度应符合有关耐火极限的设计要求。厚涂型防火涂料层厚度，80% 及以上面积应符合有关耐火极限的设计要求，且最薄处厚度不应低于设计要求的 85%。涂层厚度用测量仪、测针和钢尺进行检查。

（九）包装和发运

1. 包装

（1）包装应在涂层干燥后进行，包装的实物应与构件清单完全相符并应注意保护构件涂层不受损伤，保证构件、零件不变形、不损坏、不散失。包装方式应符合运输的有关规定。

（2）包装和捆扎均应注意密实和紧凑，以减少运输时的失散和变形，且可以降低运输费用。螺纹应涂防锈剂并应包裹。传力铣平面和铰轴孔的内壁应涂抹防锈剂，铰轴和铰轴孔应采取保护措施。

（3）对特长、特宽、特重、特殊结构形状及高精度要求的产品应作专用设计包装装置。

（4）一些不装箱的小件和零配件可直接捆扎或用螺栓扎在钢构件的主体的需要部位上，但要捆扎、固定牢固，且不影响运输。

(5) 包装时应填写包装清单，并核实数量。包装箱上应标注构件、零件的名称、编号、重量、体积、重心和吊点位置、发货地点等。

(6) 包装同样需要经检验合格，方可发运出厂。

2. 发运

(1) 钢构件运输时应根据收货地点及构件几何外形、重量等来确定运输形式。

(2) 特殊构件运输，应事先作路线踏勘，对沿途路面、桥梁、涵洞、公共设施等作有效防护、加固、避让，以便使车辆顺利通过。

注：上述所有工序作业时，应注意安全，应严格按照安全规范进行操作。

13.10.2 单层钢结构安装作业指导书

一、目的

指导现场施工队伍进行单层轻钢结构安装施工作业。

二、适用范围

适用于单层钢结构安装（门式刚架、吊车梁及支撑系统、围护系统）的单项和综合安装。

三、作业操作规程

（一）施工准备工作

1. 技术准备工作

(1) 钢结构安装前，先熟悉交底图纸，对出现的问题及时予以提出。

(2) 仔细阅读安装单项工程的技术交底，包括任务、作业设计、技术要求等。

2. 现场施工准备

钢构件安装施工前的准备包括钢构件堆放场地的准备、钢构件进场的检验。

(1) 钢构件堆放场地的准备　钢构件在吊装现场堆放时一般沿吊车行走方向两侧按轴线就近堆放。其中钢柱和钢屋架等大件放置要依据吊装工艺作平面布置设计，避免现场二次倒运困难。钢梁、支撑可按照吊装顺序配套供应堆放，为保证安全，堆放高度一般不超过 2m 和三层。堆放场地四周要有有效的排水通道。

(2) 钢构件进场的准备

① 钢构件验收。在钢结构安装前先要对钢结构构件进行检查，其项目包括钢结构构件的变形、钢结构构件的编号和标记、钢结构构件的精度和孔眼位置等。在钢结构构件的变形和缺陷超出允许偏差值时要及时进行处理。

② 高强度螺栓的准备。钢结构用的高强度连接螺栓要根据图纸要求配套供应至现场。到达施工现场后，先检查其出厂合格证、扭矩系数或紧固轴力的检验报告是否齐全，并按规定作紧固轴力和扭矩系数的复验。

对高强度螺栓连接摩擦面的抗滑移系数按规范规定及时进行复验，结构必须符合设计要求。对紧固高强度螺栓的专用扳手需经专业检定。

(3) 焊接材料的准备　钢结构焊接施工之前应对焊接材料的规格、品种、性能进行检查，根据技术交底要求选用与母材匹配的焊接材料。

（二）主要机械器具

主要使用的机械设备和测量仪器有：起重机、电焊机、倒链、千斤顶、气割器具、砂轮机、电动扳手、经纬仪、水准仪、钢尺等。

（三）作业条件

(1) 对各种测量仪器和钢尺通过计量检查复验。

(2) 对土建提供的纵横轴线及水准点进行检验。

(3) 施工场地要平整夯实，并设有排水沟。

（4）在制作区、拼装区、安装区设有足够的电源。

（5）搭好高空作业操作平台，并检查牢固情况。

（6）放好钢立柱纵横安装位置线，并及时调整好标高。

（7）参与钢结构安装的特种作业人员要持证上岗。

（8）立柱安装前地脚螺栓必须校正位置、上油，检查调整螺母安装空间。

（9）将柱子就位轴线弹在柱侧基表面。

（10）对柱基表面进行找平。

四、施工工艺

（一）工艺流程

构件、设备、工具的检查和堆放→放线及验线（轴线、标高复核）→钢柱标高处理及对中检查→构件中心线及标高检查→安装钢柱、校正→柱脚按设计要求焊接固定→柱间支撑或连系梁安装→安装吊车梁、校正→高强度螺栓初拧、终拧（或焊接固定）→门式刚架或钢屋架安装、校正→屋面结构支撑系统安装→循环工序进行安装→验收。

（二）基础检查

钢结构安装前先对建筑物的定位轴线、基础轴线和标高、地脚螺栓位置、规格等进行检查，当基础工程分批进行交接时，每次交接验收不应少于一个安装单元的柱基基础，并且要符合下列规定：

（1）混凝土强度必须达到设计要求。

（2）基础周围回填土夯实完毕。

（3）基础的轴线标志和标高基准点准确、齐全、其允许偏差符合设计规定。

（4）基础顶面直接作为柱的支承面时，其支承面、地脚螺栓的允许偏差符合规范规定。规范规定：地脚螺栓中心允许偏差值为 5.0mm；地脚螺栓孔对柱轴线的距离允许偏差值为 3.0mm；柱脚底座中心线对定位轴线的允许偏差值为 5.0mm。

（三）构件吊装顺序

构件吊装可分为：竖向构件吊装（柱、连系梁、柱间支撑、吊车梁、托架等）和平面构件吊装（屋架、屋盖支撑、屋面压型板、制动梁等）两大类，在大部分施工情况下，先吊装竖向构件，后吊装平面构件。

（1）并列高低跨的屋盖吊装：必须先高跨安装，后低跨安装，有利于高低跨钢柱的垂直度。

（2）并列大跨度与小跨度安装：必须先大跨度安装，后小跨度安装。

（3）并列间数多和间数少安装：先应吊装间数多的，后吊装间数少的。

（四）钢立柱安装

钢柱安装前要设置标高观测点和中心线标志，同一工程的观测点和标志应一致，并且要符合以下规定：

（1）标高观测点的设置必须符合下列规定

① 标高观测点的设置以牛腿支承面为基准，设在柱的便于观测处。

② 无牛腿处，以柱上端与梁连接的最上一个安装孔的孔中心为基准。

（2）中心线的标志要符合下列规定

① 在底座板上表面上行线方向设一个中心标志，列线方向两侧各设一个中心线。

② 在柱身表面上行线和列线方向各设一个中心标志，每条中心线在柱底部、中部和顶部各设一个中心线。

③ 双牛腿柱在上行线方向两个柱身表面分别设中心标志。

1. 钢立柱的安装方法

（1）钢柱起吊前，先从柱底板向上 500～1000mm 处，划一水平线，以便安装固定前后复查平面标高基准用。

（2）钢柱安装属于竖向垂直吊装，为使起吊的钢柱保持下垂，便于就位，需根据柱子的高度确定绑扎点。具有牛腿的柱子，绑扎点应靠牛腿下方，无牛腿的钢柱按其高度比例，绑扎点设在钢柱全长的 2/3 的上方位置处（或柱头），为防止钢柱在吊装时，棱角损坏钢丝绳，可以用适宜规格的钢管割开一条缝，套在棱角吊绳处，或用方木条垫护。注意绑扎牢固，并易解开。

（3）钢柱柱脚套入地脚螺栓，为防止套入时损坏螺纹，应用铁皮卷成筒套在地脚螺栓上，钢柱就位后，取出套筒。

（4）为避免吊起的钢柱在空中自由摆动，可以在柱底上部用麻绳绑好，作为揽风绳。吊装前的准备工作就绪后，首先进行试吊，吊起一端的高度为 100～200mm 时先停掉，检查索具牢固和吊车稳定板位于安装基础时，可指挥吊车下降就位，并拧紧所有螺栓螺母，将柱脚初拧临时将柱子加固，达到安全方可摘除吊扣。

2. 钢立柱的校正

钢柱的校正工作一般包括钢柱的平面位置、标高和垂直度这三个方面，钢柱校正工作主要是校正垂直度和复查标高。

（1）刚架柱垂直度精确校正：在初校正的基础上，安装刚架梁的同时还要跟踪校正刚架柱垂直度。当框架形成后，再校正一次，用缆风绳或柱间支撑固定。

（2）柱顶标高调整：刚架柱标高调整时，先在柱身标定标高基准点，然后用水准仪观测其差值，调整螺母以此调整标高。当柱底板与柱基顶面大于 50mm 时，几条螺栓承受压力不够时可适当加斜垫铁，以防止螺栓失稳。

3. 钢立柱的固定

安装时，将立柱上十字交叉线与基础上十字交叉线重合，确定立柱位置，拧上地脚螺栓。在标高校正后，用垫板垫实，拧紧地脚螺丝。用经纬仪从两轴线校正立柱的垂直度，达到要求后，将柱脚与加强板以及钢垫板与底座板之间点焊固定，螺栓用双螺母固定。

（五）钢吊车梁安装

1. 钢吊车梁的起吊

钢吊车梁一般绑扎两点。自重较大的梁，用工具式吊耳吊装固定在梁中心缓慢起吊就位。

2. 钢吊车梁的安装

（1）吊车梁安装须在钢柱固定，柱间支撑完成后进行。

（2）在屋盖吊装前安装吊车梁，可使用各种起重机进行，如屋盖已吊装完成，则用短臂式起重机吊装。如无起重机可在屋架梁端头，柱顶用倒链安装。

（3）吊车梁应布置在接近安装位置，使梁重心对准安装中心，安装可以从一端向另一端或由中间向两边顺序进行，当梁吊至设计位置离支座板 20cm 时，用人力扶正，使吊车梁中心线与支承面中心线对准，然后缓慢落下。如有偏差，稍微吊起，用撬棍引导正位，如支承面不平，用斜铁片垫平。

3. 钢吊车梁的校正

（1）校正内容包括中心线位置、轴线间距（即跨距）、标高垂直度等。纵向位移在就位时已校正，故校正只为横向位移。

（2）吊车梁标高的校正，可将水平仪放置在厂房中部某一吊车梁上或地面上，在柱上测出一定高度的水准点，再用钢尺回量杆量出水准点至梁面铺轨需要的高度，每根梁观测两端及跨中位置，根据测定标高进行校正。校正时用撬杠撬起或在柱头屋架上弦端头节点上挂倒链将吊车梁需垫垫板的一端吊起。在校正吊车梁标高的同时，用靠尺或线锤在吊车梁两端（鱼腹式吊车梁在跨中）测量垂直度，当偏差超出规范允许范围内时，用楔形钢板在一侧填塞校正。

（3）水平方向的移动校正常用撬棍、钢楔、花篮螺栓、链条葫芦使吊车梁做水平移动。

（4）在校正吊车梁中心线与吊车梁跨距时，先在吊车梁轨道两端地面上，根据柱轴线放出吊车梁轨道轴线，用钢尺校正两轴线的距离，再用经纬仪放线、钢丝挂线锤或在两端拉钢丝等方法校正。如有偏差，用撬棍拨正，或在梁端设螺栓、液压千斤顶侧向顶正，或在柱头挂倒链将吊车梁吊起，再用撬棍配合移动拨正。

4. 钢吊车梁的固定

当吊车梁校正完毕后必须立即与柱牛腿上的预埋件焊接固定。

（六）钢屋架安装

1. 钢屋架的吊装

钢屋架侧向刚度较差，当屋架梁强度不足时可以采用增加吊点位置或采用加铁扁担的方法进行加固。钢屋架吊装时要注意如下事项：

（1）绑扎时必须绑在屋架节点处，以防止钢屋架在吊点处发生变形，绑扎点的选择必须符合技术交底要求。

（2）屋架的重心，必须位于内吊点的连线之下，否则要采取防止屋架倾倒的措施；对外吊点的选择可以使屋架下弦处于受拉状态。

（3）屋架起吊离地 50cm 时，要进行全面检查，检查无误后方可继续安装。

（4）安装第一榀屋架时，在松开吊钩前，先做初步校正，使屋架梁的基座中心线对准定位轴线就位，调整屋架梁的垂直度并检查屋架的侧向弯曲。

（5）第二榀屋架同样吊装就位后，不要松钩，临时与第一榀屋架固定，接着安装支撑系统和部分檩条，最后校正固定的整体。

（6）从第三榀开始，在屋架脊点及上弦中点装上檩条即可将屋架固定，同时将屋架校正好。屋架吊装就位时，应将屋架下弦两端的定位标记和柱顶的轴线标记严格定位并点焊加以临时固定。

2. 钢屋架的校正

（1）钢屋架校正采用经纬仪校正屋架上弦垂直度的方法，在屋架上弦和两端夹三把标尺，待三把标尺的定长刻度在同一长度时，侧屋架梁的垂直度校正完毕。

（2）钢屋架校正完毕后，拧紧屋架临时固定支撑两端螺栓和屋架两端搁置处的螺栓，随即安装屋架永久支撑系统。

（七）高强度螺栓施工

（1）安装时高强螺栓必须自由穿入孔内，不得强行敲打。扭剪型高强螺栓的垫圈安在螺母一侧，垫圈孔有倒角的一侧应和螺母接触，不得装反（大六角头、高强螺栓的垫圈要安装在螺栓头一侧和螺母一侧，垫圈孔有倒角一侧要和螺栓头接触，不得装反）。

（2）螺栓不能自由穿入时，不得用气割扩孔，要用绞刀绞孔，修孔时需使板层紧贴，以防铁屑进入板缝，绞孔后要用砂轮机清除孔边毛刺，并清除铁屑。

（3）螺栓穿入方向宜一致，穿入高强螺栓用扳手紧固后，再卸下临时螺栓，以高强螺栓替换。不得在雨天安装高强螺栓，且摩擦面应处于干燥状态。

（4）高强螺栓的紧固：必须分两次进行。第一次为初拧，初拧紧固到螺栓标准轴力（即设计预拉力）的 60%～90%，初拧的扭矩值不得小于终拧扭矩值的 30%。第二次紧固为终拧，终拧时扭剪型高强螺栓要将梅花卡头拧掉。为使螺栓群中所有螺栓均匀受力，初拧、终拧都要按一定顺序进行。

① 一般接头：要从螺栓群中间顺序向外侧进行紧固。

② 从接头刚度大的地方向不受约束的自由端进行。

③ 从螺栓群中心向四周扩散的方式进行。

a. 初拧扳手是可以控制扭矩的，初拧完毕的螺栓，要做好标记以供确认。为防止漏拧，当天安装的高强螺栓，当天应终拧完毕。

b. 终拧要采用专用的电动扳手，如个别作业有困难的地方，也可以采用手动扭矩扳手进行，终拧扭矩须按设计要求进行。用电动扳手时，螺栓尾部卡头拧断后即表明终拧完毕（扭剪型高强度螺栓），检查外露丝扣不得少于 2 扣，断下来的卡头要放入工具袋内收集在一起，防止从高空坠落造成安全事故。

（5）检查验收

① 扭剪型高强螺栓应全部拧掉尾部梅花卡头为终拧结束，不准遗漏。

② 个别不能用专用扳手操作时，扭剪型高强螺栓应按大六角头高强螺栓用扭矩法施工。终拧结束后，检查漏拧、欠拧宜用 0.3～0.5kg 重的小锤逐个敲检，如发现有欠拧、漏拧应补拧；超拧应更换。检查时先将螺母回退 30°～50°，再拧至原位，测定终拧扭矩值，其偏差不得大于 ±10%，已终拧合格的做出标记。

五、质量标准

（一）基础和支承面

1. 主控项目

（1）建筑物的定位轴线、基础轴线和标高、地脚螺栓规格及其紧固必须符合设计要求。

（2）基础混凝土强度必须达到设计要求，基础周围应回填夯实。

（3）基础顶面直接作为柱的支承面以及基础顶面预埋钢板或支座作为柱的支承面时，其支承面、地脚螺栓位置的允许偏差应符合表 9.2 规定。

（4）当采用杯口基础时，杯口尺寸的允许偏差要符合表 9.4 规定。

2. 一般项目

地脚螺栓尺寸的偏差应符合表 9.5 规定，地脚螺栓的螺纹应受到保护。

（二）安装和校正

1. 主控项目

（1）运输钢构件时，要根据钢构件的长度和重量选择车辆。钢构件在车上的支点、两端伸出的长度及绑扎方法均要保证钢构件不发生变形、不损伤涂层。

（2）钢结构安装前先对钢构件的质量进行检查。钢构件的变形、缺陷超出允许偏差值时要做出处理。

（3）钢结构采用扩大拼装单元进行安装时，对容易变形的钢构件要进行强度和稳定性的验算，必要时采取加固措施。

（4）设计要求顶紧的节点，接触面不应少于 70% 紧贴。用 0.3mm 的塞尺检查，可插入的面积之和不得大于接触顶紧面总面积的 30%；边缘最大间隙不得大于 0.9mm。

2. 一般项目

（1）钢柱等主要钢构件的中心线及标高基准点标记应齐全。

（2）钢平台、钢梯、栏杆安装符合现行国家标准的规定。

（3）钢结构表面要干净，构件主要表面不应有疤痕、泥砂、锈蚀等现象。

（三）成品保护

（1）钢结构成品及半成品的运输、装卸和堆放，均不得损坏构件并应防止变形，构件应放置在垫木上。已变形的构件要予以矫正并重新检查。

（2）钢构件的编号、运输到安装位置的顺序应符合安装程序，并要成套供应。

（3）高强度螺栓摩擦面要干燥，不得在雨中作业。高强度螺栓必须顺畅穿入孔内，不得强行敲入。

（4）吊装钢结构就位时，要缓慢下降，不得碰撞到已安装好的钢结构。

（5）吊装损坏的构件底漆应补涂，以保护漆膜厚度符合规范要求。

（6）对已检测合格的焊缝要及时涂上底漆保护。

（四）应注意的质量问题

（1）钢柱校正要先校正偏差较大的一面，后校正偏差小的一面，如两个面偏差数字相近，先校正小面，后校正大面。

（2）钢柱在两个方向垂直校正好后，必须再次复查一下平面轴线和标高，如符合要求，则打紧柱四周八个楔子，使其松紧一致，以免在大风情况下向松的一面倾斜。

（3）柱子插入杯口时应迅速对准纵横轴线，并在杯底处用钢楔把柱脚卡牢。在柱子倾斜的一面敲打柱子，对面楔子只能松动，不得拔出，以防止柱子倾倒。

（4）风力对柱子产生压力，柱子越高，面积越大，受风力影响就越大，影响柱子的侧向弯曲就越甚。因此，柱子在校正操作时，当柱子高度在 9m 以上，风力超过 5 级时不能进行。

六、屋面（墙面）檩条安装（详见第 9 章第 9.2.5 内容）

七、彩钢板安装（详见第 10 章第 10.4 节）

八、施工安全措施（参见 13.10.3 相关内容）

13.10.3　钢结构安全生产管理

一、安全管理方针及目标

1. 安全管理方针

坚决落实"安全第一，预防为主"及"管生产必须管安全"的原则和"安全为了生产，生产必须安全"的规定，积极开展"安全性评价"和"施工现场安全达标"活动，全面实行"预控管理"，建立健全安全生产责任制，从思想上重视，行动上支持，控制和减少伤亡事故的发生。

2. 安全管理目标

严格遵守国家有关安全生产的法律法规，认真执行工程承包合同中的有关安全要求。配合总包确保市级双标化工地，争创省级双标化工地。杜绝重大伤亡事故，月轻伤事故发生率控制在 2‰ 以内。杜绝任何火灾事故的发生，将火灾事故次数控制为 0。安全隐患整改率 100%。

二、安全管理措施

（一）安全责任制度

在施工中，始终贯彻"安全第一、预防为主"的安全生产工作方针，认真执行国务院、住房和城乡建设部和相关省市关于建筑施工企业安全生产管理的各项规定，把安全生产工作纳入施工组织设计和施工管理计划，使安全生产工作与生产任务紧密结合，保证施工人员在生产过程中的安全与健康，严防各类事故发生，以安全促生产。认真执行《建筑企业安全生产工作条例》和公司《安全生产奖惩条例》。将工程现场安全生产管理，纳入公司的安全管理轨道并执行公司安全管理规定。同时服从总包方对安全的统一管理，配合总包方做好各项现场施工安全工作。

1. 安全生产责任制度

参加施工的全体人员，必须树立"安全第一，预防为主"和"安全为了生产，生产必须安全"的思想，从工程开工到竣工，都必须严格执行国家有关安全法规及公司和建设、总包单位的安全生产规章制度，必须认真执行企业的有关安全规定和要求，建立并执行各级安全生产责任制并严格考核。

2. 安全生产管理机构

成立以项目经理为组长，技术负责人、安全监督员为副组长，专业工长和班组长为组员的项目安全生产领导小组，在项目形成纵横网络管理机制。各自职责如下：

项目经理：全面负责施工现场的安全措施、安全生产等，保证施工现场的安全。

技术负责人：制定项目安全技术措施和分项安全方案，督促安全措施落实，解决施工过程中不安全的技术问题。

安全监督员：督促施工全过程的安全生产，纠正违章，配合有关部门排除施工不安全因素，安排项目内安全活动及安全教育的开展。

施工工长：负责上级安排的安全工作的实施，进行施工前安全交底工作，监督并参与班组的安全学习。

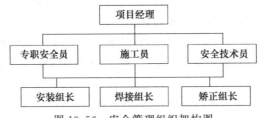

图 13.56　安全管理组织架构图

（二）安全保障体系

在本工程的施工进程中，成立以项目经理为主管，安全员为具体负责，班组长具体落实的安全保障体系，并通过安全保障体系，进行相应的责任分解，层层落实安全生产，保证安全目标的实现。安全保障体系如图 13.56 所示。

（三）安全管理制度

本工程施工的安全重点是施工过程中的人员操作安全，为了减少和杜绝施工中人为因素的安全事故，既应建立各项安全管理制度，也要完善本项目的各项安全技术措施，尤其是施工过程中的安全技术措施。

施工现场建立如下安全管理制度：施工组织设计与专项安全方案编审制度、安全生产责任制考核制度、管理人员安全目标职责制度、安全教育制度、安全技术交底制度、班前安全活动制度、安全生产检查制度、安全例会制度、奖罚制度、事故报告制度、危险作业审批制度、用电管理制度、防火制度及措施、特殊工种作业管理制度以及现场应急预案等制度。

依据以上各项制度及岗位职责、责任分解，项目部各成员及班组成员均必须严格遵守执行，确保本工程安全生产管理目标的实现。

每月组织一次安全大检查，项目部每周组织一次安全检查，并不定期进行安全检查，严格按照国家、当地有关施工现场安全生产组织施工，发现问题，及时整改。

定期或不定期召开安全会议，针对一段时期的安全生产形势，总结经验教训，以促进下一步的安全生产管理工作。

对现场工人严格进行三级教育和考核，特殊工种要保证 100% 持证上岗。

各分项工程实施前，实施"二级"交底，即项目技术负责对各专业班长进行安全技术交底，专业班长对生产组工人进行安全生产措施交底，保证安全防护超前于施工生产。班组生产中严格执行班前、班中、班后"三检"制度及时排除各种隐患。

（四）安全保证措施

1. 做好个人安全防护

正确使用安全带，高挂低用，且必须系在固定物上。2m 以上高空作业必须使用安全带；佩戴安全帽；穿安全劳保鞋；带电操作必须戴绝缘手套；可能导致眼睛受到伤害的工作，必须佩戴护目镜。长发必须盘入安全帽内；禁止酒后作业。

2. 施工现场安全生产交底

（1）贯彻执行劳动保护、安全生产、消防工作的各类法规、条例、规定，遵守工地的安全生产制度和规定。

（2）施工负责人必须对职工进行安全生产教育，增强法制观念和提高职工的安全生产思想意识及自我保护能力，自觉遵守安全纪律、安全生产制度，服从安全生产管理。

（3）所有的施工及管理人员必须严格遵守安全生产纪律，正确穿、戴和使用好劳动防护用品。

（4）认真贯彻执行工地分部分项、工种及施工技术交底要求。施工负责人必须检查具体施工人员的落实情况，并经常性督促、指导，确保施工安全。

（5）施工负责人应对所属施工及生活区域的施工安全质量、防火、治安、生活卫生各方面全面负责。

（6）按规定做好"三上岗"、"一讲评"活动，即做好上岗交底、上岗检查、上岗记录及周安全评比活动，定期检查工地安全活动、安全防火、生活卫生，做好检查活动的有关记录。

（7）对施工区域、作业环境、操作设施设备、工具用具等必须认真检查。发现问题和隐患，立即停止施工并落实整改，确认安全后方准施工。

（8）机械设备、脚手架等设施，使用前需经有关单位按规定验收，并做好验收及交付使用的书面手续。租赁的大型机械设备现场组装后，经验收、负荷试验及有关单位颁发准用证方可使用，严禁在未经验收或验收不合格的情况下投入使用。

（9）对于施工现场的脚手架、设施、设备的各种安全设施、安全标志和警告牌等不得擅自拆除、变动，必须经指定负责人及安全管理员的同意，并采取必要可靠的安全措施后方能拆除。

3. 现场安全生产技术措施

（1）要在职工中牢牢树立起安全第一的思想，认识到安全生产，文明施工的重要性，做到每天班前教育，班前总结，班前检查，严格执行安全生产三级教育。

（2）进入施工现场必须戴安全帽，2m 以上高空作业必须佩带安全带。

（3）吊装前起重指挥要仔细检查吊具是否符合规格要求，是否有损伤，所有起重指挥及操作人员必须持证上岗。

（4）高空操作人员应符合超高层施工体质要求，开工前检查身体。

三、特殊要求的安全作业管理

特殊安全作业相应的安全措施见表 13.43。

表 13.43　特殊安全作业相应的安全措施

序号	特殊安全作业	安全要求
1	安全措施	（1）为保证作业人员的安全和工程的顺利进行,钢结构安装时,所有立柱相接处均应按安全规范设置作业平台,供作业人员施工。 （2）在适当位置设登高设施,供安装人员上高。用于安装的操作平台(挂篮)必须在构件起吊前进行固定。 （3）柱身设计无爬梯,因此起吊前必须安装爬梯,以便于摘钩及安装人员上下。 （4）防坠器:为确保操作者在上下钢柱时的人身安全,每根钢柱安装时都将配备防坠器。人员上下时,将安全带挂在防坠器的挂钩上,避免发生坠落事故。 （5）安全挂钩与工具防坠链:借鉴日本工具安全挂钩与防坠链的做法,将手动工具、轻型电动工具加设不同形式的防坠链和挂钩,会有效地防止工具坠落伤人事故

序号	特殊安全作业	安全要求
2	高空作业	(1)高空作业的地面应划出禁区,加设围栏,设置警示标志。 (2)高空作业区,应在醒目处悬挂标记,写明高处作业和技术安全措施。 (3)各施工队在高处作业还必须有安全可靠的安全措施,安全网、挡板、防护杆、警示牌都必须配齐,否则不得进入施工。 (4)凡患有腰椎病、精神病、高血压、贫血病、动脉硬化、器质性心脏病和其他不适于高处作业者,禁止上岗作业。酒后者和生病人员严禁进入高空作业操作。 (5)作业负责人、安全员,每天对进入高空作业区作业的人员进行安全交底,并检查各种工具和防护用品是否配备齐全和是否可靠。并检查作业人员精神状况和安全带、帽、鞋等情况。 (6)进行特殊高空作业时,必须有保证安全的具体实施方案,并明确责任人和专职监护人,禁止在露天进行强风特殊高处作业。使用的各种爬梯和作业平台,围护必须符合标准规定,并有相当降险措施。 (7)夜间作业必须设置足够的照明设施。 (8)高空作业人员上下不得乘坐货梯和装载货的货笼,必须从指定的安全线路上下,不准在高处投掷任何物件,不准将易滑滚的物件堆放在脚手架上,工具、材料放平放稳,工作现场做到工完料清,工具、设备转移到安全的地方。 (9)严禁上下垂直交叉作业,若有特殊要求,应经有关责任人审查并作好防护棚等措施。 (10)高空作业人员不准抽烟,高空作业的临时电源线必须用电缆线,电源线接头必须扎好,电源线必须布置好,以防被物压断而漏电,切割、烧焊时必须检查下方有无电源线和人员及易燃物。以防火星烧伤人和电源线及点燃易燃易爆品,并作好防护措施。 (11)组装大型构件时,连接螺栓必须紧固,电焊必须牢固,连接工件时,若孔位不对,不准用手试。 (12)当需要在屋面上工作时,应采用安全技术措施,如:铺设木板、跳板、护绳等,在作业面垂直下方增设防护网,不准在没有安全技术措施情况下冒险踩踏。 (13)不得在单梁上随意走动和作业,如有需要,必须加防护绳,把安全带扎牢在防护绳上,再进行行走或作业。 (14)正常作业时禁止乱扔物件,尤其高处作业,必须配工具袋并且必须防止物品掉落,同时在施工处下方铺设安全网,防止物品意外坠落。 (15)梯子不得缺档、垫高使用。使用时上端要扎牢,下端要采取防滑措施。单面梯与地面的夹角以60°~70°为宜,使用人字梯时,中间要用牢固的绳索连接,禁止二人或二人以上在同一梯上作业。 (16)在2m以上(含2m)高处作业,必须搭设防护严密的操作平台,否则,必须使用安全带。 (17)特种作业人员,必须持证上岗,严禁无证上岗作业。施工现场必须悬挂醒目的安全标识牌和警示牌。 (18)对施工现场和设备、容器等安装现场的"四口",做好防护工作,防止人员坠落伤亡
3	吊装技术要点	(1)吊装构件,当柱子较重、较长时用旋转法起吊。 (2)双机抬吊时,要根据起重机的能力进行合理的负荷分配(每台起重机的负荷不宜超过其安全负荷量的80%),并在操作时要统一指挥。两台起重机的驾驶员应互相密切配合,防止一台起重机失重而使另一台起重机超载。在整个抬吊过程中,两台起重机的吊钩滑车组均应基本保持铅垂状态。 (3)绑扎构件的吊索须经过计算,所有起重机工具,应定期进行检查,对损坏者做出鉴定,绑扎方法应正确牢靠,以防吊装中吊索破断或从构件上滑脱,使起重机失重而倾翻
4	构件安装工程	(1)吊机的指挥应专人负责。进入现场必须遵守安全生产六大纪律。 (2)吊装前应检查机械索具、夹具、吊环等是否符合要求并进行试吊。吊装时必须有统一的指挥、统一的信号。 (3)爬高必须有坚固爬梯。高空作业穿着要灵便,禁止穿硬底鞋、高跟鞋、塑料底鞋和带钉的鞋。 (4)六级以上大风和雷雨、大雾天气,应暂停露天起重和高空作业。 (5)拆卸千斤绳时,下方不准站人。使用撬棒等工具,用力要均匀、要慢、支点要稳固,防止撬滑发生事故。构件在吊装、转移,就位过程中不得大幅晃动,不得碰撞其它物体。构件在校正、焊牢或固定之前,不准松绑脱钩。 (6)起吊笨重物体时不可中途长时间悬吊、停滞。起重吊装所用之钢丝绳,不准触及有电线路和电焊搭铁线或与坚硬物体摩擦。 (7)冬季登高及在高空行走必须先清除冰霜。遵守吊装中"十不吊"的有关规定安全技术
5	焊接工程	(1)电焊工必须经过有关部门安全技术培训,取得特种作业操作证后,方可独立操作上岗;明火作业必须履行审批手续。 (2)电焊机外壳必须接地良好,其电源的装拆应由电工进行,开关箱拉合时应戴手套侧向操作,电焊机二次接地必须有空载降压保护器或触电保护器。 (3)焊钳与电缆绝缘良好、连接牢固,更换焊条应戴手套。在潮湿地点工作,应站在绝缘胶板或木板上。电线、地线禁止与钢丝绳接触,更不得用钢丝绳设备代替零线,所有地线接头必须连接牢固。 (4)严禁在带压力的容器和管道上施焊,焊接受电的设备必须先切断电源。 (5)焊接储存过易燃、易爆、有毒物品的容器或管道前,必须把容器或管道清理干净,并将所有孔盖打开。 (6)采用电弧气刨清根时,应戴防护眼镜或面罩,在向外侧方向采取遮挡措施,防止铁渣火星飞溅伤人,同时做好监火工作。 (7)雷雨时,应停止露天焊接作业。 (8)施焊场地周围应清除易燃、易爆物品或进行遮盖、隔离围护。作业现场及焊机摆放处应配放有效的灭火器具。外侧结构焊接时应做好防火措施(铺石棉布或设接水盆),避免和减少火星下落。 (9)所有焊工佩戴安全带,作业时挂钩牢固,操作面稳固牢固,手用工具袋,并挂钩牢固。 (10)焊工作业应配备焊条筒,焊条与焊条头均装入筒内。同时焊筒挂放牢固。 (11)切割安装吊耳时应有防火措施和防耳板掉落措施。 (12)工作结束,应切断电焊机电源,并检查操作地点,确认无起火危险后,方可离去

序号	特殊安全作业	安全要求
6	塔吊作业	(1)严禁超载吊装,超载有两种危害:一是断绳重物下坠;二是"倒塔"。塔式起重机应安装有各种限位装置:起重限位器、高度限位器、幅度限位器、行程开关等。 (2)禁止斜吊,斜吊会造成超负荷及钢丝绳出槽,甚至造成拉断绳索和翻车事故;斜吊会使物体在离开地面后发生快速摆动,可能会砸伤人或和碰坏其他物体。 (3)双机抬吊时,要根据起重机的能力进行合理的负荷分配(每台起重机的负荷不宜超过其安全负荷量的80%),并在操作时要统一指挥。两台起重机的驾驶员应互相密切配合,防止一台起重机失重而使另一台起重机超载。在整个抬吊过程中,两台起重机的吊钩滑车组均应基本保持铅垂状态。 (4)绑扎构件的吊索须经过计算,所有起重机工具,应定期进行检查,对损坏者做出鉴定,绑扎方法应正确牢靠,以防吊装中吊索破断或从构件上滑脱,使起重机失重而倾翻。 (5)风载容易造成"倒塔",遇有大风等警报,塔式起重机应拉好缆风。 (6)机上机下信号一致。 (7)群塔作业,两台起重机间的最小架设距离,应保证在最不利位置时,任一台的臂架不会与另一台的塔身、塔顶相撞,并至少有两米的安全距离;处于高位的起重机,吊钩升至最高点时,钩底与低位起重机之间在任何情况下,其垂直方向的间隙不得小于2m,两臂架相临近时,要相互避让,水平距离至少保持5m
7	动火作业	(1)施工人员严禁在禁火区作业,在非禁火区动火作业时,必须有防护措施及监护人员。在易燃、易爆的楼房、管道、设备和禁火区危险场所动火作业,必须按甲方的规定,先申请办理"动火证",同时,由甲方有关人员进行气体分析合格下同意并派动火监护人到现场监护后,方准动火。否则,禁止动火作业。 (2)施工队的易燃易爆物品堆放必须安全可靠,远离火区,并且设置警示标志。 (3)动火负责人(施工负责人)、施工员必须认真检查"动火证"填写内容是否符合动火现场的实际情况,发现"动火证"内容有不完整的方面,必须及时向"动火"签发部门提出,严禁盲目施工。 (4)施工现场严禁吸烟。 (5)在危险场所高处焊割作业,要采取防止火花飞溅的措施,遇有六级以上(含六级)大风时,应停止作业。对动火点的易燃物品,在动火(焊割)前应清理干净。对沾有易燃、可燃的材料、设备,动火(焊割)前应冲洗干净。 (6)动火作业必须严格按照"动火"所规定的时间进行,不准延长作业时间,延长作业时间必须另办手续。 (7)"动火证"要妥善保管,不准随意涂改、转让或转移动火地点。 (8)动火地点应有灭火器材、监护人员,动火完毕,待火种熄灭并检查确认后,方可离开现场
8	防爆作业	(1)各种气瓶的正确运输、存放、使用,放置地点应距明火作业点10m以外。 (2)各种气瓶的保护装置必须齐全,并定期检测。 (3)必须熟悉各种可燃性液体、油漆、涂料等运输、保存和使用要求,并根据其特性采取相应的防爆措施。 (4)氧气瓶和乙炔瓶应分开放置。 (5)有易燃易爆危险性操作时必须保持良好的空间通风并坚持全过程监护

四、安全用电方案

(一) 安全用电组织措施

(1)建立临时用电施工组织设计和安全用电技术措施的编制、审批制度,并建立相应的技术档案。

(2)建立技术交底制度、安全检测制度、电气维修制度、工程拆除制度、安全检查和评估制度、安全用电责任制,并建立安全教育培训制度,强化安全用电领导体制,防止事故发生。

(二) 安全用电保证措施

施工现场临时用电必须严格执行《施工现场临时用电安全技术规范》。

(1)施工现场安装、维修或拆除临时用电等作业,必须由电工完成。施工现场应按工程难易程度和技术复杂情况配备电工。

(2)各种电动施工机械设备,必须设有可靠的安全接地或接零,施工机械的传动部位必须装有防护罩。

（3）手持电动工具必须设触（漏）电保护器。

（4）夜间施工，必须保证足够的照明设施。在沟、槽、坑、洞及危险区域设红灯示警，以防止人员伤亡。

（5）照明灯具必须悬挂在干燥、安全、可靠处，严禁随意设置。

（6）在潮湿场所或金属容器管道内的照明电源，必须使用 36V 以下（含 36V）的安全电压。

（7）使用用电设备前必须按规定穿戴和配备好相应的劳动防护用品，并检查电气装置和保护设施是否完好。严禁设备带"病"运转。停用的设备必须拉闸断电，锁好开关箱。

（8）在建工程不得在外高、低压线路下方施工。外高、低压线路下方，也不得搭设作业棚、建造生活设施或堆放构件、材料及其他杂物等。

（9）在建工程（含脚手架具）的外侧边缘与外电架空线路之间必须保持安全操作距离，其安全操作距离必须符合有关规范规定，否则应采取防护措施，如增设绝缘材料搭设的屏障、遮拦、围栏、保护网，并悬挂醒目的警告标志牌。

（10）施工现场的机动车道与外电架空线路交叉时，架空线路的最低点与路面的垂直距离应符合有关规范的要求。

（三）临时安全配电

（1）施工现场用电实行"三相五线制"。电线必须符合有关规定，配线（包括架空线）应分色（包括配电箱内连接），相线 L1 为黄色，相线 L2 为绿色，相线 L3 为红色，工作零线 N 为蓝色，保护零线 PE 为绿/黄色。严禁采用四芯或三芯电缆外加一根电线代替五芯或四芯电缆。禁止使用老化电线，破皮的应进行包扎或更换。

（2）每台用电设备应有各自专用的开关箱，应实行"一机一闸一漏一箱"制。开关箱内严禁用同一个开关电器直接控制 2 台及 2 台以上用电设备（含插座）。

（3）所有配电箱、开关箱应每月进行检查和维修一次，检查、维修人员必须是专业电工。检查、维修时，必须将其前一级相应的电源开关分闸断电，并悬挂停电标志牌派人监护，严禁带电作业。施工现场停止作业 1 小时以上时，应将动力开关箱断电上锁。检查人员必须是专业电工，检修时必须将前一级的相应电源开关分闸断电，并悬挂标示牌，严禁带电作业，禁止带负载断电。接地线做到有关倒闸操作规范，检修时必须做到：

➤停电；

➤悬挂停电标示牌，挂接必要接地线；

➤由相应级别的专业电工检修；

➤检修人员应戴绝缘鞋和手套，使用电工绝缘工具；

➤有统一组织和统一指挥。

（4）熔丝应与设备容量相匹配，不得用多根熔丝绞接代替一根熔线，每根熔丝的规格应一致，严禁用其他金属代替熔丝。

（5）施工现场照明灯具的金属外壳必须作保护接零，其电源线应采用三芯橡皮护套电缆，严禁使用花线和护套线。电源线不得随地拖拉或缠绑在脚手架等设施构架上。

（6）照明灯具的安装，室外高度应大于 3m，室内应大于 2.4m，大功率金属卤化灯和钠灯应大于 5m。

（7）室内线路和灯具安装低于 2.4m 的，电源电压应不大于 36V；在潮湿和易触及带电体的工作场所，电源电压不得大于 24V；使用手持照明灯具的，电源电压不超过 36V。

（8）架空线必须设在专用电杆上，严禁架在树木、脚手架上。电杆应采用混凝土杆或木杆，不得采用竹竿。

（9）停电后，操作人员需要及时撤离的特殊工程，必须装备自备电源的应急照明设备。

（10）所有电线必须用绝缘子固定，严禁使用铁丝绑扎。

五、施工现场消防措施

本工程施工范围大，必须确保工地安全防火消防工作的顺利进行，为此特制订如下制度：

（1）切实搞好工地安全防火工作，建立安全防火责任制、明火动用审批制度及义务消防队，配备足够的消防器材。

（2）施工现场成立安全防火领导小组及消防队，制定工程消防保卫方案、制度，定期研究消防保卫工作中的问题，认真执行各项保卫安全管理制度。

（3）建立健全工地的明火审批制度，动用明火作业按规定申请动火证，氧气、乙炔气集中设置专人管理，使用时要登记。

（4）现场要有消防灭火系统，配备足够有效的消防器材，规划现场消防平面布置，各主要通道不得堆物，保证道路畅通循环。

（5）义务消防队要建立消防责任制，定期进行检查，督促火险隐患，要开展宣传活动，普及消防常识，同时加强战术技术训练。

六、季节施工措施

季节施工相应的安全措施见表 13.44。

表 13.44　季节施工相应的安全措施

序号	季节施工	施工措施
1	雨季施工准备	根据雨季施工的特点，将不宜雨季施工的工程提早或延后安排，对必须在雨季施工的工程制定有效的措施；晴天抓紧室外作业，雨天安排室内作业；及时与市气象台建立联系，注意天气预报，获取 7 天内气象预测资料，用来合理安排施工工序；遇到有大雨、大雾、雷击和 6 级以上大风恶劣天气，应当停止进行露天高处、起重吊装作业，并尽量避免安排焊接作业；同时，在制定进度计划时适当留有余地，避免因不可抗力的气象条件导致进度延误
2	雨季施工	（1）雨季应做好现场排水系统，场内做排水明沟，及时将场内积水排出场外，主要运输道路必须硬化，必要时加铺防滑材料。 （2）施工地点应做好防雷电措施，利用结构钢筋作避雷针，切实做好接地设施。 （3）楼面施工、螺栓紧固、焊接施工避免雨天进行，听取天气预报，避免大雨、暴雨、台风前施工，并配备一定数量的防雨器材。雨后进行螺栓紧固、焊接施工时必须对施工部位进行清洁、干燥处理。 （4）雨季施工，要有一定数量（雨布、塑料薄膜等）的遮雨材料，雨量过大应暂停室外施工。 （5）工作场地四周排水沟要及时疏通，确保施工正常进行。工作场地、运输道路、脚手架及钢平台应采取适当的防滑措施确保安全。 （6）雨天时如必须进行焊接时，应加设防雨棚后方能进行
3	暑期施工	（1）采取有效措施，确保作业人员安全健康 ①加强对作业人员暑期施工安全培训，在施工现场配备防暑设施、防护用品和防暑药品。 ②妥善安排高温期间施工生产工作，适当调整工作班次和工作时间，尽量避免高温时段进行露天室外作业。 ③进一步贯彻落实《建筑施工现场环境与卫生标准》，改善作业区、生活区的通风和降温条件，确保作业人员宿舍、食堂、厕所、淋浴间等临时设施符合标准要求和满足防暑降温工作需要。 ④切实做好施工现场的卫生防疫工作，加强对饮用水、食品的卫生管理，严格执行食品卫生制度，避免食品变质引发中毒事件。 ⑤要针对夏季施工作业人员易疲劳、易中暑、易发生事故的特点，结合预防高处坠落专项整治工作认真开展安全生产检查，做到防患于未然。 ⑥对高温酷暑期建筑施工安全工作提出明确要求，细化措施，落实责任。成立应急小组，做到责任落实、资金落实、措施落实，确保高温酷暑期施工安全

序号	季节施工	施工措施
3	暑期施工	（2）暑季施工准备及安排 ①人员准备及安排：暑季施工的人员要做好降温防暑工作，防止人员发生中暑事故。由于天气炎热，中午高温时间要尽可能地安排施工人员休息，尽可能地利用早上和傍晚温度较低时进行施工。暑季也是一个防盗的重点季节，项目部要及时安排好足够的保卫人员进行夜间巡逻，防止工地上材料及设备失窃。 ②物资安排：各种降温防暑物资要及时地采购进场，以保证施工需要，并作好保存工作。 （3）构件外形尺寸的控制及安装 ①当构件的制作在工厂常温下进行，而工程安装在高温下进行时，必须注意工厂在构件制作时，外形尺寸在满足设计要求的公差范围时尽量控制在负公差，这样在高温条件下进行安装，能较好满足安装尺寸。 ②在构件吊装前，应对每一构件的外形尺寸变形情况进行认真的复测。凡是在制作过程中漏检或运输、堆放过程中造成的构件变形、偏差大于规定，影响安装质量时，必须在地面上进行矫正，符合设计和规范要求后才能起吊安装。 ③当需要进行热矫正时，钢材的加热温度应控制在750～900℃（暗樱红色）之间；加热矫正后，不允许采用浇水、急冷的方法进行矫正。 ④在安装钢柱、梁等时，应立即对其安装位置进行矫正，矫正时日照温差引起的偏差与柱子的长细比、温度差成正比。夏季的温度变化会使钢结构产生较大的变形，在太阳光照射下，向阳面的膨胀量较大，故钢柱便向背向阳光的一面倾斜。 ⑤通过监测发现，夏天日照对钢柱偏差的影响最大；上午9～10时和下午2～3时较大，晚间较小。校正工作宜在早晨7～9点，下午4～6点。 （4）其他 ①切实做好暑期施工准备工作，向施工班组进行详细的安全技术交底，备齐安全施工必须的机具材料和设施； ②暑期施工期间，遇有烈日或38℃以上气温避免登高暴露作业； ③起重机在高温天气工作时，应先经试吊证明制动器灵敏可靠，方可进行作业； ④施工现场供电线路，高温天气应经常组织人员巡视检查，发现问题及时采取措施修正； ⑤暑季使用的机械设备在入暑前应结合保养计划普遍进行一次换季保养，检查全部技术性能状态； ⑥氧气瓶、乙炔气瓶应有防震胶圈，旋紧安全钢罩，分别放置在各自的仓库，使用时应有遮阳棚，严禁使气瓶暴晒在烈日下； ⑦加强暑季施工安全检查，内容为安全措施的执行情况和安全生产设施完备。发现违章作业和不安全因素，及时整改
4	强风季节施工	（1）强风对工程的影响 风季对结构施工的施工速度和施工安全会有较大的影响，必须做好准备预案和组织将其影响减到最小。为此，将及时与市气象台建立联系，获取3天内气象预测资料，用来安排施工工序。同时，在制定进度计划时适当留有余地，避免因不可抗力的气象条件导致进度延误和建筑、设备受损。 （2）强风期间施工进度保证措施 ①在塔吊驾驶室上安装风速仪，随时掌握风速情况，六级风时停止吊装作业。 ②进入风季，所有施工作业均需做好防风预案和措施，特别是吊装与楼层板作业，严格按操作规程和技术安全交底进行。结构安装时柱的吊装以最小区间进行安排，及时形成稳定框架后向四周延伸。 ③根据预报及时调整施工方案、调整施工时间，加固已施工部分做好成品保护。 ④机电设备应采取防雨、防淹措施，安装接地安全装置，机动电闸箱的漏电保护装置要可靠，机械设备应有防雨棚，其电源线路要绝缘良好，要有完善的保护接零

参 考 文 献

［1］ 陈志华. 建筑钢结构设计. 天津：天津大学出版社，2004.
［2］ 王国凡. 钢结构加工工程检验与验收. 北京：化学工业出版社，2005.
［3］ 唐丽萍，乔志远. 钢结构制造与安装. 北京：机械工业出版社，2014.
［4］ 乐嘉龙，李喆. 钢结构建筑施工图识读技法. 修订版. 合肥：安徽科学技术出版社，2015.
［5］ 上海市金属结构行业协会. 建筑钢结构制作工艺师. 北京：中国建筑工业出版社，2006.
［6］ 王兆. 建筑施工实训指导. 北京：机械工业出版社，2006.
［7］ 本书编委会. 钢结构工程制作安装便携手册. 北京：中国建材工业出版社，2007.
［8］ 尹显奇. 钢结构制作安装工艺手册. 北京：中国计划出版社，2006.
［9］ 刘声扬. 钢结构. 第5版. 北京：中国建筑工业出版社，2011.
［10］ 徐伟. 现代钢结构工程施工. 北京：中国建筑工业出版社，2006.
［11］ 郝林山，陈晋中. 高层与大跨度建筑施工技术. 北京：机械工业出版社，2004.
［12］ 王来，邓芃，卢玉华. 钢结构工程施工验收质量问题与防治措施. 北京：中国建材工业出版社，2006.
［13］ 陈绍蕃，顾强. 钢结构基础. 第3版. 北京：中国建筑工业出版社，2014.
［14］ 本书编委会. 钢结构工程（质量验收与施工工艺对照使用手册）. 北京：知识产权出版社，2007.
［15］ 戴为志，高良. 钢结构焊接技术培训教程. 北京：化学工业出版社，2009.
［16］ 杜绍堂. 钢结构施工. 北京：高等教育出版社，2009.
［17］ 钢结构施工质量验收规范（GB 50205—2001）. 北京：中国计划出版社，2001.
［18］ 钢结构工程施工规范（GB 50755—2012）. 北京：中国建筑工业出版社，2012.
［19］ 钢结构设计规范（GB 50017—2003）. 北京：中国计划出版社，2003.
［20］ 钢结构焊接规范（GB 50661—2011）. 北京：中国建筑工业出版社，2011.
［21］ 钢结构防火涂料（GB 14907—2002）. 北京：中国建筑工业出版社，2002.
［22］ 建筑制图标准（GB/T 50104—2001）. 北京：中国计划出版社，2002.

附录 钢结构工程施工图实例

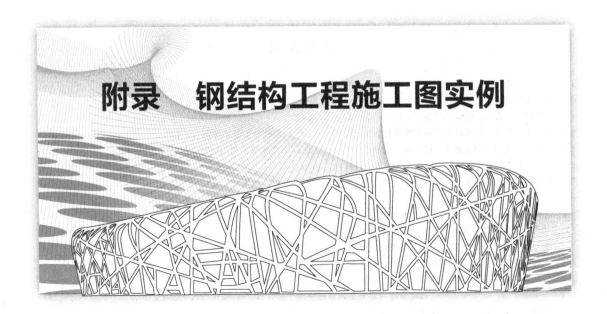

1. 为了提高读者的识图能力，这里选编了某工业车间钢结构施工图和构件加工图作为识图训练之用。

2. 限于篇幅，选编了其中的主要图样。

3. 由于印刷制版的原因，图形缩小，图中的比例已不是原图所标注的比例。